普通高等教育智能建筑系列教材

建筑供配电与照明技术

主　编　刘义艳

副主编　巩建英

参　编　崔　敏　张瑶瑶　李艳波

机械工业出版社

全书共10章，主要包括供配电基础知识、电力负荷的分级与计算方法、短路电流的计算、导体与设备的选择与校验、变电所的结构与布置、供配电系统的继电保护、建筑电气安全知识、电气照明基本知识、建筑供配电与照明工程设计方法与实例、建筑电气BIM模型创建。每章附有思考题与习题，以配合教学的需要，体现“因材施教”的原则。

本书配有丰富的相关技术资料，为便于广大读者查阅，读者可扫描书中二维码获取。本书内容突出实践性、简明扼要、深入浅出，注重理论与实际工程的结合，特别强调对学生实践能力、工程素质和创新能力的培养。通过建筑供配电与照明工程设计实例和BIM模型的创建实例，为学生后续的课程设计奠定了基础。

本书可作为普通高校建筑电气与智能化、电气工程、自动化等专业的教材，也可作为建筑电气、建筑智能化行业人才培养的指导书和参考书。

本书配有以下教学资源：电子课件、教案大纲、习题解答、试题试卷、视频等，欢迎选用本书作教材的教师，登录 www.cmpedu.com 注册下载，或联系 13910750469（微信同号）索取。

图书在版编目（CIP）数据

建筑供配电与照明技术/刘义艳主编. —北京：机械工业出版社，2024.3

普通高等教育智能建筑系列教材

ISBN 978-7-111-75049-9

Ⅰ.①建… Ⅱ.①刘… Ⅲ.①房屋建筑设备-供电系统-高等学校-教材②房屋建筑设备-配电系统-高等学校-教材③房屋建筑设备-电气照明-高等学校-教材 Ⅳ.①TU852②TU113.8

中国国家版本馆CIP数据核字（2024）第057926号

机械工业出版社（北京市百万庄大街22号　邮政编码100037）
策划编辑：吉　玲　　责任编辑：吉　玲　赵晓峰
责任校对：高凯月　张亚楠　　封面设计：张　静
责任印制：常天培
北京机工印刷厂有限公司印刷
2024年9月第1版第1次印刷
184mm×260mm · 15.5印张 · 379千字
标准书号：ISBN 978-7-111-75049-9
定价：55.00元

电话服务	网络服务
客服电话：010-88361066	机　工　官　网：www.cmpbook.com
010-88379833	机　工　官　博：weibo.com/cmp1952
010-68326294	金　　书　　网：www.golden-book.com
封底无防伪标均为盗版	机工教育服务网：www.cmpedu.com

前　言

为了满足智慧建筑的发展需求，适应新工科建设中电气工程自动化、建筑智能化、建筑工程造价管理等专业的建设需要，同时考虑到建筑设计院、建筑安装公司、建筑公司、工程监理公司、房地产公司、工程计价及工程招投标公司等相关行业和企业对从事建筑电气工程设计、建筑安装工程施工等工程技术人员的专业知识和技能要求，作者编写了本书。本书明确了专业建设新内涵，紧密联系工程实际，优先介绍新设备、新技术，贯彻新规范、新标准，力求内容精炼、表达清楚、知识点全面，期望构建需求导向的人才培养目标和产出导向的人才培养模式。

全书共10章，主要介绍了供配电基础知识、电力负荷的分级与计算方法、短路电流的计算、导体与设备的选择与校验、变电所的结构与布置、供配电系统的继电保护、建筑电气安全知识、电气照明基本知识、建筑供配电与照明工程设计方法与实例、建筑电气BIM模型创建，内容可根据不同专业要求和学时要求进行取舍 。本书的编写力求反映教学内容与形式上的改革。改满堂灌为理论教学与实践教学相结合，以理论为指导，以实践为目的，建立实践巩固理论，理论指导实践的循环教学模式，努力使学生将理论知识转化为工作能力，达到学以致用的目的。

长安大学刘义艳副教授担任本书主编，负责全书的构思、编写组织和统稿工作，并编写了第1、2、10章；第4、9章由西安长安大学工程设计研究院有限公司崔敏工程师编写；第3、7章由长安大学巩建英副教授编写；第5、6章由浙江职业技术学院张瑶瑶讲师编写；第8章由长安大学李艳波副教授编写。在编写过程中长安大学的许桂敏讲师和西安市建筑设计研究院尚普辉高级工程师对本书内容提出了许多宝贵的修改意见和建议，在此深表谢意！在本书的编写、出版过程中，得到了机械工业出版社的大力支持和热心帮助，在此表示衷心的感谢！

由于作者水平有限，书中难免出现纰漏与不妥之处，恳请广大读者指正，提出宝贵的意见和建议，以便再版时修正。

作　者

目录

前言

第1章　基础知识 …… 1

1.1　供配电系统基本概念 …… 1

1.1.1　电力系统简介 …… 1

1.1.2　供配电系统 …… 2

1.2　电力系统的额定电压 …… 3

1.2.1　电力系统的电压等级和频率 …… 3

1.2.2　电力系统的额定电压 …… 4

1.2.3　电压偏差与电压调节 …… 6

1.2.4　电能的质量指标 …… 6

1.2.5　额定电压与供电要求 …… 8

1.3　建筑供配电系统的特点和基本结构 …… 9

1.3.1　建筑供配电系统的要求和特征 …… 9

1.3.2　建筑供配电系统的基本结构 …… 10

本章小结 …… 10

思考题与习题 …… 11

第2章　供配电系统的负荷计算 …… 12

2.1　供配电系统的负荷分级与供电要求 …… 12

2.1.1　电力负荷分级 …… 12

2.1.2　负荷级别对供电的要求 …… 14

2.1.3　供电电源 …… 14

2.2　负荷曲线与计算负荷 …… 17

2.2.1　负荷曲线的概念 …… 17

2.2.2　用电设备的运行工作制与设备负荷 …… 19

2.2.3　计算负荷 …… 22

2.3　求计算负荷的基本方法 …… 24

2.3.1　需要系数法确定计算负荷 …… 24

2.3.2　二项式法 …… 30

2.3.3　利用系数法 …… 33

2.3.4　单位指标法 …… 35

2.3.5　负荷计算基本方法的应用 …… 36

2.4　单相负荷计算 …… 37

2.4.1　单相相负荷的折算 …… 38

2.4.2　单相线负荷折算 …… 38

2.4.3　单相设备分别接于线电压和相电压时 …… 38

2.5　尖峰电流计算 …… 40

2.5.1　单台用电设备的尖峰电流 …… 40

2.5.2　多台用电设备的尖峰电流 …… 41

2.5.3　自起动的电动机组 …… 41

2.6　无功补偿的方法和计算 …… 41

2.6.1　无功补偿基本概念 …… 41

2.6.2　功率因数 …… 42

2.6.3　无功补偿形式 …… 43

2.6.4　无功补偿计算 …… 44

2.7　变压器及其选择 …… 46

2.7.1　变压器概述 …… 46

2.7.2　变压器的选择 …… 48

2.8　供配电系统的损耗 …… 50

2.8.1　供配电系统的线路损耗 …… 50

2.8.2　变压器损耗 …… 51

2.9　负荷计算示例 …… 53

本章小结 …… 58

思考题与习题 …… 59

第3章　短路电流计算 …… 60

3.1　概述 …… 60

3.1.1　短路故障及危害 …… 60

3.1.2　短路电流计算的目的 …… 61

3.1.3　短路种类 …… 61

3.2　短路过程和短路电流特征值 …… 62

3.2.1　无穷大容量系统 …… 62

3.2.2　无穷大容量系统三相短路暂态过程 …… 62

3.2.3 三相短路全电流的特征值 …… 63
3.3 标幺值和短路回路的等值阻抗 …… 65
3.3.1 标幺制和标幺值 …… 65
3.3.2 基准值的选取 …… 65
3.3.3 短路回路中元件阻抗标幺值的计算 …… 66
3.4 无限大容量系统中短路电流计算 …… 68
3.4.1 采用欧姆法进行三相短路电流的计算 …… 68
3.4.2 采用标幺值法进行三相短路电流的计算 …… 71
3.4.3 两相短路电流的计算 …… 73
3.4.4 单相短路电流的计算 …… 73
3.5 短路电流的效应 …… 74
3.5.1 短路电流的电动力效应 …… 74
3.5.2 短路电流的热效应 …… 76
本章小结 …… 79
思考题与习题 …… 79
第4章 导体与设备选择 …… 81
4.1 导体及选择 …… 81
4.1.1 供配电与照明中常见导线 …… 81
4.1.2 导线敷设方式表示规定 …… 85
4.1.3 导体选择原则与校验 …… 85
4.2 电气设备选择的一般原则 …… 93
4.2.1 按正常工作条件选择电气设备 …… 93
4.2.2 按短路情况校验电气设备的动稳定性和热稳定性 …… 94
4.2.3 电气设备的选择与校验项目 …… 95
4.3 高压电气设备与选择 …… 96
4.3.1 高压断路器 …… 96
4.3.2 高压负荷开关 …… 99
4.3.3 高压隔离开关 …… 100
4.3.4 高压熔断器 …… 101
4.3.5 高压开关柜 …… 102
4.4 互感器及其选择 …… 104
4.4.1 概述 …… 104
4.4.2 电压互感器 …… 104
4.4.3 电流互感器 …… 107
4.5 低压电气设备与选择 …… 111
4.5.1 低压刀开关 …… 111
4.5.2 低压熔断器 …… 112
4.5.3 低压断路器 …… 112
4.5.4 低压刀熔开关 …… 114
4.5.5 低压负荷开关 …… 115
4.5.6 低压配电屏 …… 115
本章小结 …… 116
思考题与习题 …… 116
第5章 变电所 …… 117
5.1 变电所概述 …… 117
5.1.1 变电所分类 …… 117
5.1.2 变电所的发展 …… 118
5.2 变电所设备组成 …… 119
5.3 配电网络形式 …… 119
5.3.1 放射式 …… 120
5.3.2 树干式 …… 120
5.3.3 环式 …… 122
5.3.4 配电网络形式设计原则 …… 122
5.3.5 各类建筑物供配电网络设计要点 …… 122
5.3.6 工程实例 …… 123
5.4 电气主接线 …… 126
5.4.1 主接线的一般要求 …… 126
5.4.2 常见变电所主接线形式 …… 126
5.4.3 变电所主接线设计要点 …… 130
5.4.4 变电所主接线工程示例 …… 131
5.5 变电所结构及布置 …… 134
5.5.1 变电所所址选择 …… 134
5.5.2 变电所布置对其他相关专业要求 …… 134
5.5.3 变电所布置设计 …… 134
5.5.4 工程设计实例 …… 137
本章小结 …… 141
思考题与习题 …… 142
第6章 供配电系统的继电保护 …… 143
6.1 继电保护概述 …… 143
6.1.1 继电保护的作用 …… 143
6.1.2 继电保护的基本要求 …… 143
6.1.3 继电保护技术的发展趋势 …… 144
6.2 电力线路的继电保护 …… 145
6.2.1 带时限过电流保护 …… 145
6.2.2 电流速断保护 …… 149
6.2.3 低电压闭锁过电流保护 …… 150
6.2.4 单相接地保护 …… 151
6.3 电力变压器继电保护 …… 153
6.3.1 变压器的瓦斯保护 …… 154
6.3.2 变压器的电流速断保护 …… 155

6.3.3 变压器的过电流、过负荷保护 … 156
6.3.4 变压器的差动保护 …… 157
6.3.5 变压器的单相保护 …… 158
6.4 供配电系统继电保护 …… 160
6.4.1 熔断器保护 …… 160
6.4.2 断路器保护 …… 163
本章小结 …… 165
思考题与习题 …… 165
第7章 电气照明 …… 167
7.1 电气照明基本知识 …… 167
7.1.1 照明系统的概念 …… 167
7.1.2 照明质量标准 …… 172
7.2 照明光源与灯具 …… 175
7.2.1 常用电光源的类型及选择 …… 175
7.2.2 照明灯具及其特性 …… 178
7.3 室内照度计算 …… 183
7.3.1 利用系数法 …… 183
7.3.2 单位功率法 …… 188
7.4 电气照明设计 …… 189
7.4.1 概述 …… 189
7.4.2 照明负荷计算 …… 190
7.5 应急照明设计 …… 190
7.5.1 应急照明的基本要求 …… 191
7.5.2 应急照明设计 …… 192
本章小结 …… 193
思考题与习题 …… 194
第8章 电气安全技术 …… 195
8.1 民用建筑物防雷 …… 195
8.1.1 雷电的产生 …… 195
8.1.2 防雷分类 …… 198
8.1.3 防雷保护措施 …… 200
8.2 电气接地装置 …… 203
8.2.1 相关概念 …… 203
8.2.2 低压配电系统的接地形式和要求 …… 204
8.2.3 电气装置的接地电阻 …… 206
8.2.4 保护等电位联结 …… 207
本章小结 …… 208
思考题与习题 …… 209
第9章 高层建筑供配电与照明系统设计实例 …… 210
9.1 高层建筑的建筑分类和耐火等级 …… 210
9.1.1 高层建筑的建筑分类 …… 210
9.1.2 高层建筑的耐火等级 …… 210
9.2 高层建筑电气设备的特点 …… 211
9.3 高层建筑供配电与照明系统设计内容和流程 …… 211
9.3.1 高层建筑供配电系统设计内容和流程 …… 212
9.3.2 高层建筑照明系统设计内容和流程 …… 214
9.4 提高高层建筑供电可靠性的原则和措施 …… 216
9.5 工程实例 …… 217
本章小结 …… 223
思考题与习题 …… 223
第10章 建筑电气BIM模型创建 …… 224
10.1 BIM技术概述 …… 224
10.2 BIM技术的优势 …… 225
10.3 建筑电气BIM模型创建过程 …… 226
10.3.1 桥架及线管的设置 …… 226
10.3.2 系统建模 …… 230
10.3.3 模型标注 …… 235
10.4 BIM模型创建实例 …… 235
本章小结 …… 236
思考题与习题 …… 236
附录 …… 237
附录A 敷设安装方式及部位标注符号 …… 237
附录B 技术数据 …… 237
参考文献 …… 238

第1章 基础知识

供配电系统是工业与民用建筑领域的重要组成部分，是关系到工业与民用建筑内部系统能否安全、可靠和经济运行的重要保证，也是提高人们工作质量与效率的保障。本章主要介绍了供配电系统基本概念、电力系统的额定电压及传输损耗与功率因素补偿、交流电路基本知识和建筑供配电系统的特点和基本结构。

1.1 供配电系统基本概念

1.1.1 电力系统简介

电力或者说电能，是国民经济和现代社会生活中的主要能源和动力，是现代社会的物质技术基础。电能对人类的重要性，充分表现在人类对电力供应的依赖性。工业、农业现代化的基础是电力，现代通信技术、网络技术、IT 产业的基础是电气自动化，人类生活的每一个环节也都离不开电力。可以说，电力技术的发展，构成了人类社会进步的物质技术基础，电力已成为社会经济发展和人民生活不可缺少的生产资料和生活资料。

电能是人类社会最重要的能源，但电能并非自然存在的能源，需要将其他自然存在的能源进行相应转换才能变为电能，完成这一任务的部分称为发电厂。例如利用水力资源发电的称为水力发电厂；利用煤、油等资源发电的称为火力发电厂；利用核能资源发电的称为核发电厂；利用风力发电的称为风力发电厂等。发电厂将其他能源转换为电能后，还需要将电能输送到远距离的用户，完成这一任务的部分称为电力网或者传输网，电力网由传输电能的金属导体和变电站组成。一般将提供电能的发电厂和实现电能的传输与分配的电力网络统称为电力系统，如图 1-1 所示。电力网是电力系统的一部分，它包括变电所、配电所及各种电压等级的电力线路。

1. 发电厂

发电厂是将自然界蕴藏的诸多一次能源转换成电能（二次能源）的工厂，它的产品就是电能。根据所利用的一次能源的不同，发电厂分为火力发电厂、水力发电厂、原子能发电厂、风力发电厂、地热发电厂以及太阳能发电厂等类型。目前，我国接入电力系统的发电厂主要是火力发电厂和水力发电厂。原子能发电厂虽是今后发展的方向，但现在数量还很少。发电厂通常以交流电的方式提供电能，考虑经济、技术、安全等原因，发电机的额定电压一般不低于 30kV。由电路基本理论可知，传输功率一定时，传输过程中电压越高，传输线路

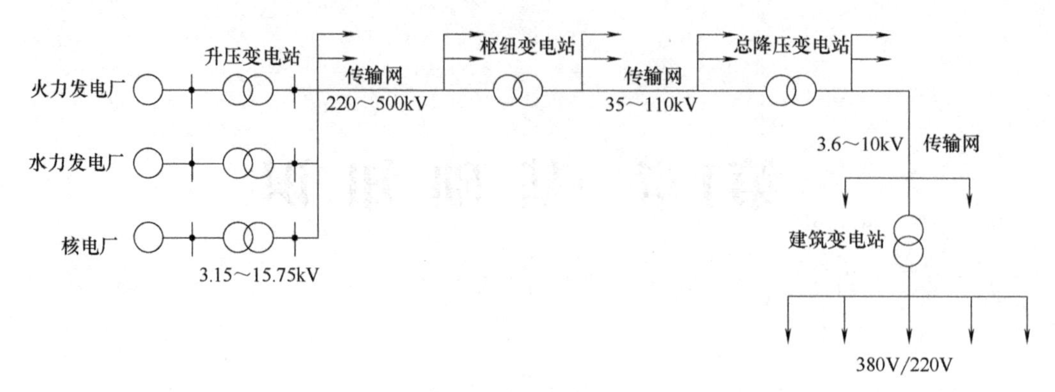

图 1-1 供配电系统示意图

的电流越小，亦即传输线路的功率损耗越小，要实现电能的远距离传输，提高电能传输电压有利于降低传输线路功率损耗。因此，一般要通过升压变电站将发电机发出的电压升高后，再由电力传输网将电能输送给远距离的用户，在电能到达目的地后，再通过降压变电站将电压降低到适合于用户的电压等级提供给用户。

2. 变电所和配电所

为了实现电能的经济输送和满足用电设备对供电质量的要求，需要对发电机输出端的电压进行多次的变换并对电能进行分配。变电所是接收电能并变换电压的场所。升压变电所是将低电压变换为高电压，一般建立在发电厂厂区内；降压变电所是将高电压变换成适合用户需要的电压等级，一般建立在靠近电能用户的中心地点。配电所是用来接收和分配电能，而不改变电压，一般建在建筑物内部。

3. 电力线路

电力线路是输送电能的通道。火力发电厂多建于燃料产地，水力发电厂则建在水力资源丰富的地方。一般这些大型发电厂距离电能用户都比较远，需要用各种不同电压等级的电力线路作为发电厂、变电所和电能用户之间的联系，使发电厂生产的电能源源不断地输送给电能用户。

通常把电压在 35kV 及其以上的高压电力线路称为送电线路，而把由发电厂生产的电能直接分配给用户，或由降压变电所分配给用户的 10kV 及其以下的电力线路称为配电线路。

4. 电能用户（又称电力负荷）

在电力系统中，一切消耗电能的用电设备均称为电能用户。用电设备按其用途可分为动力用电设备（如电动机等）、工艺用电设备（如电解、冶炼和电焊等）、电热用电设备（如电炉、干燥箱和空调等）、照明用电设备和试验用电设备等，可将电能转换为机械能、热能和光能等不同形式，以适应生产和生活需求。

目前，我国各类电能用户的用电量占总电量的百分比为：工业用电占 71.1%，居民生活用电占 13.6%农业用电占 1.8%，第三产业用电占 13.4%，市政及商业占 4.4%。可见，工业是电力系统中最大的电能用户。

1.1.2 供配电系统

在电力传输过程中，除考虑电能传输外还要考虑电能的合理分配，考虑供电的安全性，亦即降压变电站不仅具有变换电压等级的功能，还有分配电能的功能；由升压变电站到用户的电能传输也采用逐级降压方式，根据降压电压的等级，分为枢纽变电站、地区变电站、大型变电站、用户（楼宇、工厂）变电所等。各级变电站承担的功能与任务不同，对设备和运行的要求也不同。

本书主要介绍建筑供配电系统，故主要讨论35kV及以下的供配电系统设计。国家对供配电系统的设计、运行、设备选择等有一系列的规范和标准，满足国家规范和标准的要求，是学习供配电系统要建立的首要概念。

供配电系统不仅要符合国家的技术经济政策、规范和标准的要求，还应简单可靠、减少电能损耗，便于维护管理，并在满足现有使用要求的同时，适度兼顾未来发展的需要。供配电系统一般应满足下列基本要求：

1）安全。电力供应、传输、分配和使用过程中，不应发生人身安全事故和电气设备损坏事故。

2）可靠。应满足电力用户对供电连续性、可靠性的要求。

3）优质。应满足电力用户对电压、频率、波形（谐波）等供电质量的要求。

4）经济。应使供配电系统投资少、占地面积小、有色金属消耗少、运行费用低、节约电能。

5）发展。应考虑近期建设和中、远期发展的关系，局部和整体的关系，适当考虑未来发展的需求。

6）灵活方便。电力系统接线力求简单，并应能适应负荷变化的需要，灵活、简便、迅速地由一种运行状态转换到另一种运行状态，在转换过程中不易发生误操作；能保证正常维护和检修工作安全、方便地进行。

1.2 电力系统的额定电压

1.2.1 电力系统的电压等级和频率

1. 电压等级和适用范围

电力系统通常也称电力网，其电压等级有很多种，不同的电压等级有不同的用途。根据我国规定，交流电力系统的额定电压等级有：110V、220V、380V、3kV、6kV、10kV、35kV、110kV、220kV、330kV、500kV、750kV、1000kV等。习惯上把1kV以下的电压称为低压，把1kV及以上且低于330kV的电压称为高压，把330kV及以上的电压称为超高压。所谓低压决不意味对人身没有危险。一般来讲，50V以上对人身就有致命危险，潮湿的场合，36V也有危险。

各种电压等级有不同的适用范围。在我国电力系统中，22kV及其以上的电压等级都用于大电力系统的主干线，输电距离在几百千米至上千千米。110kV电压用于中、小型电力系统的主干线，输电距离为100km左右。35kV电压用于电力系统的二次网络或大型工厂的内部供电，输电距离为30km左右。6~10kV电压用于送电距离为10km左右的城镇和工业与民用建筑施工供电，发电机的出口电压一般也为6~10kV。小功率的电动机、电热等用电设备，一般采用三相电压380V和单相电压220V供电。几百米之内的照明用电，一般采用

380V/220V 三相四线制供电，电灯则接在 220V 单相电压上。100V 以下的电压，包括 12V、24V、36V 等，主要用于安全照明。如潮湿工地、建筑物内部的局部照明以及小容量负荷的用电等。

2. 电力系统的频率

电力系统中的所有电气设备，都是在一定的频率下工作的。电力系统的频率直接影响着电气设备的运行，所以频率是衡量电力系统电能质量的基本参数之一。规范规定：一般交流电力设备的额定频率（俗称工频）为 50Hz，允许偏差为±0. 5Hz。频率的稳定主要取决于系统中有功功率的平衡，频率偏低表示电力系统中发出的有功功率未能满足负荷的需要，应设法增加发电机的有功功率。

1. 2. 2 电力系统的额定电压

一般电力系统的额定电压由国家根据国民经济发展的需要和电力工业发展的水平，经过全面的经济技术分析研究后统一规定。由于电力传输的导体、变压器等设备存在阻抗，会产生电压降，因而电力传输过程中，传输线路上各个点的电压并非是一个常数，而是随所传输的电功率和传输距离变化，因而电网的额定电压是指传输线路的平均电压值，电网的额定电压是决定电力系统中各类电气设备的主要依据。

不同国家的电网，其额定电压有所不同。按照 GB/T 156—2017《标准电压》规定，我国三相交流电网和电力设备额定电压见表 1-1。其中变压器的一、二次绕组额定电压是依据我国生产电力变压器标准产品规格确定的。

表 1-1 我国三相交流电网和电力设备的额定电压

分类	电网和用电设备额定电压/kV	发电机额定电压/kV	电力变压器额定电压/kV	
			一次绕组	二次绕组
低电压	0. 38	0. 40	0. 38	0. 40
	0. 66	0. 69	0. 66	0. 69
高电压	3	3. 15	3,3. 15	3. 15,3. 3
	6	6. 3	6,6. 3	6. 3,6. 6
	10	10. 5	10,10. 5	10. 5,11
	—	13. 8,15. 75,18	13. 8,15. 75,18	—
	—	20,22,24,26	20,22,24,26	—
	35	—	35	38. 5
	66	—	66	72. 0
	110	—	110	121
	220	—	220	242
	330	—	330	363
	500	—	500	550
	750	—	750	825
	1000	—	1000	1100

既然电力传输线路上各点的电压是变化的，如果电网电压的变化偏离规定的额定电压太多，则会影响供配电系统中设备的正常运行，因此，国家不仅规定了电力网的电压等级，而且对电力网中线路和设备的电压的变化偏离额定电压的程度也有相应的规定，一般规定如下：

1. 线路的额定电压

规范规定同级电压供电线路上允许偏移的电压一般不得超过该级电网额定电压的±5%，如图 1-2 所示。设 U_N 为供电线路的额定电压，实际就是线路的平均电压，亦即该级电网额定电压。

2. 用电设备的额定电压

用电设备的额定电压应根据所连接线路的额定电压确定，由于用电设备运行时在线路上各点的电压略有不同，因而用电设备的额定电压是按线路始端和末端的平均电压确定的，亦即用电设备的额定电压与同级电网的额定电压相同。又由于用电设备的允许电压偏移为±5%，而沿线路的电压降落一般为±10%，这就要求线路始端电压为额定值的 105%，以使其末端电压不低于额定值的 95%。

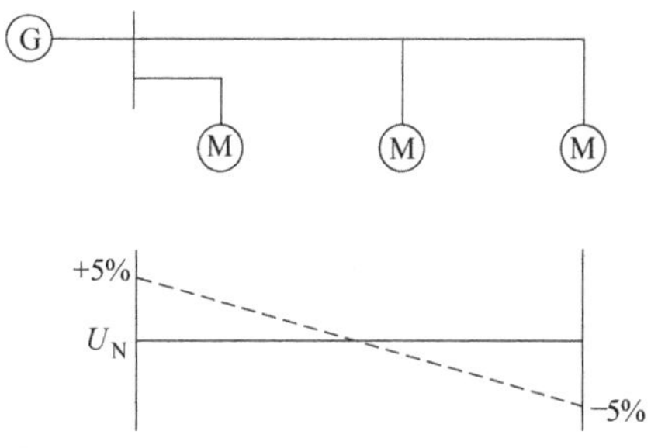

图 1-2　同级电压供电线路上的电压变化

3. 发电机的额定电压

发电机往往接在线路首端，是产生电能的电气设备。发电机发出的电能要经过线路进行传输。规范规定发电机允许的电压偏差不得超过该级电网额定电压的±5%，亦即与发电机连接的电网线路，由起点到终点允许有 10%的电压降。因此，作为始端的发电机，其额定电压应比同级电网的额定电压高 5%，即 1.05 倍电网的额定电压以补偿传输线路的电压损失。如电网的额定电压为 10kV，则接在该电网上的发电机的额定电压为 10.5kV。

4. 电力变压器的额定电压

电力变压器是实现电压等级变换的电气设备。变压器有两组缠绕在铁心上的彼此绝缘的绕组，以电磁感应的方式传递能量并实现电压等级变换，两组绕组的匝数比决定了电压变换的比例。在变压器的一次绕组接入电网时，二次绕组便会因电磁感应产生电压。因而电力变压器的额定电压包括一次绕组的额定电压 U_{1N} 和二次绕组的额定电压 U_{2N}；由于二次绕组的电压在负载运行时，会随负载变化而波动，将电力变压器二次绕组的额定电压 U_{2N} 定义为变压器一次绕组的额定电压 U_{1N} 时，二次绕组开路时的电压，即二次绕组的额定电压 U_{2N} 指的是空载电压。

对于降压变压器，其一次绕组相当于受电设备，二次绕组相当于供电设备，因此，如果电力变压器的一次绕组与发电机相连，则一次绕组额定电压应与发电机的额定电压相同，即高于供电电网额定电压的 5%；如果电力变压器的一次绕组与电网相连，则一次绕组的额定电压与一次电网额定电压相同。

电力变压器的二次绕组额定电压：如果变压器二次侧供电线路较长，则变压器二次绕组额定电压要考虑补偿变压器二次绕组本身 5%的电压降和电力变压器满载运行时变压器绕组产生的约 5%的电压损失，所以这种情况的变压器二次绕组的额定电压 U_{2N} 要高于二次电网额定电压的 10%；对供电线路不太长的低压配电线路，一般只考虑电力变压器内部的 5%的电压降，而忽略线路的电压损失，因而对低压配电线路，电力变压器二次绕组的额定电压 U_{2N} 只需比电网额定电压高 5%。例如，在电力变压器的二次绕组与额定电压为 380V 的配电线路连接时，其二次绕组额定电压 U_{2N} 为 400V；在电力变压器的二次绕组与额定电压为 10kV 的配电线路连接时，其二次绕组额定电压 U_{2N} 应为 11kV。

【例】 供电系统如图 1-3 所示，试确定变压器 T_1 和线路 L_1、L_2 的额定电压。

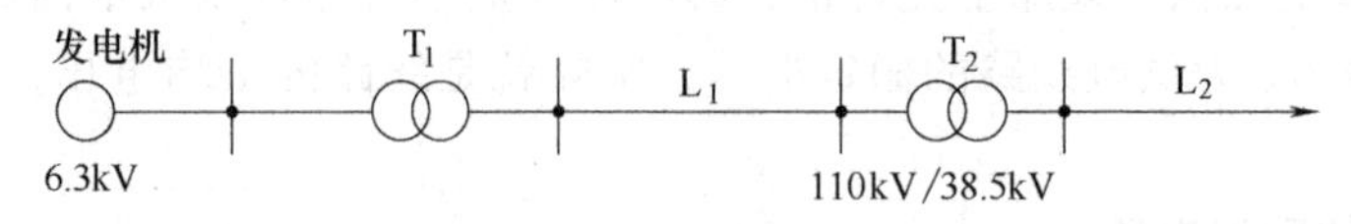

图 1-3 供电系统图

解 由于变压器 T_2 的二次绕组额定电压应比与其相连的线路 L_2 的额定电压高 10%，则线路 L_2 的额定电压为（38.5/1.1）kV = 35kV。

变压器 T_2 的一次绕组与电网相连，则其一次绕组的额定电压与一次电网额定电压相同，即线路 L_1 的额定电压与变压器 T_2 的一次绕组额定电压相同，为 110kV。

变压器 T_1 的一次绕组与发电机相连，则其一次绕组额定电压与发电机的额定电压相同，即 T_1 的一次绕组额定电压为 6.3kV；变压器 T_1 的二次绕组额定电压应比与其相连的线路 L_1 的额定电压高 10%，即为 1.1×110kV = 121kV，故 T_1 的额定电压为 6.3kV/121kV。

1.2.3 电压偏差与电压调节

由于用电设备运行时在线路上要产生电压损失，导致用电设备运行电压降低，影响用电设备的运行。例如感应电动机，其电磁转矩与端电压二次方成比例关系，端电压的高或低，都会使电动机电流增大，缩短使用寿命，甚至导致电动机因电流过大而损坏。又如白炽灯，若电压偏低，亮度明显降低；而电压偏高，则使用寿命将大大缩短；为保证安全运行，应使设备运行电压维持在一定的范围内。

供配电系统中用电压偏差的百分数 $\Delta U\%$ 来描述设备运行电压与额定电压的偏移程度，并规定了允许的偏移范围。$\Delta U\%$ 定义为

$$\Delta U\% = \frac{U - U_N}{U_N} \times 100\% \tag{1-1}$$

式中 U——是用电设备的实际端电压（V）；

U_N——是用电设备的额定电压（V）。

GB 51348—2019《民用建筑电气设计标准》规定：正常运行情况下，用电设备电压偏差百分数 $\Delta U\%$ 的允许值应符合下列要求：

1）照明：室内场所为±5%；对于远离变电所的小面积一般工作场所，难以满足上述要求时，可为 5%、-10%；应急照明、景观照明、道路照明和警卫照明等为 5%、-10%。

2）一般电动机：规定为±5%。

3）电梯电动机：规定为±5%。

4）其他用电设备，当无特殊规定时为±5%。

1.2.4 电能的质量指标

目前，影响用户及其工业过程的稳态电能质量指标主要为谐波、电压偏差、频率偏差、三相不平衡度、电压波动闪变。影响用户及其工业过程的暂态电能质量指标主要为电压骤升、跌落，供电短时中断。对稳态电能质量而言，严格地讲，电力生产过程本身几乎不会引起电能质量的“污染”；而电能的传输、分配过程对电能质量的“污染”程度也相对较小，

因此，稳态电能质量的污染源主要在用户。由于输配电系统中的变压器是非线性元件，会产生少量的谐波污染（但在一定状况下，少量的谐波污染将成为系统发生事故的潜在隐患），而网络结构特性则决定谐波的谐振特性；传输网络中不同的导线材料、线径、输电距离、输电容量会使系统的稳态运行电压在不同程度上有所下降，而系统无功储备的大小则直接影响系统稳态运行电压的调整，同时系统足够的有功储备容量对调节系统起决定性作用，输配电网参数三相是对称的，但由于负荷的布局不合理也将造成系统的运行不对称，从而引起三相不平衡指标的变化。

电能质量是表征电能品质的优劣程度。通常以供用电双方供电设备产权分界点的电能质量作为评价的依据。电能质量包括电压质量与频率质量两部分。电压质量又可分为幅值与波形质量两方面。通常以电压波动和闪变、电压正弦波畸变率、负序电压系数（三相电压不平衡度）、频率偏差等几项指标来衡量。其中电压偏差前文已经介绍过，下面主要介绍其他指标。

1. 电压波动和闪变

在某一时段内，电压急剧变化而偏离额定值的现象，称为电压波动。电压变化的速率大于（1%）/s 的，即为电压急剧变化。电压波动程度以电压在急剧变化过程中，相继出现的电压最大值与最小值之差或其百分比（%）来表示，即

$$\Delta U=U_{max}-U_{min} \tag{1-2}$$

或

$$\Delta U\%=\frac{U_{max}-U_{min}}{U_N}\times 100\% \tag{1-3}$$

式中 U_N——额定电压有效值（V）；

U_{max}、U_{min}——某一时段内电压波动的最大值与最小值（V）。

周期性电压急剧变化引起电光源光通量急剧波动而造成人眼视觉不舒服的现象，称为闪变。通常用引起闪变的电压波动值——闪变电压限值 ΔU_V 或电压调幅波中不同频率的正弦分量的方均根值，等效为 10Hz 的 1min 平均值——等效闪变值 ΔU_{10} 来表示。电力系统供电点由冲击功率产生的闪变电压小于 ΔU_{10} 的允许值，否则将会出现闪变。

2. 电压正弦波畸变率

在理想状况下，电力系统的交流电压波形应是标准的正弦波，但由于电力系统中存在有大量非线性阻抗特性的供用电设备，这些设备向公共电网注入谐波电流或在公共电网中产生谐波电压，称为谐波源。谐波源使得实际的电压波形偏离正弦波，这种现象称为电压正弦波畸变，通常以谐波来表征。电压波形畸变的程度用电压正弦波畸变率来衡量，也称为电压谐波畸变率。电压谐波畸变率以各次谐波电压的方均根值与基波电压有效值之比的百分数（%）来表示：

$$\text{电压谐波畸变率}=\frac{\sqrt{\sum_{n=2}^{\infty}U_n^2}}{U_1}\times 100\% \tag{1-4}$$

式中 U_n——第 n 次电压谐波有效值（V）；

U_1——基波电压有效值（V）。

3. 负序电压系数

负序电压系数 K_{2u} 表示三相电压不平衡度。通常以三相基波负序电压有效值与额定电压

有效值之比的百分数表示，即

$$K_{2u}\% = \frac{U_{2(1)}}{U_{\mathrm{N}}} \tag{1-5}$$

式中 U_{N}——额定电压有效值（V）；

$U_{2(1)}$——基波负序电压有效值（V）。

4. 频率偏差

供电电源频率缓慢变化的现象，常以实际频率与额定频率之差或其差值与额定频率之差或其差值 Δf 额定值之比的百分数 $\Delta f\%$ 表示，即

$$\Delta f = f - f_{\mathrm{N}} \tag{1-6}$$

或

$$\Delta f\% = \frac{f - f_{\mathrm{N}}}{f_{\mathrm{N}}} \times 100\% \tag{1-7}$$

式中 f——实际供电频率值（Hz）；

f_{N}——供电网额定频率值（Hz）。

1.2.5 额定电压与供电要求

电力传输过程的损耗和电压损失不仅与线路额定电压、线路和设备阻抗有关，也和所传输的电功率有关，在线路额定电压、线路单位长度阻抗和设备阻抗一定时，所输送功率越大，输送距离越长，则传输损耗和电压损失越大；在输送功率一定时，线路额定电压越高，则允许输送的距离越长。因此，在工程应用中，要考虑不同额定电压与输送功率和输送距离的匹配问题，即不同额定电压等级的线路，输送功率和输送距离应限制在一个合理的范围内，以满足电能传输的经济性。表 1-2 为额定电压与输送功率和输送距离的合理范围。

表 1-2 额定电压与输送功率和输送距离的合理范围

线路电压/kV	输送功率/kW	输送距离/km
0.22	架空线:50 以下 电缆线:100 以下	0.15 以下 0.2 以下
0.38	架空线:100 以下 电缆线:175 以下	0.25 以下 0.35 以下
6	架空线:2000 以下 电缆线:3000 以下	5~10 8 以下
10	架空线:2000 以下 电缆线:5000 以下	8~15 10 以下
35	2000~10000	20~50
110	10000~50000	50~150

在规划供配电网络时，要根据输送功率和输送距离选择电网的额定电压等级，根据输送功率和输送距离确定变电所的供电半径和变电所的数量，例如在考虑建筑小区的配电方案时，在用电负荷确定后，要合理布局建筑变电所，供电距离远、负荷大时，不能直接采用 380V 的低压供电，而应增设变电所，以满足电压偏差的要求和降低线路损耗。

1.3 建筑供配电系统的特点和基本结构

建筑供配电系统是指从电源引入开始，到为供电区域内所有用电设备供电的整个配电线路和相应的电气设备。建筑供配电系统的电源进线额定电压一般为10kV（大型建筑的电源进线电压可为35~110kV），用电设备的额定电压一般为380V/220V。由于用户负荷不同，通常要通过变电所进行电能的分配、降电压后再分配给不同的用户。因此，建筑供配电系统设计不仅要计算用电设备负荷，还要考虑如何安全、可靠地分配电能，考虑用什么方式将电能送到用电设备，考虑如何选择导线和设备、如何敷设导线和布置设备，考虑如何防止短路、雷击等意外事故。

1.3.1 建筑供配电系统的要求和特征

人类日常生活的每一个环节都离不开电，建筑内所有设备也离不开电，因而可以说建筑供配电系统是建筑的最基本的、应用最广泛的系统；另外，电力技术与电子、控制、计算机等技术领域联系紧密，这些领域的技术发展变化快，因而建筑供配电系统也是建筑领域中发展最快的领域，具有广阔的发展前景。

1. 建筑供配电系统的要求

（1）设计建筑供配电系统需要广博的知识面　现代建筑的功能越来越多，建筑内的各种系统也越来越多，对建筑供配电系统的要求就越来越高，只有在了解各种系统基本要求和特点的基础之上，才能得出良好供配电设计方案。另外，建筑供配电系统是建筑的系统，供配电设计需要考虑线路和设备的选择与保护，配电线路的敷设、设备的布置要考虑建筑结构的限制，需要建立建筑空间的概念，考虑建筑的梁、板、柱的位置和承重能力等因素。因此，设计建筑供配电系统需要有较广泛的知识面，需要综合考虑建筑内其他系统对配电的要求，考虑建筑的平面和空间结构、承重能力等因素。建立系统的、综合的概念是从事建筑供配电技术工作的基本素质。

（2）建筑供配电系统需要满足相关规范　建筑供配电系统与建筑安全、人身安全紧密相关，国家对建筑供配电系统设计、安装等有一系列的规范，按注册建筑电气工程师考试大纲的要求，涉及60余部设计、安装规范和法律规范，规范中有许多条款还是强制性的规范。建筑供配电系统设计不仅需要进行理论计算，还要考虑满足国家相关规范的要求，特别是规范的强制性条文，必须无条件执行。因违反强制性的规范而导致事故，要承担相应的法律责任。因此，熟悉相关的基本规范和条文也是建筑供配电系统课程的基本内容。“满足规范”是建筑供配电系统的专业要求。

2. 建筑供配电课程具有工程应用特征

建筑供配电系统的负荷变化具有随机的、不确定的特点，无法准确计算随机变化的负荷，也无法根据随机变化的负荷随时调整供配电系统的设备配置，因此，建筑供配电系统的设计和计算需要依据统计规律，采用许多经验公式、计算表格、计算系数。理论分析基本上是以安全可靠运行为前提，考虑最不利的极限条件，在此基础上进行简化。例如短路计算考虑最严重的三相短路下的最大短路电流，以此作为选择开关设备的依据。相对而言，建筑供配电系统一般不追求准确计算，更多的是通过查阅手册和表格，确定计算系数，进行分析与计算。经验公式多、系数多、准确计算少是建筑供配电课程的特点，学习过程中，不应简单地记忆经验公式和系数，而要注重基本概念，深入理解经验公式和系数的实质，才能灵活应用。

1.3.2 建筑供配电系统的基本结构

建筑供配电系统的基本结构如图 1-4 所示，按空间位置的不同，建筑供配电系统一般包含建筑变电所、楼层配电箱和用户配电箱三个基本组成部分，图 1-4 中的建筑变电所、楼层配电箱和用户配电箱分别位于不同的空间位置。建筑供配电系统的设计需要完全由电源引入、变电所经楼层配电箱到用户配电箱的电能分配、线路敷设、导线与设备选择、故障保护等内容。

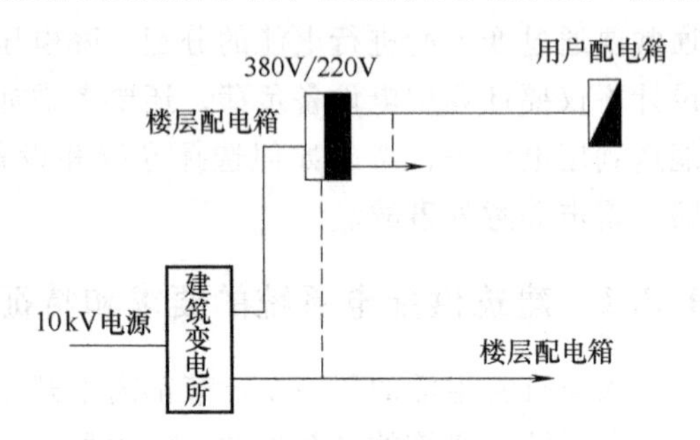

图 1-4　建筑供配电系统基本结构示意图

建筑供配电系统的电源一般由高压线路提供，建筑变电所的功能是完成降压和电能分配，建筑变电所的主要设备有电力变压器、高压配电柜、低压配电柜、备用电源等，10kV 电源经电力变压器降为 380V/220V 电源后，根据用电负荷的要求分为多个出线提供到楼层配电箱。

楼层配电箱的功能是完成电能的二次分配，通过楼层配电箱将电能分配到具体的用户，设置楼层配电箱是为了提高供电的可靠性和经济性。如果将电能直接由建筑变电所提供到用户，则建筑变电所的出线太多，线路敷设困难，设备多，经济性差；如果所有用户都并联在同一条建筑变电所出线回路，则一个用户的故障会影响同一条出线上的其他用户，可靠性差。楼层配电箱的设备主要是断路器等开关设备。

用户配电箱也称末端配电箱，用电设备由用户配电箱提供。根据用电设备的性质和空间位置，一般按空间或设备类型设置用户配电箱。通常用户配电箱也根据负荷类型分为多路输出，例如规范要求照明与插座负荷应采用不同的配电回路供电。

本章小结

本章主要介绍电力系统和供配电系统的概念，讲述交流电路的基本知识和建筑供配电系统的特点和基本结构，重点讨论电力系统中各种电力设备的额定电压。

1. 电力系统是指由发电厂、变电所、电力线路和用户组成的整体。

2. 供配电系统由总降压变电所、配电所、车间变电所或建筑变电所、配电线路和用电设备所组成。

3. 额定电压是国家根据国民经济发展的需要，经全面技术经济比较后制定的。发电、变电、供电、用电设备的额定电压不尽相同。用电设备的额定电压等于电力线路的额定电压；发电机的额定电压较电力线路的额定电压高 5%；变压器一次绕组额定电压等于发电机额定电压（升压变压器）或电力线路额定电压（降压变压器），二次绕组额定电压较电力线路额定电压高 10%或 5%（视线路电压等级或线路长度而定）。

思考题与习题

1-1　供电质量、电能质量由哪些指标来衡量？

1-2　什么是额定电压？我国对电网、发电机、变压器和用电设备的额定电压是如何规定的？

1-3　试确定如图1-5所示的供电系统中发电机和所有变压器的额定电压。

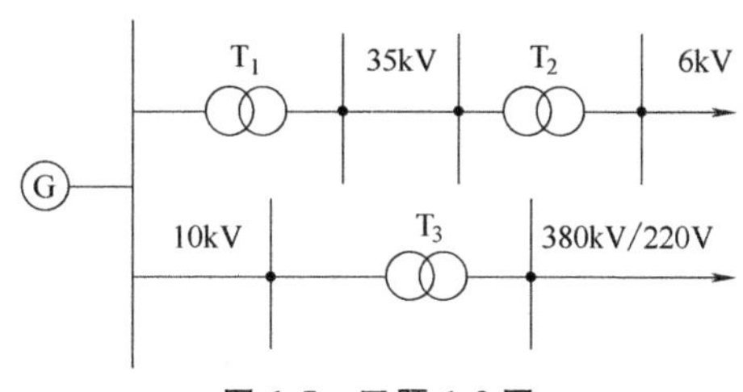

图1-5　习题1-3图

1-4　试确定如图1-6所示的发电机、变压器的额定电压。

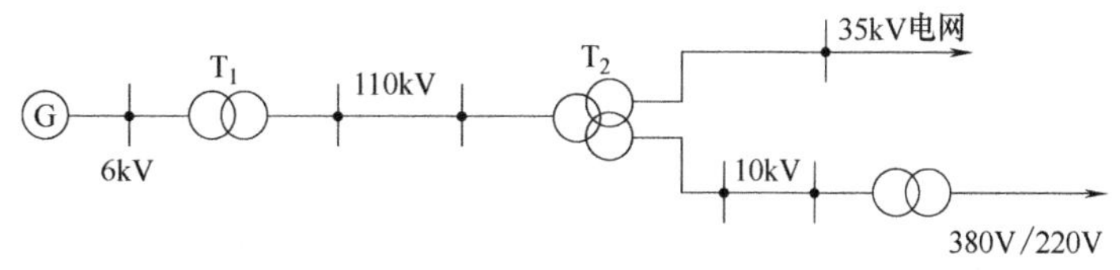

图1-6　习题1-4图

第2章　供配电系统的负荷计算

建筑供配电系统的目的是为建筑中的用电设备提供相应的电能，要满足供配电系统安全、可靠、经济的基本要求，必须确定供配电系统的负荷大小，并以此作为建筑供配电系统设计的依据。通常，用电设备的产品手册或产品铭牌提供了设备的额定负荷等基本参数，但并不能简单地将所有用电设备的额定负荷相加作为选择配电系统中的导线、变压器、断路器等设备的依据，还需要考虑用电设备的特点等因素。另外，不同功能的建筑、不同用途的用电设备在配电系统中的重要性并不一样，对供电的要求也不一样。因此，需要对建筑供配电系统的负荷做深入讨论。

2.1　供配电系统的负荷分级与供电要求

2.1.1　电力负荷分级

供配电系统是建筑中最重要的系统之一，一旦供配电系统发生故障，必然会给供配电系统中的用户带来损失和影响，而且不同的用户或同一用户的不同用电设备在因供配电系统发生故障停电时所产生的损失和影响是不一样的，或者说供配电系统中的用户或用电设备的重要程度是不一样的，为考虑这种影响，需要按一定的原则对供配电系统的负荷的重要性加以区别，这就是负荷分级的概念。

电力负荷又称电力负载，有两种含义：一种是指耗用电能的用电设备或用户，如重要负荷、一般负荷、动力负荷、照明负荷等；另一种是指用电设备或用户耗用的功率或电流大小，如轻负荷（轻载）、重负荷（重载）、空负荷（空载）、满负荷（满载）等。电力负荷的具体含义视具体情况而定。

在 GB 51348—2019《民用建筑电气设计标准》中规定：电力负荷应根据对供电可靠性的要求及中断供电在政治、经济上所造成的损失或影响的程度确定。按该规范的规定将电力负荷分为三级，具体规定如下。

1. 一级负荷

符合下列情况之一时，应定为一级负荷：

1）中断供电将造成人身伤害。

2）中断供电将造成重大损失或重大影响。例如：重大设备损坏、重大产品报废、用重要原料生产的产品大量报废、国民经济中重点企业的连续生产过程被打乱需要长时间才能恢复等。

3）中断供电将影响重要用电单位的正常工作，或造成人员密集的公共场所秩序严重混乱。例如：重要交通枢纽、重要通信枢纽、重要宾馆、大型体育场馆、经常用于国际活动的大量人员集中的公共场所等用电单位中的重要电力负荷。

特别重要场所不允许中断供电的负荷，应定为一级负荷中的特别重要负荷。例如：数据中心、大型金融中心的关键计算机系统和防盗报警系统、大型国际比赛场馆的计时记分系统等。

2. 二级负荷

符合下列情况之一时，应定为二级负荷：

1）中断供电将造成较大影响或损失。例如：主要设备损坏、大量产品报废、连续生产过程被打乱需要较长时间才能恢复、重点企业大量减产等。

2）中断供电将影响较重要用电单位的正常工作或造成人员密集的公共场所秩序混乱。例如：交通枢纽、通信枢纽等用电单位中的重要电力负荷，以及中断供电将造成大型影剧院、大型商场等较多人员集中的公共场所秩序混乱。

3. 三级负荷

不属于一级和二级用电负荷者应定为三级负荷。

在 GB 51348—2019《民用建筑电气设计标准》中，民用建筑对常用建筑中的电力负荷分级有较具体的描述，设计时可作为分级参考。例如，一类高层的客梯、生活水泵电力等为一级负荷；二类高层民用建筑的客梯、生活水泵电力负荷为二级负荷等。150m 及以上的超高层公共建筑的消防负荷应为一级负荷中的特别重要负荷。当主体建筑中有一级负荷中的特别重要负荷时，确保其正常运行的空调设备宜为一级负荷；当主体建筑中有大量一级负荷时，确保其正常运行的空调设备宜为二级负荷。重要电信机房的交流电源，其负荷级别应不低于该建筑中最高等级的用电负荷。在进行供配电设计时，首先要根据设计对象的性质与要求，确定各主要电力负荷的分级。

负荷分级的目的并非只是简单地确定供配电系统的负荷重要性。负荷分级的实质在于不同级的负荷，对供电的要求不同，负荷分级的意义在于明确负荷对供电可靠性要求的界限。例如，对大型影剧院等人员集中的场所，其照明等负荷应按二级负荷分类，供配电设计要采取措施，保证在正常供电电源中断后，有备用的电源维持影剧院的照明设备工作，否则会因意外中断供电造成混乱，导致人员伤亡等事故。

建筑供配电设计的首要任务便是根据国家标准规定的原则和建议的具体负荷分类规定确定负荷级别，然后根据负荷的级别设计相应的供配电方案，尽量降低因意外中断供电时造成的损失和影响。

不同级的负荷，对供电可靠性要求不同，因此负荷分级对供配电系统的可靠性和经济性均有较大的影响。

需要强调的是，负荷分级并不完全是按建筑的功能分级的，还要考虑负荷的功能与性质。同一建筑中，有不同功能用途的电力负荷，这些负荷的重要性和中断供电带来的损失和影响也不同，即负荷的级别是不同的。例如普通高层建筑中的家庭住户用电负荷和疏散楼梯、电梯前室的照明负荷的重要性不同，前者可按三级负荷分类，后者应按二级或一级负荷分类，二者的供电要求也不同。一般情况下，同一建筑中，既有一级负荷或二级负荷，也有三级负荷。合理地确定负荷等级，保证建筑供配电系统的合理性和经济性，保证建筑的一级负荷或二级负荷的供电可靠性是非常重要的。表 B-1 为民用建筑中各类建筑物的主要用电负荷分级。

2.1.2 负荷级别对供电的要求

不同级别的负荷对供电可靠性的要求不同，在 GB 51348—2019《民用建筑电气设计标准》中规定了负荷级别对供电的要求。

1. 一级负荷对供电的要求

一级负荷应由双重电源供电，当一个电源发生故障时，另一个电源不应同时受到损坏。另外，一级负荷容量较大或有高压用电设备时，应采用两路高压电源。若一级负荷容量不大，应优先采用从电力系统或临近单位取得第二低压电源，亦可采用应急发电机组。若一级负荷仅为照明或电话站负荷，可采用蓄电池组作为备用电源。

一级负荷中的特别重要负荷，除双重电源外，尚应增设应急电源供电。为保证对特别重要负荷的供电，应急电源供电回路应自成系统，且不得将其他负荷接入应急供电回路。应急电源的切换时间，应满足设备允许中断供电的要求。应急电源的供电时间，应满足用电设备最长持续运行时间的要求。对一级负荷中的特别重要负荷的末端配电箱切换开关上端口宜设置电源监测和故障报警。一级负荷应由双重电源的两个低压回路在末端配电箱处切换供电。

2. 二级负荷对供电的要求

二级负荷的外部电源进线宜由 35kV、20kV 或 10kV 双回线路供电；当负荷较小或地区供电条件困难时，二级负荷可由一回 35kV、20kV 或 10kV 专用的架空线路供电。当采用架空线路时，可为一回架空线供电；当采用电缆线路时，应采用两根电缆组成的线路供电，其每根电缆应能承受 100%的二级负荷，且互为热备用。

3. 三级负荷可采用单电源单回路供电。

负荷级别对供电的要求体现在对电源的要求，按负荷级别对供电的要求，除正常供电电源外，一级负荷、二级负荷应有两个独立的电源或两回供电线路供电。因此，在确定负荷的级别后，需要考虑如何提供满足负荷供电要求的供电电源。

2.1.3 供电电源

不同级的负荷，对供电连续性要求不同，对供电电源的要求也不同，确定了负荷的级别，明确了供电的要求后，需要解决能满足负荷供电要求的供电电源。

1. 一级负荷的供电电源

按相关规范要求，一级负荷要求供电系统无论正常运行还是发生事故时，都能保证供电的连续性。因此要求一级负荷由两个电源供电，并要求两个电源不能同时损坏，这就是说，两个电源应是独立的，只有这样，才能满足供电的连续性要求，在一个电源出现故障后，切换到另一个电源继续为一级负荷供电。按独立电源要求，由同一电源供电的两台变压器并不能作为独立电源，因为电源出现故障后，两台变压器将同时中断工作。满足供配电系统独立电源要求的电源如图 2-1 所示。

图 2-1a 为来自不同发电厂的电源；图 2-1b 为来自不同区域变电站的电源，两者同时出现故障的可能性极小，可作为独立电源；图 2-1c 为用发电机组作为另一个电源，在来自区

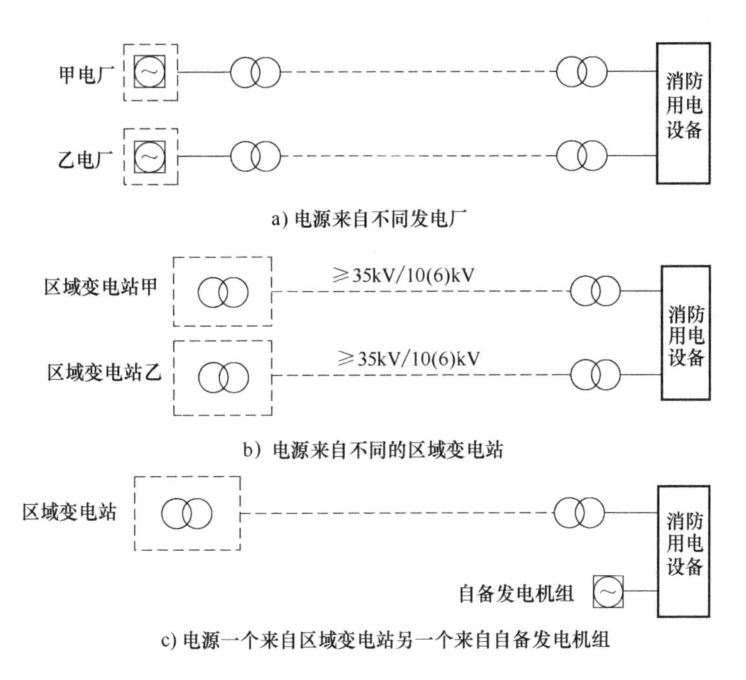

图 2-1　供配电系统的独立电源

域变电站的电源故障后，起动发电机组为一级负荷供电。三种供电方式都可满足一级负荷的供电。

在供配电设计时，如果设计对象的负荷中包含一级负荷，因按此要求设计相应的供电电源，对一般的高层民用建筑，在不能由电网获得第二个独立电源时，便需要配置发电机组作为备用电源，以满足一级负荷供电的要求。

2. 二级负荷的供电电源

二级负荷的供电要求比一级负荷稍低，相关标准中对一级负荷的要求是“应”由两个电源供电，对二级负荷的要求是“宜”由两回线路供电，“应”表示严格，在正常情况下要这样做，“宜”表示允许稍有选择，在条件许可时首先要这样做。

二级负荷的供电一般要求在发生电力变压器或线路常见故障时不至于中断供电（或中断后能立即恢复供电）。按二级负荷的供电要求，一般应由两回线路供电，供电变压器也应有两台，只有在负荷较小或地区供电困难时，允许采用一回 10kV 及以上专用的架空线路或电缆供电。

3. 三级负荷的供电电源

三级负荷对供电电源无特殊的要求。建筑配电设计一般要求容量小于 60A 的分散住宅用户可采用单相供电，但应尽量使供电干线上的负荷三相平衡。

4. 应急电源

在 GB 51348—2019《供配电系统设计标准》中规定，在一级负荷分类中还提出了特别重要负荷的概念，例如一类建筑中的消防负荷、信息与通信中心的用电负荷、大型商务中心、大型比赛场馆的用电负荷等不允许中断供电的负荷，应划分为特别重要负荷。对这些负荷，其供电的可靠性和连续性要求高，即便按一级负荷的供电要求，由电网提供两回路独立电源也不一定能满足要求，因为来自电网的两个并列的电源仍然可能因为电网故障而同时中断供电。因此，按规范规定，对一级负荷中特别重要负荷要由与电网不并列运行的、独立的应急电源供电。

由上述的要求可知，一级负荷中特别重要的负荷，除按一级负荷的规定要求，由双重电源供电外，尚应增设一个应急电源供电。规范规定：应急电源供电回路应自成系统，且不得将其他负荷接入应急供电回路。如果其他负荷接入应急电源，将加重应急电源的负荷，既不经济，也不可靠；在实际的供配电设计进行负荷分级时，需要仔细分析负荷的重要性，尽可能减少一级负荷中特别重要负荷；如果应急电源与工作电源同时并列运行，在电网故障时，有可能将应急电源拖垮，造成供电中断。因此应急电源应在正常工作电源故障后，采取自动切换方式投入运行，由于应急电源严禁与正常电源并列运行，在设计时要采取相应措施，防止并列运行。

按 GB 51348—2019《民用建筑电气设计标准》中规定，应急电源或备用电源可采用独立于正常电源的专用馈电线路、发电机组、蓄电池组等形式的电源。这些电源都满足与电网不并列运行、为独立电源的条件。

对特别重要负荷的供电，不仅要具备应急电源，还要考虑正常电源故障后切换到应急电源的时间要求，通常将由正常供电电源断电到应急电源投入运行的时间称切换时间。不同性质的用电负荷，允许中断供电的时间要求不一样，例如计算中心的计算机等信息处理设备的供电和备用照明同属特别重要负荷，但对切换时间要求不同。信息处理设备要求不间断运行，而备用照明则允许有“秒”级的中断供电时间，在选择应急电源的类型时，要考虑特别重要负荷对切换时间的要求。按现行标准的规定：

对允许中断供电时间为30s以上的负荷，可选择快速自起动的发电机组；

对允许中断供电时间为1.5s以上的应急电源可选择带有自投入装置的独立于正常电源的专用馈电线路；

对允许中断供电时间为毫秒（ms）级的负荷，应选择不间断供电电源，例如可选择蓄电池静止型不间断供电电源（UPS、EBS 等）、蓄电池机械储能电机型不间断供电电源或柴油机不间断供电电源等。

在选择应急电源时，还要考虑应急电源的容量，应急电源的容量应要满足特别重要负荷的供电要求，但应急状态又不是正常工作状态，并不需要按长期工作要求来选择工作容量；因此，选择应急电源不仅要考虑负荷的大小，还要考虑应急电源的供电时间。有关供电时间的要求，不同负荷有不同要求，标准也有相应规定，需要具体考虑。例如，对负荷容量不大、可以采用直流供电、不允许中断供电的信息设备，可选择蓄电池静止型不间断供电电源；对有冲击电流、负荷较大、允许中断供电时间在毫秒（ms）级的特别重要负荷，可选择蓄电池机械储能电机型不间断供电电源或柴油机不间断供电电源；对包含较大的动力负荷、允许中断供电的时间为15s以上特别重要的负荷，可选择快速自起动的发电机组或带有自投入装置的独立于正常电源的专用馈电线路为应急电源。

现代建筑的功能越来越多，负荷种类也越来越多，有时需要同时提供几种类型的应急电源才能满足供电要求，图 2-2 为应急电源的接线示例，图中同时采用了蓄电池、不间断供电电源 UPS、柴油发电机等应急电源为不同的负荷供电。可对照应急电源和负荷性质理解供电要求和电源配置。

图 2-2 中，有两个来自电网的独立电源，正常工作时，由电网电源经两台变压器降电压后通过母线 1 和母线 2 为用电负荷供电，两个电源之间具有联络断路器，可以相互切换供电。考虑到负荷中包含特别重要负荷，设置独立于电网的柴油发电机组作为应急电源，柴油发电机组在正常情况下不工作，在电网电源或变压器同时遭遇故障后，自动起动投入运行，保证特别重要负荷的供电，电网电源和柴油发电机组之间具有防止并列运行的互锁措施。对于系统中的信息设备等特别重要的负荷，采用不间断电源 UPS 作为应急电源，满足切换时间要求，对采用直流供电的负荷，采用蓄电池组作为应急电源。

现代建筑中，应急电源已成为建筑供配电系统的重要组成部分，合理进行负荷分级、确定应急电源供电的负荷、选择供配电方案对建筑与人身安全和建筑供配电系统的经济性能有重要意义。

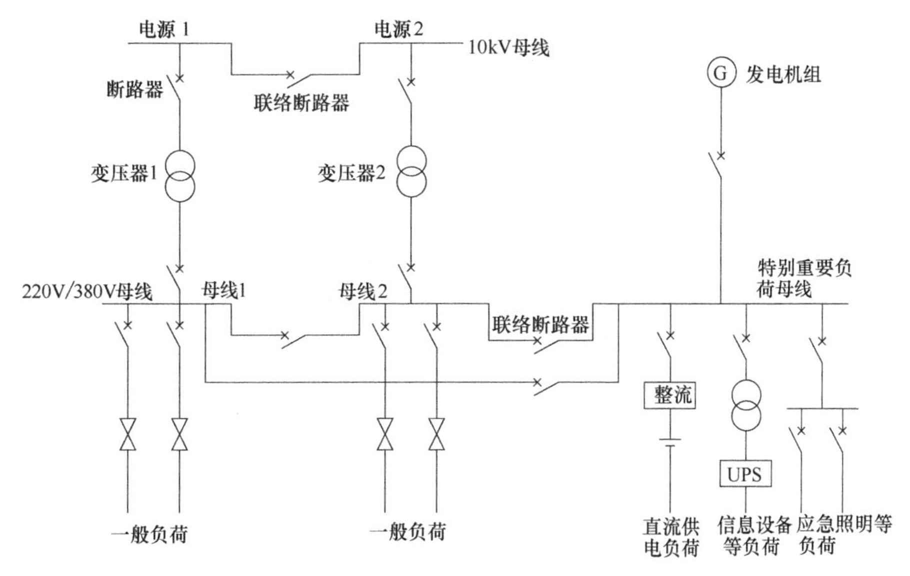

图 2-2 应急电源的接线示例

2.2 负荷曲线与计算负荷

确定供配电系统及其每一个配电回路的负荷大小称为计算负荷。计算负荷的目的是为供配电系统设计提供必要的正常状态下系统理论数据（又称计算数据），以这些数据为依据来选择设计一、二次系统，即选设备、导线、进行二次系统整定。但是用来设计的系统理论数据不能直接采用设备铭牌数据，要进行科学的转换。计算负荷就是将设备铭牌数据科学地转化为系统理论数据，并包括系统无功补偿、损耗和尖峰电流的计算。计算负荷直接影响供配电系统的安全性、可靠性和经济性。

2.2.1 负荷曲线的概念

负荷曲线是表征电力负荷随时间变化的图形，反映了用户用电的特点和规律。负荷曲线绘制在直角坐标系上，纵坐标表示负荷（有功功率或无功功率），横坐标表示对应的时间（一般以 h 为单位）。

负荷曲线按负荷对象分，有工厂的、车间的或某类设备的负荷曲线。按负荷性质分，有有功和无功负荷曲线。按所表示的负荷变动时间分，有年的、月的、日的或工作班的负荷曲线。

1. 日负荷曲线

日负荷曲线表示负荷在一昼夜间（0~24h）的变化情况，图 2-3 是一班制工厂的日有功负荷曲线。

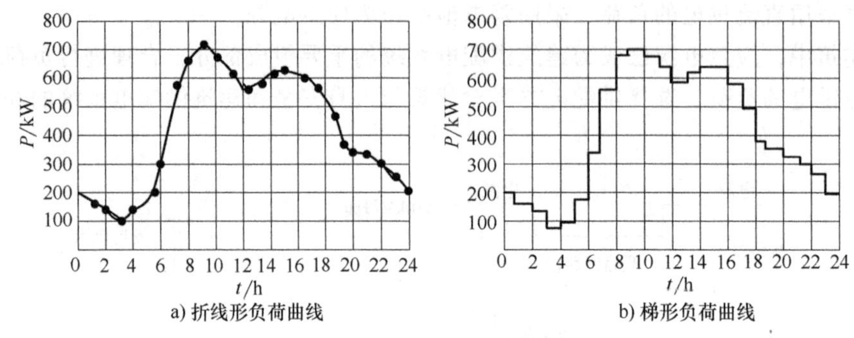

a) 折线形负荷曲线　　b) 梯形负荷曲线

图 2-3　一班制工厂的日有功负荷曲线

日负荷曲线可用测量的方法绘制。绘制方法如下：

1）以某个检测点为参考点，在 24h 中各个时刻记录有功功率表的读数，逐点绘制而呈折线形状，称折线形负荷曲线，如图 2-3a 所示。

2）通过接在供电线路上的电能表，每隔一定的时间间隔（一般为 0.5h）将其读数记录下来，求出 0.5h 的平均功率，再依次将这些点画在坐标上，把这些点连成梯形负荷曲线，如图 2-3b 所示。

为便于计算，负荷曲线多绘制成梯形，横坐标一般按 0.5h 分格，以便确定“0.5h 最大负荷”。当然，其时间间隔取得越短，曲线越能反映负荷的实际变化情况。日负荷曲线与横坐标所包围的面积代表全日所消耗的电能。

2. 年负荷曲线

年负荷曲线通常绘制成负荷持续时间曲线，按负荷大小依次排列，如图 2-4c 所示，全年按 8760h 计算。

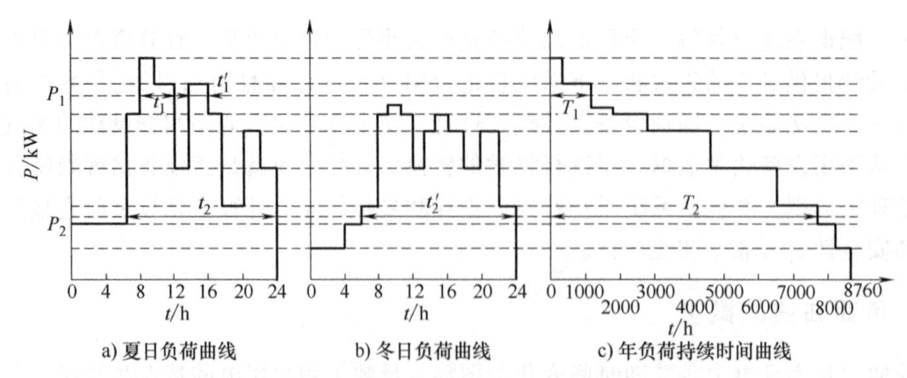

a) 夏日负荷曲线　　b) 冬日负荷曲线　　c) 年负荷持续时间曲线

图 2-4　年负荷持续时间曲线的绘制

上述年负荷曲线，根据其一年中具有代表性的夏日负荷曲线（见图 2-4a）和冬日负荷曲线（见图 2-4b）来绘制。其夏日和冬日在全年中所占的天数，应视当地的地理位置和气温情况而定。例如，在我国北方，可近似地认为夏日 165 天，冬日 200 天；而在我国南方，则可近似地认为夏日 200 天，冬日 165 天。假设绘制南方某厂的年负荷曲线（见图 2-4c），其中 P_1 在年负荷曲线上所占的时间 $T_1=200(t_1+t_1')$，P_2 在年负荷曲线上所占时间 $T_2=200t_2+165t_2'$，其余类推。

年负荷曲线的另一种形式，是按全年每日的最大负荷（通常取每日最大负荷的 0.5h 平均值）绘制的，称为年每日最大负荷曲线，如图 2-5 所示。横坐标依次以全年 12 个月的日期来分格。这种年负荷曲线，可以用来确定拥有多台电力变压器的变电所在一年内的不同时期宜于投入几台运行，即所谓经济运行方式，以降低电能损耗，提高供电系统的经济效益。

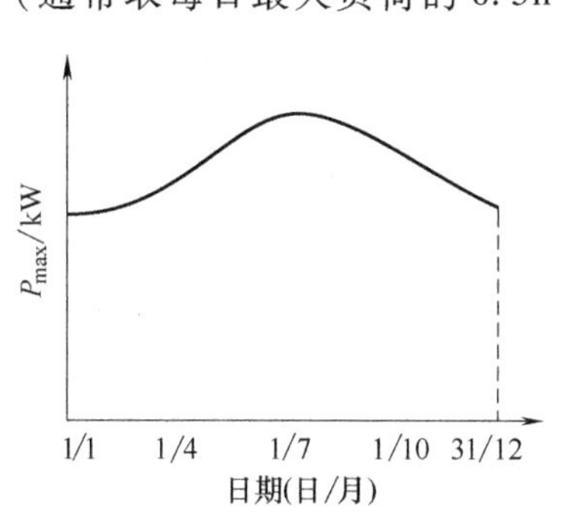

图 2-5　年每日最大负荷曲线

从各种负荷曲线上，可以直观地了解电力负荷变化的情况。通过对负荷曲线的分析，可以更深入地掌握负荷变化的规律，并可从中获得一些对设计和运行有用的资料。因此了解负荷曲线对于从事供配电系统设计和运行上的人员来说，都是很必要的。

2.2.2　用电设备的运行工作制与设备负荷

用电设备在使用过程中，并非都是连续运行的（例如电焊机、升降机等设备的运行是断续方式），按计算负荷的概念，运行方式影响计算负荷。供配电系统中将设备按运行特征分为三类，在进行供配电负荷计算时，要考虑用电设备的运行特征。设备的运行特征也称为设备的运行工作制。

设备运行工作制分类的实质是按设备运行的热效应进行分类。不同运行工作制的设备在运行过程中产生的热效应不同，通常将设备的产品手册或产品铭牌提供的参数称为额定参数，对应的负荷称为额定功率 P_N，将考虑了设备运行工作制影响后得出的负荷称为设备负荷 P_e。引入设备运行工作制的概念是为了求取设备负荷。

1. 连续运行工作制

连续运行工作制设备指工作时间长、连续运行的设备。大多数设备属于此类工作制，如照明设备、暖通空调设备等。按热效应概念，可以给连续运行工作制的设备一个相对技术化的概念：在连续运行过程中能达到稳定温升的设备可称为连续运行工作制设备。

一般将连续运行工作制作为统一规定的运行工作制。对连续运行工作制的设备，其额定功率即是设备负荷，即设备负荷 P_e = 额定功率 P_N。

2. 短时运行工作制

短时运行工作制设备指工作时间短，间歇时间长的设备。按热效应的概念，在运行过程中达不到稳定的温升，而在停止过程中能冷却恢复到环境温度的设备可称为短时运行工作制设备。例如，起动水闸的电动机等，运行时间短，停止时间长，属于短时运行工作制设备。这类设备数量少、消耗功率少。

短时运行工作制的设备，对配电设备和线路热效应影响小，求设备负荷时，一般不做考虑，即短时运行工作制设备的额定功率 P_N 不计入设备负荷。

3. 断续周期运行工作制

断续周期运行工作制设备指有规律的周期性（通常一个周期在10min左右）频繁起动和停止的设备。按热效应的概念，在反复的周期运行过程中能达到稳定的温升的设备可称为断续周期运行工作制设备。例如，起重机电动机、电焊机等设备，以断续方式运行，最终可达到稳定的温升。

与短时运行工作制设备不同，断续周期运行工作制设备能达到稳定的温升，其热效应不能忽略，但与连续运行工作制设备相比，其达到稳定的温升的过程（时间）长，也不能认为断续周期运行工作制设备的额定功率便是其设备负荷，需要考虑断续运行的影响，才比较接近实际运行情况。

对于断续周期运行工作制的用电设备，引入暂载率 JC（或接电率 ε）来描述运行特征，暂载率 JC 定义为：用电设备工作时间与整个工作周期之比的百分值，即

$$JC=\frac{t}{T}=\frac{t}{t+t'}\times 100\% \tag{2-1}$$

式中 T——整个工作周期；

t——工作周期内的工作时间；

t'——工作周期内的停歇时间。

三者关系如图2-6所示。

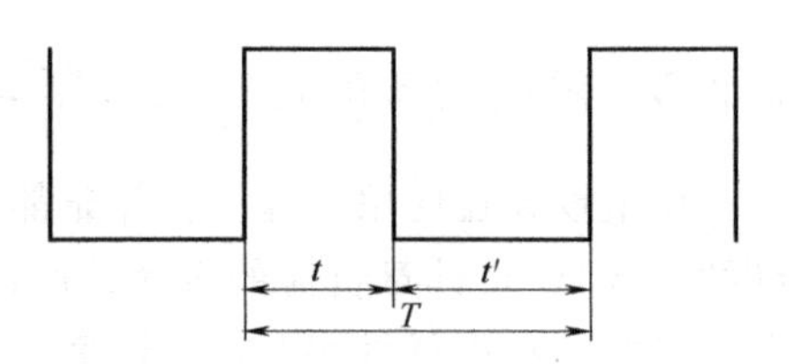

图2-6 暂载率周期示意图

对于断续周期运行工作制的设备，其产品技术参数包括设备的额定暂载率 JC_N，而设备的额定功率是指对应于其额定暂载率 JC_N 下的功率，同一设备在不同的暂载率时，设备负荷是不同的。为了用一个统一的标准衡量设备负荷，应将设备的额定功率由对应的额定暂载率 JC_N 换算到一个统一规定的暂载率 $JC_{100}=100\%$下，以此作为设备负荷的基准。即对于断续周期运行工作制的设备，其设备负荷应根据额定暂载率 JC_N 和统一规定的暂载率 $JC_{100}=100\%$进行计算。折算公式为

$$P_e=\sqrt{\frac{JC_N}{JC_{100}}}P_N \tag{2-2}$$

式中 JC_N，JC_{100}——设备的额定暂载率和规定的暂载率；

P_N，P_e——设备的额定功率和折算后的设备负荷。

在GB 51348—2019《民用建筑电气设计标准》中规定：对于不同工作制的用电设备的额定功率应换算为统一的设备功率。

当采用需要系数法或二项式法计算时，断续或短时工作制电动机的设备功率，是指将设备的额定功率统一换算到暂载率为25%时的有功功率，即要将其额定功率换算为 $JC_{25}=25\%$ 时的功率。

电焊机的设备功率，是指将设备的额定功率换算到暂载率为100%时的有功功率，即要将其额定功率换算为 $JC_{100}=100\%$时的功率。

一般情况下，起重机电动机的额定暂载率 JC_N 为15%、25%、40%、60%；电焊机变压器的额定暂载率 JC_N 为50%、60%、75%、100%。

4. 照明设备的设备负荷

对照明设备，在确定设备负荷时，除按连续运行工作制考虑外，还要考虑设备附加组件的功率损耗。例如荧光灯及高压水银灯等要考虑镇流器的功率损耗，损耗系数见表 2-1。

表 2-1　气体放电光源镇流器的功率损耗系数

光源种类	损耗系数 α	光源种类	损耗系数 α
荧光灯	0.2	金属卤化物灯	0.14~0.22
荧光高压汞灯	0.07~0.3	涂荧光物质的金属卤化物灯	0.14
自镇流荧光高压汞灯		低压钠灯	0.2~0.8
高压钠灯	0.12~0.2		

白炽灯等照明设备负荷折算公式：

$$P_e = P_N \tag{2-3}$$

荧光灯及高压水银灯等照明设备负荷折算公式：

$$P_e = P_N(1+\alpha) \tag{2-4}$$

目前，使用电子镇流器的荧光灯越来越多，电子镇流器的功率损耗低，可以考虑降低设备负荷的功率损耗，取小的系数。

另外，无论是工厂或高层建筑，为了满足系统运行的可靠性等要求，都配置一部分备用的设备。在正常情况下，备用设备不投入运行，在主设备故障或检修等情况下，启用备用设备，保证系统运行，例如备用通风机、水泵、鼓风机、空压机，高层建筑中的备用生活水泵、备用空调制冷设备等。对这类备用设备，在求设备负荷时，不计入备用设备的额定功率。

对建筑中专用消防电梯以及在消防状态下才能使用的送风机、排烟机以及其他在非正常状态时才使用的设备，在求设备负荷时，也不列入总设备负荷之内。但在选择为其供电的线路和设备时，要按设备的额定功率考虑。当消防用电设备的计算负荷大于火灾切除的非消防负荷时，应按未切除的非消防负荷加上消防负荷计算总负荷。

根据上述的分析，将不同设备工作制的设备负荷和设备额定功率的关系归纳在表 2-2 中。

表 2-2　不同设备工作制的设备负荷和设备额定功率的关系

设备工作制或性质	设备负荷和设备额定功率的关系
连续运行工作制	设备负荷 P_e = 额定功率 P_N
短时运行工作制	设备的额定功率 P_N 不计入设备负荷 P_e
断续周期运行工作制	折算到统一规定的暂载率 $JC_{规}$，$P_e=\sqrt{\frac{JC_N}{JC_{规}}}P_N$
照明设备	考虑设备附加组件的功率损耗　$P_e=P_N(1+\alpha)$
备用设备	设备的额定功率 P_N 不计入设备负荷 P_e
非正常状态下使用的设备	设备的额定功率 P_N 不计入总设备负荷

【例 2-1】 某机修车间金属切削机床组，有 5 台功率为 7.5kW、12 台功率为 4kW、15 台功率为 2.2kW、10 台功率为 1.5kW 的 380V 三相交流电动机；有电焊机 2 台，每台功率

为 7kW（$JC=60\%$）；行车一台，功率为 6kW（$JC=40\%$）；照明采用荧光灯，共 1.5kW。试求其设备负荷。

解 机床组的设备负荷为其设备额定功率，即

$$P_{e1}=(7.5\times5+4\times12+2.2\times15+1.5\times10)\text{kW}=133.5\text{kW}$$

电焊机的设备负荷为（换算到 $JC_{100}=100\%$ 的功率）

$$P_{e2}=\sqrt{\frac{JC_N}{JC_{100}}}P_N=\sqrt{\frac{60\%}{100\%}}\times7\times2\text{kW}=10.84\text{kW}$$

行车的设备负荷为（换算到 $JC_{25}=25\%$ 的功率）

$$P_{e3}=\sqrt{\frac{JC_N}{JC_{25}}}P_N=\sqrt{\frac{40\%}{25\%}}\times6\text{kW}=7.59\text{kW}$$

照明的设备负荷（取 1.2 倍的额定功率）

$$P_{e4}=1.5\times1.2\text{kW}=1.8\text{kW}$$

机修车间总的设备负荷为：

$$P_e=(133.5+10.84+7.59+1.8)\text{kW}=153.73\text{kW}$$

2.2.3 计算负荷

设备负荷虽然考虑了设备的运行特征，但在实际运行过程中，用电设备在配电系统中的使用具有随机性，例如各个用电设备并不一定同时使用，各个用电设备不一定同时在其额定负荷下运行等，设备负荷并未反映这些特点，因此还不能以设备负荷作为选择配电设备和导线的依据。

然而，正因各种用电设备的使用具有随机性，要准确考虑设备的这些特点并不现实，在选择配电设备和导线时，更不可能准确预测设备未来的实际使用情况。既要考虑用电负荷的随机性特征，又不能准确确定实际使用负荷，这是一个有矛盾的要求。为解决这一矛盾，将使用性质相同的用电设备或用户归类，观测同类用电设备或用户在长期使用条件下的功率消耗情况，利用统计规律，按热效应等效的原则，引入一个称为计算负荷的特定物理量，用计算负荷来综合考虑用电设备的实际运行情况，从而回避用电设备使用随机性的问题，并以计算负荷作为选择配电设备和导线的依据。

为理解计算负荷的实质和意义，先介绍几个与计算负荷相关的概念。

1. 年最大负荷 P_{max}、Q_{max}、S_{max}

年最大负荷 P_{max} 是指用电设备在全年中用电负荷最大的工作班（这一工作班的最大负荷至少出现 2~3 次）内消耗电能最大的 0.5h 平均功率，故它又称为 0.5h 最大负荷 P_{30}，对应年最大负荷的还有年最大无功 Q_{max} 和年最大视在负荷 S_{max}。

按负荷曲线的概念，年最大负荷就是在以 0.5h 为时间间隔、采用梯形曲线绘图的年负荷曲线上的最大的负荷区间。从年最大负荷的定义可以看出，一是年最大负荷指用电负荷最大的工作班；二是用电负荷最大的工作班不是偶然发生的，至少出现 2~3 次；三是指 0.5h 平均功率。

2. 年最大负荷利用小时 T_{max}

年最大负荷利用小时是一个假想时间，其物理意义是，如果用户按年最大负荷 P_{max} 运

行这一个假想的时间 T_{max}，则所消耗的电能与该用户全年所消耗的电能 W_p 相同。按此定义，年最大负荷利用小时 T_{max} 可表示为

$$T_{max}=\frac{W_p}{P_{max}} \tag{2-5}$$

年最大负荷利用小时 T_{max} 是反应电力负荷是否均匀的一个参数，其大小与负荷的生产班制和工厂类别有关，在计算电能损耗和电气设备选择中均要用到。

3. 平均负荷 P_{av}

平均负荷 P_{av} 是指用电负荷在时间 t（通常取一年）内消耗功率的平均值，即

$$P_{av}=\frac{W_p}{t} \tag{2-6}$$

对年平均负荷 P_{av}，$t=24\times365h=8760h$。

4. 负荷率

负荷率也称为负荷系数，按负荷的性质，负荷率也分为有功负荷率 α 和无功负荷率 β，有功负荷率 α 定义为年平均有功负荷 P_{av} 和年最大有功负荷 P_{max} 之比，无功负荷率 β 定义为年平均无功负荷 Q_{av} 和年最大无功负荷 Q_{max} 之比，即

$$\begin{cases}\alpha=\dfrac{P_{av}}{P_{max}}\\[2ex]\beta=\dfrac{Q_{av}}{Q_{max}}\end{cases} \tag{2-7}$$

负荷率是一个小于1的参数，负荷率可以反映负荷变化规律，负荷率越接近于1，表示负荷波动越小。对用电设备而言，负荷率指设备的输出功率与设备的额定功率之比，显然负荷率越接近1，设备的利用率就越高。根据统计数据，一般工厂的负荷率为0.7~0.8，同类的电力用户有类似的负荷率，有功负荷率和无功负荷率不一定相同。

5. 计算负荷 P_C、Q_C、S_C、I_C

前已述及，负荷计算的目的是为供配电系统中设备和导线选择提供依据，负荷计算要考虑供配电系统的安全性和可靠性，还要考虑供配电系统的经济性。按此原则，设备的额定负荷和设备负荷还不宜作为选择的依据，还需要寻找一个能够反映实际的、随机变化的负荷在长期运行条件产生的最大热效应的等效负荷，或者说，该等效负荷与实际的、随机变化的负荷在长期运行条件产生热效应相同。可以这样理解，假设有一个配电回路，为一个实际的、随机变化的用电负荷供电，在该负荷连续运行作用下，负荷电流使配电回路导体的温度在时间 t 内上升到了稳定的温度 T；如果在同一个配电回路中，接入另一个稳定不变的用电负荷，让该稳定的负荷连续运行相同的时间 t，稳定的负荷电流使配电回路导体的温度也上升到稳定的温度 T，则该稳定的、不随机变化的负荷与实际的、随机变化的用电负荷具有相同的热效应，该稳定不变的负荷也就是计算负荷。

由上述分析可知，按计算负荷的实质，可以认为计算负荷是一个假想的负荷，其物理意义是按这个假想的“计算负荷”持续运行所产生的热效应，与实际的、随机变化的负荷长期运行产生的最大热效应相等。按计算负荷的目的，可以认为计算负荷就是供配电系统中按发热条件选择设备和导线所需要的负荷。

根据前面的概念，可以发现年最大负荷满足了“计算负荷”的要求，“用电负荷最大的工作班”满足负荷最大的条件，而0.5h平均功率可以满足“热效应”的要求，因为当电流通过导线时，导线的温度上升具有指数上升特性，一般在0.5h内可以达到稳定的温升，因此供配电系统中用年最大负荷作为计算负荷，即$P_{max}=P_C$。

计算负荷是供配电系统中重要的概念，是选择导线和电气设备的重要物理量，求取计算负荷是供配电系统的基本内容。计算负荷除有功功率P_C外，无功功率Q_C、视在功率S_C、计算电流I_C都是描述计算负荷的参数。P_C、Q_C、S_C、I_C之间也满足电工学基本定律约束。

6. 平均功率因数

按负荷率的概念，根据供配电系统一年消耗的平均有功负荷P_{av}和年平均无功负荷Q_{av}可以得出对应的功率因数，一般称为平均功率因数，在已知计算负荷和负荷率（通常按统计规律制成相应表格）时，平均功率因数为

$$\cos\varphi=\frac{P_{av}}{\sqrt{P_{av}^2+Q_{av}^2}}=\frac{\alpha P_C}{\sqrt{(\alpha P_C)^2+(\beta Q_C)^2}}=\frac{1}{\sqrt{1+\left(\frac{\beta Q_C}{\alpha P_C}\right)^2}} \tag{2-8}$$

对于已运行的供配电系统，可以根据电能表得出系统的有功电能消耗量W_p和无功电能消耗量W_Q，用对应的电能消耗量表示的平均功率因数为

$$\cos\varphi=\frac{W_P}{\sqrt{W_P^2+W_Q^2}}=\frac{1}{\sqrt{1+\left(\frac{W_Q}{W_P}\right)^2}} \tag{2-9}$$

2.3 求计算负荷的基本方法

在前面讨论了计算负荷的物理实质，并可以根据用电负荷的实际运行情况，利用负荷曲线和年最大负荷概念得出等效的计算负荷，但在工程实践中，要求在供配电设计时根据计算负荷选择设备和导线，换句话说，要求在用电负荷的实际投入运行前就得出计算负荷。因此，求计算负荷的过程实际是以经验数据和统计规律作为依据，在对各类用电负荷的实际运行数据整理的基础上，用一系列经验系数和统计规律来估算计算负荷，这是求计算负荷的共同特征。

求取计算负荷有需要系数法、二项式法、利用系数法、单位指标等基本方法，每一种方法都有其适应范围。在建筑供配电设计中，应根据用电负荷的具体情况，选择合适的计算方法。

2.3.1 需要系数法确定计算负荷

用需要系数法进行负荷计算，其方法简便适用，为工业企业及民用建筑供配电系统负荷计算的主要方法。在计算过程中，需要把用电设备按照工艺性质不同、需要系数不同分成不同若干组，然后分组进行计算，最后再算出总的计算负荷，即逐级计算的方法。

1. 需要系数K_d

供配电系统在实际运行中的负荷容量往往小于其铭牌容量，这是由于系统设备工作的同

时率是随机变化的，且设备的负荷情况亦不同，工作方式不同，所以考虑到上述三种情况及系统、设备的工作效率在统计系统负荷量时引入一科学的计算系数，称为需要系数，其公式为

$$K_d=\frac{K_L \cdot K_\Sigma}{\eta_e \cdot \eta_{WL}} \tag{2-10}$$

式中　K_L——用电设备组的负荷系数，即用电设备组在最大负荷时，工作着的用电设备实际需要的功率与这些用电设备总容量之比；

K_Σ——用电设备组的同时系数，即用电设备组在最大负荷时，工作着的用电设备容量与该组用电设备总容量之比；

η_e——用电设备组的平均效率，即用电设备组输出与输入功率之比；

η_{WL}——供电线路的平均效率，即供电线路末端与线路首端功率之比。

由上面分析可知，需要系数 K_d 是一个综合指标，其值小于 1。

需要系数 K_d 定义为配电范围内用电设备的计算负荷 P_C 与配电范围内用电设备的设备负荷 P_e 之比，即

$$K_d=\frac{P_C}{P_e} \tag{2-11}$$

在式（2-11）中，设备负荷 P_e 只考虑用电设备的运行特征、前面已经解决了设备负荷 P_e 的计算问题，而计算负荷 P_C 则可以利用负荷曲线和年最大负荷概念得出。因此对于一个实际存在的具体的供配电系统，可以由式（2-11）求出需要系数 K_d。

需要系数相当于将实际的设备负荷 P_e 打一个折扣，不再去具体分析和考虑用电负荷在实际运行中的种种随机变化的因素，而是将这些随机变化对计算负荷的影响全部归结到需要系数这样一个参数中。工程实践中，在对各类工厂、各类建筑、各类用电设备、各种用电设备组的实际运行数据进行监测和统计分析的基础上，根据设备负荷 P_e、负荷曲线和年最大负荷，利用式（2-11）求得需要系数 K_d，然后将对应负荷的需要系数、功率因数等编制成相应的表格。不难看出，需要系数是对同类用电负荷的实际运行数据进行统计而得出的经验系数。表 2-3 和表 2-4 为工业用电设备和民用建筑用电设备需要系数及功率因数表。表 B-2~表 B-6 为常用用电设备的需要系数及功率因数。

表 2-3　工业用电设备的需要系数及功率因数

用电设备组名称		需要系数 K_d	功率因数	
			$\cos\varphi$	$\tan\varphi$
单独传动的金属加工机床	小批生产的金属冷加工机床	0.12~0.16	0.50	1.73
	大批生产的金属冷加工机床	0.17~0.20	0.50	1.73
	小批生产的金属热加工机床	0.20~0.25	0.55~0.60	1.51~1.33
	大批生产的金属热加工机床	0.25~0.28	0.65	1.17
锻锤、压床、剪床及其他锻工机械		0.25	0.60	1.33
木工机械		0.20~0.30	0.50~0.60	1.73~1.33
液压机		0.30	0.60	1.33
生产用通风机		0.75~0.85	0.80~0.85	0.75~0.62

（续）

<table>
<tr><th colspan="2" rowspan="2">用电设备组名称</th><th rowspan="2">需要系数
K_d</th><th colspan="2">功率因数</th></tr>
<tr><th>$\cos\varphi$</th><th>$\tan\varphi$</th></tr>
<tr><td colspan="2">卫生用通风机</td><td>0.65~0.70</td><td>0.80</td><td>0.75</td></tr>
<tr><td colspan="2">泵、活塞压缩机、空调送风机</td><td>0.75~0.85</td><td>0.80</td><td>0.75</td></tr>
<tr><td colspan="2">冷冻机组</td><td>0.85~0.90</td><td>0.80~0.90</td><td>0.75~0.48</td></tr>
<tr><td colspan="2">球磨机、破碎机、筛选机、搅拌机等</td><td>0.75~0.85</td><td>0.80~0.85</td><td>0.75~0.62</td></tr>
<tr><td rowspan="3">电阻炉（带调压器或变压器）</td><td>非自动装料</td><td>0.60~0.70</td><td>0.95~0.98</td><td>0.33~0.20</td></tr>
<tr><td>自动装料</td><td>0.70~0.80</td><td>0.95~0.98</td><td>0.33~0.20</td></tr>
<tr><td>干燥箱、电加热器等</td><td>0.40~0.60</td><td>1.00</td><td>0</td></tr>
<tr><td colspan="2">工频感应电炉（不带无功补偿装置）</td><td>0.80</td><td>0.35</td><td>2.68</td></tr>
<tr><td colspan="2">高频感应电炉（不带无功补偿装置）</td><td>0.80</td><td>0.60</td><td>1.33</td></tr>
<tr><td colspan="2">焊接和加热用高频加热设备</td><td>0.50~0.65</td><td>0.70</td><td>1.02</td></tr>
<tr><td colspan="2">熔炼用高频加热设备</td><td>0.80~0.85</td><td>0.80~0.85</td><td>0.75~0.62</td></tr>
<tr><td rowspan="3">表面淬火电炉（带无功补偿装置）</td><td>电动发电机</td><td>0.65</td><td>0.70</td><td>1.02</td></tr>
<tr><td>真空管振荡器</td><td>0.80</td><td>0.85</td><td>0.62</td></tr>
<tr><td>中频电炉（中频机组）</td><td>0.65~0.75</td><td>0.80</td><td>0.75</td></tr>
<tr><td colspan="2">氢气炉（带调压器或变压器）</td><td>0.40~0.50</td><td>0.85~0.90</td><td>0.62~0.48</td></tr>
<tr><td colspan="2">真空炉（带调压器或变压器）</td><td>0.55~0.65</td><td>0.85~0.90</td><td>0.62~0.48</td></tr>
<tr><td colspan="2">电弧炼钢炉变压器</td><td>0.90</td><td>0.85</td><td>0.62</td></tr>
<tr><td colspan="2">电弧炼钢炉的辅助设备</td><td>0.15</td><td>0.50</td><td>1.73</td></tr>
<tr><td colspan="2">点焊机、缝焊机</td><td>0.35，0.20①</td><td>0.60</td><td>1.33</td></tr>
<tr><td colspan="2">对焊机</td><td>0.35</td><td>0.70</td><td>1.02</td></tr>
<tr><td colspan="2">自动弧焊变压器</td><td>0.50</td><td>0.50</td><td>1.73</td></tr>
<tr><td colspan="2">单头手动弧焊变压器</td><td>0.35</td><td>0.35</td><td>2.68</td></tr>
<tr><td colspan="2">多头手动弧焊变压器</td><td>0.40</td><td>0.35</td><td>2.68</td></tr>
<tr><td colspan="2">单头直流弧焊机</td><td>0.35</td><td>0.60</td><td>1.33</td></tr>
<tr><td colspan="2">多头直流弧焊机</td><td>0.70</td><td>0.70</td><td>1.02</td></tr>
<tr><td colspan="2">金属加工、机修、装配车间用起重机①</td><td>0.10~0.25</td><td>0.50</td><td>1.73</td></tr>
<tr><td colspan="2">铸造车间用起重机②</td><td>0.15~0.45</td><td>0.50</td><td>1.73</td></tr>
<tr><td colspan="2">联锁的连续运输机械</td><td>0.65</td><td>0.75</td><td>0.88</td></tr>
<tr><td colspan="2">非联锁的连续运输机械</td><td>0.50~0.60</td><td>0.75</td><td>0.88</td></tr>
<tr><td colspan="2">一般工业用硅整流装置</td><td>0.50</td><td>0.70</td><td>1.02</td></tr>
<tr><td colspan="2">电镀用硅整流装置</td><td>0.50</td><td>0.75</td><td>0.88</td></tr>
<tr><td colspan="2">电解用硅整流装置</td><td>0.70</td><td>0.80</td><td>0.75</td></tr>
<tr><td colspan="2">红外线干燥设备</td><td>0.85~0.90</td><td>1.00</td><td>0</td></tr>
<tr><td colspan="2">电火花加工装置</td><td>0.50</td><td>0.60</td><td>1.33</td></tr>
<tr><td colspan="2">超声波装置</td><td>0.70</td><td>0.70</td><td>1.02</td></tr>
</table>

（续）

用电设备组名称	需要系数 K_d	功率因数	
		$\cos\varphi$	$\tan\varphi$
X 光设备	0.30	0.55	1.52
磁粉探伤机	0.20	0.40	2.29
计算机主机	0.60~0.70	0.80	0.75
计算机外部设备	0.40~0.50	0.50	1.73
试验设备（电热为主）	0.20~0.40	0.80	0.75
试验设备（仪表为主）	0.15~0.20	0.70	1.02
铁屑加工机械	0.40	0.75	0.88
排气台	0.50~0.60	0.90	0.48
老炼台	0.60~0.70	0.70	1.02
陶瓷隧道窑	0.80~0.90	0.95	0.33
拉单晶炉	0.70~0.75	0.90	0.48
赋能腐蚀设备	0.60	0.93	0.40
真空浸渍设备	0.70	0.95	0.33

① 电焊机的需要系数 0.2 仅用于电子行业以及焊接机器人。

② 起重机的设备功率为换算到 $\varepsilon=100\%$ 的功率，其需要系数已相应调整。

表 2-4　民用建筑用电设备的需要系数及功率因数

用电设备组名称		需要系数 K_d	功率因数	
			$\cos\varphi$	$\tan\varphi$
通风和采暖用电	各种风机、空调器	0.70~0.80	0.80	0.75
	恒温空调箱	0.60~0.70	0.95	0.33
	集中式电热器	1.00	1.00	0
	分散式电热器	0.75~0.95	1.00	0
	小型电热设备	0.30~0.5	0.95	0.33
冷冻机		0.85~0.90	0.80~0.9	0.75~0.48
各种水泵		0.60~0.80	0.80	0.75
锅炉房用电		0.75~0.80	0.80	0.75
电梯（交流）		0.18~0.22	0.5~0.6	1.73~1.33
运输带、自动扶梯		0.60~0.65	0.75	0.88
起重机械		0.10~0.20	0.50	1.73
厨房及卫生用电	食品加工机械	0.50~0.70	0.80	0.75
	电饭锅、电烤箱	0.85	1.00	0
	电炒锅	0.70	1.00	0
	电冰箱	0.60~0.70	0.70	1.02
	热水器（淋浴用）	0.65	1.00	0
	除尘器	0.30	0.85	0.62

（续）

用电设备组名称		需要系数 K_d	功率因数	
			$\cos\varphi$	$\tan\varphi$
机修用电	修理间机械设备	0.15～0.20	0.50	1.73
	电焊机	0.35	0.35	2.68
	移动式电动工具	0.20	0.50	1.73
打包机		0.20	0.60	1.33
洗衣房动力		0.30～0.50	0.70～0.9	1.02～0.48
天窗开闭机		0.10	0.50	1.73
通信及信号设备		0.70～0.90	0.70～0.9	0.75
客房床头电气控制箱		0.15～0.25	0.70～0.85	1.02～0.62

2. 需要系数法

根据实际运行数据进行统计已经知道了各种类型的需要系数、功率因数等相关参数，于是便可以根据需要进行设计的对象的负荷类型和特点，查阅已知的同类型负荷的需要系数 K_d、功率因数等相关参数，再根据设备负荷 P_e，利用式（2-11）计算设计对象的计算负荷。

利用已知的需要系数求取计算负荷的方法称需要系数法。用需要系数法求计算负荷的过程如图 2-7 所示。

设备的额定功率P_N ⇒（暂载率 JC）⇒ 设备负荷P_e ⇒（需要系数K_d）⇒ 计算负荷P_C

图 2-7　K_d 计算过程示意图

注：K_d 法求取的是设备组的负荷。

计算负荷的概念考虑的是多个用电设备不一定同时使用、各个用电设备不一定同时在其额定负荷下运行的情况，此时，设备负荷便是计算负荷。因此在利用需要系数法求计算负荷时，应先将计算范围内的设备按负荷性质相同的、需要系数相近的原则分类合并为若干用电设备组，按设备负荷的概念，根据各设备的额定值和设备的用电特征求得设备负荷 P_e，查表选择相应的需要系数 K_d 和功率因数，然后按下式求设备组计算负荷，即

$$\begin{cases} P_C = K_d \sum P_e \\ Q_C = P_C \tan\varphi \\ S_C = \sqrt{P_C^2 + Q_C^2} \\ I_C = \dfrac{S_C}{\sqrt{3}U_N} \text{或} I_C = \dfrac{S_C}{\sqrt{3}\times U_N \times \cos\varphi} \end{cases} \tag{2-12}$$

式中　P_C、Q_C、S_C——用电设备组的有功计算负荷（kW）、无功计算负荷（kvar）、视在计算负荷（kV·A）；

$\sum P_e$——用电设备组的设备容量之和（kW），不包括备用设备容量；

K_d——用电设备组的需要系数（见表 2-3，表 2-4，表 B-2～表 B-6），设备台数≤3 时，K_d 取 1；

I_{C1}——用电设备组的计算电流（A）；

$\tan\varphi$——与运行功率因数角相对应的正切值；

U_N——用电设备组的额定电压（kV）。

上述计算的是设备组的计算负荷。在配电范围内有多个不同负荷类型的用电设备组同时工作时，例如，用一条配电干线为加工车间供电时，车间的设备可能有机床、焊接设备、行车、照明等不同类型的负荷，同类性质的设备可用上面的计算式求设备组的计算负荷，但各不同性质的设备组的最大负荷也不一定同时出现，存在随机性，因此还不能简单地将各设备组计算负荷相加作为总计算负荷，还需要再计入一个同时系数（也称混合系数）K_Σ来描述这种差异，即在配电范围内包含多个设备组时，应按下面计算式求计算负荷：

$$\begin{cases} P_C = K_{\Sigma p} \sum_{i=1}^{n} P_{ci} = K_{\Sigma p} \sum_{i=1}^{n} (K_{di} P_{ei}) \\ Q_C = K_{\Sigma q} \sum_{i=1}^{n} Q_{ci} = K_{\Sigma q} \sum_{i=1}^{n} (K_{di} \times P_{ei} \times \tan\varphi_i) \\ S_C = \sqrt{P_C^2 + Q_C^2} \\ I_C = \dfrac{S_C}{\sqrt{3} U_N} \text{或} I_C = \dfrac{S_C}{\sqrt{3} \times U_N \times \cos\varphi} \end{cases} \tag{2-13}$$

式中 P_{ci}、P_{ei}——第 i 类用电设备组的计算有功功率、有功设备功率（kW）；

Q_{ci}——第 i 类用电设备组的计算无功功率（kvar）；

$K_{\Sigma p}$、$K_{\Sigma q}$——有功功率、无功功率同时系数（≤1，按规定范围选取）；

K_{di}——第 i 类用电设备组的需要系数；

U_N——额定电压（kV）。

简化计算时，$K_{\Sigma p}$、$K_{\Sigma q}$ 可取相同的值，取值范围一般为 0.8~1。

由于需要系数（包括同时系数）是对同类用电负荷的实际运行数据进行统计而得出的经验系数，且需要系数的取值也有一定范围，所以在负荷计算、查表选择需要系数时，要根据具体情况合理选用需要系数。通常在配电范围内的设备多、设备负荷大、设备使用率高时，在需要系数的取值范围内取较大值；配电范围内的设备少、设备负荷小、设备使用率低时，在需要系数的取值范围内取较小值。

需要指出的是，计算负荷是供配电系统中按发热条件选择设备和导线所需要的负荷，求计算负荷是求一定配电范围内多个用电设备在热效应相等条件下的等效负荷，因此，需要系数法也只有在求多个用电设备计算负荷时才适用。在采用需要系数法求计算负荷时，先将配电范围内的用电设备按负荷类型进行统一分组，分组负荷计算时，还要考虑同组内用电设备的数量。一般情况下，如果一个分组内只有 3 台及 3 台以下设备，则计算负荷等于其设备功率总和，即采用设备负荷作为选择设备和导线的依据；如果一个分组内有 3 台以上设备，则计算负荷可采用需要系数法计算确定。对于配电干线，其计算负荷为配电干线供电范围内各用电设备组的计算负荷之和再乘同时系数；对于变配电所的低电压侧总负荷，其计算负荷为各配电干线的计算负荷之和再乘同时系数；变配电所的高电压侧负荷还要考虑变压器损耗。将上述的计算注意事项简要归纳于表 2-5 中。

表 2-5 需要系数法注意要点

设备组设备数量	≤3	>3	多个设备组	说明
计算负荷	$P_C = \Sigma P_e$	$P_C = K_d \Sigma P_e$	$P_C = K_\Sigma \Sigma (K_{di} \times P_{ei})$	需要系数根据设备类型取值

由上面的讨论可以体会到：在负荷计算过程中，要深入体会配电范围内的计算负荷、需要系数的概念，选择适当的参数和计算方法，才能得出较为接近实际运行的计算负荷；特别在具体的工程实践中，理解概念与过程的实质，比简单记忆公式更有意义。

【例 2-2】 某机修车间 380V 线路上，接有金属切削机床 20 台电动机，共 50kW（其中较大容量电动机有 1 台 7.5kW，3 台 4kW，7 台 2.2kW）；2 台通风机，共 3kW；1 台 2kW 电阻炉，求此线路上的计算负荷。

解 按类求各组计算负荷 P_C 与 Q_C

1. 机床组

查表 2-3 得

$$K_{d1}=0.2, \cos\varphi_1=0.5, \tan\varphi_1=1.73$$

故

$$P_{C1}=0.2\times 50\text{kW}=10\text{kW}$$

$$Q_{C1}=10\times 1.73\text{kvar}=17.3\text{kvar}$$

2. 通风机组

查表 2-3 得

$$K_{d2}=0.8, \cos\varphi_2=0.8, \tan\varphi_2=0.75$$

$$P_{C2}=1\times 3.0\text{kW}=3.0\text{kW}$$

$$Q_{C2}=3.0\times 0.75\text{kvar}=2.25\text{kvar}$$

3. 电阻炉

查表 2-3 得

$$K_{d3}=0.7 \quad \cos\varphi_3=1, \tan\varphi_3=0$$

$$P_{C3}=1\times 2\text{kW}=2\text{kW}$$

$$Q_{C3}=0$$

4. 叠加各类计算负荷

$$P_C=K_{\Sigma p}(P_{C1}+P_{C2}+P_{C3})=0.95\times(10+3+2)\text{kW}=14.25\text{kW}$$

$$Q_C=K_{\Sigma q}(Q_{C1}+Q_{C2}+Q_{C3})=0.97\times(17.3+2.25+0)\text{kvar}=18.96\text{kvar}$$

5. 求 S_C、I_C

$$S_C=\sqrt{P_C^2+Q_C^2}=\sqrt{14.25^2+18.96^2}\text{kV}\cdot\text{A}=23.72\text{kV}\cdot\text{A}$$

$$I_C=\frac{S_C}{\sqrt{3}U_N}=\frac{23.72}{\sqrt{3}\times 0.38}\text{A}=36.04\text{A}$$

由计算结果可见，计算负荷比设备负荷小，用计算负荷作为选择配电设备和导线的依据，既满足了正常运行时发热条件的要求，又提高了配电系统的经济性，实现安全、可靠、经济的原则。

2.3.2 二项式法

需要系数法计算简便，是建筑供配电设计中最常用的求计算负荷的方法。工程实践中发现，需要系数法在分组负荷中用电设备台数多、容量差别不大时，比较接近实际运行情况；但在分组负荷中用电设备台数少、容量差别大时，用需要系数法计算的结果偏小。供配电设计时，对这种情况，应该加以校正，这时可采用二项式法进行计算。

二项式法的出发点是将用电设备的负荷分为两项，其中一项是电设备组的基本负荷；另一项是考虑容量特别大的设备的影响计入的附加负荷，故称为二项式法。

1. 单个用电设备组的计算负荷

$$\begin{cases} P_C = bP_e + cP_x \\ Q_C = P_C \tan\varphi \\ S_C = \sqrt{P_C^2 + Q_C^2} \\ I_C = \dfrac{S_C}{\sqrt{3}U_N} \end{cases} \tag{2-14}$$

式中　P_C、Q_C、S_C、I_C——用电设备组的计算负荷（kW、kvar、kV·A、A）；

P_e——用电设备组的设备容量之和（kW）；

P_x——用电设备组中大容量 x 台容量最大用电设备的设备容量之和（kW）；

x——用电设备组取大容量用电设备的台数，参见表2-6；

b、c——二项式系数，参见表2-6；

bP_e——用电设备组的平均负荷（kW）；

cP_x——x 台大容量最大用电设备的附加负荷（kW）（考虑容量最大用电负荷使计算负荷大于平均负荷的影响）；

$\tan\varphi$——与运行功率因数角相对应的正切值；

U_N——用电设备组的额定电压（kV）。

表2-6　用电设备的二项式系数、cosφ 及 tanφ

负荷种类	用电设备组名称	二项式系数			cosφ	tanφ
		b	c	x		
金属切削机床	小批及单件金属冷加工	0.14	0.4	5	0.5	1.73
	大批及流水生产的金属冷加工	0.14	0.5	5	0.5	1.73
	大批及流水生产的金属热加工	0.26	0.5	5	0.65	1.16
长期运转机械	通风机、泵、电动机	0.65	0.25	5	0.8	0.75
铸工车间连续运输及整砂机械	非联锁连续运输及整砂机械	0.4	0.4	5	0.75	0.88
	联锁连续运输及整砂机械	0.6	0.2	5	0.75	0.88
反复短时负荷	锅炉、装配、机修的起重机	0.06	0.2	3	0.5	1.73
	铸造车间的起重机	0.09	0.3	3	0.5	1.73
	平炉车间的起重机	0.11	0.3	3	0.5	1.73
	压延、脱模、修整间的起重机	0.18	0.3	3	0.5	1.73
电热设备	定期装料电阻炉	0.5	0.5	1	1	0
	自动连续装料电阻炉	0.7	0.3	2	1	0
	实验室小型干燥箱、加热器	0.7			1	0
	熔炼炉	0.9			0.87	0.56
	工频感应炉	0.8			0.35	2.67
	高频感应炉	0.8			0.6	1.33

（续）

负荷种类	用电设备组名称	二项式系数			cosφ	tanφ
		b	c	x		
焊接设备	单手手动弧焊变压器	0.35			0.35	2.67
	多头手动弧焊变压器	0.7~0.9			0.75	0.88
	点焊机及缝焊机	0.5			0.5	1.73
	对焊机	0.35			0.6	1.33
	平焊机	0.35			0.7	1.02
	铆钉加热器	0.35			0.7	1.02
	单头直流弧焊机	0.7			0.65	1.16
	多头直流弧焊机	0.35			0.6	1.33
		0.5~0.9			0.65	1.16
电镀	硅整流装置	0.5	0.35	3	0.75	0.88

2. 多个用电设备组的计算负荷

$$\begin{cases} P_C = \sum_{i=1}^{n}(b_i P_{ei}) + (cP_x)_m \\ Q_C = \sum_{i=1}^{n}(b_i P_{ei}\tan\varphi_i) + (cP_x)_m \tan\varphi_x \\ S_C = \sqrt{P_C^2 + Q_C^2} \\ I_C = \dfrac{S_C}{\sqrt{3}U_N} \end{cases} \tag{2-15}$$

式中 P_C、Q_C、S_C、I_C——用电设备组的计算负荷（kW、kvar、kV·A、A）；

$\sum_{i=1}^{n} b_i P_{ei}$——各用电设备组平均负荷 $b_i P_{ei}$ 的总和（kW）；

$(cP_x)_m$——各用电设备的附加负荷 cP_x 中的最大值（kW）；

$\tan\varphi_x$——与 $(cP_x)_m$ 相对应的功率因数角的正切值；

$\tan\varphi$——与运行功率因数角相对应的正切值；

U_N——用电设备组的额定电压（kV）。

一般在用电设备较少但设备容量差别大（5倍以上）时，才考虑使用二项式法，二项式法的计算结果一般偏大。

采用二项式法求计算负荷时，二项式系数可以通过查阅相关设计手册选取。二项式法求计算负荷的过程类似于需要系数法，现根据设备的额定功率考虑运行工作制求得设备功率，再根据负荷类型查得二项式系数，然后采用式（2-14）~式（2-15）计算即可。

如果每组中的用电设备数量小于最大容量用电设备的台数 x，则采用小于 x 的两组或更多组中最大的用电设备附加负荷的总和，作为总和的附加负荷。

【例 2-3】 对例 2-2 用二项式系数法求机修车间 380V 线路计算负荷。

解 按类求各组的 bP_e 和 cP_x

1. 机床组

查表 2-6 得

$$b_1=0.14, c_1=0.4, x=5$$

$$\cos\varphi_1=0.5, \tan\varphi_1=1.73$$

$$b_1P_{e1}=0.14\times50\text{kW}=70\text{kW}$$

$$c_1P_{x1}=0.4\times(7.5\times1+4\times3+2.2\times1)\text{kW}=8.68\text{kW}$$

2. 通风机组

查表 B-6 得：

$$b_2=0.65, c_2=0.25$$

$$\cos\varphi_2=0.8, \tan\varphi_2=0.75$$

$$b_2P_{e2}=0.65\times3\text{kW}=1.95\text{kW}$$

$$c_2P_{x2}=0.25\times3\text{kW}=0.75\text{kW}$$

3. 电阻炉

查表 B-6 得：

$$b_3=1 \quad c_3=0$$

$$\cos\varphi_3=1 \quad \tan\varphi_3=0$$

$$b_3P_{e2}=1\times2\text{kW}=2\text{kW}$$

$$c_3P_{x3}=0$$

4. 叠加各类计算负荷 P_C、Q_C

$$P_C=(7+1.95+2+8.68)\text{kW}=19.63\text{kW}$$

$$Q_C=(7+1.73+1.95\times0.75+0+8.68\times1.732)\text{kvar}=28.61\text{kvar}$$

5. 求 S_C、I_C

$$S_C=\sqrt{P_C^2+Q_C^2}=\sqrt{19.63^2+28.61^2}\text{kV}\cdot\text{A}=34.70\text{kV}\cdot\text{A}$$

$$I_C=\frac{S_C}{\sqrt{3}U_N}=\frac{34.70}{\sqrt{3}\times0.38}\text{A}=52.72\text{A}$$

从例 2-2 和例 2-3 计算结果看出，二项式法计算结果偏大，主要原因是过分强调了最大用电设备的容量。

2.3.3 利用系数法

1. 利用系数 K_u

与需要系数 K_d 不同，利用系数 K_u 定义为配电范围内用电设备组在最大负荷工作班消耗的平均功率 P_{av} 与用电设备组的设备负荷 P_e 之比，即

$$K_u=\frac{P_{av}}{P_e} \tag{2-16}$$

式中 P_{av}——用电设备组的平均功率（kW）；

P_e——用电设备组的设备功率（kW）；

K_u——最大负荷工作班的用电设备组利用系数，见表 2-7。

由利用系数的定义，用电设备组的最大负荷工作班的平均功率很容易得出，只需要统计用电设备在最大负荷工作班的耗电量和工作班的时间即可得到平均功率，因而利用系数比需要系数更容易得到。工程实践中，也在对各类工厂、各类建筑、各种用电设备组的实际运行数据进行统计分析基础上，得出对应负荷的利用系数、功率因数等参数，并编制成相应的表格，供负荷计算时查阅。

表 2-7　部分用电设备组的利用系数

用电设备组名称	利用系数	功率因数	$\tan\varphi$
小批生产的金属冷加工机床	0.11~0.12	0.5	1.73
大批生产的金属冷加工机床	0.12~0.14	0.5	1.73
小批生产的金属热加工机床	0.17	0.6	1.33
大批生产的金属热加工机床	0.2	0.65	1.17
生产用通风机	0.55	0.80	0.75
卫生用通风机	0.50	0.80	0.75
泵、活塞型压缩机、电动发电机组	0.55	0.8	0.75
移动式电动工具	0.05	0.5	1.73
起重机等	0.15~0.2	0.5	1.73
干燥箱、加热器等	0.55~0.65	0.95	0.33
试验室用小型电热设备	0.35	1.00	0.00
单头直流电弧焊机	0.25	0.6	1.33
多头直流电弧焊机	0.5	0.7	1.02
单头弧焊变压器	0.25	0.35	2.67
多头弧焊变压器	0.3	0.35	2.67
自动弧焊机	0.3	0.5	1.73
点焊机、缝焊机	0.25	0.6	1.33
对焊机	0.25	0.7	1.02
工频感应电炉(不带无功补偿装置)	0.75	0.35	2.67
高频感应电炉(用电动发电机组)	0.7	0.8	0.75
高频感应电炉(用真空管振荡器)	0.65	0.65	1.17

2. 利用系数法

类似于需要系数法，根据同类用电负荷的利用系数也可求得配电范围内的计算负荷。采用利用系数进行负荷计算的方法称为利用系数法，计算过程简述如下。

（1）求用电设备组在最大负荷工作班内的平均负荷

$$\begin{cases} P_{av} = K_u P_e \\ Q_{av} = P_{av}\tan\varphi \end{cases} \tag{2-17}$$

（2）求用电设备组的平均利用系数 K_{uav}

用电设备组的平均利用系数 K_{uav} 定义为各用电设备组的平均有功负荷之和与供电设备组的设备功率之和的比，即

$$K_{uav} = \frac{\sum P_{avi}}{\sum P_{ei}} \tag{2-18}$$

（3）求用电设备的有效台数 n_{eff}

用电设备的有效台数 n_{eff} 定义为各用电设备组的设备功率之和的二次方与单个用电设备的设备功率的二次方和之比，即

$$n_{eff} = \frac{(\sum P_{ei})^2}{\sum P_{ei}^2} \tag{2-19}$$

有效台数的意义是将设备功率、工作制不同的用电设备的台数换算为相同设备和工作制下的等效值。实际应用中，有效台数计算根据实际情况可以进行简化计算，可参阅相应的设计手册，在此不做详细介绍。

（4）求用电设备组的计算负荷

$$\begin{cases}P_{C}=K_{m}\sum P_{avi}\\Q_{C}=K_{m}\sum Q_{avi}\\S_{C}=\sqrt{P_{C}^{2}+Q_{C}^{2}}\\I_{C}=\dfrac{S_{C}}{\sqrt{3}U_{N}}\end{cases} \tag{2-20}$$

式中　K_{m}——最大系数，可以根据有效台数 n_{eff} 和平均利用系数 K_{uav} 查计算表格得出。

由利用系数法的计算过程可见，求计算负荷的计算较烦琐，但计算结果比较接近实际情况。目前，利用系数法在供配电设计中较少采用。

2.3.4　单位指标法

所谓单位指标法，是根据特定对象的耗电量，根据以往的统计资料进行估算，得出用电对象的单位负荷的计算方法。常用的单位指标法有综合单位指标法、负荷密度指标法（单位面积功率法）、单位产品能耗法等，其中综合单位指标法、负荷密度指标法是建筑供配电系统常用的方法。

1. 综合单位指标法

用综合单位指标法求计算负荷时，先根据统计资料、相关规范和用户的功能要求等因素，选择单位用电指标，然后根据总的单位数量即可确定计算负荷。计算如下：

$$P_{C}=p_{n}N \tag{2-21}$$

式中　P_{C}——计算有功功率（kW）；

p_{n}——综合单位用电指标（kW/户、kW/人、kW/床等）。

N——综合单位数量，如户数、人数、床位数等。

综合单位用电指标的形式根据实际情况而定，例如住宅单位用电指标为kW/户，对应的单位数量为总住宅户数，宾馆为W/床位，对应的单位数量为总床位数等。

对一般住宅楼，通常可采用综合单位指标法确定每户的用电负荷，再根据住宅楼的住户数即可得出相应的计算负荷。

2. 负荷密度指标法

用负荷密度指标法求计算负荷时，先根据统计资料、相关规范和用户的功能要求等因素，选择适当的单位面积负荷密度，然后根据总的建筑面积即可确定计算负荷。计算如下：

$$P_{C}=\frac{p_{a}A}{1000} \tag{2-22}$$

式中　P_{C}——计算有功功率（kW）；

p_{a}——负荷密度（W/m^{2}）；

A——总的建筑面积（m^{2}）。

例如对一般教学楼，可以根据同类建筑用电负荷的统计资料等，采用负荷密度指标法按建筑面积确定每平方米的用电负荷，然后根据总的建筑面积即可确定计算负荷。

综合单位指标法和负荷密度指标法是建筑供配电系统中常用的负荷计算方法，在实际使用时，还要结合具体工程的实际情况，乘以相应的同时系数。综合单位指标法相对其他负荷计算方法，显得较为粗略，一般用于估算用电负荷。

2.3.5 负荷计算基本方法的应用

供配电系统中负荷计算的基本方法有需要系数法、二项式法、利用系数法、单位指标法等基本方法，每一种方法都有其适用范围和应用特点，在供配电设计时，需要根据实际情况选用适当的负荷计算方法。为加深对负荷计算方法的理解，下面再对上述基本方法进行简要的说明。

1. 需要系数法

需要系数法根据需要系数直接求取计算负荷，需要系数可以查表得出，计算简单易行，应用广泛，是建筑供配电系统负荷计算普遍采用的计算方法，尤其适用于变配电所的负荷计算。

采用需要系数法的前提条件是各用电设备的额定参数和负荷特征都是已知的，在用电设备台数多、总设备负荷大、各台用电设备的负荷相差不悬殊时，宜采用需要系数法，此时计算结果与实际运行情况较接近。在设备负荷相差大时，宜考虑采用其他负荷计算方法。

需要系数的取值有一定范围，实际应用时要根据具体情况，包括投资情况、建设标准等综合考虑。

在供配电设计的初步设计阶段及施工图设计阶段宜采用需要系数法。

2. 二项式法

二项式法将用电设备的负荷分为用电设备组的基本负荷和附加负荷两项，附加负荷考虑了用电设备中大容量设备的影响。采用二项式法的前提条件是各用电设备的额定参数和特征都是已知的，在用电设备台数少、总设备负荷小、各台用电设备的负荷相差悬殊时，宜采用二项式法。

二项式法一般用于供配电系统的支干线和配电箱的负荷计算，计算结果一般偏大，工程应用中，应注意这一特点。

按现行《民用建筑电气设计标准》要求，采用二项式法求计算负荷应注意以下几点：

1）应将计算范围内的所有设备统一化组，不应逐级计算。

2）不考虑同时系数。

3）在用电设备等于或少于 4 台时，该用电设备组的计算负荷按设备功率乘以计算系数 b 求取。计算多个用电设备组计算负荷时，如果每组中的设备台数小于最大用电设备台数 x，取小于 x 的两组或更多组中的最大用电设备的附加功率之和作为总附加功率。

二项式法主要应用于工厂等场所，二项式法中的二项式系数几乎都是工厂加工设备的经验数据，在民用建筑的负荷计算中应用不多。

3. 利用系数法

利用系数法是根据平均负荷和利用系数求计算负荷。利用系数法采用数理统计原理，引入了平均利用系数、有效台数、最大系数等参数，比较好地考虑了用电设备台数和功率差异对计算负荷的影响，计算的结果是所有负荷计算方法中最接近实际运行情况的。

利用系数法适用于各种范围的负荷计算。由于利用系数法计算过程较烦琐，而且目前可依据的利用系数资料也不完整，一般都是来自工厂设备的经验数据，目前应用较少；但考虑到计算的准确性，考虑到计算机辅助设计的应用，计算过程烦琐并不是难题，如果有完整的利用系数支持，利用系数法将是值得注意的负荷计算方法。

4. 单位指标法

采用需要系数法、二项式法、利用系数法求计算负荷有一个共同的前提：要求各用电设备的额定参数和运行特征都是已知的，但有时用户对用电设备的要求并不十分明确，只有基本功能等模糊的要求，这些方法就受到限制。单位指标法则不需要具体设备的信息，只需要知道类似功能用户的单位负荷参数，根据设计对象的规模即可估算出计算负荷。

从负荷计算的角度，单位指标法是一种相对粗略的负荷计算方法，一般适用于供配电设计的方案设计阶段的负荷计算。

在负荷计算时，不要忘记负荷计算的目的和计算负荷的物理实质，负荷计算是求计算负荷的过程，计算负荷是基于热等效原则而引入的一个假想的负荷；求计算负荷的目的是为供配电系统中按发热条件选择配电设备和导线提供依据。各种求计算负荷的方法都基于经验和统计规律，都是近似计算，因而在用电设备组包含的用电设备超过一定数量时，负荷计算的结果才接近实际情况。工程应用时，应注意以下要求：

1）在用电设备组的用电设备台数≤3 台时，用电设备组的计算负荷就是设备负荷；在用电设备组的用电设备台数=4 台时，可取用电设备负荷 90%作为用电设备组的计算负荷。在用电设备组的用电设备台数≥5 台时，根据负荷特点和类型选择适当的负荷计算方法。

2）在确定配电系统总负荷时，由于消防设备平时不运行，只在应急状态下才投入运行，故消防设备的负荷不计入总负荷，但要以消防设备负荷作为选择消防设备配电设备和配电线路的依据；在进行消防设备的负荷计算时，由于消防设备按连续运行工作制运行，而且是同时工作，因而直接采用消防设备的额定功率作为计算负荷，不再考虑需要系数等因素。

各种求计算负荷的方法都是近似计算，但负荷计算的方法选择、系数选择要依照国家有关规范和设计手册确定标准和参数，不能随意选择，这是负荷计算的基本原则。

2.4　单相负荷计算

单相负荷指仅与三相线路中某一相线与工作零线或某两相线并联连接的用电负荷，接在相线与工作零线之间的用电负荷称为单相相负荷，例如通常的建筑照明负荷等；接在两相线之间的用电负荷称为单相线负荷，例如 380V 的单相电焊机、电加热器等。

单相负荷的存在，会造成三相配电系统不对称运行，导致产生环流、谐波、电磁干扰等影响，在供配电设计和工程应用中，应尽可能将单相负荷均衡地分配在三相回路中，保持三相配电系统的对称运行，这是供配电设计的原则之一。

前面的负荷分析计算过程中，是基于三相对称系统进行的，如果单相负荷能均衡地分配在三相回路中，不会导致三相负荷不对称，则可以采用前述的负荷计算方法求计算负荷；如果单相负荷无法均衡地分配在三相回路中，则应考虑配电系统的不对称运行对计算负荷的影响。

单相负荷的负荷计算原则为：当单相负荷的总容量小于计算范围内的三相对称负荷总容量的 15%时，可全部按三相对称负荷计算；当超过 15%时，宜将单相负荷换算为等效三相负荷，再与三相负荷相加。

本书所述及的单相负荷计算概念完全基于此原则，主要讨论在单相负荷的总容量大于计算范围内的三相对称负荷总容量的15%时，将单相负荷折算为等效三相计算负荷的计算方法，折算的原则仍然是负荷的等效热效应。在单相负荷的总容量小于计算范围内的三相对称负荷的总容量的15%时，不属于单相负荷折算的范围。

2.4.1 单相相负荷的折算

如果计算范围内仅有单相相负荷，则三相等效计算负荷 P_{eq} 为最大单相相负荷 P_m 的3倍，即

$$P_{eq}=3P_m \tag{2-23}$$

式中 P_{eq}——等效三相负荷量（kW）；

P_m——最大负荷相的设备容量（kW）。

2.4.2 单相线负荷折算

单相线负荷折算分为三种情况，折算方法有所不同。

1）计算范围内仅有一相单相线负荷 P_{UV} 时，三相等效计算负荷 P_{eq} 为单相线负荷 P_{UV} 的$\sqrt{3}$倍，即

$$P_{eq}=\sqrt{3}P_{UV} \tag{2-24}$$

式中 P_{UV}——线负荷容量（kW）；

2）计算范围内有三相单相线负荷 $P_{UV}\geqslant P_{VW}\geqslant P_{WU}$ 时，选取较大两相数据进行计算，三相等效计算负荷 P_{eq} 为

$$P_{eq}=\sqrt{3}P_{UV}+(3-\sqrt{3})P_{VW}=1.73P_{UV}+1.27P_{VW} \tag{2-25}$$

P_{UV}、P_{VW}、P_{WU}——接于UV、VW、WU线间的单相负荷（kW）。

2.4.3 单相设备分别接于线电压和相电压时

1）先将线间负荷换算为相负荷，各相负荷分别为

U相：

$$\begin{cases}P_U=P_{UV}p_{(UV)U}+P_{WU}p_{(WU)U}\\Q_U=P_{UV}q_{(UV)U}+P_{WU}q_{(WU)U}\end{cases} \tag{2-26}$$

V相：

$$\begin{cases}P_V=P_{UV}p_{(UV)V}+P_{VW}p_{(VW)V}\\Q_V=P_{UV}q_{(UV)U}+P_{VW}q_{(VW)V}\end{cases} \tag{2-27}$$

W相：

$$\begin{cases}P_W=P_{VW}p_{(VW)W}+P_{WU}p_{(WU)W}\\Q_V=P_{VW}q_{(VW)W}+P_{WU}q_{(WU)W}\end{cases} \tag{2-28}$$

式中 P_{UV}、P_{VW}、P_{WU}——接于UV、VW、WU线间负荷（kW）；

P_U、P_V、P_W——换算为U、V、W相有功负荷（kW）；

Q_U、Q_V、Q_W——换算为U、V、W相的无功负荷（kvar）；

$p_{(UV)U}$、$q_{(UV)U}$——接于UV线间负荷换算U相负荷的有功及无功换算系数，见表2-8，其他类推。

表 2-8 线间负荷换算为相负荷的功率换算系数

功率换算系数	负荷功率因数								
	0.35	0.40	0.50	0.60	0.65	0.70	0.80	0.90	1.00
$p_{(UV)U}$、$p_{(VW)V}$、$p_{(WU)W}$	1.27	1.17	1.00	0.89	0.84	0.80	0.72	0.64	0.50
$p_{(UV)V}$、$p_{(VW)W}$、$p_{(WU)U}$	−0.27	−0.17	0	0.11	0.16	0.20	0.28	0.36	0.50
$q_{(UV)U}$、$q_{(VW)V}$、$q_{(WU)W}$	1.05	0.86	0.58	0.38	0.30	0.22	0.09	−0.05	−0.29
$q_{(UV)V}$、$q_{(VW)W}$、$q_{(WU)U}$	1.63	1.44	1.16	0.96	0.88	0.80	0.67	0.53	0.29

2）各相负荷分别相加，选出最大相负荷，总的等效三相有功计算负荷为其最大有功负荷相的有功计算负荷的 3 倍，等效三相无功计算负荷则为最大有功负荷相的无功计算负荷的 3 倍。

【例 2-4】 如图 2-8 所示，某高职学院实训楼 380V/220V 三相四线制线路上，接有 220V 单相电热干燥箱 4 台，其中 2 台 14kW 接于 U 相，1 台 42kW 接于 V 相，1 台 28kW 接于 W 相。此外接有 380V 单相对焊机 4 台，其中 2 台 14kW（$JC=100\%$）接于 UV 相间，1 台 20kW（$JC=100\%$）接于 VW 相间，1 台 30kW（$JC=60\%$）接于 WU 相间。试求此线路的计算负荷。

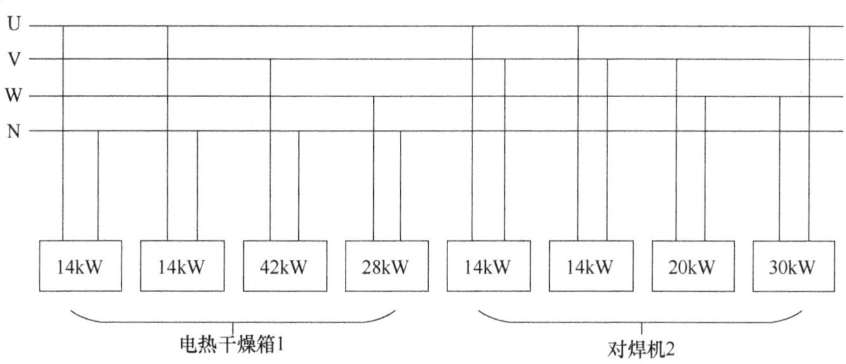

图 2-8 三相四线制的负荷示意图

解 计算过程：先求各组的计算负荷。

（1）电热干燥箱的各相计算负荷

查需要系数表，取 $K_d=0.5$，$\cos\varphi=1$，$\tan\varphi=0$，因此只需计算其有功计算负荷：

U 相： $P_{cU1}=K_dP_{eU}=0.5\times2\times14\text{kW}=14\text{kW}$

V 相： $P_{cV1}=K_dP_{eV}=0.5\times1\times42\text{kW}=21\text{kW}$

W 相： $P_{cW1}=K_dP_{eW}=0.5\times1\times28\text{kW}=14\text{kW}$

（2）对焊机的各相计算负荷

先将接于 WU 相间的 30kW（$JC=60\%$）换算至 $JC=100\%$的容量，即

$$P_{WU}=30\times\sqrt{0.6}\text{kW}=23.24\text{kW}$$

查需要系数表，取 $K_d=0.35$，$\cos\varphi=0.7$，$\tan\varphi=1.02$，再由表 2-8 查得 $\cos\varphi=0.7$ 时的功率换算系数，即

$$p_{(UV)U}=p_{(VW)V}=p_{(WU)W}=0.8;\ p_{(UV)V}=p_{(VW)W}=p_{(WU)U}=0.2$$

$$q_{(UV)U}=q_{(VW)V}=q_{(WU)W}=0.22;\ q_{(UV)V}=q_{(VW)W}=q_{(WU)U}=0.8$$

因此各相的有功和无功设备容量为

U 相：

$$P_U=(0.8\times2\times14+0.2\times23.24)\text{kW}=27.05\text{kW}$$

$$Q_U=(0.22\times2\times14+0.8\times23.24)\text{kvar}=24.75\text{kvar}$$

V 相：

$$P_V=(0.8\times20+0.2\times2\times14)\text{kW}=21.60\text{kW}$$

$$Q_V=(0.22\times20+0.8\times2\times14)\text{kvar}=26.80\text{kvar}$$

W 相：

$$P_W=(0.8\times23.24+0.2\times20)\text{kW}=22.59\text{kW}$$

$$Q_W=(0.22\times23.24+0.8\times20)\text{kvar}=21.11\text{kvar}$$

各相的有功和无功计算负荷为

U 相：

$$P_{cU2}=0.35\times27.05\text{kW}=9.47\text{kW}$$

$$Q_{cU2}=0.35\times24.75\text{kvar}=8.66\text{kvar}$$

V 相：

$$P_{cV2}=0.35\times21.60\text{kW}=7.56\text{kW}$$

$$Q_{cV2}=0.35\times26.80\text{kvar}=9.38\text{kvar}$$

W 相：

$$P_{cW2}=0.35\times22.59\text{kW}=7.91\text{kW}$$

$$Q_{cW2}=0.35\times21.11\text{kvar}=7.39\text{kvar}$$

(3) 各相总的有功和无功计算负荷

U 相：

$$P_{cU}=P_{cU1}+P_{cU2}=(14+9.47)\text{kW}=23.47\text{kW}$$

$$Q_{cU}=Q_{cU1}+Q_{cU2}=(0+8.66)\text{kvar}=8.66\text{kvar}$$

V 相：

$$P_{cV}=P_{cV1}+P_{cV2}=(21+7.56)\text{kW}=28.56\text{kW}$$

$$Q_{cV}=Q_{cV1}+Q_{cV2}=(0+9.38)\text{kvar}=9.38\text{kvar}$$

W 相：

$$P_{cW}=P_{cW1}+P_{cW2}=(14+7.91)\text{kW}=21.91\text{kW}$$

$$Q_{cW}=Q_{cW1}+Q_{cW2}=(0+7.39)\text{kvar}=7.39\text{kvar}$$

(4) 总的等效三相计算负荷

因 V 相的有功计算负荷最大，故取 V 相计算等效三相计算负荷，由此可得

$$P_C=3P_{cV}=3\times28.56\text{kW}=85.68\text{kW};\ Q_C=3Q_{cV}=3\times9.38\text{kvar}=28.14\text{kvar}$$

$$S_C=\sqrt{85.68^2+28.14^2}\text{kV}\cdot\text{A}=90.18\text{kV}\cdot\text{A};\ I_C=\frac{90.18}{\sqrt{3}\times0.38}\text{A}=137.01\text{A}$$

2.5 尖峰电流计算

尖峰电流是指单台或多台用电设备持续时间 1~2s 的短时最大负荷电流。它是由于电动机起动、电压波动等原因引起的。它与计算电流不同，计算电流是指 0.5h 最大电流，尖峰电流比计算电流大得多。

计算尖峰电流的目的是选择熔断器和低压断路器、整定继电保护装置、计算电压波动及检验电动机自起动条件等。

2.5.1 单台用电设备的尖峰电流

单台用电设备的尖峰电流就是起动电流，因此尖峰电流为

$$I_{pk}=I_{st}=K_{st}I_N \tag{2-29}$$

式中　I_{pk}——用电设备的尖峰电流（A）；

I_{st}——用电设备的起动电流（A）；

I_N——用电设备额定电流（A）；

K_{st}——用电设备的起动电流倍数（可查产品样本或铭牌，对笼型电动机一般为5~7，对绕线转子电动机一般为2~3，直流电动机一般为1.5~2，对电焊变压器一般为3或稍大）。

2.5.2　多台用电设备的尖峰电流

一般只考虑起动电流最大的1台电动机的起动电流，多台用电设备的线路上的尖峰电流按下式计算：

$$I_{pk}=(K_{st}I_N)_m+I'_c \tag{2-30}$$

式中　$(K_{st}I_N)_m$——为起动电流最大的1台电动机起动电流（A）；

I'_c——除起动电流最大的电动机之外，其他用电设备的计算电流（A）。

2.5.3　自起动的电动机组

$$I_{pk}=\sum_{i=1}^{n}K_i\cdot I_{ni} \tag{2-31}$$

式中　K_i、I_{ni}——对应于第i台电动机的起动倍数和额定电流（A）；

n——同时起动的电动机台数。

【例2-5】　有一条380V配电干线，给4台电动机供电。已知$I_{N1}=5.8A$，$I_{N2}=5A$，$I_{N3}=35.8A$，$I_{N4}=27.6A$，$I_{st1}=40.6A$，$I_{st2}=35A$，$I_{st3}=197A$，$I_{st4}=193.2A$求该配电线路的尖峰电流。

解　由已知条件可知，第1台电动机起动电流最大，所以该线路尖峰电流为

$$I_{pk}=(K_{st}I_N)_m+I'_c=[197+0.9\times(5.8+5+27.6)]A=231.56A$$

2.6　无功补偿的方法和计算

2.6.1　无功补偿基本概念

1. 无功补偿的目的

在生活中绝大多数负荷都是感性的，感性负荷向电源索取两种功率，一是有功功率，是将电能变为其他对应功率，是用电目的；另一是无功功率，是在能量转换过程中必须付出的辅助功率，并非用电目的，这部分功率的传输对应在线路上产生损耗，如果能使这部分功率就地由电容提供进而减少传输量，这样不仅可以减少线路损耗，减少线路导线截面积而且还可减小线路电压降，提高输送电能质量，实际负荷需要感性无功可以就地由电容器来提供，而无须向电源索取，输送电网中就无Q_L对应电流产生无功损耗，实现节能目的。

2. 无功补偿原理

把具有容性功率负荷与感性功率负荷的装置并接在同一电路，当容性负荷释放能量时，感性负荷吸收能量；而感性负荷释放能量时，容性负荷吸收能量，能量在两种负荷之间转

换。这样，感性负荷所吸收的无功功率可由容性负荷输出的无功功率中得到补偿，这就是无功补偿原理。

3. 无功功率的作用

在正常情况下，用电设备不但要从电源取得有功功率，同时还需要从电源取得无功功率。如果电网中的无功功率供不应求，用电设备就没有足够的无功功率来建立正常的电磁场，那么，这些用电设备就不能维持在额定情况下工作，用电设备的端电压就要下降，从而影响用电设备的正常运行。从发电机和高压输电线供给的无功功率远远满足不了负荷的要求，所以在电网中要设置一些无功补偿装置来补充无功功率，以保证用户对无功功率的需要，这样用电设备才能在额定电压下工作。这就是电网需要装设无功补偿装置的原因。

2.6.2 功率因数

1. 功率因数的定义

在交流电路中，电压与电流之间的相位差（φ）的余弦叫作功率因数，用符号 $\cos\varphi$ 表示，在数值上，功率因数是有功功率和视在功率的比值，即功率因数的大小与电路的负荷性质有关。如白炽灯、电阻炉等电阻性负荷的功率因数为 1，一般具有电感或电容性负载的电路功率因数都小于 1。功率因数是电力系统的一个重要的技术数据，功率因数是衡量电气设备效率高低的一个系数。功率因数低，说明电路用于交变磁场转换的无功功率大，从而降低了设备的利用率，增加了线路供电损失。

2. 功率因数的意义

（1）功率因数对电气设备的影响　功率因数是交流电路的重要技术数据之一，功率因数的高低，对于电气设备的利用率和分析、研究电能消耗等问题都有十分重要的意义，在二端网络中消耗的功率是指平均功率，也称为有功功率。

电路中消耗的功率 P，不仅取决于电压 U 和电流 I 的大小，还与功率因数有关，而功率因数的大小，取决于电路中负载的性质，对于电阻性负载，其电压与电流的相位差为 0，因此，电路的功率因数最大；而纯电感电路，电压与电流的相位差为 $\pi/2$，并且是电压超前电流；在纯电容电路中，电压与电流的相位差为 $-\pi/2$，即电流超前电压，在后两种电路中，功率因数都为 0。对于一般性负载的电路，功率因数介于 0 与 1 之间。一般来说，在二端网络中，提高用电器的功率因数有两方面的意义，一是可以减小输电线路上的功率损失；二是可以充分发挥电力设备（如发电机、变压器等）的潜力。因为用电器总是在一定电压 U 和一定有功功率 P 的条件下工作，因此，当功率因数过低，就要用较大的电流来保障用电器正常工作，与此同时输电线路上输电电流增大，从而导致线路上焦耳热损耗增大，另外在输电线路的电阻上及电源的内阻上的电压降，都与用电器中的电流成正比，增大电流必然增大在输电线路和电源内部的电压损失，因此，提高用电器的功率因数，可以减小输电电流，进而减小输电线路上的功率损失。

（2）功率因数对电力系统的影响　功率因数过低，对电力系统影响很大，尤其对电网企业影响最大：

1）当用户功率因数偏低时，需要从电网上吸收无功功率，这样发电机组就要多发无功功率，而发无功功率也是需要能量的，它少发了有功功率，相当于降低了发电机的出力；

2）无功负荷在网上传输，白白占用了输、变、配电设备的资源，使上述设备利用率降低，而设备运行效率是以有功功率计算的，因而它使设备达不到额定功率，功率降低，为达到额定的功率，就要增大设备容量，提高设备的投资额；

3）无功影响电压，无功的传输和大量消耗，使系统电压不能满足要求，线路末端电压会很低，造成设备不能起动或达不到额定功率；

4）无功的缺乏会使线路及电气设备中的电流增大，使损耗增大，即线损增加。

3. 提高自然功率因素的措施

1）合理选择电动机功率，尽量提高其负荷率，平均负荷率低于40%的电动机，应予以更换。

2）合理选择变压器容量，负荷率宜在75%~85%。合理选择变压器台数，适当设置低压联络线，以便切除轻载运行的变压器。

3）优化系统接线和线路设计，减少线路阻抗。

4）断续工作的设备如弧焊机，宜带空载切除控制。

5）功率较大、经常恒速运行的机械，应尽量采用同步电动机。

2.6.3 无功补偿形式

电力用户广泛应用并联电力电容器进行无功补偿，可根据其装设的位置不同分为三种补偿方式：个别补偿、分组补偿和集中补偿。个别补偿就是将电容器装设在需要补偿的电气设备附近，与电气设备同时运行和退出；分组补偿，即对用电设备组每组采用电容器进行补偿；集中补偿的电力电容器通常设置在变、配电所的高、低压母线上。

如图2-9所示，个别补偿处于供电末端的负荷处，能最大限度地减少系统的无功输送量，有最好的补偿效果。其缺点是：补偿电容通常随着设备一起投切，当设备停止运行时，补偿电容也随之退出，因此使用效率不高。

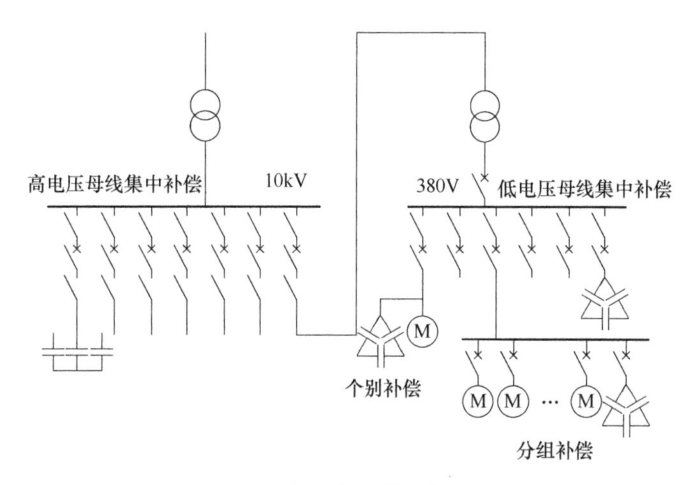

图2-9 三相四线制的负荷示意图

分组补偿，其电容器的利用率比个别补偿大，所以电容器总容量也比个别补偿小，投资比个别补偿小。集中补偿的电力电容器通常设置在变、配电所的高、低压母线上，这种补偿方式投资少、便于集中管理。高压母线的无功补偿可以满足供电部门对用户功率因数的要求，减少主变压器无功功率。电力电容器设置在低压母线上，补偿效果好于高压母线补偿。

供配电系统中电力电容器常采用高、低电压混合补偿的形式，以发挥各补偿方式的特点，互相补充。

2.6.4 无功补偿计算

1. 补偿容量的计算

要使自然平均功率因数由 $\cos\varphi_1$ 提高到 $\cos\varphi_2$，则所需补偿的无功功率为

$$Q_{CC}=P_C(\tan\varphi_1-\tan\varphi_2)=P_C\Delta q_C \tag{2-32}$$

式中 $\tan\varphi_1$，$\tan\varphi_2$——补偿前、后系统功率因数对应的正切值；

P_C——系统有功计算负荷（kW）；

Q_{CC}——提高功率因数由 $\cos\varphi_1$ 为 $\cos\varphi_2$ 所对应的无功功率（kvar）；

Δq_C——补偿率，见表 2-9。

装设了无功补偿装置以后，在确定补偿地点前面的总计算负荷时，应扣除无功补偿容量，即补偿后的总的无功计算负荷为

$$Q'_C=Q_C-Q_{CC} \tag{2-33}$$

式中 Q'_C——补偿后的计算无功功率；

Q_C——补偿前的计算无功功率。

由式（2-33）可看出，加装无功补偿装置后，计算无功功率减少，计算视在功率与计算电流也相应减少。变电所计量点的功率因数不宜低于 0.90。

表 2-9 补偿率 Δq_C（kvar/kW）

$\cos\varphi_1$	$\cos\varphi_2$											
	0.80	0.82	0.84	0.85	0.86	0.88	0.90	0.92	0.94	0.96	0.98	1.00
0.40	1.54	1.60	1.65	1.67	1.70	1.75	1.87	1.87	1.93	2.00	2.09	2.29
0.42	1.41	1.47	1.52	1.54	1.57	1.62	1.68	1.74	1.80	1.87	1.96	2.16
0.44	1.29	1.34	1.39	1.41	1.44	1.50	1.55	1.61	1.68	1.75	1.84	2.04
0.46	1.18	1.23	1.28	1.31	1.34	1.39	1.44	1.50	1.57	1.64	1.73	1.93
0.48	1.08	1.12	1.18	1.21	1.23	1.29	1.34	1.40	1.46	1.54	1.62	1.83
0.50	0.98	1.04	1.09	1.11	1.14	1.19	1.25	1.31	1.37	1.44	1.52	1.73
0.52	0.89	0.94	1.00	1.02	1.05	1.02	1.16	1.21	1.28	1.35	1.44	1.64
0.54	0.81	0.86	0.91	0.94	0.97	0.94	1.07	1.13	1.20	1.27	1.36	1.56
0.56	0.73	0.78	0.83	0.86	0.89	0.87	0.99	1.05	1.12	1.19	1.28	1.48
0.58	0.66	0.71	0.76	0.79	0.81	0.79	0.92	0.97	1.04	1.12	1.20	1.41
0.60	0.58	0.64	0.69	0.71	0.74	0.78	0.85	0.90	0.97	1.04	1.13	1.33
0.62	0.52	0.57	0.62	0.65	0.67	0.66	0.76	0.84	0.90	0.98	1.06	1.27
0.64	0.45	0.50	0.56	0.58	0.64	0.68	0.72	0.78	0.84	0.91	1.00	1.20
0.66	0.39	0.44	0.49	0.52	0.55	0.60	0.65	0.71	0.78	0.85	0.94	1.14
0.68	0.33	0.38	0.43	0.46	0.48	0.54	0.50	0.65	0.71	0.79	0.88	1.08
0.70	0.27	0.32	0.38	0.40	0.43	0.48	0.54	0.59	0.66	0.73	0.82	1.02
0.72	0.21	0.27	0.32	0.34	0.37	0.42	0.48	0.54	0.60	0.67	0.76	0.96

（续）

$\cos\varphi_1$	$\cos\varphi_2$											
	0.80	0.82	0.84	0.85	0.86	0.88	0.90	0.92	0.94	0.96	0.98	1.00
0.74	0.16	0.21	0.26	0.29	0.31	0.37	0.42	0.48	0.54	0.62	0.71	0.91
0.76	0.10	0.16	0.21	0.23	0.26	0.31	0.37	0.43	0.49	0.56	0.65	0.85
0.78	0.05	0.11	0.16	0.18	0.21	0.26	0.32	0.38	0.44	0.51	0.60	0.80
0.80	—	0.05	0.10	0.13	0.16	0.21	0.27	0.32	0.39	0.46	0.55	0.73
0.82	—	—	0.05	0.08	0.10	0.16	0.21	0.27	0.34	0.41	0.49	0.70
0.84	—	—	—	0.03	0.05	0.11	0.16	0.22	0.28	0.35	0.44	0.65
0.85	—	—	—	—	0.03	0.08	0.14	0.19	0.26	0.33	0.42	0.62
0.86	—	—	—	—	—	0.05	0.11	0.14	0.23	0.30	0.39	0.59
0.88	—	—	—	—	—	—	0.06	0.11	0.18	0.25	0.34	0.54
0.90	—	—	—	—	—	—	—	0.06	0.12	0.19	0.28	0.49

2. 并联电容器选择

（1）并联电容器的型号　并联电容器的型号由文字和数字两部分组成，表示和含义如下：

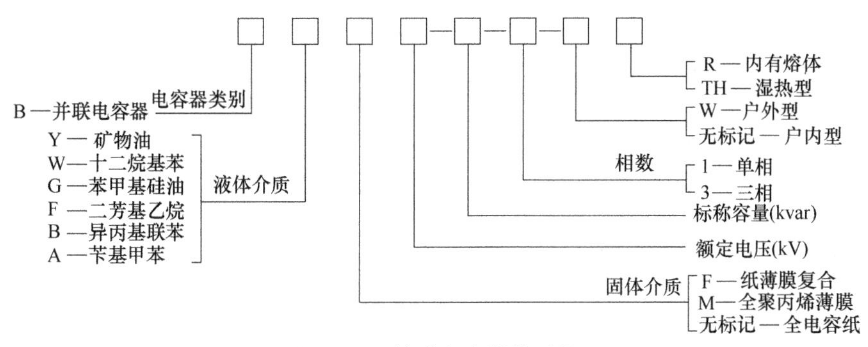

图 2-10　并联电容器的型号

例如：BFM11-50-1W 型为单相户外型，液体介质为二芳基乙烷、固体介质为全聚丙烯薄膜的并联电容器，额定电压为 11kV，容量为 50kvar。

（2）补偿电容器台数的确定　补偿容量是靠多台电容器拼搭出来的，计算公式为

$$n = Q_{CC}/Q_r \tag{2-34}$$

式中　n——所需用的电容器个数；

Q_{CC}——所需补偿的无功容量（kvar）；

Q_r——单台电容器容量（kvar）。

对三相电容器，n 必须是整数；对单相电容器，n 不仅必须是整数，还必须是 3 的倍数，因为补偿是针对三相系统的。所以有时实际补偿量会大于计算补偿量，这时应对补偿后的实际功率因数重新校核。

【例 2-6】　某建筑变电所低压侧有功计算负荷为 2400kW，功率因数为 0.66，欲使功率因数提高到 0.9，需并联多大容量的电容器？如果采用 BW-0.4-28-3 型电容器，需装设多少个？

解：由式（2-34）知

$$Q_{CC}=P_C(\tan\varphi_1-\tan\varphi_2)=P_C\Delta q_C$$

查表 2-9 知

$$\Delta q_C=0.65$$

所以

$$Q_{CC}=2400\times0.65\text{kvar}=1560\text{kvar}$$

$$n=\frac{Q_{CC}}{Q_r}=\frac{1560}{28}=56$$

考虑到三相均衡分配，应装设 60 个，每相 20 个，此时并联电容器的实际补偿容量为 $60\times28\text{kvar}=1680\text{kvar}$

此时的实际平均功率因数为

$$\cos\varphi'=\frac{P_C}{S_C'}=\frac{P_C}{\sqrt{P_C^2+(P_C\tan\varphi_1-Q_{CC})^2}}=\frac{2400}{\sqrt{2400^2+(2400\times1.1080-1680)^2}}$$

$$=0.93$$

满足要求。

2.7 变压器及其选择

2.7.1 变压器概述

1. 变压器作用

变换电压是将一种等级的电压变换成同频率的另一种等级的电压。图 2-11 为三相油浸式变压器。

变压器的型号含义如图 2-12 所示。

2. 变压器的分类

1）按相数分：单相变压器、三相变压器。

2）按用途分：升压变压器、降压变压器和联络变压器。

3）按绕组分：双绕组变压器（每相各有高压和低压绕组）、三绕组变压器（每相有高、中、低 3 个绕组）以及自耦变压器（高、低压侧每相共用 1 个绕组，从高压绕组中间抽头）

3. 变压器结构

变压器由以下部分组成：

（1）铁心　用涂有绝缘漆的硅钢片叠压而成，用以构成耦合磁通的磁路，套绕组的部分叫心柱，心柱的截面积一般为梯形，

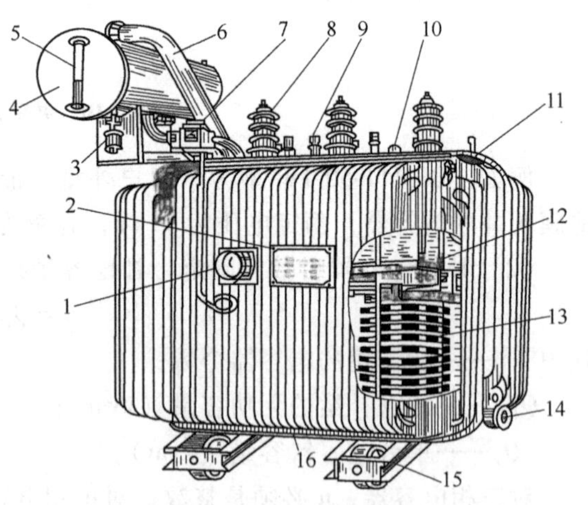

图 2-11　三相油浸式变压器

1—信号温度计　2—铭牌　3—吸湿器　4—储油柜　5—油标　6—安全气道　7—气体继电器　8—高压套管　9—低压套管　10—分接开关　11—油箱　12—铁心　13—绕组及绝缘　14—放油阀　15—小车　16—接地端子

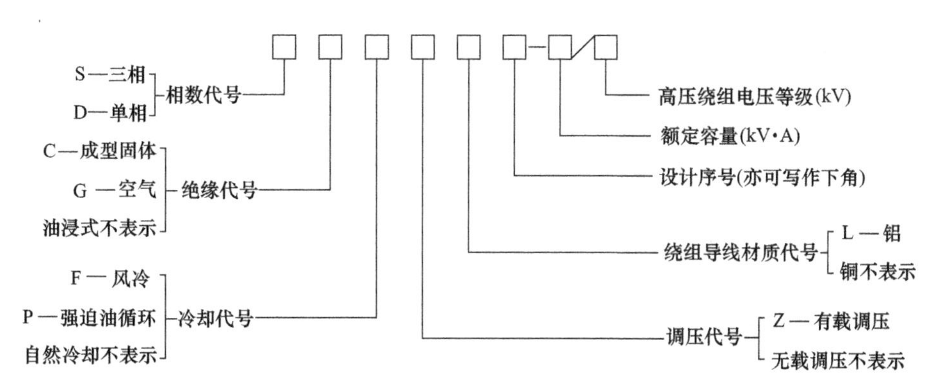

图 2-12　变压器型号含义

较大直径的铁心叠片间留有油道，以利散热，连接心柱的部分称铁轭。

（2）绕组　是变压器的导电部分，用绝缘材料的铜线或铝线绕成圆筒形，然后将圆筒形的高、低压绕组同心地套在心柱上，低压绕组靠近铁心，高压绕组在外边，这样放置有利于绕组铁心间的绝缘。

（3）分接开关　利用改变绕组匝数的方法来进行调压。将绕组引出的若干个抽头叫分接头，用以切换分接头的装置称分接开关。分接开关又分为无载分接开关和有载分接开关，无载分接开关只能在变压器停电情况下，才能切换；有载分接开关可以在带负荷情况下进行切换。

（4）保护装置　变压器的保护装置由以下部分组成：

1）储油柜：调节油量，减少油与空气间的接触面，从而降低变压器油受潮和老化的速度；

2）吸湿器：用以保持油箱内压力正常。吸湿器内装有硅胶，用以吸收进入储油柜内空气中的水分。

3）安全气道（防爆筒）：它的出口处装有玻璃或薄铁板，当变压器内部发生故障时，油气流冲破玻璃向外喷出，以降低油箱内压力，防止爆破。

4）气体继电器：当变压器内部故障时，变压器油箱内产生大量气体使其动作，切断变压器电源，保护变压器。

5）净油器（热虹吸过滤器）：利用油的自然循环，使油通过吸附剂进行过滤、净化，防止油的老化。

6）温度计：用以测量监视变压器油箱内上层油温，掌握变压器的运行状况。

4. 变压器的冷却方式有以下几种

（1）油浸自冷式　铁心和绕组直接浸于变压器箱体的油中，变压器在运行中产生的热量经变压器油传递到油箱壁和散热器管，利用管壁和箱体的辐射和周围空气对流，把热量带走，从而降低变压器温升。

（2）油浸风冷式　为了加快变压器油的冷却，在散热器上装有风扇，以加速空气的对流，使油迅速冷却，达到降低变压器温升的目的。

（3）强迫油循环风冷或水冷式　装有特殊油泵，强迫油在散热器内循环，用风扇加速散热器冷却；水冷式利用特制设备用水通过散热器将变压器油内热量带走，达到冷却变压器的目的。

2.7.2 变压器的选择

1. 一般原则

1）35kV 主变压器的台数和容量应根据地区供电条件、负荷性质、用电容量和运行方式综合考虑确定。

2）10（6）kV 配电变压器的台数和容量应根据负荷情况、环境条件确定，如果为民用建筑变电所，还应根据建筑物性质确定。

2. 变压器的形式选择

应选用低损耗、低噪声的节能型变压器。

变压器的型号有很多，按绝缘材料可分为油浸变压器、干式变压器；按绕组材料可分为铜心和铝心的。

1）油浸自冷式电力变压器常用的型号有：S7、SL7、S9、SL9、S10-M、SI1、S11-M 等（属于低损耗变压器）。型号中 L 表示铝心绕组，没有 L 则是铜心绕组，目前铜心居多，M 表示全封闭。

2）有载自动调压变压器常用的型号有：SLZ7、SZ7、SZ9、SFSZ、SGZ3 等，Z 表示有载自动调压，G 表示干式空气自冷。

3）干式电力变压器常用型号有：SC、SCZ、SCL、SCB、SG3、SG10、SC6 等，C 表示用环氧树脂浇铸的。

4）防火、防爆电力变压器有：SF6、SQ、BS7、BS9 等，采用气体绝缘全封闭形式。变压器参数详见表 B-17～表 B-20。

工厂供电系统没有特殊要求的和民用建筑独立变电所常采用三相油浸自冷电力变压器；对于高层建筑、地下建筑、机场、发电厂（站）、石油、化工等单位对消防要求较高场所，宜采用干式电力变压器；对电网电压波动较大，为改善电压质量采用有载调压电力变压器；对于工作环境恶劣，有防尘、防火、防爆要求的，应采用密闭式，防火、防爆电力变压器。近年来，箱式变压器在城市中的小区和车间也不断采用，与高、低压配电柜并列安装组成箱式变压站。

3. 变压器台数的选择

变压器台数要依据以下原则选择：根据负荷等级确定，根据负荷容量确定，根据运行的经济性确定。

1）为满足负荷对供电可靠性的要求，根据负荷等级确定变压器的台数，对具有大量一、二级负荷或只有大量二级负荷，宜采用两台及以上变压器，当一台故障或检修时，另一台仍能正常工作。

2）负荷容量大而集中时，虽然负荷只为三级负荷，也可采用两台及以上变压器。

3）对于季节负荷或昼夜负荷变化比较大时，以供电的经济性角度考虑，为了方便、灵活地投切变压器，也宜采用两台变压器。

除以上情况外，可采用一台变压器。

当符合下列条件之一时，可设专用变压器：

1）电力和照明采用共用变压器将严重影响照明质量及光源寿命时，可设照明专用变压器。

2）季节性负荷容量较大或冲击性负荷严重影响电能质量时，设专用变压器。

3）单相负荷容量较大，由于不平衡负荷引起中性导体电流超过变压器低压绕组额定电流的25%时，或只有单相负荷其容量不是很大时，可设置单相变压器。

4）出于功能需要的某些特殊设备，可设专用变压器。

5）当220V/380V电源系统为不接地或经高阻抗接地的IT系统接地形式，且无中性线（N）时，照明系统应设专用变压器。

4. 变压器容量的确定

1）在民用建筑中，低压为0.4kV单台变压器容量不宜大于2000kV·A，当仅有一台时，不宜大于1250kV·A。因为容量太大，供电范围和半径太大，电能损耗大，对断路器等设备要求也严格。预装式变电站变压器采用干式变压器时容量不宜大于800kV·A，采用油浸式变压器时容量不宜大于630kV·A。

单台变压器容量确定：

$$S_{NT}=\frac{S_C}{\beta} \tag{2-35}$$

式中 S_{NT}——单台变压器容量（kV·A）；

S_C——计算负荷的视在功率（kV·A）；

β——变压器的最佳负荷率（一般取70%~80%为宜）。

从长期经济运行角度考虑，配电变压器的长期工作负荷率不宜大于85%。

2）如果是具有两台及以上变压器的变电所，要求其中任一台变压器断开时，其余主变压器的容量应满足一、二级负荷用电。

在同一变电所内，变压器的容量等级不宜过多，以便于安装、维护。

3）变压器允许事故过负荷倍数和时间，应按制造厂的规定执行，如制造厂无规定时，对油浸及干式变压器可参照表2-10、表2-11规定执行。

表2-10 油浸变压器允许事故过负荷倍数和时间

过负荷倍数	1.30	1.45	1.60	1.75	2.00
允许持续时间/min	120	80	45	20	10

表2-11 干式变压器允许事故过负荷倍数和时间

过负荷倍数	1.20	1.30	1.40	1.50	1.60
允许持续时间/min	60	45	32	18	5

5. 变压器联结组标号的选择

（1）变压器绕组连接方式（见表2-12）

表2-12 变压器绕组连接方式

类别及连接方式	高、中电压	低电压
单相	I	i
三相星形	Y	y
三相三角形	D	d
有中性线时	YN、ZN	yn、zn

不同绕组间电压相位差，即相位移为30°的倍数，故有0，1，2，…，11共12个组别。通常绕组的绕向相同，端子和相别标志一致，连接组别仅为0和11两种，中、低电压绕组联结组标号有Y、Yn0（或Y、Yn12）与D、Yn12。

（2）变压器联结组标号的选择

1）D，yn11联结组标号。

具有以下三种情况之一者应选用D，yn11联结方式：

① 三相不平衡负荷超过变压器每相额定功率15%以上。

② 需要提高单相短路电流值，确保低电压单相接地保护装置动作灵敏度。

③ 需要限制三次谐波含量。

在民用建筑供电系统中，因单相负荷较多，而且存在较多的谐波源，所以配电变压器宜选用D，yn11联结组标号的变压器。

2）Y，yn0联结组标号。

当三相负荷基本平衡，或不平衡负荷不超过变压器每相额定功率15%，且供电系统中谐波干扰不严重时，选择Y，yn0联结方式。

6. 变压器并列运行的条件

变压器并列运行时，应使各台变压器二次侧不出现环流，并使各变压器承担的负载按变压器的额定容量呈正比分配，因此要满足这两点，变压器必须符合下列条件：

1）电压比应相等，最大误差不超过0.5%。

2）联结组标号必须一致。

3）短路电压应相等，最大误差不超过±10%。

4）变压器容量比不应超过1/3。

5）连接相序必须相同。

【例2-7】 某10kV/0.4kV变电所，总计负荷为1200kV·A，其中一、二级负荷为750kV·A。试选择其配电变压器的台数和容量。

解 由于本变电所包括大量一、二级负荷，所以选择两台配电变压器，根据变压器容量要求，其每台变压器的容量应满足一、二级负荷需要，即

$$S_r > 750\text{kV} \cdot \text{A}$$

综合上述情况，可选择两台低损耗电力变压器SC11-800/10型并列运行。

2.8 供配电系统的损耗

供配电系统的损耗主要是线路损耗和变压器损耗，电流流过供配电系统的线路时产生的损耗称为线路损耗，在供配电系统中的电力变压器产生的损耗称为变压器损耗。减小供配电系统的损耗是提高供配电系统运行经济性的主要措施之一，计算供配电系统的损耗也是负荷计算中的内容。

2.8.1 供配电系统的线路损耗

供配电系统的线路损耗指交流电流在高压传输线路的电阻和电抗中产生的损耗，线路损耗按交流电路的阻抗特性，分为有功损耗ΔP和无功损耗ΔQ。

根据交流电路基本知识和基本计算公式，三相对称系统中的线路损耗可按下式计算：

$$\begin{cases} \Delta P = 3{I_{\mathrm{C}}}^2 R_{\mathrm{L}} \times 10^{-3} = \dfrac{S_{\mathrm{C}}^2}{U_{\mathrm{N}}^2} R_{\mathrm{L}} \times 10^{-3}\,\mathrm{kW} \\ \Delta Q = 3I_{\mathrm{C}}^2 X_{\mathrm{L}} \times 10^{-3} = \dfrac{S_{\mathrm{C}}^2}{U_{\mathrm{N}}^2} X_{\mathrm{L}} \times 10^{-3}\,\mathrm{kvar} \end{cases} \tag{2-36}$$

式中　I_{C}——相计算电流（A）；

R_{L}、X_{L}——每相线路电阻和线路阻抗（Ω）。

工程应用中常采用线路单位长度电阻 r_0、线路单位长度电抗 x_0 和每相线路计算长度 l 线路电阻 R_{L} 和线路电抗 X_{L}，即

$$\begin{cases} R_{\mathrm{L}} = r_0 l \\ X_{\mathrm{L}} = x_0 l \end{cases} \tag{2-37}$$

线路单位长度电阻 r_0 和线路单位长度电抗 x_0 与导线规格、线路的布置方式、导线的工作温度等因素有关，一般可通过查阅有关设计手册得出线路的单位长度电阻 r_0 和线路单位长度电抗 x_0。附表 B-21～表 B-22 列有母线、导线和电缆的单位长度的电阻及电抗值。

供配电系统中减小线路损耗的方法主要有减小线路电阻和减小线路电流两种方式。减小线路电阻可采用选择较大截面积的导线、选用电导率高的导线等措施。减小线路电流可采用通过提高传输线路功率因数、提高传输线路电压等级等措施。

2.8.2　变压器损耗

电力变压器的基本结构是将一、二次绕组缠绕在由相互绝缘的硅钢片叠成的铁心上，利用电磁感应原理实现电压等级变换。变压器的绕组存在电阻和电抗，绕组中有电流通过时便会产生损耗；变压器的铁心在交变磁场的作用下也会产生损耗，因此变压器损耗包括绕组中的损耗和铁心中的损耗。变压器的损耗按其特性也包括有功损耗和无功损耗。

按电力变压器的制造要求，每一台电力变压器在产品出厂时要进行空载试验和短路试验。空载试验可得到变压器在额定电压下的空载损耗 ΔP_{OT} 和额定电压下的空载电流百分比 $I_{\mathrm{OT}}\%$。短路试验可得到变压器在额定电流下的短路电压百分比 $\Delta U_{\mathrm{K}}\%$ 和额定电流下的功率损耗（短路损耗）ΔP_{CUN}。变压器产品手册要提供以上 4 个参数，依据这 4 个参数可以求出变压器的有功损耗和无功损耗以及变压器的阻抗参数。

1. 变压器的有功损耗

变压器的有功损耗包含两部分：一部分是变压器的铁心在交变磁场的作用下产生的有功损耗，通常称为铁损。铁损主要取决于变压器外加电压和频率，外加电压和频率不变时，铁损基本不变，因此变压器的铁损可以认为与负荷变化无关，故铁损也称为不变损耗。变压器有功损耗的第二部分是变压器在负荷时，由负荷电流在其一、二次绕组的电阻中产生的损耗，通常称为铜损，铜损与负荷变化有关，故铜损也称为可变损耗。

电力变压器空载试验时，一个绕组开路，在另一个绕组加可调整的电压，使外加电压达到绕组的额定电压，由于变压器处于空载状态，变压器绕组的电流很小，因而空载损耗 ΔP_{OT} 便可看作变压器的铁损。空载损耗 ΔP_{OT} 与负荷变化无关。电力变压器短路试验时，一个绕组短路，在另一个绕组加可调整的电压，使短路绕组的电流达到其额定电流，由于变

压器处于短路状态，使短路绕组达到额定电流时的外加电压较低，可以认为铁损很小，因而短路损耗 ΔP_{CUN} 便可看作变压器在额定负荷下的铜损。将空载损耗 ΔP_{OT} 与短路损耗 ΔP_{CUN} 相加便是变压器在额定负载下的有功损耗。

对于实际的供配电系统，变压器运行时的负荷是按计算负荷选择的，通常变压器的计算负荷并不等于其额定负荷，变压器的短路损耗 ΔP_{CUN} 对应于额定电流（负荷）下的功率损耗，而变压器的铜损对应于计算负荷下的损耗，二者并不相同，考虑到铜损与电流的二次方呈正比，利用这一关系，可以将短路损耗 ΔP_{CUN} 乘以比例因子 $(S_C/S_{NT})^2$，即可得到计算负荷下的铜损。于是考虑变压器的短路损耗的换算关系，变压器在计算负荷下的有功损耗 ΔP_T 可以根据空载试验和短路试验的结果，采用下式计算：

$$\Delta P_T = \Delta P_{OT} + \Delta P_{CUN}\left(\frac{S_C}{S_{NT}}\right)^2 \tag{2-38}$$

式中　ΔP_{OT}、ΔP_{CUN}——变压器的空载损耗和短路损耗；

S_C、S_{NT}——变压器的计算负荷和额定容量。

2. 变压器的无功损耗

变压器的无功损耗也包含两部分：一部分是变压器空载时由励磁电流造成的空载无功损耗，在变压器外加电压和频率不变时，无功损耗基本不变，因此变压器的空载无功损耗可以认为与负荷变化无关；变压器的无功损耗的第二部分是变压器在负荷时由负荷电流在其一、二次绕组的电抗中产生的负荷无功损耗，该部分无功损耗与负荷变化有关，与负荷电流的二次方呈正比。

电力变压器空载试验时，变压器绕组的电流主要用于产生主磁通，故可看作励磁电流，空载试验时测出的无功损耗 ΔQ_{OT} 可看作变压器的空载无功损耗；对应地，电力变压器短路试验时，使短路绕组达到额定电流时的外加电压较低，可以认为励磁电流很小，此时测出的无功损耗 ΔQ_{NT} 便可看作变压器在额定负荷下的负荷无功损耗。于是，类似于变压器的有功损耗的分析，变压器的无功损耗 ΔQ_T 可用下式计算：

$$\Delta Q_T = \Delta Q_{OT} + \Delta Q_{NT}\left(\frac{S_C}{S_{NT}}\right)^2 \tag{2-39}$$

为利用变压器空载试验和短路试验得出的另外两个参数：额定电压下的空载电流百分比 $I_{OT}\%$ 和额定电流下的短路电压百分比 $\Delta U_K\%$，经过简单的推导，可以得出变压器的空载无功损耗 ΔQ_{OT} 和负荷无功损耗 ΔQ_{NT} 与变压器的空载电流百分比 $I_{OT}\%$ 和短路电压百分比 $\Delta U_K\%$ 之间具有如下关系：

$$\begin{cases} \Delta Q_{OT} = \dfrac{I_{OT}\%}{100} S_{NT} \\ \Delta Q_{NT} = \dfrac{\Delta U_K\%}{100} S_{NT} \end{cases} \tag{2-40}$$

于是，式（2-39）可表示为

$$\Delta Q_T = \frac{I_{OT}}{100} S_{NT} + \Delta \frac{\Delta U_K\%}{100} S_{NT}\left(\frac{S_C}{S_{NT}}\right)^2 \tag{2-41}$$

式（2-38）和式（2-41）是计算变压器损耗的基本公式，根据变压器产品手册中的基本参数，便可求得变压器在计算负荷下的损耗。表 B-17～表 B-20 列有变压器的主要技术参数。

实际应用中，在缺少变压器产品手册和试验数据时，也可用下式估算变压器的损耗：

$$\begin{cases}\Delta P_{\mathrm{T}} \approx (0.01-0.02)S_{\mathrm{NT}} \\ \Delta Q_{\mathrm{T}} \approx (0.05-0.08)S_{\mathrm{NT}}\end{cases} \tag{2-42}$$

【例 2-8】 已知某 SC9 系列 10kV 变压器，容量为 400kV · A，空载损耗 $\Delta P_{\mathrm{OT}}=0.9\mathrm{kW}$，短路损耗 $\Delta P_{\mathrm{CUN}}=3.6\mathrm{kW}$，空载电流百分比 $I_{\mathrm{OT}}\%=1.4$，短路电压百分比 $\Delta U_{\mathrm{K}}\%=4$，变压器低电压侧的计算负荷为 $P_{\mathrm{C2}}=300\mathrm{kW}$，$Q_{\mathrm{C2}}=200\mathrm{kvar}$，求该变压器的损耗和变压器高电压侧的计算负荷。

解　变压器的低电压侧视在计算负荷为

$$S_{\mathrm{C2}}=\sqrt{P_{\mathrm{C2}}^2+Q_{\mathrm{C2}}^2}=\sqrt{300^2+200^2}\,\mathrm{kV\cdot A}=361\mathrm{kV\cdot A}$$

由式（2-38）得

$$\Delta P_{\mathrm{T}}=\Delta P_{\mathrm{OT}}+\Delta P_{\mathrm{CUN}}\left(\frac{S_{\mathrm{C}}}{S_{\mathrm{NT}}}\right)^2=0.9+3.6\times\left(\frac{361}{400}\right)^2\mathrm{kW}=3.8\mathrm{kW}$$

由式（2-41）得

$$\Delta Q_{\mathrm{T}}=\frac{I_{\mathrm{OT}}}{100}S_{\mathrm{NT}}+\frac{\Delta U_{\mathrm{K}}\%}{100}S_{\mathrm{NT}}\left(\frac{S_{\mathrm{C}}}{S_{\mathrm{NT}}}\right)^2=\frac{1.4}{100}\times400+\frac{4}{100}\times\left(\frac{361}{400}\right)^2\times400\mathrm{kvar}=18.6\mathrm{kvar}$$

该变压器高电压侧的有功计算负荷为

$$P_{\mathrm{C1}}=P_{\mathrm{C2}}+\Delta P_{\mathrm{T}}=(300+3.83)\mathrm{kW}=303.8\mathrm{kW}$$

该变压器高电压侧的无功计算负荷为

$$Q_{\mathrm{C1}}=Q_{\mathrm{C2}}+\Delta Q_{\mathrm{T}}=(200+18.6)\mathrm{kvar}=218.6\mathrm{kvar}$$

该变压器高电压侧的视在计算负荷为

$$S_{\mathrm{C1}}=\sqrt{P_{\mathrm{C1}}^2+Q_{\mathrm{C1}}^2}=\sqrt{303.8^2+218.6^2}\,\mathrm{kV\cdot A}\approx374\mathrm{kV\cdot A}$$

2.9　负荷计算示例

确定用户的计算负荷是选择电源进线和一、二次设备的基本依据，是供配电系统设计的重要组成部分。确定用户计算负荷的方法很多，应根据不同的情况和要求采用不同的方法。在制订计划、初步设计，特别是方案比较时可用较粗略的方法。在技术设计时，应进行详细的负荷计算。逐级计算法是常采用的方法，根据用户的供配电系统图，从用电设备开始，朝电源方向逐级计算，最后求出用户总的计算负荷，主要的原则和步骤如下：

1）将用电设备分类，采用需要系数法确定各用电设备组的计算负荷。

2）根据用户的供配电系统图，从用电设备朝电源方向逐级计算负荷。

3）在配电点处考虑同时系数。

4）在变压器安装处计算变压器损耗。

5）线路损耗计算，用户的电力线路较短时，可不计电力线路损耗。

6）在并联电容器安装处计算无功补偿容量。

某用户的供配电系统图如图 2-13 所示，现以此图为例讨论图中各点的负荷计算和用户的计算负荷。

1）供给单台设备的支线的计算负荷确定（见图2-13中1点处），用于选择开关设备和导线截面积。

2）根据需要系数法确定用电设备组的计算负荷（见图2-13中2点处），用来选择车间配电干线及干线上的电气设备。

3）车间干线或多组用电设备组的计算负荷确定（见图2-13中3点处），如果该干线上有多组用电设备，各用电设备组的最大负荷不一定同时出现，要计入同时系数，以此选择车间变电所低电压母线及其上的开关设备。

4）车间变电所或建筑物变电所低压母线的计算负荷确定（见图2-13中4点处），考虑每根干线上的最大负荷不一定同时出现，还要计入同时系数，以此选择车间变电所或建筑物变电所的变压器容量。

5）车间变电所或建筑物变电所高压母线的计算负荷确定（见图2-13中5点处），用户低电压线路不长，功率损耗不大，在负荷计算时往往不考虑，但要考虑变压器的损耗，以此选择高电压配电线及其上的电气设备。

6）总降压变电所二次侧的计算负荷确定（见图2-13中6点处），总降压变电所到车间或建筑物距离较长，应考虑线路损耗。

7）总降压变电所高电压侧的计算负荷确定（见图2-13中7点处），总降压变电所高压侧的负荷加上变压器的损耗，即为用户的总计算负荷。

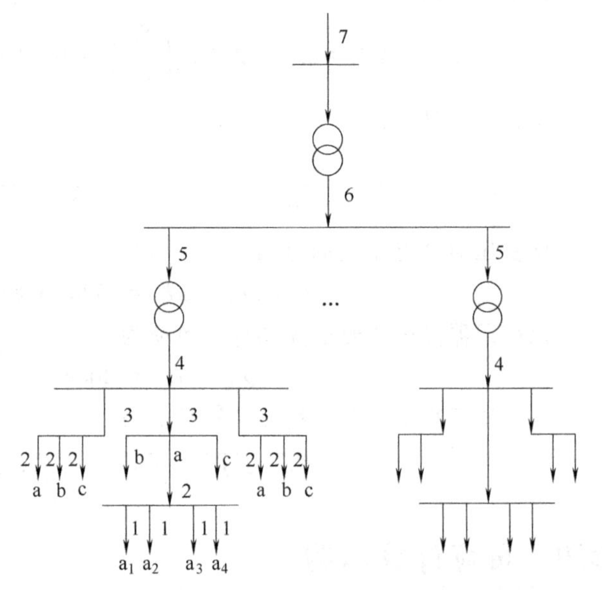

图2-13　确定用户总计算负荷的供配电示意图

【例2-9】 某企业35kV/10kV的总降压变电所，分别给1#~4#10kV车间变电所及3台10kV空调压缩机高电压电动机供电，如图2-14所示。其中，1#变电所负荷有：机加工车间有冷加工机床功率共342kW、通风机18kW、电焊机81kW（60%）、起重机87.5kW（40%）、照明5.4kW（荧光灯、电子镇流器），办公大楼照明（荧光灯、电子镇流器）12.6kW、空调126kW，科研设计大楼照明（荧光灯、电子镇流器）21.6kW、空调180kW，室外照明（高压钠灯，节能型电感镇流器）10kW，2#~4#车间变电所的计算负荷分别为：$P_{C2}=720\text{kW}$，$Q_{C2}=550\text{kvar}$；$P_{C3}=650\text{kW}$，$Q_{C3}=446\text{kvar}$；$P_{C4}=568\text{kW}$，$Q_{C4}=420\text{kvar}$。高压电动机每台容量为335kW。试计算该用户总计算负荷（忽略线损）。

解　用逐级计算法进行计算。

首先用需要系数法计算1#车间变电所各用电设备组的计算负荷，然后考虑用电设备组的同时系数计算1#车间变电所低电压侧计算负荷，再考虑变压器损耗计算出高电压侧计算负荷；同样计算2#~4#车间变电所高压侧计算负荷及空气压缩机高压电动机的计算负荷；再考虑总降压变电所二次侧出线的同时系数和变压器损耗后即得企业计算负荷。

以 1#10kV 车间变电所计算负荷为例，具体计算如下：

(1) 计算各用电设备组的计算负荷

① 冷加工机床。

查表 2-3，大批生产冷加工机床 $K_d=0.2$，$\cos\varphi=0.5$，$\tan\varphi=1.73$，则

$$P_{C1.1}=K_d P_{e1.1\Sigma}=0.2\times 342\text{kW}=68.4\text{kW}$$

$$Q_{C1.1}=P_{C1.1}\tan\varphi=68.4\times 1.73\text{kvar}=118.33\text{kvar}$$

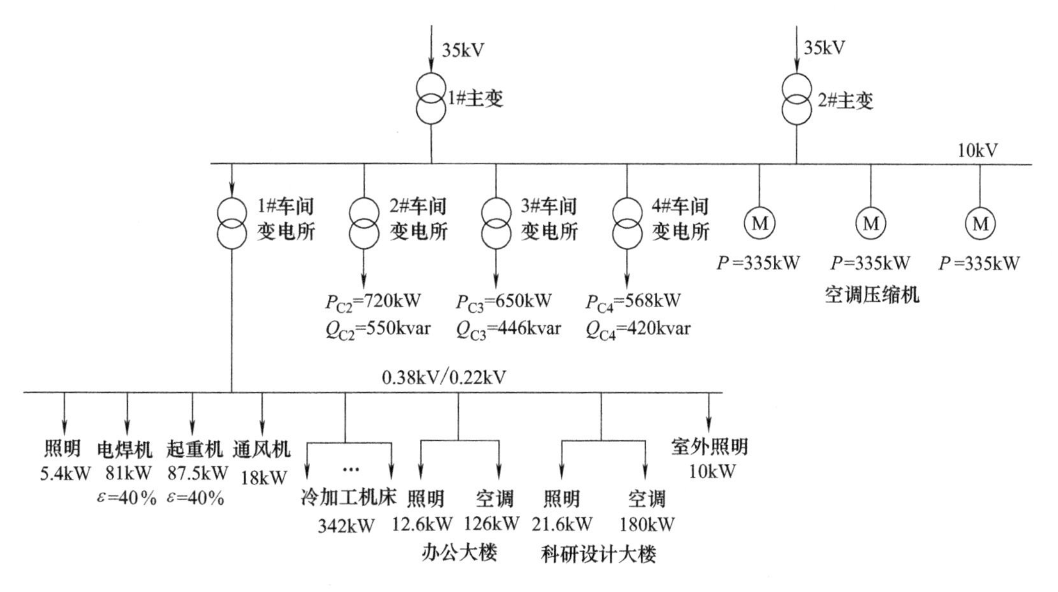

图 2-14 例 2-9 供电系统图

② 通风机。

查表 2-3，通风机 $K_d=0.8$，$\cos\varphi=0.8$，$\tan\varphi=0.75$，则

$$P_{C1.2}=K_d P_{e1.2\Sigma}=0.8\times 18\text{kW}=14.4\text{kW}$$

$$Q_{C1.2}=P_{C1.2}\tan\varphi=14.4\times 0.75\text{kvar}=10.8\text{kvar}$$

③ 起重机。

起重机要求统一换算到 $\varepsilon=25\%$时的额定功率，即

$$P_{e1.3\Sigma}=2\sqrt{\varepsilon_N}P_N=2\sqrt{40\%}\times 87.5\text{kW}=110.8\text{kW}$$

查表 2-3，起重机 $K_d=0.25$，$\cos\varphi=0.5$，$\tan\varphi=1.73$，则

$$P_{C1.3}=K_d P_{e1.3\Sigma}=0.25\times 110.8\text{kW}=27.7\text{kW}$$

$$Q_{C1.3}=P_{C1.3}\tan\varphi=27.7\times 1.73\text{kvar}=47.9\text{kvar}$$

④ 电焊机。

电焊机要求统一换算到 $\varepsilon=100\%$时的功率，即

$$P_{e1.3\Sigma}=\sqrt{\varepsilon_N}S_N\cos\varphi_N=\sqrt{60\%}\times 81\text{kW}=62.74\text{kW}$$

查表 2-3，电焊机 $K_d=0.35$，$\tan\varphi=1.33$，则

$$P_{C1.4}=K_d P_{e1.4\Sigma}=0.35\times 62.74\text{kW}=21.96\text{kW}$$

$$Q_{C1.4}=P_{C1.4}\tan\varphi\approx 21.96\times 1.33\text{kvar}=29.2\text{kvar}$$

⑤ 车间照明。

荧光灯要考虑镇流器的功率损失，电子镇流器 $K_{bl}=1.1$，即

$$P_{e1.5\Sigma}=K_{bl}P_{N1.5\Sigma}=1.1\times5.4\text{kW}=5.94\text{kW}$$

查表 B-4，车间 $K_d=0.9$，查表 B-5，荧光灯 $\cos\varphi=0.98$，$\tan\varphi=0.2$，则

$$P_{C1.5}=K_dP_{e1.5\Sigma}=0.9\times5.94\text{kW}=5.35\text{kW}$$

$$Q_{C1.5}=P_{C1.5}\tan\varphi=5.35\times0.2\text{kvar}=1.07\text{kvar}$$

⑥ 办公大楼照明。

荧光灯要考虑镇流器的功率损失，电子镇流器 $K_{bl}=1.1$，即

$$P_{e1.6\Sigma}=K_{bl}P_{N1.6\Sigma}=1.1\times12.6\text{kW}=13.86\text{kW}$$

查表 B-4，办公楼 $K_d=0.8$，查表 B-5，荧光灯 $\cos\varphi=0.98$，$\tan\varphi=0.2$，则

$$P_{C1.6}=K_dP_{e1.6\Sigma}=0.8\times13.86\text{kW}=11.09\text{kW}$$

$$Q_{C1.6}=P_{C1.6}\tan\varphi\approx11.09\times0.2\text{kvar}=2.22\text{kvar}$$

⑦ 办公大楼空调。

查表 2-4，空调 $K_d=0.8$，$\cos\varphi=0.8$，$\tan\varphi=0.75$，则

$$P_{C1.7}=K_dP_{e1.7\Sigma}=0.8\times126\text{kW}=100.8\text{kW}$$

$$Q_{C1.7}=P_{C1.7}\tan\varphi=100.8\times0.75\text{kvar}=75.6\text{kvar}$$

⑧ 科研设计大楼照明。

荧光灯要考虑镇流器的功率损失，电子镇流器 $K_{bl}=1.1$，即

$$P_{e1.8\Sigma}=K_{bl}P_{N1.8\Sigma}=1.1\times21.6\text{kW}=23.76\text{kW}$$

查表 B-4，科研设计楼 $K_d=0.9$，查表 B-5，荧光灯 $\cos\varphi=0.98$，$\tan\varphi=0.2$，则

$$P_{C1.8}=K_dP_{e1.8\Sigma}=0.9\times23.76\text{kW}=21.38\text{kW}$$

$$Q_{C1.8}=P_{C1.8}\tan\varphi\approx21.38\times0.2\text{kvar}=4.28\text{kvar}$$

⑨ 科研设计大楼空调。

查表 2-4，空调 $K_d=0.8$，$\cos\varphi=0.8$，$\tan\varphi=0.75$，则

$$P_{C1.9}=K_dP_{e1.9\Sigma}=0.8\times180\text{kW}=144\text{kW}$$

$$Q_{C1.9}=P_{C1.9}\tan\varphi=144\times0.75\text{kvar}=108\text{kvar}$$

⑩ 室外照明。

高压钠灯要考虑镇流器的功率损失，节能型电感镇流器 $K_{bl}=1.1$，即

$$P_{e1.10\Sigma}=K_{bl}P_{N1.10\Sigma}=1.1\times10\text{kW}=11\text{kW}$$

查表 B-6，室外照明 $K_d=1.0$，查表 B-5，高压钠灯 $\cos\varphi=0.5$，$\tan\varphi=1.73$，则

$$P_{C1.10}=K_dP_{e1.10\Sigma}=1.0\times11\text{kW}=11\text{kW}$$

$$Q_{C1.10}=P_{C1.10}\tan\varphi=11\times1.73\text{kvar}=19\text{kvar}$$

（2）计算 1#车间变电所低电压侧的计算负荷

取同时系数 $K_{\Sigma p}=0.95$，$K_{\Sigma q}=0.97$，则

$$\begin{aligned}P_{C1}&=K_{\Sigma p}\sum_{i=1}^{10}P_{C1,i}\\&=0.95\times(68.2+14.4+27.7+21.96+5.35+11.09+100.8+21.38+144+11)\text{kW}\\&=404.6\text{kW}\end{aligned}$$

$$
\begin{aligned}
Q_{C1} &= K_{\Sigma q} \sum_{i=1}^{10} Q_{C1,i} \\
&= 0.97\times(118.33+10.8+47.9+29.2+1.07+2.22+75.6+4.28+108+19)\text{kvar} \\
&= 403.9\text{kvar}
\end{aligned}
$$

$$S_{C1}=\sqrt{P_{C1}^2+Q_{C1}^2}\approx\sqrt{404.6^2+403.9^2}=571.7\text{kV}\cdot\text{A}$$

（3）计算变压器的功率损耗

$$\Delta P_1=0.015S_{C1}=0.015\times571.7=8.58\text{kW}$$

$$\Delta Q_1=0.06S_{C1}=0.06\times571.7\text{kvar}=34.3\text{kvar}$$

（4）计算车间变电所高电压侧的计算负荷

$$P'_{C1}=P_{C1}+\Delta P_1=(404.6+9.06)\text{kW}=413.66\text{kW}$$

$$Q'_{C1}=Q_{C1}+\Delta Q_1=(403.9+36.2)\text{kvar}=440.1\text{kvar}$$

$$S'_{C1}=\sqrt{P_{C1}^2+Q_{C1}^2}=\sqrt{413.66^2+469^2}\text{kV}\cdot\text{A}=625.36\text{kV}\cdot\text{A}$$

$$I'_{C1}=\frac{S'_{C1}}{\sqrt{3}U_N}=\frac{625.36}{\sqrt{3}\times10}\text{A}=36.1\text{A}$$

具体计算数据和结果见负荷计算表2-13。由表2-13可见，各车间变电所和总降压变电所的无功计算负荷都较大，功率因数较低。如分别在各车间变电所和总降压变电所进行无功补偿，可提高功率因数，减小各车间变电所和总降压变电所的计算视在功率，从而减小相应变压器的容量。

表2-13　例2-8负荷计算

计算内容		设备名称	设备容量/kW	K_d	$\cos\varphi$	$\tan\varphi$	P_C/kW	Q_C/kvar	S_C/(kV·A)	I_C/A
1#车间变电所计算负荷	各设备组计算负荷	冷加工机床	342	0.20	0.5	1.73	68.4	118.33		
		通风机	18	0.8	0.8	0.75	14.4	10.8		
		起重机(40%)	87.5	0.25	0.5	1.73	27.7	47.9		
		电焊机(60%)	81	0.35	0.6	1.33	21.96	29.2		
		车间照明	5.4	0.9	0.98	0.2	5.35	1.07		
		办公楼照明	12.6	0.8	0.98	0.2	11.09	2.22		
		办公楼空调	126	0.8	0.8	0.75	100.8	75.6		
		科研设计楼照明	21.6	0.9	0.98	0.2	21.38	4.28		
		科研设计楼空调	180	0.8	0.8	0.75	144	108		
		室外照明	10	1.0	0.5	1.73	11	19		
	变压器1T低电压侧计算负荷 $K_{\Sigma p}=0.95, K_{\Sigma q}=0.97$						404.6	403.9	571.7	
	变压器1T损耗						9.06	36.2		
	变压器1T高电压侧计算负荷						430	469	625.36	36.1

（续）

计算内容	设备名称	设备容量/kW	K_d	$\cos\varphi$	$\tan\varphi$	P_C/kW	Q_C/kvar	S_C/(kV·A)	I_C/A
2#车间变电所	变压器 2T 低电压侧计算负荷					720	520	906.04	
	变压器 2T 损耗					13.6	54.5		
	变压器 2T 高电压侧计算负荷					733.6	604.4	950.5	54.9
3#车间变电所	变压器 3T 低电压侧计算负荷					650	446	788.3	
	变压器 3T 损耗					11.8	47.3		
	变压器 3T 高电压侧计算负荷					661.8	493.3	825.4	47.7
4#车间变电所	变压器 4T 低电压侧计算负荷					568	420	706.4	
	变压器 4T 损耗					10.6	42.4		
	变压器 4T 高电压侧计算负荷					578.6	462.4	740.7	42.8
空压机高电压电动机计算负荷		0.8	0.8	0.75		852	639	950.9	54.9
总降压变电所低电压侧计算负荷 $K_{\Sigma P}=0.95, K_{\Sigma q}=0.95$						3256.1	2667.1	4209	
总降压变压器损耗						63.14	252.54		
企业（总降压变电所高电压侧）计算负荷						3319.2	2916.6	4418.6	72.9

本章小结

本章介绍了电力负荷的分级及对供电电源的要求、负荷曲线与计算负荷的相关概念，电力负荷计算的方法，电力系统的功率损耗与线路损耗的计算，无功补偿的方法和计算，变压器及其选择。

1）负荷曲线是表征电力负荷随时间变化情况的一种图形。按照时间单位的不同，分日负荷曲线和年负荷曲线，日负荷曲线以时间先后绘制；年负荷曲线以负荷的大小为序绘制，要求掌握两者的区别。

2）与负荷曲线有关的物理量有年最大负荷曲线、年最大负荷利用小时、计算负荷、年平均负荷和负荷系数等，年最大负荷利用小时用以反映负荷是否均匀；年平均负荷是指电力负荷在一年内消耗的功率的平均值，要求理解这些物理量各自的物理含义。

3）确定负荷计算的方法有多种，本章重点介绍需要系数法和二项式法。需要系数法适用于求多组三相用电设备的计算负荷；二项式法适用于确定设备台数较少，容量差别较大的分支干线的较少负荷。要求掌握三相负荷和单相负荷的计算方法。

4）尖峰电流是指单台或多台用电设备持续 1~2s 的短时最大负荷电流。计算尖峰电流的目的是用于选择熔断器和低压断路器、整定继电保护装置、检验电动机自起动条件等。

5）功率因数太低对电力系统有不良影响，所以要提高功率因数。提高功率因数的方法是首先提高自然功率因数，然后进行人工补偿。其中人工补偿最常用的是并联电容器补偿，要求能熟练计算补偿容量。

6）当电流流过供配电线路和变压器时，势必要引起功率损耗和电能损耗。在进行用户负荷计算时，应计入这部分损耗。要求掌握线路及变压器的功率损耗和电能损耗的计算方法。

7）电力变压器是发电厂和变电所的主要设备之一，升压和降压必须由变压器来完成，其选择尤为重要。要求掌握变压器形式、台数、容量和联结组标号的选择。

8）进行用户负荷计算时，通常采用需要系数法逐级进行计算，要求重点掌握逐级进行计算的方法。

思考题与习题

2-1　电力负荷分几级？如何分级？如何供电？

2-2　简述统计负荷量的目的。

2-3　简述计算负荷的概念、作用及其物理意义。

2-4　简述暂载率的意义和作用。各工作制用电设备的设备容量如何确定？

2-5　负荷计算主要有哪几种方法？

2-6　简述需要系数法和二项式法的区别。

2-7　简述单相负荷计算的步骤。

2-8　无功补偿的意义？实际中无功补偿是怎么进行的？

2-9　什么是尖峰电流？计算尖峰电流的目的是什么？

2-10　如何精确地计算或估算系统的损耗？

2-11　变压器的作用是什么？它是怎样工作的？电力变压器如何分类？

2-12　一单相电焊机，已知铭牌数据为 $P_N=10kW$，$JC_N=60\%$，$U_N=380V$，求电焊机的设备容量。

2-13　某机修车间380V线路上，接有金属切削机床电动机20台，共50kW（其中较大容量的电动机有7.5kW1台、4kW3台、2.2kW7台）；通风机2台，共3kW；电阻炉1台，2kW；起重机电动机：$JC_N=15\%$ 时铭牌容量为18kW、$\cos\varphi=0.7$，共2台，互为备用。试用需要系数法和二项式法分别确定此线路上的计算负荷。

2-14　某220V/380V三相四线制线路上接有下列负荷：220V、3kW电热箱2台接于U相，6kW1台接于V相，4kW1台接于W相；380V、20kW（$JC_N=65\%$）单头手动弧焊机1台接于UV相，6kW（$JC_N=10\%$）3台接于VW相，10.5kW（$JC_N=15\%$）2台接于WU相。试求该线路的计算负荷。

2-15　某厂机械加工车间变电所供电电压10kV，低压侧负荷拥有金属切削机床容量共920 kW，通风机容量共56kW，起重机容量共76kW（$JC_N=15\%$），照明负荷容量42kW（白炽灯），线路额定电压380V。试求：

（1）该车间高电压侧（10kV）的计算负荷 P_C、Q_C、S_C、I_C 及 $\cos\varphi$。

（2）若车间变电所低电压侧进行自动补偿，功率因素提高到0.95，应装BW0.4-28-3型电容器多少台？

（3）补偿后车间高电压侧的计算负荷 P_C、Q_C、S_C、I_C 及 $\cos\varphi$，计算视在功率减少多少？

第3章 短路电流计算

本章首先从短路的概念出发，分析短路的原因和危害，给出短路电流计算的目的。其次分析短路过程，描述短路电流特征值，并给出短路回路等值阻抗的计算。然后给出无限大容量电力系统短路电流的计算方法及示例。最后介绍短路电流引起的电动力效应和热效应。

3.1 概述

短路是指供配电系统中一切不正常的相与相之间或相与地（对于中性点接地的系统）发生电气连通的故障状态。短路分为金属性短路与经过过渡电阻短路两种情况。后者可能是外物电阻，弧光电阻或接地电阻。

3.1.1 短路故障及危害

1. 短路的原因

短路的原因可能是自然的或非自然的。短路的原因主要如下。

1）元件损坏。如绝缘材料老化、浸水受潮、油污或机械损伤，以及设计、安装和维护不良等所造成的设备缺陷发展成短路。

2）气象条件恶化。如雷击造成的闪络放电或避雷器动作，以及其他原因所致的过电压；大风造成架空线断线或导线覆冰引起电杆倒塌等。

3）违规操作。如运行人员在线路或设备检修后未拆除接地线就加电压，即接地线合闸，另外还有带载拉闸、错相关联、违规并网等操作。

4）其他原因。如挖沟损伤电缆、鸟兽跨接在裸露的载流部分等。

2. 短路的危害

随着短路类型、发生地点和持续时间不同，短路的后果可能只破坏局部地区的正常供电，也可能威胁整个系统的安全运行。短路的危害一般有以下几个方面。

1）短路电流的电动力效应。短路点附近支路中出现比正常值大许多倍的电流，在导体间产生很大的机械应力，可能使导体与设备的载流部分发生扭曲变形，甚至崩裂破坏。

2）短路电流的热效应。短路电流使导线与设备的载流部分发热增加，短路持续时间较长时，会产生高热，损坏绝缘，毁坏设备，甚至酿成火灾。

3）短路电流产生的电弧。故障点往往有电弧产生，短路弧光温度高达数千度，可能烧毁故障元件并殃及周围设备，甚至可能造成人身伤害。

4）短路电流引起的电压下降。短路电流引起线路电压下降，电压大幅下降，对用户影响很大，将使短路点附近用户的电气设备因线路电压水平低落而不能正常工作，如电动机转速降低，白炽灯等变暗，气体放电灯熄灭，甚至引发二次火灾。

5）短路电流破坏电力系统的稳定性。如果短路发生地点离电源不远而又持续时间较长，则可能使并列运行的发电厂失去同步，破坏系统的稳定，造成大片停电。这是短路故障的最严重后果。

6）短路电流对通信系统产生影响。不对称短路引起的不平衡交变磁场可能干扰附近的通信线路、铁路信号闭塞系统，自动控制计算机系统的正常运行。

3.1.2 短路电流计算的目的

短路电流数值可达额定电流的十余倍至数十倍，而电路由常态突变为短路的暂态过程中，还出现高达稳态电流 1.8~2.5 倍的冲击电流。

在供配电系统中，除应采用有效措施防止发生短路外，还应设置灵敏、可靠的继电保护装置和有足够断流能力的断路器，快速切除短路回路，把短路危害抑制到最低限度，为此必须进行短路电流计算，以便正确选择和整定保护装置，选择限制短路电流的元件和开关设备。

短路电流计算的目的具体包括：

1）选择电气设备的依据。

2）继电保护的设计和整定。

3）电气主接线方案的确定。

4）进行电力系统暂态稳定计算，研究短路对用户工作的影响。

3.1.3 短路种类

在三相系统中，短路种类分为三相短路、两相短路、单相接地短路和两相接地短路，如图 3-1 所示。

1. 基本形式：

$k^{(3)}$——三相短路，如图 3-1a 所示。

$k^{(2)}$——两相短路，如图 3-1b 所示。

$k^{(1)}$——单相接地短路，如图 3-1c 和图 3-1d 所示。

$k^{(1.1)}$——两相接地短路，如图 3-1e 和图 3-1f 所示。

2. 对称短路和不对称短路

对称短路：短路后，各相电流、电压仍对称，如三相短路。

不对称短路：短路后，各相电流、电压不对称，如两相短路、单相短路和两相接地短路。

一般情况下，三相短路电流最大，但当短路点发生在中性点接地的变压器附近时，如零序电抗较小，单相短路电流可能大于三相短路电流。

选择高压电器时，进行短路校验应以最大短路电流为准，而民用建筑远离电网电源，故应以三相短路电流为准。而在选择低压断路器时，注意到变压器近处短路的可能，应考虑进行单相短路电流计算。但对于 Yyn0 联结的配电变压器，其零序阻抗比正序阻抗大得多，单相短路电流计算主要用于校验保护装置的灵敏度。

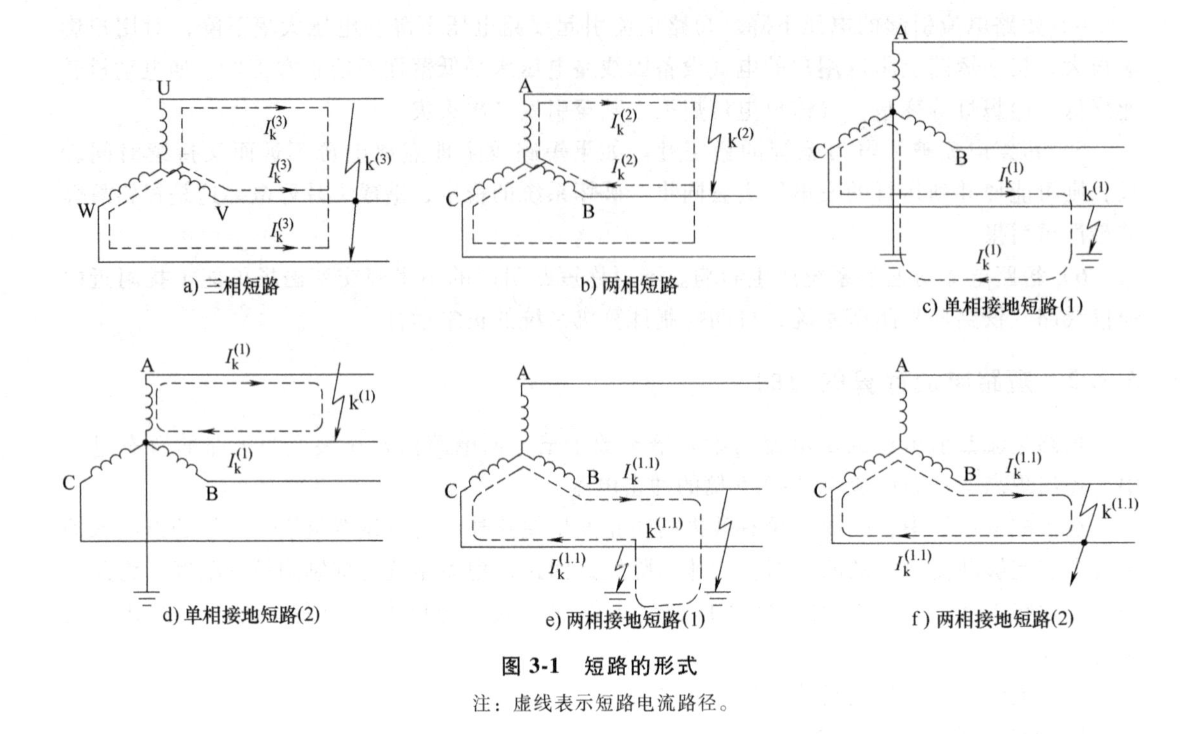

图 3-1　短路的形式

注：虚线表示短路电流路径。

3.2　短路过程和短路电流特征值

3.2.1　无穷大容量系统

无穷大容量系统指电源内阻抗为零，供电容量相对于用户负荷容量大得多的电力系统。不管用户的负荷如何变动甚至发生短路时，电源内部均不产生电压降，电源母线上的输出电压均维持不变。

在工程计算中，当电源系统的阻抗不大于短路回路总阻抗的 5%～10%，或者电源系统的容量超过用户容量的 50 倍时，可将其视为无穷大容量电源系统。

3.2.2　无穷大容量系统三相短路暂态过程

图 3-2 是一个无限大容量电力系统发生三相短路的电路图。图中，R_{WL} 和 X_{WL} 为电路（WL）的电阻和电抗，R_L 和 X_L 为负荷（L）的电阻和电抗。

1）正常运行状态下，即短路前电路中电流为

$$i_W = I_W \sin(\omega t+\alpha-\varphi_0) \tag{3-1}$$

式中　$I_W = U_m / \sqrt{(R_{WL}+R_L)^2+(X_{WL}+X_L)^2}$——短路前电流的幅值；

$\varphi_0 = \arctan \dfrac{X_{WL}+X_L}{R_{WL}+R_L}$——短路前回路的阻抗角；

α——电源电压的初始相角，亦称合闸角。

2）短路过程中三相短路电流满足

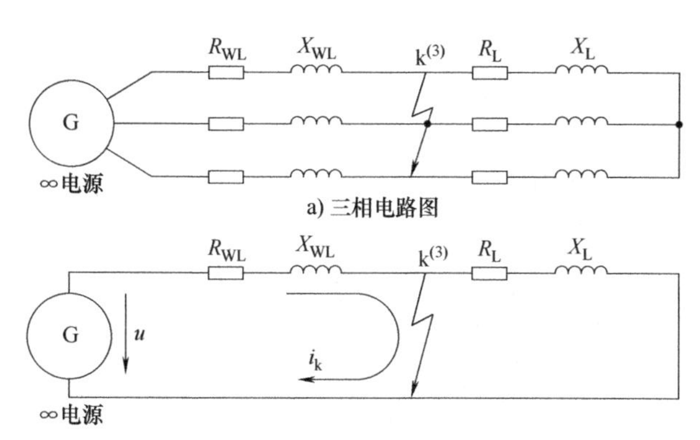

b) 等效单相电路图

图 3-2 无限大容量电力系统发生三相短路

$$R_k i_k + L_k \frac{\mathrm{d}i_k}{\mathrm{d}t} = U_m \sin(\omega t+\alpha) \tag{3-2}$$

式中 R_k 和 X_k——短路电阻和短路电抗。

解算得短路的全电流为

$$i_k = i_p + i_{np} = I_{PM}\sin(\omega t+\alpha-\varphi_k) + Ce^{-\frac{t}{\tau}} \tag{3-3}$$

式中 $I_{PM} = \dfrac{U_m}{\sqrt{3}\sqrt{R_k^2+X_k^2}}$——短路电流周期分量的幅值；

$\varphi_k = \arctan\dfrac{X_k}{R_k}$——短路后回路的阻抗角；

τ——短路回路时间常数；

i_p——稳态分量，也称周期分量，其有效值习惯上用符号 I_k 表示，符号 I''表示短路次暂态电流有效值，即短路后第一个周期 i_p 的有效值；

i_{np}——暂态分量，也称非周期分量；

C——积分常数，由初始条件决定，即短路电流非周期分量的初始值，由于电路中存在电感，而电感中的电流不能突变，则短路前瞬间的电流应该等于短路发生后瞬间的电流，将 $t=0$ 分别代入短路前后的电流表达式，可得 $C=I_M\sin(\alpha-\varphi_0)-I_{PM}\sin(\alpha-\varphi_k)$。

3.2.3 三相短路全电流的特征值

1. 短路冲击电流 i_{sh}

短路冲击电流为短路全电流中的最大瞬时值。图 3-3 所示的全电流 i_k 的曲线可以看出，短路发生后约半个周期（即 0.01s），短路电流 i_k 出现最大的瞬时值，此时的短路电流值即为短路冲击电流 i_{sh}。

短路冲击电流 i_{sh} 按下式计算：

$$i_{sh} = i_p(0.01) + i_{np}(0.01) \approx \sqrt{2}I''(1+e^{-\frac{0.01}{\tau}}) \tag{3-4}$$

简化后的计算公式为

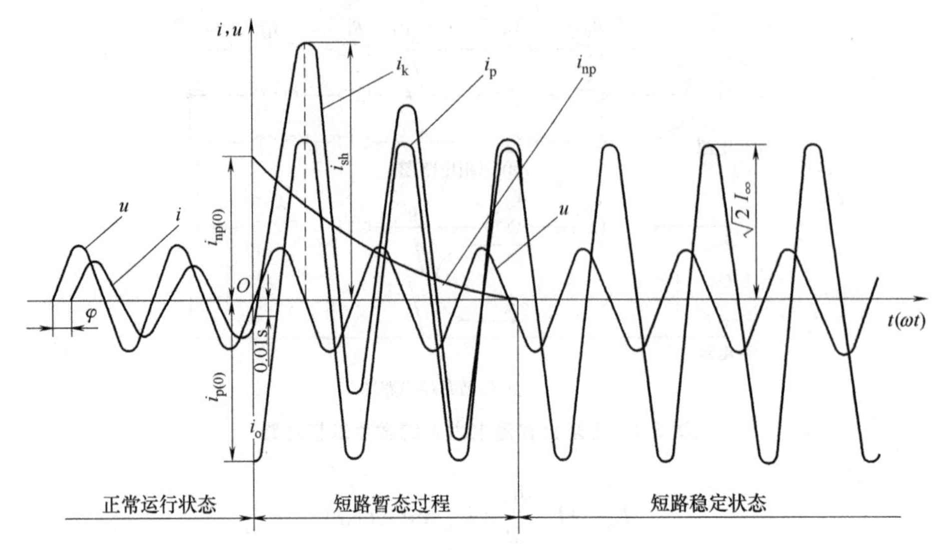

图 3-3 无限大容量系统发生三相短路时的电压、电流变动曲线

$$i_{sh}=K_{sh}\sqrt{2}I'' \tag{3-5}$$

式中 $K_{sh}=1+e^{-\frac{0.01}{\tau}}$——冲击系数，取决于短路电阻 R_k 和短路电抗 X_k，$1\leqslant K_{sh}\leqslant 2$。

在高压供电系统中通常取 $K_{sh}=1.8$，$i_{sh}=2.55I''$。

在低压供电系统中通常取 $K_{sh}=1.3$，$i_{sh}=1.84I''$。

短路电流冲击值是用来校验电气设备短路时的动稳定性。

2. 短路冲击电流有效值

短路冲击电流有效值指的是短路后的第一个周期内短路全电流的有效值。

为了简化计算，可假定非周期分量在短路后第一个周期内恒定不变，取该中心时刻 $t=0.01\text{s}$ 的电流值计算。

短路冲击电流有效值 I_{sh} 按下式计算：

$$I_{sh}=\sqrt{i_p(0.01)^2+i_{np}(0.01)^2}\approx\sqrt{I''^2+(\sqrt{2}I''e^{-\frac{0.01}{\tau}})^2} \tag{3-6}$$

简化后的计算公式为

$$I_{sh}=\sqrt{1+2(K_{sh}-1)^2}I'' \tag{3-7}$$

在高压供电系统中通常取 $K_{sh}=1.8$，$I_{sh}=1.51I_\infty$。

在低压供电系统中通常取 $K_{sh}=1.3$，$I_{sh}=1.09I_\infty$。

短路冲击电流有效值是用来校验设备在短路冲击电流下的热稳定性。

3. 短路功率

短路功率又称为短路容量，等于短路电流有效值同短路点所在电压等级的平均电压（一般用平均额定电压）的乘积。其物理意义为无穷大容量电源向短路点提供的视在功率。

$$S_k=\sqrt{3}U_{av}I_k \tag{3-8}$$

4. 短路稳态电流

短路稳态电流是短路电流非周期分量衰减完毕以后的短路全电流，其有效值用 I_∞ 表示。在无穷大容量电源系统中，由于系统馈电线电压维持不变，所以其短路电流周期分量在短路全过程中保持不变，即 $I_\infty = I_k = I''$。

3.3 标幺值和短路回路的等值阻抗

3.3.1 标幺制和标幺值

1. 标幺制

所谓标幺制就是把有名制电气量（如电流、电压、阻抗等）转换为无量纲的量（标幺值），再根据电路原理，对这些无量纲的量进行计算，最后把计算结果再换算为有量纲的量，以求出答案。

2. 标幺值

标幺制是相对单位制的一种，在标幺制中各物理量都用相对值表示，即

$$标幺值 = \frac{实际有名值}{基准值(与有名值同单位)} \tag{3-9}$$

例如：某发电机的端电压用有名值表示为 $U_G = 10.5\text{kV}$，如果用标幺值表示，就必须先选定基准值。若选基准值 $U_B = 10.5\text{kV}$，则

$$U_{G*} = \frac{U_G}{U_B} = \frac{10.5\text{kV}}{10.5\text{kV}} = 1 \tag{3-10}$$

式中　下标 * ——标幺值。

若取基准值 $U_B = 10\text{kV}$，则 $U_{G*} = 1.05$；可见标幺值是一个无量纲的数值，对于同一个有名值，基准值选得不同，其标幺值也就不同。因此，说明一个量的标幺值时，必须同时说明它的基准值；否则，标幺值的意义不明确。

3. 采用标幺制的优点

1）易于比较电力系统中各元件的特性和参数。

2）易于判断电气设备的特征和参数的优劣。

3）可以使计算量大大简化。

可以说标幺制既是一种单位制，也是一种简化的运算工具，比如，变压器的电压是多级的，用一般方法计算就比较困难，用标幺制计算就比较方便，它省去了变压器一次侧物理量与二次侧物理量之间的折算。

3.3.2 基准值的选取

在供配电系统短路计算时，一般涉及电压、电流、视在功率和阻抗 4 个基本物理量。

假设电压、电流、视在功率和阻抗的有名值分别用符号 U、I、S 和 Z 表示；电压、电流、视在功率和阻抗的基准值分别用符号 U_B、I_B、S_B 和 Z_B 表示；电压、电流、视在功率和阻抗的标幺值分别用符号 U_*、I_*、S_* 和 Z_* 表示。

各量的有名值、基准值和标幺值之间都应满足功率方程和欧姆定律。

（1）功率方程：

$$S = \sqrt{3}UI \tag{3-11}$$

$$S_B = \sqrt{3}U_B I_B \tag{3-12}$$

$$S_*=\frac{S}{S_B}=\frac{\sqrt{3}UI}{\sqrt{3}U_BI_B}=\frac{U}{U_B}\frac{I}{I_B}=U_*I_* \tag{3-13}$$

（2）欧姆定律：

$$U=\sqrt{3}ZI \tag{3-14}$$

$$U_B=\sqrt{3}Z_BI_B \tag{3-15}$$

$$U_*=\frac{U}{U_B}=\frac{\sqrt{3}ZI}{\sqrt{3}Z_BI_B}=\frac{Z}{Z_B}\frac{I}{I_B}=Z_*I_* \tag{3-16}$$

通常选定 S_B 和 U_B，则可以求得

$$I_B=\frac{S_B}{\sqrt{3}U_B},\ Z_B=\frac{U_B}{\sqrt{3}I_B}=\frac{U_B^2}{S_B}$$

三相对称系统中，不管是Y联结还是△联结，任何一点的线电压（或线电流）的标幺值与该点的相电压（或相电流）的标幺值相等，且三相总功率的标幺值与每相的功率标幺值相等。故：采用标幺制时，对称三相电路完全可以用单相电路计算。

说明：通常取 $S_B=100\text{MV}\cdot\text{A}$ 和 $U_B=U_{av}$。

3.3.3 短路回路中元件阻抗标幺值的计算

供电系统中各主要元件包括电力系统、电力线路、电力变压器和电抗器等。图 3-4 为无限大容量电力系统线路图。下面以此系统为例来介绍短路回路中元件阻抗标幺值的计算。

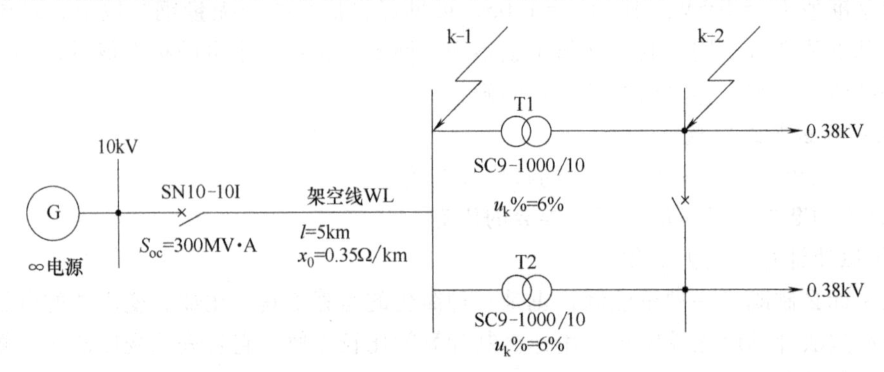

图 3-4 无限大容量电力系统线路图

1. 电力系统

电力系统容量与电力系统出口处的短路容量 S_k 有关，S_k 通常由装于该点的断路器的额定开断容量 S_{oc} 来确定。

（1）有名值确定 根据电力系统容量 S_k 和短路点额定电压平均值 U_{av} 可以计算出电力系统阻抗为

$$X_S=\frac{U_{av}^2}{S_{oc}} \tag{3-17}$$

电力系统中的电阻相对电抗而言很小，一般可以忽略。

例如，图 3-4 中电力系统容量 S_k 由断路器 SN10-10I 的额定开断容量 S_{oc} 来确定，可求

得电力系统阻抗为

$$X_{\mathrm{S}}=\frac{U_{\mathrm{av}}^{2}}{S_{\mathrm{oc}}}=\frac{(10.5\mathrm{kV})^{2}}{300\mathrm{MV}\cdot\mathrm{A}}=0.3675\Omega$$

（2）标幺值确定　选取 S_{B} 和 U_{B}（$U_{\mathrm{B}}=U_{\mathrm{av}}$），则可以求得

$$X_{\mathrm{S}*}=\frac{X_{\mathrm{S}}}{X_{\mathrm{B}}}=\frac{U_{\mathrm{av}}^{2}}{S_{\mathrm{oc}}}\left(\frac{U_{\mathrm{B}}^{2}}{S_{\mathrm{B}}}\right)^{-1}=\frac{S_{\mathrm{B}}}{S_{\mathrm{oc}}} \tag{3-18}$$

取 $S_{\mathrm{B}}=100\mathrm{MV}\cdot\mathrm{A}$，可求得图 3-4 中电力系统阻抗的标幺值为

$$X_{\mathrm{S}*}=\frac{S_{\mathrm{B}}}{S_{\mathrm{oc}}}=\frac{100\mathrm{MV}\cdot\mathrm{A}}{300\mathrm{MV}\cdot\mathrm{A}}=0.3333$$

2. 电力线路

电力线路的电阻（电抗）可由导线电缆的单位长度电阻（电抗）乘以线路长度求得。

（1）有名值确定　电力线路的电阻计算为

$$R_{\mathrm{WL}}=r_{0}l \tag{3-19}$$

式中　r_0——电缆的单位长度电阻，通过查相关手册或表 B-21 获得；

　　l——线路长度。

电力线路的电抗计算为

$$X_{\mathrm{WL}}=x_{0}l \tag{3-20}$$

式中　x_0——电缆的单位长度电抗，一般通过查相关手册或表 B-21 获得。

当线路的结构数据不详时，x_0 可按表 3-1 取值。

表 3-1　电力线路每相的单位长度电抗平均值　（单位：Ω/km）

线路结构	线路电压每相的单位长度电抗平均值		
	35kV 以上	6~10kV	220V/380V
架空线路	0.40	0.35	0.32
电缆线路	0.12	0.08	0.066

电力线路电阻相对电抗而言很小，一般可以忽略。

例如，图 3-4 中电力线路的阻抗计算为

$$X_{\mathrm{WL}}=x_{0}l=0.35\Omega/\mathrm{km}\times5\mathrm{km}=1.75\Omega$$

（2）标幺值确定　选取 S_{B} 和 U_{B}（$U_{\mathrm{B}}=U_{\mathrm{av}}$），则可以求得

$$X_{\mathrm{WL}*}=\frac{X_{\mathrm{WL}}}{X_{\mathrm{B}}}=x_{0}l\left(\frac{U_{\mathrm{B}}^{2}}{S_{\mathrm{B}}}\right)^{-1}=x_{0}l\frac{S_{\mathrm{B}}}{U_{\mathrm{B}}^{2}} \tag{3-21}$$

取 $S_{\mathrm{B}}=100\mathrm{MV}\cdot\mathrm{A}$，可求得图 3-4 中电力线路电抗的标幺值为

$$X_{\mathrm{WL}*}=x_{0}l\frac{S_{\mathrm{B}}}{U_{\mathrm{B}}^{2}}=0.35(\Omega/\mathrm{km})\times5\mathrm{km}\times\frac{100\mathrm{MV}\cdot\mathrm{A}}{(10.5\mathrm{kV})^{2}}=1.59$$

3. 电力变压器

（1）有名值确定　变压器的电阻 R_{T}，可由变压器的短路损耗 ΔP_{k} 近似计算，即

$$\Delta P_{\mathrm{k}}\approx3I_{\mathrm{N}}^{2}R_{\mathrm{T}}=3\left(\frac{S_{\mathrm{N}}}{\sqrt{3}U_{\mathrm{av}}}\right)^{2}R_{\mathrm{T}}=\left(\frac{S_{\mathrm{N}}}{U_{\mathrm{av}}}\right)^{2}R_{\mathrm{T}} \tag{3-22}$$

据式（3-22）可求得

$$R_T \approx \Delta P_k \left(\frac{U_{av}}{S_N}\right)^2 \tag{3-23}$$

式中 U_{av}——短路点额定电压平均值；

S_N——变压器的额定容量；

ΔP_k——变压器的短路损耗（也称负荷损耗），可查相关手册或表 B-17～表 B-20 获取。

变压器的电抗 X_T，可由变压器的短路电压（也称阻抗电压）$U_k\%$近似计算，即

$$U_k\% \approx \frac{\sqrt{3}I_N X_T}{U_{av}} \times 100 = \frac{S_N X_T}{U_{av}^2} \times 100 \tag{3-24}$$

据式（3-24）可求得

$$X_T \approx \frac{U_k\%}{100}\frac{U_{av}^2}{S_N} \tag{3-25}$$

式中 $U_k\%$——变压器短路电压（也称阻抗电压）的百分值，可相关手册获取。

电力变压器的电阻相对电抗而言很小，一般可以忽略。

例如，图 3-4 中电力变压器 SC9-1000/10 的额定容量 $S_N = 1000\text{kV}\cdot\text{A}$，短路点额定电压平均值 $U_{av} = 0.4\text{kV}$，变压器的短路电压 $U_k\% = 6$，可求得电力变压器阻抗为

$$X_T \approx \frac{U_k\%}{100}\frac{U_{av}^2}{S_N} = \frac{6}{100} \times \frac{(0.4\text{kV})^2}{1000\text{kV}\cdot\text{A}} = 9.6\times10^{-3}\,\Omega$$

（2）标幺值确定 计算变压器电抗的标幺值，选取 S_B 和 U_B（$U_B = U_{av}$），则可以求得

$$X_{T*} = \frac{X_T}{X_B} = \frac{U_k\%}{100}\frac{U_{av}^2}{S_N}\left(\frac{U_B^2}{S_B}\right)^{-1} = \frac{U_k\%}{100}\frac{S_B}{S_N} \tag{3-26}$$

取 $S_B = 100\text{MV}\cdot\text{A}$，可求得图 3-4 中电力变压器 SCB9-1000/10 电抗的标幺值为

$$X_{T*} = \frac{U_k\%}{100}\frac{S_B}{S_N} = \frac{6}{100} \times \frac{100\text{MV}\cdot\text{A}}{1000\text{kV}\cdot\text{A}} = 6$$

3.4 无限大容量系统中短路电流计算

3.4.1 采用欧姆法进行三相短路电流的计算

在无限大容量系统中发生三相短路时，其三相短路周期分量有效值按下式计算：

$$I_k^{(3)} = \frac{U_{av}}{\sqrt{3}\,|Z_\Sigma|} \tag{3-27}$$

式中 $|Z_\Sigma| = \sqrt{R_\Sigma^2 + X_\Sigma^2}$。

注意，计算低电压侧短路时，只有 $R_\Sigma > X_\Sigma/3$ 时才计入总阻抗。

短路电流计算步骤一般为

1）确定计算条件，画计算电路图。计算条件包括系统运行方式，短路地点、短路类型和短路后采取的措施。

2）分别画各短路点对应的等效电路，标明计算参数。

3）网络化简，分别求出短路点至各等效电源点之间的总电抗。

4）根据式（3-27）计算三相短路周期分量有效值 $I_k^{(3)}$。

5）计算三相短路冲击电流 i_{sh} 及其有效值 I_{sh}，即

$$i_{sh}=K_{sh}\sqrt{2}I''=K_{sh}\sqrt{2}I_k^{(3)},\ I_{sh}=\sqrt{1+2(K_{sh}-1)^2}I''=\sqrt{1+2(K_{sh}-1)^2}I_k^{(3)}$$

6）计算三相短路容量 S_k，即

$$S_k=\sqrt{3}U_{av}I_k^{(3)}$$

【例 3-1】 某供电系统如图 3-5 所示。已知电力系统出口处的短路容量为 $S_{oc}=300\text{MV}\cdot\text{A}$，架空线为 LGJ，长度为 5km，截面积为 95mm²。试求工厂变电所 10kV 母线上 k-1 点短路和两台变压器并联运行、分列运行两种情况下低电压 380V 母线上 k-2 点短路的三相短路电流和短路容量。

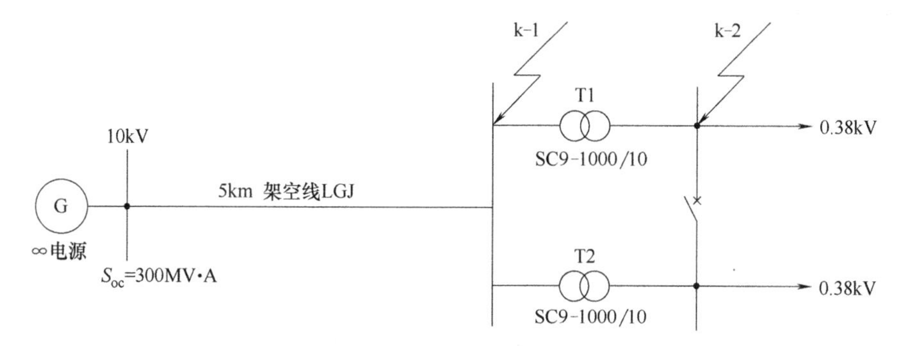

图 3-5 例 3-1 电路图

解 1. 求 k-1 点短路的三相短路电流和短路容量（$U_{av1}=10.5\text{kV}$）

（1）计算短路电路中各主要元件的电抗及其总电抗

1）电力系统的电抗为

$$X_S=\frac{U_{av1}^2}{S_{oc}}=\frac{(10.5\text{kV})^2}{300\text{MV}\cdot\text{A}}=0.3675\ \Omega$$

2）电力线路的电抗（查相关手册获得 $x_0=0.35\Omega/\text{km}$）为

$$X_{WL}=x_0 l=0.35\Omega/\text{km}\times5\text{km}=1.75\Omega$$

3）k-1 点的短路电路总电抗为

$$X_{\Sigma(k-1)}=X_S+X_{WL}=0.3675\Omega+1.75\Omega=2.1175\Omega$$

（2）计算三相短路电流和短路容量

1）三相短路电流周期分量有效值为

$$I_{k-1}^{(3)}=\frac{U_{av1}}{\sqrt{3}X_{\Sigma(k-1)}}=\frac{10.5\text{kV}}{\sqrt{3}\times2.1175\Omega}=2.86\text{kA}$$

2）三相短路冲击电流及其有效值为

$$i_{sh(k-1)}=2.55I_{k-1}^{(3)}=2.55\times2.86\text{kA}=7.29\text{kA},$$

$$I_{sh(k-1)}=1.51I_{k-1}^{(3)}=1.51\times2.86\text{kA}=4.32\text{kA}$$

3）三相短路容量为

$$S_{k-1}=\sqrt{3}U_{av1}I_{k-1}^{(3)}=\sqrt{3}\times10.5\text{kV}\times2.86\text{kA}=52.01\text{MV}\cdot\text{A}$$

2. 求并联运行下 k-2 点短路的三相短路电流和短路容量（$U_{av2}=0.4\text{kV}$）

（1）计算短路电路中各主要元件的电抗及其总电抗

1）电力系统的电抗（折算到 k-2 点）为

$$X'_S = X_S \frac{U_{av2}^2}{U_{av1}^2} = \frac{U_{av2}^2}{U_{av1}^2} \frac{U_{av1}^2}{S_{oc}} = \frac{U_{av2}^2}{S_{oc}} = \frac{(0.4\text{kV})^2}{300\text{MV}\cdot\text{A}} = 5.33\times10^{-4}\Omega$$

2）电力线路的电抗（折算到 k-2 点）为

$$X'_{WL} = X_{WL} \frac{U_{av2}^2}{U_{av1}^2} = x_0 l \frac{U_{av2}^2}{U_{av1}^2} = 0.35\Omega/\text{km}\times5\text{km}\times\frac{(0.4\text{kV})^2}{(10.5\text{kV})^2} = 2.5\times10^{-3}\Omega$$

3）电力变压器的电抗（$U_k\% = 6$）为

$$X_{T1} = X_{T2} \approx \frac{U_k\%}{100}\frac{U_{av2}^2}{S_N} = \frac{6}{100}\times\frac{(0.4\text{kV})^2}{1000\text{kV}\cdot\text{A}} = 9.6\times10^{-3}\Omega$$

4）k-2 点的短路电路总电抗为

$$\begin{aligned} X_{\Sigma(k-2)} &= X'_S + X'_{WL} + X_{T1} /\!/ X_{T2} \\ &= 5.33\times10^{-4}\Omega + 2.5\times10^{-3}\Omega + 9.6\times10^{-3}\Omega /\!/ 9.6\times10^{-3}\Omega \\ &= 7.83\times10^{-3}\Omega \end{aligned}$$

（2）计算三相短路电流和短路容量

1）三相短路电流周期分量有效值为

$$I_{k-2}^{(3)} = \frac{U_{av2}}{\sqrt{3}X_{\Sigma(k-2)}} = \frac{0.4\text{kV}}{\sqrt{3}\times7.83\times10^{-3}\Omega} = 29.5\text{kA}$$

2）三相短路冲击电流及其有效值为

$$i_{sh(k-2)} = 1.84 I_{k-2}^{(3)} = 1.84\times29.5\text{kA} = 54.28\text{kA}$$

$$I_{sh(k-2)} = 1.09 I_{k-2}^{(3)} = 1.09\times29.5\text{kA} = 32.16\text{kA}$$

3）三相短路容量

$$S_{k-2} = \sqrt{3}U_{av2}I_{k-2}^{(3)} = \sqrt{3}\times0.4\text{kV}\times29.5\text{kA} = 20.44\text{MV}\cdot\text{A}$$

3. 求分列运行下 k-2 点短路的三相短路电流和短路容量（$U_{av2} = 0.4\text{kV}$）

（1）计算短路电路中总电抗

k-2 点的短路电路总电抗为

$$\begin{aligned} X_{\Sigma(k-2)} &= X'_S + X'_{WL} + X_{T1} \\ &= 5.33\times10^{-4}\Omega + 2.5\times10^{-3}\Omega + 9.6\times10^{-3}\Omega \\ &= 12.63\times10^{-3}\Omega \end{aligned}$$

（2）计算三相短路电流和短路容量

1）三相短路电流周期分量有效值为

$$I_{k-2}^{(3)} = \frac{U_{av2}}{\sqrt{3}X_{\Sigma(k-2)}} = \frac{0.4\text{kV}}{\sqrt{3}\times12.63\times10^{-3}\Omega} = 18.29\text{kA}$$

2）三相短路冲击电流及其有效值为

$$i_{sh(k-2)} = 1.84 I_{k-2}^{(3)} = 1.84\times18.29\text{kA} = 33.65\text{kA}$$

$$I_{sh(k-2)} = 1.09 I_{k-2}^{(3)} = 1.09\times18.29\text{kA} = 19.94\text{kA}$$

3）三相短路容量为

$$S_{k-2}=\sqrt{3}U_{av2}I_{k-2}^{(3)}=\sqrt{3}\times0.4\text{kV}\times18.29\text{kA}=12.67\text{MV}\cdot\text{A}$$

3.4.2 采用标幺值法进行三相短路电流的计算

在无限大容量系统中发生三相短路时，其三相短路周期分量有效值的标幺值按下式计算：

$$I_{k*}^{(3)}=\frac{1}{|Z_{\Sigma*}|} \tag{3-28}$$

式中，$|Z_{\Sigma*}|=\sqrt{R_{\Sigma*}^2+X_{\Sigma*}^2}$。

注意，计算低电压侧短路时，只有 $R_{\Sigma}>X_{\Sigma}/3$ 时才计入总阻抗。

采用标幺值计算短路电流步骤一般为

1）取基准值 S_B（一般取 $S_B=100\text{MV}\cdot\text{A}$），$U_B=U_{av}$。

2）画出标幺值表示的各短路点对应的等效电路，标明计算参数。

3）计算出从短路点到各电源点之间的等效阻抗 $Z_{\Sigma*}$。

4）根据式（3-28）计算三相短路周期分量有效值 $I_{k*}^{(3)}$，并将其转换为 $I_k^{(3)}$，即

$$I_k^{(3)}=I_{k*}^{(3)}\cdot I_B=I_{k*}^{(3)}\cdot\frac{S_B}{\sqrt{3}U_B}$$

5）计算三相短路冲击电流 i_{sh} 及其有效值 I_{sh}。

6）计算三相短路容量 S_k。

【例 3-2】 用标幺法计算例 3-1。

解 1. 取基准值

取 $S_B=100\text{MV}\cdot\text{A}$，$U_{B1}=U_{av1}=10.5\text{kV}$，$U_{B2}=U_{av2}=0.4\text{kV}$

2. 求 k-1 点短路的三相短路电流和短路容量

（1）计算短路电路中各主要元件的电抗及其总电抗的标幺值

1）电力系统的电抗的标幺值为

$$X_{S*}=\frac{S_B}{S_{oc}}=\frac{100\text{MV}\cdot\text{A}}{300\text{MV}\cdot\text{A}}=0.3333$$

2）电力线路的电抗的标幺值为

$$X_{WL*}=x_0l\frac{S_B}{U_B^2}=0.35(\Omega/\text{km})\times5\text{km}\times\frac{100\text{MV}\cdot\text{A}}{(10.5\text{kV})^2}=1.59$$

3）k-1 点的短路电路总电抗的标幺值为

$$X_{\Sigma(k-1)*}=X_{S*}+X_{WL*}=0.3333+1.59=1.9233$$

（2）计算三相短路电流和短路容量

1）三相短路电流周期分量有效值的标幺值为

$$I_{k-1*}^{(3)}=\frac{1}{X_{\Sigma(k-1)*}}=\frac{1}{1.9233}=0.5199$$

2）三相短路电流周期分量有效值为

$$I_{k-1}^{(3)}=I_{k-1*}^{(3)}\cdot\frac{S_B}{\sqrt{3}U_{B1}}=0.5199\times\frac{100\text{MV}\cdot\text{A}}{\sqrt{3}\times10.5\text{kV}}=2.86\text{kA}$$

3）三相短路冲击电流及其有效值为

$$i_{sh(k-1)}=2.55I_{k-1}^{(3)}=2.55\times2.86\text{kA}=7.29\text{kA}$$

$$I_{sh(k-1)}=1.51I_{k-1}^{(3)}=1.51\times2.86\text{kA}=4.32\text{kA}$$

4）三相短路容量为

$$S_{k-1}=\sqrt{3}U_{av1}I_{k-1}^{(3)}=\sqrt{3}\times10.5\text{kV}\times2.86\text{kA}=52.01\text{MV}\cdot\text{A}$$

3. 求并联运行下 k-2 点短路的三相短路电流和短路容量

（1）计算短路电路中各主要元件的电抗及其总电抗的标幺值

1）电力变压器电抗的标幺值为

$$X_{T1*}=X_{T2*}=\frac{U_k\%}{100}\frac{S_B}{S_N}=\frac{6}{100}\times\frac{100\text{MV}\cdot\text{A}}{1000\text{kV}\cdot\text{A}}=6$$

2）k-2 点的短路电路总电抗的标幺值为

$$\begin{aligned}X_{\Sigma(k-2)*}&=X_{S*}+X_{WL*}+X_{T1*}/\!/X_{T2*}\\&=0.3333+1.59+6/\!/6=4.9233\end{aligned}$$

（2）计算三相短路电流和短路容量

1）三相短路电流周期分量有效值的标幺值

$$I_{k-2*}^{(3)}=\frac{1}{X_{\Sigma(k-2)*}}=\frac{1}{4.9233}=0.2031$$

2）三相短路电流周期分量有效值为

$$I_{k-2}^{(3)}=I_{k-2*}^{(3)}\cdot\frac{S_B}{\sqrt{3}U_{B2}}=0.2031\times\frac{100\text{MV}\cdot\text{A}}{\sqrt{3}\times0.4\text{kV}}=29.32\text{kA}$$

3）三相短路冲击电流及其有效值为

$$i_{sh(k-2)}=1.84I_{k-2}^{(3)}=1.84\times29.32\text{kA}=53.95\text{kA}$$

$$I_{sh(k-2)}=1.09I_{k-2}^{(3)}=1.09\times29.32\text{kA}=31.96\text{kA}$$

4）三相短路容量

$$S_{k-2}=\sqrt{3}U_{av2}I_{k-2}^{(3)}=\sqrt{3}\times0.4\text{kV}\times29.32\text{kA}=20.31\text{MV}\cdot\text{A}$$

4. 求分列运行下 k-2 点短路的三相短路电流和短路容量（$U_{av2}=0.4\text{kV}$）

（1）计算短路电路中总电抗的标幺值

k-2 点的短路电路总电抗的标幺值为

$$X_{\Sigma(k-2)*}=X_{S*}+X_{WL*}+X_{T1*}=0.3333+1.59+6=7.9233$$

（2）计算三相短路电流和短路容量

1）三相短路电流周期分量有效值的标幺值为

$$I_{k-2*}^{(3)}=\frac{1}{X_{\Sigma(k-2)*}}=\frac{1}{7.9233}=0.1262$$

2）三相短路电流周期分量有效值为

$$I_{k-2}^{(3)}=I_{k-2*}^{(3)}\cdot\frac{S_B}{\sqrt{3}U_{B2}}=0.1262\times\frac{100\text{MV}\cdot\text{A}}{\sqrt{3}\times0.4\text{kV}}=18.22\text{kA}$$

3）三相短路冲击电流及其有效值

$$i_{sh(k-2)}=1.84I_{k-2}^{(3)}=1.84\times18.22\text{kA}=33.52\text{kA}$$

$$I_{sh(k-2)}=1.09I_{k-2}^{(3)}=1.09\times18.22\text{kA}=19.86\text{kA}$$

4）三相短路容量

$$S_{k-2}=\sqrt{3}U_{av2}I_{k-2}^{(3)}=\sqrt{3}\times0.4\text{kV}\times18.22\text{kA}=12.62\text{MV}\cdot\text{A}$$

3.4.3 两相短路电流的计算

无限大容量系统发生两相短路时，如图3-6所示，其短路电流 $I_k^{(2)}$ 计算如下：

$$I_k^{(2)}=\frac{U_{av}}{2|Z_\Sigma|} \tag{3-29}$$

式中 U_{av} 为短路点的计算电压，一般为短路点的额定平均电压。

对无限大容量而言，两相短路电流较三相短路电流小，两者之间的关系如下：

$$I_k^{(2)}=\frac{\sqrt{3}}{2}I_k^{(3)} \tag{3-30}$$

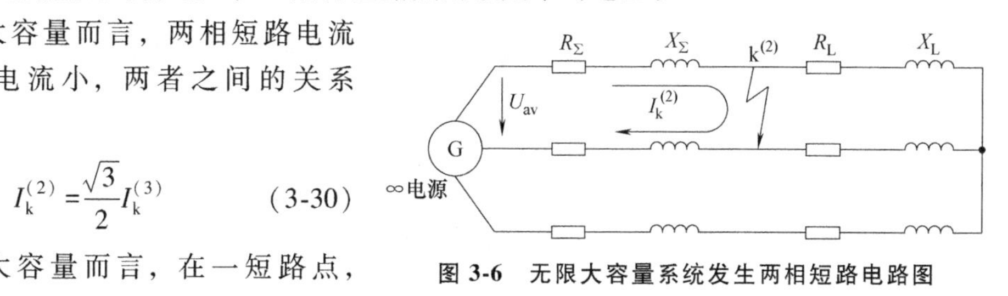

图3-6 无限大容量系统发生两相短路电路图

对无限大容量而言，在一短路点，两相短路电流是三相短路电流的$\sqrt{3}/2$；其他两相短路电流也是三相短路电流的$\sqrt{3}/2$，即

$$i_{sh}^{(2)}=\frac{\sqrt{3}}{2}i_{sh}^{(3)} \tag{3-31}$$

$$I_{sh}^{(2)}=\frac{\sqrt{3}}{2}I_{sh}^{(3)} \tag{3-32}$$

对非无限大容量而言，两相短路电流不再是三相短路电流的$\sqrt{3}/2$，比如，在发电机出口处发生短路，则 $I_k^{(2)}=1.5I_k^{(3)}$。

3.4.4 单相短路电流的计算

在接地电流的电力系统或三相四线制低压配电系统中发生单相短路时，如图3-7所示，根据对称分量法，可求得单相短路电流为

$$I_k^{(1)}=\frac{3U_\varphi}{Z_{1\Sigma}+Z_{2\Sigma}+Z_{0\Sigma}} \tag{3-33}$$

式中 U_φ——短路点相电压；

$Z_{1\Sigma}$——正序阻抗；

$Z_{2\Sigma}$——负序阻抗；

$Z_{0\Sigma}$——零序阻抗。

单相短路电流的工程计算公式为

$$I_k^{(1)}=\frac{220\text{V}}{\sqrt{(R_{G\varphi}+R_{T\varphi}+R_{L\varphi})^2+(X_{G\varphi}+X_{T\varphi}+X_{L\varphi})^2}} \tag{3-34}$$

式中 $R_{G\varphi}$——系统的相—零电阻；

$X_{G\varphi}$——系统的相—零电抗；

$R_{T\varphi}$——变压器的相—零电阻；

$X_{T\varphi}$——变压器的相—零电抗；

$R_{L\varphi}$——线路的相—零电阻；

$X_{L\varphi}$——线路的相—零电抗，可查找相关手册获取。

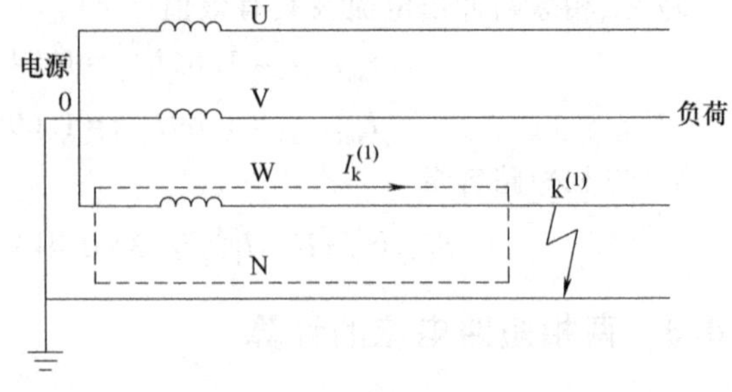

图 3-7 单相短路电路图

1. 高电压侧的相阻抗

高电压侧的相阻抗计算公式为

$$Z_G = \frac{U_{av}^2}{S_k} \times 10^{-3}\,\text{m}\Omega \tag{3-35}$$

一般可取：$X_G = 0.995Z_G$，$R_{G\varphi} = 0.1X_G$。

因零序电流不能在高电压侧流通，故高电压侧系统的相阻抗按每相阻抗值的 2/3 计算，即 $R_{G\varphi} = \frac{2}{3}R_G$，$X_{G\varphi} = \frac{2}{3}X_G$

2. 变压器的相阻抗

零序阻抗一般通过试验确定，通常由产品手册提供。若手册未提供，则认为零序阻抗与正序阻抗相等。

变压器的相阻抗计算公式为

$$R_{T\varphi} = \frac{1}{3}(R_{T+} + R_{T-} + R_{T0}) = \frac{2}{3}R_T + \frac{1}{3}R_{T0} = R_T \tag{3-36}$$

$$X_{T\varphi} = \frac{1}{3}(X_{T+} + X_{T-} + X_{T0}) = \frac{2}{3}X_T + \frac{1}{3}X_{T0} = X_T \tag{3-37}$$

式中 R_T——可由式（3-23）求得；

X_T——可由式（3-25）求得。

3. 低电压配电网线路的相阻抗

N 线或 PE 线中的正、负序电流为零，而流过零序电流是 3 个零序电流分量之和。

3.5 短路电流的效应

3.5.1 短路电流的电动力效应

短路电流的电动力效应原理为相邻载流导体之间的电磁互作用力，即电动力。短路时，特别是冲击电流通过瞬间，其电动力则非常大，所以三相短路冲击电流为校验电器和导体的动稳定依据。

1. 两平行导体之间相互作用的电动力

两平行导体分别通过电流 i_1、i_2 时，它们之间的相互作用力 F 为

$$F = \frac{2ki_1 i_2 l}{a} \times 10^{-7} \quad (\text{N}) \tag{3-38}$$

式中 k——形状系数，与载流导体的形状和导体间的相对位置有关，圆形、管形导体 $k=1$；
l——导体长度（m）；
a——导体中心轴线间的距离（m）；
i_1、i_2——通过导体的电流（A）。

2. 三相导体水平布置时导体之间相互作用的电动力

三相导线水平布置，三相短路时在冲击短路电流的作用下，中间相受到的作用力最大，即

$$F_{max}=2i_{sh}\left(\frac{\sqrt{3}}{2}i_{sh}\right)\frac{kl}{a}\times10^{-7}\text{N} \tag{3-39}$$

3. 动稳定校验条件

动稳定校验就是校验导体和电器承受短路电流电动力的能力。

（1）一般电器

$$i_{max}\geqslant i_{sh}^{(3)} \tag{3-40}$$

$$或\ I_{max}\geqslant I_{sh}^{(3)} \tag{3-41}$$

式中 i_{max}和I_{max}——电器的极限通过电流峰值和有效值。

高电压断路器等电气设备的主要技术数据中包括动稳定电流参数。

（2）对绝缘子动稳定校验

$$F_{al}\geqslant F_c^{(3)} \tag{3-42}$$

式中 F_{al}——绝缘子的最大允许载荷，由产品样本查得；
$F_c^{(3)}$——短路时作用在绝缘子上的计算力。母线在绝缘子上为平放：$F_c^{(3)}=F_{max}$；母线在绝缘子上为竖放：$F_c^{(3)}=1.4F_{max}$，这里的 F_{max} 按式（3-39）计算。

（3）对母线等硬导体 一般按短路时所受到的最大应力来校验，即

$$\sigma_{al}\geqslant\sigma_c \tag{3-43}$$

式中 σ_{al}——母线材料的最大允许应力，硬铜：$\sigma_{al}\approx137\text{MPa}$，硬铝：$\sigma_{al}\approx63\text{MPa}$；
σ_c——母线通过 $i_{sh}^{(3)}$ 时所受到的最大应力，即

$$\sigma_c=\frac{M}{W} \tag{3-44}$$

式中 M——母线通过 $i_{sh}^{(3)}$ 时所受到的弯曲力矩，当母线的档数为1~2时，$M=F_{max}l/8$，当母线的档数>2时，$M=F_{max}l/10$，l 为母线的挡距，W 为母线的母线截面积系数，由下式求得

$$W=\frac{1}{6}b^2h \tag{3-45}$$

式中 b——截面积水平宽度；
h——截面积水平高度。

（4）电缆本身的机械强度很好，不必校验动稳定

4. 大容量电动机对短路冲击电流的影响

当短路计算点附近有大容量电动机（总容量超过100kW）时，其反馈冲击电流使短路点冲击电流增大，即

$$i_{sh\Sigma}^{(3)}=i_{sh}^{(3)}+i_{sh.M} \tag{3-46}$$

工程设计中 $i_{sh.M}$ 可近似取为 $i_{sh.M}=(6.5\sim7.5)K_{sh.M}I_{N.M}$，其中，$K_{sh.M}$ 为短路电流冲击系数，高压电动机一般取 1.4~1.6，低压电动机一般取 1；$I_{N.M}$ 为电动机的额定电流。

【例 3-3】 某工厂变电所 380V 侧母线上接有感应电动机 250kW，$\cos\varphi=0.7$，效率 $\eta=0.75$，380V 母线的短路电流为 33.7kA。该母线采用 LMY-100×10 的硬铝母线，水平平放，档距为 900mm，档数>2，相邻两相母线的轴线距离为 160mm。试求该母线三相短路时所受的最大电动力，并校验其动稳定度。

解　1. 计算母线短路时所受的最大电动力

(1) 三相短路冲击电流为

$$i_{sh}=1.84i_k=1.84\times33.7\text{kA}=62\text{kA}$$

(2) 接于 380V 母线的感应电动机额定电流为

$$i_{N.M}=\frac{P}{\sqrt{3}U_N\cos\varphi\eta}=\frac{250\text{kW}}{\sqrt{3}\times380\times0.7\times0.75}\text{kA}=0.724\text{kA}$$

(3) 该感应电动机的反馈电流冲击值为

$$i_{sh.M}=(6.5\sim7.5)K_{sh.M}I_{N.M}=6.5\times1\times0.724\text{kA}=4.7\text{kA}$$

(4) 母线短路时所受的最大电动力为

$$F_{max}=\sqrt{3}(i_{sh}+i_{sh.M})^2\frac{l}{a}\times10^{-7}$$

$$=\sqrt{3}\times(62\times10^3\text{A}+4.7\times10^3\text{A})^2\frac{0.9\text{m}}{0.16\text{m}}\times10^{-7}\text{N/A}^2=4334\text{N}$$

2. 校验母线短路时动稳定性

(1) 母线短路时所受到的弯曲力矩为

$$M=\frac{F_{max}l}{10}=\frac{4334\text{N}\times0.9\text{m}}{10}=390\text{N}\cdot\text{m}$$

(2) 母线的截面积系数为

$$W=\frac{1}{6}b^2h=\frac{(0.1\text{m})^2\times0.01\text{m}}{6}=1.667\times10^{-5}\text{m}^3$$

(3) 母线短路时所受到的最大应力

$$\sigma_c=\frac{M}{W}=\frac{390\text{N}\cdot\text{m}}{1.667\times10^{-5}\text{m}^3}=23.4\text{MPa}$$

(4) 硬铝母线（LMY）的允许应力为 $\sigma_{al}\approx70\text{MPa}$

$$\sigma_{al}=70\text{MPa}>\sigma_c=23.4\text{MPa}$$

由此可见，该母线满足短路动稳定性要求。

3.5.2　短路电流的热效应

导体和电器在运行中经常的工作状态有：

1) 正常工作状态：电压、电流均未超过允许值，对应的发热为长期发热。

2) 短路工作状态：发生短路故障，对应的发热为短时发热。

1. 长期发热

（1）发热原因

1）电流流过导体产生电阻损耗。

2）绝缘材料中的介质损耗。

3）导体周围的金属构件，在电磁场作用下产生涡流和磁滞损耗。

（2）发热的不良影响

1）接触电阻增加。

2）绝缘性能降低。

3）机械强度下降。

因此规定不同材料导体正常和短路情况下的最高允许温度。

2. 导体的短时发热

短路前后导体的温度变化特点如图 3-8 所示。

图 3-8 中，AB 段反映的是工作电流所产生的热量引起导体温度的变化；BC 段反映的是短路时导体温度变化；C 点后的虚线反映的是短路电流被切除之后，导体温度会逐渐地降至周围环境温度。从图 3-8 中可以看出，导体在短路前正常负荷时的温度为 θ_L。假设在 t_2 时刻发生短路，导体温度按指数规律迅速升高，在 t_3 时刻线路保护装置将短路故障切除，这时导体温度已达到 θ_k。短路切除后，导体不再产生热量，而只按指数规律向周围介质散热，直到导体温度等于周围介质温度 θ_0 为止。

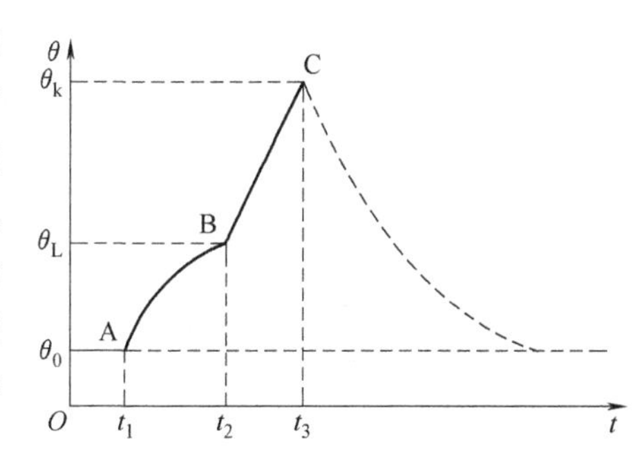

图 3-8　短路前后导体的温度变化曲线

按照导体的允许发热条件，导体在正常负荷时和短路时的最高温度见表 B-48 所列。如果导体和电器在短路时的发热温度不超过允许温度，则应认为导体和电器是满足短路热稳定度要求的。

要确定导体短路后实际达到的最高温度 θ_k，按理应先求出短路期间实际的短路全电流或 $I_{k(t)}$ 在导体中产生的热量 Q_k。但是 i_k 和 $I_{k(t)}$ 都是幅值变动的电流，要计算其 Q_k 是相当困难的，因此一般采用一个恒定的短路稳态电流 I_∞ 来等效计算实际短路电流所产生的热量。

由于通过导体的短路电流实际上不是 I_∞，因此假定一个时间，在此时间内，设导体通过 I_∞ 所产生的热量，恰好与实际短路电流 i_k 或 $I_{k(t)}$ 在实际短路时间 t_k 内所产生的热量相等。这一假定的时间，称为短路发热的假想时间，也称热效时间，用 t_{ima} 表示，如图 3-9 所示。

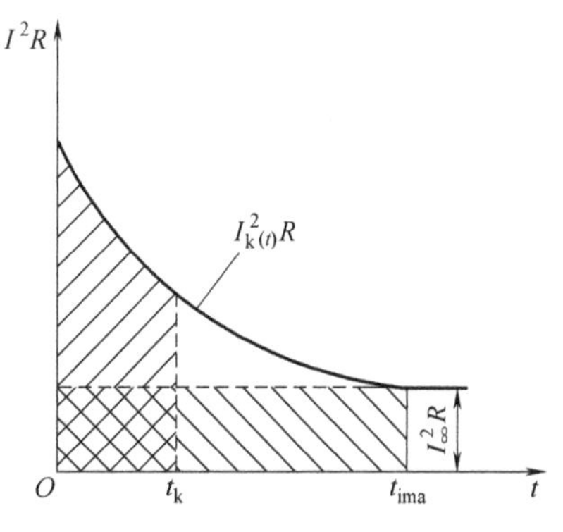

图 3-9　短路发热假想时间

当无限大容量系统发生短路时，假想时间为

$$\begin{cases} t_{ima}=t_k+0.05\text{s}, & t_k\leqslant 1\text{s} \\ t_{ima}=t_k\text{s}, & t_k>1\text{s} \end{cases} \tag{3-47}$$

式中　t_k——短路时间，它由短路保护装置的最长动

作时间 t_{op} 和断路器的断路时间 t_{oc} 组成，即 $t_k=t_{op}+t_{oc}$。一般高压断路器（如油断路器），可取 $t_{oc}=0.2s$，高速断路器（如真空断路器和 SF_6 断路器），可取 t_{oc} 为 0.1～0.15s。

因此，短路电流在短路时间 t_k 内通过导体产生的热量为

$$Q_k=\int_0^{t_k} I_{k(t)}^2 R\mathrm{d}t = I_\infty^2 R t_{ima} \tag{3-48}$$

根据 Q_k 可以计算出导体在短路后的加热系数 K_k，即

$$K_k=\frac{Q_k}{A^2R}+K_L \tag{3-49}$$

式中　K_k 和 K_L——短路后最高温度 θ_k 和短路前正常负荷时的温度为 θ_L 对应的加热系数值（$A^2\cdot s/mm^4$）；

A——导体截面积（m^2）；

R——导体的电阻。

然后根据 K_k 查表可得出导体在短路后的温度 θ_k。

但是这种计算相当烦琐，工程上通常利用短路稳态电流 I_∞ 和短路发热的假想时间 t_{ima} 表进行短路热稳定性的校验。

3. 热稳定校验条件

热稳定校验就是校验导体和电器承受短路电流产生热量的能力。

（1）一般电器

$$I_t^2 t \geqslant I_\infty^2 t_{ima} \tag{3-50}$$

式中　I_t——电器的热稳定电流；

t——电器的热稳定试验时间。

I_t 和 t 为可以通过需要校验电器的参数手册获取。

（2）母线及绝缘导线和电缆等导体

$$\theta_{k.max} \geqslant \theta_k \tag{3-51}$$

式中　$\theta_{k.max}$——导体短路时的最高允许温度。

如前所述，确定导体的 θ_k 比较烦琐。由式（3-48）和式（3-49）可以得到满足热稳定度要求的最小允许截面积为

$$A_{min}=I_\infty\sqrt{\frac{t_{ima}}{K_k-K_L}}=I_\infty\frac{\sqrt{t_{ima}}}{C} \tag{3-52}$$

式中　C——导体的热稳定系数，可通过查相关手册或表 B-47 获取。

【例 3-4】 试校验例 3-3 中工厂变电所 380V 侧 LMY 母线的短路热稳定性。已知母线的短路保护装置的最长动作时间 $t_{op}=0.6s$，低压断路器的断路时间为 0.1s。该母线正常运行时的最高温度为 55°C。

解　（1）短路发热的假想时间为

$$t_{ima}=t_{op}+t_{oc}+0.05s=0.6s+0.1s+0.05s=0.75s$$

（2）查表 B-48 得

$$C=87A\sqrt{s}/mm^2$$

（3）满足热稳定度要求的最小允许截面积为

$$A_{min}=I_{\infty}\sqrt{\frac{t_{ima}}{K_k-K_L}}=33.7\times10^3\,A\,\frac{\sqrt{0.75s}}{87A\sqrt{s}/mm^2}=335mm^2$$

（4）母线（LMY）的实际截面积为

$$A=100mm\times10mm=1000mm^2$$

（5）校验母线（LMY）的热稳定性

$$A=1000mm^2\geqslant A_{min}=335mm^2$$

由此可见，该母线满足短路热稳定性要求。

本章小结

本章首先简单介绍短路的原因、后果及其形式，然后讲述无限大容量电力系统发生三相短路时的物理过程及有关物理量，接着重点讲述工厂供电系统三相短路及两相和单相短路的计算，最后讲述短路电流的效应及短路校验条件。本章内容也是工厂供电系线运行分析和设计计算的基础。上一章是讨论和计算供电系统在正常状态下运行的负荷，而本章则是讨论和计算供电系统在短路故障状态下产生的电流及其效应问题。

思考题与习题

3-1 短路故障产生的原因有哪些？短路对电力系统有哪些危害？

3-2 短路有哪些形式？哪种短路形式的可能性最大？哪种短路形式的危害最为严重？

3-3 什么叫无限大容量的电力系统？它有什么特点？在无限大容量系统中短路时，短路电流将如何变化？能否突然增大？

3-4 短路电流周期分量和非周期分量各是如何产生的？各符合什么定律？

3-5 什么是短路冲击电流？什么是短路稳态电流？

3-6 什么叫短路计算电压？它与线路额定电压有什么关系？

3-7 什么叫短路电流的电动力效应？它应该采用哪一个短路电流来计算？

3-8 对一般开关电器，其短路动稳定度和热稳定度校验的条件各是什么？对母线，其短路动稳定度和热稳定度校验的条件又各是什么？

3-9 如图3-10所示，某厂一10kV/0.4kV车间变电所装有一台S9-800型变压器（$\Delta u_k\%=5$），由厂10kV高压配电所通过一条长0.5km的10kV电缆（$x_0=0.08\Omega/km$）供电。已知高压配电所10kV母线k-1点三相短路容量为52MV·A，试计算该车间变电所380V母线k-2点发生三相短路时的短路电流。

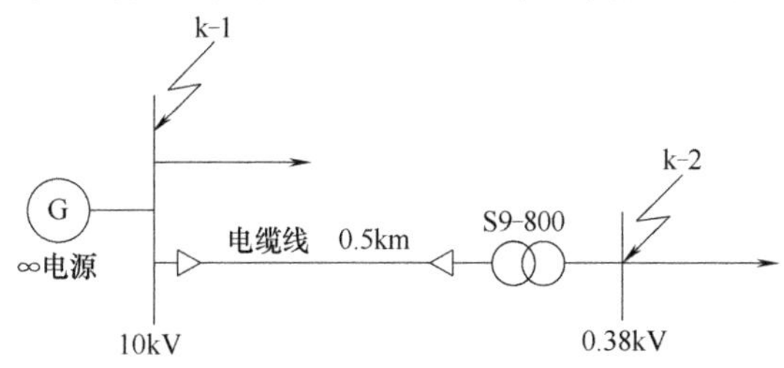

图3-10 习题3-9图

3-10 有一地区变电站通过一条长 4km 的 10kV 电缆线路供电给某厂装有两台并列运行的 S9-800 (Yyn0 联结) 电力变压器的变电所。地区变电站出口断路器的断流容量为 300MV・A。试用欧姆法求该变电所 10kV 高压母线上和 380V 低压母线上的短路电流和短路容量，并出短路计算表。

3-11 试用标幺制法重做习题 3-10。

3-12 设习题 3-10 所述工厂变电所 380V 侧母线采用 80mm×10mm 的 LMY 铝母线，水平平放，两相邻线轴线间距为 200mm，档距为 0.9m，档数>2。该母线上接有一台 500kW 的同步电动机，$\cos\varphi=1$ 时，$\eta=94\%$。试校验此母线的短路动稳定度。

3-13 设习题 3-12 所述 380V 的短路保护动作时间为 0.5s，低压断路器的断路时间为 0.05s。试校验此线的短路热稳定度。

第4章　导体与设备选择

导体与电气设备的选择是供配电系统设计的重要内容之一。安全、可靠、经济、合理是选择导体与电气设备的基本要求。导体与设备选择不仅要考虑负荷大小，还要考虑短路故障下的安全、运行条件与运行环境的影响及未来发展的潜在需求，往往需要通过综合分析与综合评价才能得到合适的选择。可以说，导体与设备选择是综合运用供配电系统基本知识与基本概念的结果。

4.1　导体及选择

导体是供配电系统中功率传输的载体，导体的选择不仅影响传输损耗，还关系到供电系统的安全和经济运行。

4.1.1　供配电与照明中常见导线

建筑供配电与照明中常见的导线有母线、架空线、电缆和低压绝缘导线。

1. 母线

母线是指在变电所中各级电压配电装置的连接，以及变压器等电气设备和相应配电装置的连接，大都采用矩形或圆形截面积的裸导线或绞线。母线的作用是汇集、分配和传送电能。母线按结构分为硬母线、软母线和封闭母线。传输大电流的场合可采用硬母线。硬母线可分为裸母线和母线槽（封闭式母线）两大类，如图 4-1 和图 4-2 所示。图 4-3 为矩形裸母线的型号组成及各部分表示的内容。

图 4-1　裸母线

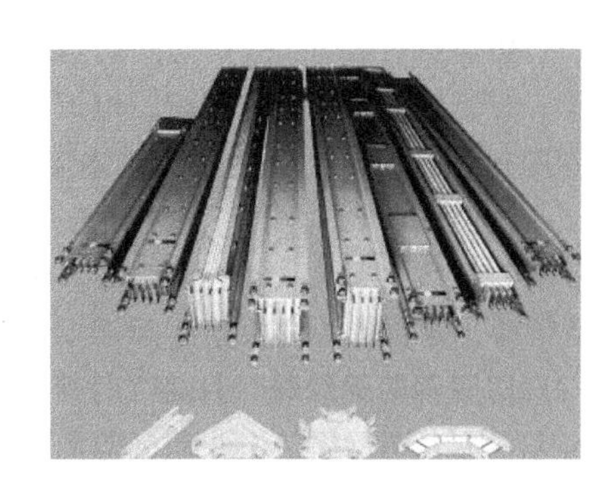

图 4-2　母线槽

随着现代化工程设施和装备的涌现，各行各业的用电量迅增，尤其是众多的高层建筑和大型厂房车间的出现，作为输电导体的传统电缆在大电流输送系统中已不能满足要求，多路电缆的并联使用给现场安装施工连接带来了诸多不便。插接式母线槽作为一种新型配电导体应运而生，与传统的电缆相比，在大电流输送时充分体现出它的优越性，同时由于采用了新技术、新工艺，大大降低了母线槽两端部连接处及分线口插接处的接触电阻和温升，并在母线槽中使用了高质量的绝缘材料，从而提高了母线槽的安全可靠性，使整个系统更加完善。

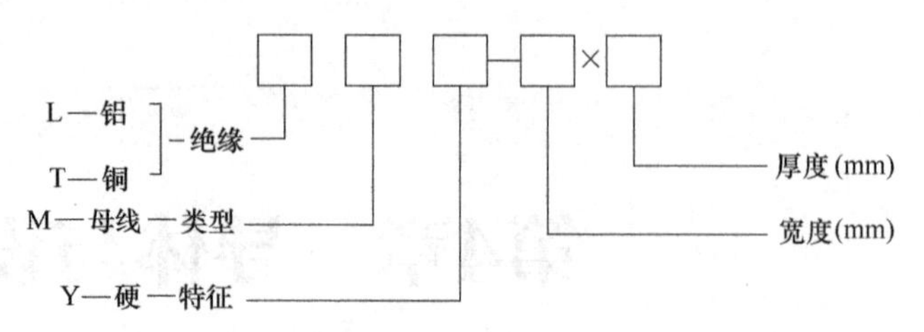

图 4-3　矩形裸母线的型号组成及各部分表示的内容

母线槽是由金属板（钢板或铝板）为保护外壳、导电排、绝缘材料及有关附件组成的系统。它可制成标准长度的段节，并且每隔一段距离设有插接分线盒，也可制成中间不带分线盒的馈电型封闭式母线，为馈电和安装检修带来了极大的方便。

按绝缘方式母线槽的发展已经经历了空气式插接母线槽（BMC）、密集绝缘插接母线槽（CMC）和高强度复合绝缘插接母线槽（CFW）三代产品。

2. 架空线

架空电力线路的导体可采用钢芯铝绞线或铝绞线，地线可采用镀锌钢绞线。在沿海和其他对导体腐蚀比较严重的地区，可使用耐腐蚀、增容导体。裸绞线的型号组成及各部分表示的内容如图 4-4 所示。

户外架空线路 6kV 及以上电压等级一般采用裸导体，380V 电压等级一般采用绝缘导线。裸导体常用的型号及适用范围为

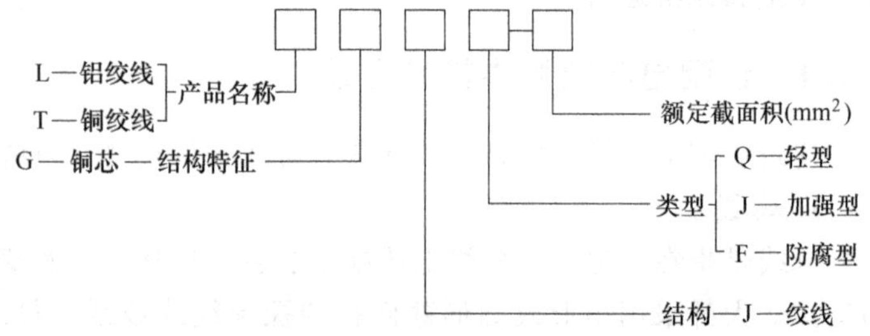

图 4-4　裸绞线的型号组成及各部分表示的内容

（1）铝绞线（LJ）　导电性能较好、重量轻、对风雨作用的抵抗力较强，但对化学腐蚀作用的抵抗力较差，多用于 6~10kV 的线路。其受力不大，杆距不超过 100~125m。

（2）钢芯铝绞线（LGJ）　外围为铝线，芯子采用钢线，这就解决了铝绞线机械强度差的问题。由于交流电的趋肤效应，电流通过导体时，实际只从铝线经过，钢芯铝绞线的截面积就是其中铝线的截面积。在机械强度要求较高的场所和 35kV 及以上的架空线路上多被采用。

（3）铜绞线（TJ）　导电性能好、机械强度好、对风雨和化学腐蚀作用的抵抗力较强，但价格较高，是否选用应根据实际需要而定。

（4）防腐钢芯铝绞线（LGJF）　具有钢芯铝绞线的特点，同时防腐线性能好，一般用于沿海地区、咸水湖及化工工业地区等周围有腐蚀性物质的高压和超高压架空线路上。

架空线一般大量地使用在城市外围郊区，以下地方不宜使用：环境、交通要求高的地方，如旅游景点、高速公路；有腐蚀性气体的地方、水下作业等地方；雷电多发区域等。它

最大优点是易于施工和故障排除。

3. 电缆

电缆是一种特殊的导线。电缆的结构主要由导体、绝缘层和保护层三部分组成，如图4-5和图4-6所示。导体通常采用多股铜绞线或铝绞线；按导体数目的不同可分为单芯、三芯、四芯和五芯电缆；按消防等级划分为普通电缆、耐火电缆、阻燃电缆，按结构分为扁平电缆、双绞电缆；预分支电缆；按绝缘材料分为交联聚乙烯、橡皮、聚氯乙烯、绝缘油等。电力电缆的型号组成及各部分表示的内容如图4-7所示，其中外护套包括的全部内容见表4-1。

图4-5 电缆的外形图

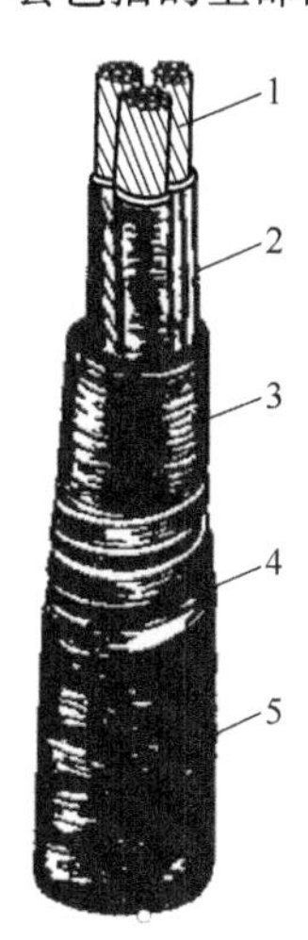

图4-6 交联聚乙烯绝缘电力电缆

1—缆芯（铜芯或铝芯） 2—交联聚乙烯绝缘层 3—聚氯乙烯护套（内护层）
4—钢铠或铝铠（外护层） 5—聚氯乙烯外套（外护层）

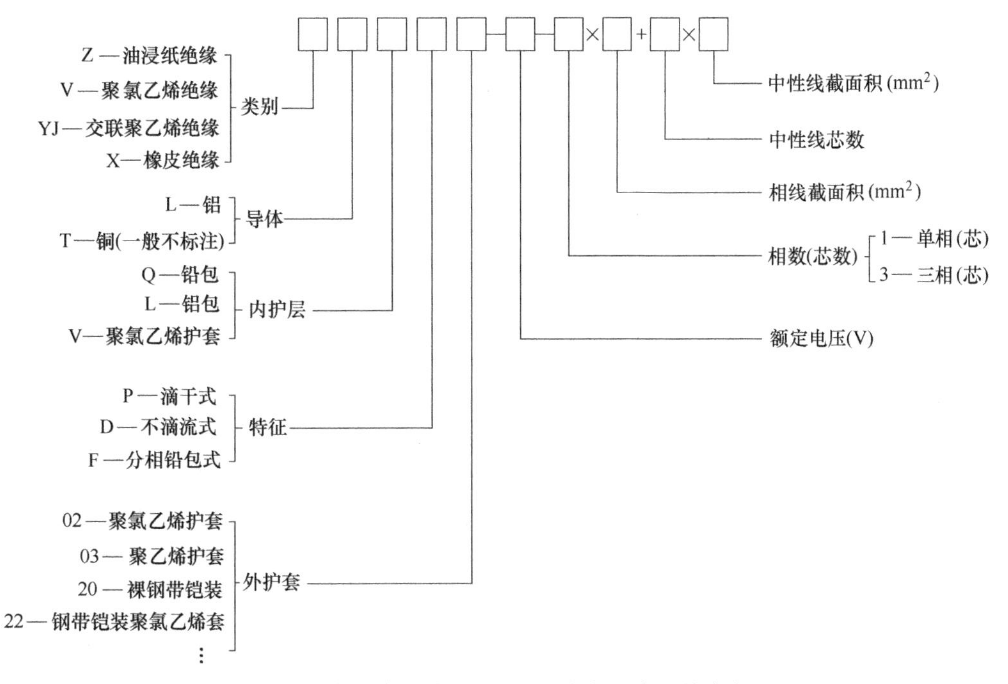

图4-7 电力电缆的型号组成及各部分表示的内容

表 4-1　电缆型号中外护套包括的全部内容

代号	含义
02	聚氯乙烯护套
03	聚乙烯护套
20	裸钢带铠装
(21)	钢带铠装纤维外被
22	钢带铠装聚氯乙烯套
23	钢带铠装聚乙烯套
30	裸细钢丝铠装
(31)	细圆钢丝铠装纤维外被
32	细圆钢丝铠装聚氯乙烯套
33	细圆钢丝铠装聚乙烯套
(40)	裸粗圆钢丝铠装
41	粗圆钢丝销装纤维外被
(42)	粗圆钢丝铠装聚氯乙烯套
(43)	粗圆钢丝销装聚乙烯套
441	双粗圆钢丝销装纤维外被

不同绝缘材料的区别如下：

1）交联聚乙烯绝缘聚氯乙烯护套电力电缆，绝缘性能优良，介质损耗低；结构简单，制造方便；外径小，质量小，载流量大；敷设方便，不受高差限制，作终端和中间接头简便而被广泛采用。电压等级全覆盖。由于交联聚乙烯较轻，故 1kV 级的电缆价格与聚氯乙烯绝缘电缆相差有限。

普通的交联聚乙烯绝缘材料不含卤素，因此，它不具备阻燃性能。此外，交联聚乙烯材料对紫外线照射较敏感，因此，通常采用聚氯乙烯作外护套材料。在露天环境下长期强烈阳光照射下的电缆应采取覆盖遮阴措施。

交联聚乙烯绝缘聚氯乙烯护套电缆还可敷设于水下，但应具有高密度聚乙烯护套及防水层的构造。

2）橡皮绝缘电力电缆可用于不经常移动的固定敷设线路。移动式电气设备的供电回路应采用橡皮绝缘橡皮护套软电缆（简称橡套软电缆）；有屏蔽要求的回路应具有分相屏蔽。普通橡胶遇到油类及其化合物时，很快就被损坏，因此在可能经常被油浸泡的场所，宜使用耐油型橡胶护套电缆。普通橡胶耐热性差，允许运行温度较低，故对于高温环境又有柔软性要求的回路，宜选用乙丙橡胶绝缘电缆。

3）普通聚氯乙烯虽然有一定的阻燃性能，但在燃烧时会散放有毒烟气，故对于需满足在一旦着火燃烧时的低烟、低毒要求的场合，如地下客运设施、地下商业区、高层建筑和重要公共设施等人流较密集场所，或者重要的厂房，不宜采用聚氯乙烯绝缘或者护套型电缆，而应采用低烟、低卤或无卤的阻燃电缆。

电缆有四大优势：环境、交通、防护、防雷。一般多使用在架空线无法使用的地方，如：水下作业、矿井下作业、沼泽地等对上述环境、交通、防护和防雷有要求的地方，如旅游区、高速公路、化工厂、高级住宅区、高层及超高层等电源进线。

4. 低压绝缘导线

低压配电线路大多采用绝缘导线或电缆，绝缘导线按芯线材料分为铝芯（L）和铜芯（不表示）；按绝缘材料分为橡皮绝缘（X）和塑料绝缘（V）两种；按使用环境分为室外架空（X）和室内性（V）；按硬度分为硬型与移动性好的软型（R）。低压绝缘导线的型号组成及各部分表示的内容如图 4-8 所示。

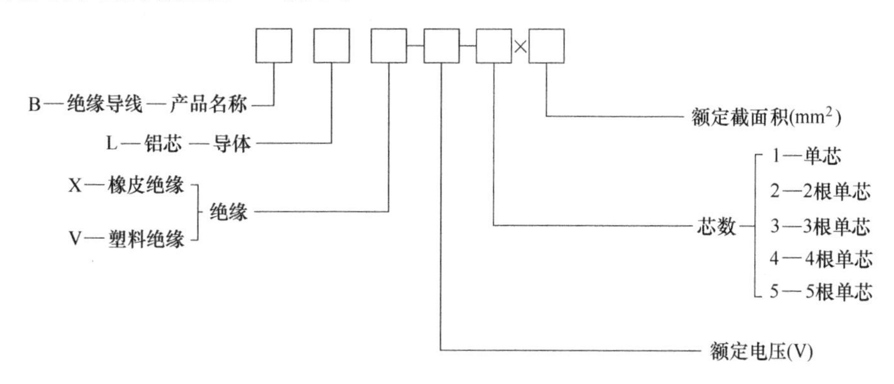

图 4-8 低压绝缘导线的型号组成及各部分表示的内容

B 型线中的 X 型户内、户外都可以使用，大多数用于低压架空；V 型均使用于室内，带护套的用于明敷；R 型用于室内要求移动性好的场所。

4.1.2 导线敷设方式表示规定

电气工程中，线缆敷设是实现电能安全传输、安全应用的重要环节。所谓敷设是指确定线缆走向，并放线，护线、固线的全过程，俗称布线。建筑电气中的线缆敷设方式与作业现场条件、防火要求等密切相关。线缆敷设方式分为明敷设（E）与暗敷设（C）两种。常见的敷设方式和敷设部位见附录 A。

如：VV-3×35+1×25SC50WC 意义是聚氯乙烯绝缘，聚氯乙烯内护层，铜芯电缆。3 根相线，截面积为 35mm^2；1 根中性线，截面积为 25mm^2；穿焊接钢管管径为 50mm，沿墙暗敷。管径的选择见表 B-23～表 B-32。

4.1.3 导体选择原则与校验

1. 按允许载流量（发热原则）选择（校验）导体截面积

（1）相线截面积的选择　导体通过电流时会发热，绝缘导线和电缆温度过高时，可使绝缘损坏，或者引起火灾。因此，导线和电缆的正常发热温度不得超过额定负荷时的最高允许温度，通过相线的计算电流 I_c 不超过其允许载流量 I_{al}，即

$$I_{al} \geqslant I_C \tag{4-1}$$

导体的允许载流量是指规定的环境温度条件下，导体能连续承受而不使其稳定温度超过其允许值的最大电流。

按允许载流量选择截面积时需注意：允许载流量与环境温度有关。若实际环境温度与规定的环境温度不一致时，允许载流量乘上温度修正系数 K_θ 以求出实际的允许载流量，即

$$I'_{al}=K_\theta I_{al} \tag{4-2}$$

式中　$K_\theta=\sqrt{\dfrac{\theta_{al}-\theta'_0}{\theta_{al}-\theta_0}}$，且 θ_{al} 为导体额定负荷时的最高允许温度；

θ_0——导线允许载流量所采用的环境温度；

θ'_0——导体敷设地点实际的环境温度。

对于低压配电线路的导体截面积选择，除满足式（4-2），其允许电流还需与熔断器熔体的额定电流或断路器长延时脱扣器的整定电流相配合，保护导线（或电缆）不被毁坏。

$$\text{熔断器 } I_{al}\geqslant I_{N.EF}\text{，断路器 } I_{al}\geqslant I_{OP(1)}$$

（2）中性线（N 线）截面积的选择　三相四线制系统中的中性线，要考虑不平衡电流和零序电流以及谐波电流的影响。

1）一般三相四线制中的中性线截面积为

$$S_o\geqslant 0.5S_\varphi \tag{4-3}$$

式中　S_φ——相线截面积。

① 当 $S_\varphi\leqslant 16\ mm^2$（铜）或 $25\ mm^2$（铝）时，有

$$S_o=S_\varphi \tag{4-4}$$

② 当 $S_\varphi>16\ mm^2$（铜）或 $25\ mm^2$（铝），且在正常工作时，包括谐波电流在内的中性导体预期最大电流不大于中性导体的允许载流量，并且中性导体已进行了过电流保护时，中性导体截面积可小于相导体截面积，且应满足：

$$S_o\geqslant 16mm^2\text{(铜)或 }25mm^2\text{(铝)} \tag{4-5}$$

2）由三相四线制引出的两相三线制线路和单相线路，因中性线电流和相线电流相等，故中性线截面积与相线截面积相同，即

$$S_o=S_\varphi \tag{4-6}$$

3）如果三相四线制线路的三次谐波电流相当突出，该谐波电流会流过中性线，此时中性线截面积应不小于相线截面积，即

$$S_o\geqslant S_\varphi \tag{4-7}$$

（3）保护线（PE 线）截面积的选择　保护线截面积 S_{PE} 要满足短路热稳定的要求，按 GB 50054—2011《低压配电设计规范》规定。

1）当 $S_\varphi\leqslant 16mm^2$ 时，有

$$S_{PE}=S_\varphi \tag{4-8}$$

2）当 $16mm^2 \leqslant S_\varphi \leqslant 35mm^2$ 时，有

$$S_{PE} = 16mm^2 \tag{4-9}$$

3）当 $S_\varphi \geqslant 35mm^2$ 时，有

$$S_{PE} \geqslant 0.5S_\varphi \tag{4-10}$$

（4）保护中性线（PEN 线）截面积的选择　因为 PEN 线具有 PE 线和 N 线的双重功能，所以选择截面积时按其中的最大值选取。

【例 4-1】 有一条采用 BV-750 型铜芯塑料线明敷的 AC220V/380V 的 TN-S 线路，最大持续工作电流为 140A，如果采用 BV-750 型铜芯塑料线穿硬塑料管埋地敷设，当地最热月平均气温为 25℃。试按发热条件选择此线路的导体截面积。

解 查表 B-33 得 25℃时 5 根单芯线穿硬塑料管的 BV-750 型铜芯塑料线截面积为 $70mm^2$，$I_{al} = 142A$，$I_C = 140A$，$I_{al} \geqslant I_C$。因此按发热条件，相线截面积可选 $70mm^2$，N 线选为 $35mm^2$，PE 线截面积也选为 $35mm^2$。

所选结果可表示为：BV-450/750V-3×70+2×35。

2. 按电压损失原则选择（校验）导体截面积

按电压损失条件选择导体截面积，是要保证用电设备端子处的电压偏差不超过允许值，保证负荷电流在线路上产生的电压损失不超过允许值。

（1）线路电压损失的计算　带有集中负荷的线路，计算公式见表 4-2。

表 4-2　线路电压损失的计算

线路种类	负荷情况	导体截面积情况	计算公式
三相平衡负荷线路	带 1 个集中负荷	线路全长采用同一截面积	$\Delta U\% = \frac{1}{10U_N^2}(Pr_0+Qx_0)l$
	带 n 个集中负荷		$\Delta U\% = \frac{1}{10U_N^2}\left(r_0\sum_{i=1}^{n}P_il_i+x_0\sum_{i=1}^{n}Q_il_i\right)$
接于线电压的单相负荷线路	带 1 个集中负荷		$\Delta U\% = \frac{2}{10U_N^2}(Pr+Qx')l$
接于相电压的单相负荷线路	带 1 个集中负荷		$\Delta U\% = \frac{2}{10U_{Nph}{}^2}(Pr+Qx')l$
直流负荷线路	带 1 个集中负荷		$\Delta U\% = \frac{2}{10U_{DC}{}^2}Prl$

式中 $\Delta U\%$——线路电压损失百分数（%）；

P、Q——分别是某一个集中负荷的有功功率（kW）、无功功率（kvar）；

P_i、Q_i——分别是第 i 个集中负荷的有功功率（kW）、无功功率（kvar）；

r、x——分别是三相电力线路单位长度的电阻、电抗（Ω/km）；

x'——单相电力线路单位长度的电抗（Ω/km），工程计算时其值可近似为 x；

l——某一个集中负荷至线路首端的线路长度（km）；

l_i——第 i 个集中负荷至线路首端的部分线路长度（km）；

U_N——线路标称线电压（kV）；

U_{Nph}——线路标称相电压（kV）；

U_{DC}——线路直流电压（kV）。

（2）按允许电压损失选择（校验）导体截面积　从电压损失计算表4-3可知，电压损失由两部分构成，即 $r_0\sum_{i=1}^{n}P_il_i/(10U_N^2)$ 和 $x_0\sum_{i=1}^{n}Q_il_i/(10U_N^2)$ 之和。因为线路上单位长度电抗随导体截面积变化较小，而且其变化范围为0.35~0.4Ω/km，所以，当线路需求的电压损失已知（设为 $\Delta U_{al}\%$）时，线路电抗引起的电压损失 $\Delta U_r\%$ 部分可按 x_0 为0.35~0.4Ω/km中的某值求得，而另一部分电压损失则为

$$\Delta U_a\%=\Delta U_{al}\%-\Delta U_r\% \tag{4-11}$$

代入后得

$$\frac{\sum_{i=1}^{n}p_iL_i}{10\gamma AU_N^2}=\Delta U_{al}\%-\frac{x_0\sum_{i=1}^{n}q_iL_i}{10^2U_N} \tag{4-12}$$

$$r_0=\rho\frac{1}{A}=\frac{1}{\gamma A} \tag{4-13}$$

$$A=\frac{\sum_{i=1}^{2}p_iL_i}{\gamma 10U_N^2(\Delta U_{al}\%-\Delta U_r\%)} \tag{4-14}$$

式中　L_i——第 i 个负荷每相线路的总长度（km）。

最后，根据式（4-14）计算值选取接近的标准截面积，并查取该截面积的 r_0 和 x_0，代入电压损失计算式中校验其电压损失是否超过允许值 $\Delta U_{al}\%$。如果 $\leqslant\Delta U_{al}\%$，则所选截面积可以满足要求，否则应重选，直到满足要求为止。

3. 按经济电流密度选择（校验）**导体和电缆截面积**

经济电流密度是指使线路的年运行费用支出最小的电流密度。按这种原则选择的导体和电缆截面积称为经济截面积。对35kV及以上的高压线路及电压在35kV以下但距离长、电流大的线路，宜按经济电流密度选择，对10kV以下线路通常不按此原则选择。

从全面经济效益考虑，使线路的年运行费用接近于最小，又适当考虑有色金属节约的导体截面积，称为经济截面积。与经济截面积对应的导体电流密度，称为经济电流密度。

经济电流密度选择母线截面积按下式计算：

$$A_{ec}=\frac{I_C}{J_{ec}} \tag{4-15}$$

式中　I_C——线路计算电流；

J_{ec}——经济电流密度。我国现行的经济电流密度规定见表4-3。

表 4-3 电线和电缆的经济电流密度 （单位：A/mm^2）

线路类别	导体材质	年最大负荷利用时间		
		<3000h	≥3000～5000h	>5000h
架空线路	铜	3.00	2.25	1.75
	铝	1.65	1.15	0.90
电缆线路	铜	2.50	2.25	2.00
	铝	1.92	1.73	1.54

4. 按机械强度校验导体和电缆截面积

导体应有足够的机械强度。架空线路要经受风雪、覆冰和气温变化等多种因素的影响，必须要有足够的机械强度来保证它的运行。对电缆不必校验其机械强度。不同等级的电力线路，按机械强度要求的最小导体截面积，必须满足表 4-4 和表 4-5 的数值。

表 4-4 架空线路按机械强度要求的最小导体截面积 （单位：mm^2）

导体种类	35kV 线路	6～10kV 线路		1kV 及以下线路
		居民区	非居民区	
铝及铝合金线	35	35	25	6（与铁路交叉跨越时为 35）
钢芯铝绞线	25	25	16	
钢线	16	16	16	10

表 4-5 绝缘导体按机械强度要求的最小截面积（芯线）

<table>
<tr><th colspan="3" rowspan="2">导体种类及使用场所</th><th colspan="3">导体芯线最小允许截面积/mm^2</th></tr>
<tr><th>铜芯软线</th><th>铜线</th><th>铝线</th></tr>
<tr><td rowspan="3">照明用灯头线</td><td colspan="2">民用建筑户内</td><td>0.4</td><td>0.5</td><td>2.5</td></tr>
<tr><td colspan="2">工业建筑户内</td><td>0.5</td><td>0.8</td><td>2.5</td></tr>
<tr><td colspan="2">户外</td><td></td><td>1.0</td><td>2.5</td></tr>
<tr><td rowspan="2">移动式用电设备</td><td colspan="2">生活用</td><td>0.2</td><td rowspan="2">—</td><td rowspan="2">—</td></tr>
<tr><td colspan="2">生产用</td><td>1.0</td></tr>
<tr><td rowspan="5">敷设在绝缘支持件上的绝缘导体的支持间距 L</td><td>室内</td><td>$L\leqslant 2m$</td><td>—</td><td>1.0</td><td>10</td></tr>
<tr><td rowspan="4">室外</td><td>$L\leqslant 2m$</td><td rowspan="4">—</td><td>1.5</td><td>2.5</td></tr>
<tr><td>$2m<L\leqslant 6m$</td><td>2.5</td><td>4</td></tr>
<tr><td>$6m<L\leqslant 15m$</td><td>4</td><td>6</td></tr>
<tr><td>$15m<L\leqslant 25m$</td><td>6</td><td>10</td></tr>
<tr><td>穿管敷设</td><td colspan="2">—</td><td>—</td><td>1.0</td><td>2.5</td></tr>
<tr><td rowspan="2">PE 线和 PEN 线</td><td colspan="2">有机械保护</td><td rowspan="2">—</td><td>1.5</td><td>2.5</td></tr>
<tr><td colspan="2">无机械保护</td><td>2.5</td><td>4</td></tr>
</table>

5. 按短路热稳定条件校验截面积

架空线路因其散热性较好，可不做短路稳定校验，电缆应进行热稳定校验，母线也要校验其热稳定，其截面积不应小于短路热稳定最小截面积 S_{min}。按热稳定要求的导体最小截面积为

$$S_{min}=\frac{I_{\infty}}{C}\sqrt{t_{dz}K_s} \tag{4-16}$$

式中 I_{∞}——短路电流稳态值（A）；

K_s——趋肤效应系数，对于矩形母线截面积在 100mm^2 以下和电缆，$K_s=1$；

t_{dz}——热稳定计算时间；

C——热稳定系数，可查表 B-47。

6. 按短路动稳定条件校验截面积

各种形状的母线通常都安装在支持绝缘子上，当冲击电流通过母线时，电动力将使母线产生弯曲应力，因此必须校验母线的动稳定性。

安装在同一平面内的三相母线，其中间相受力最大，即

$$F_{max}=1.732\times10^{-7}K_f i_{sh}^2\frac{l}{a} \tag{4-17}$$

式中 K_f——母线形状系数，当母线相间距离远大于母线截面积周长时，$K_f=1$；

l——母线跨距（m）；

a——母线相间距（m）。

母线通常每隔一定距离由绝缘瓷瓶自由支撑着。因此当母线受电动力作用时，可以将母线看成一个多跨距载荷均匀分布的梁，当跨距段在两段以上时，其最大弯曲力矩为

$$M=\frac{F_{max}l}{10} \tag{4-18}$$

若只有两段跨距时，则

$$M=\frac{F_{max}l}{8} \tag{4-19}$$

式中 F_{max}——一个跨距长度母线所受的电动力（N）。

母线材料在弯曲时最大相间计算应力为

$$\sigma_{ca}=\frac{M}{W} \tag{4-20}$$

式中 W——母线对垂直于作用力方向轴的截面积系数，又称抗弯矩（m^3），其值与母线截面积形状及布置方式有关。

要想保证母线不致弯曲变形而遭到破坏，必须使母线的计算应力不超过母线的允许应力，即母线的动稳定性校验条件为

$$\sigma_{ca}\leqslant\sigma_{al} \tag{4-21}$$

式中 σ_{al}——母线材料的允许应力，对硬铝母线 $\sigma_{al}=69$MPa；对硬铜母线 $\sigma_{al}=137$MPa。

如果在校验时，$\sigma_{ca}\geqslant\sigma_{al}$，则必须采取措施减小母线的计算应力，具体措施有：将母线由竖放改为平放；放大母线截面积，但会使投资增加；限制短路电流值能使 σ_{ca} 大大减小，但须增设电抗器；增大相间距离 a；减小母线跨距 l 的尺寸，此时可以根据母线材料最大允许应力来确定绝缘瓷瓶之间最大允许跨距，即

$$l_{max}=\sqrt{\frac{10\sigma_{al}W}{F_1}} \tag{4-22}$$

式中 F_1——单位长度母线上所受的电动力（N/m）。

当矩形母线水平放置时，为避免导体因自重而过分弯曲，所选取的跨距一般在1.5~2m。考虑到绝缘子支座及引下线安装方便，常选取绝缘子跨距等于配电装置间隔的宽度。

实际设计中，一般根据经验按其中一个原则选择，再校验其他原则。对于35kV及110kV高电压供电线路，其截面积主要按照经济电流密度来选择，按其他条件校验；对10kV及以下高电压线路和低电压动力线路，通常按允许载流量选择截面积，再校验电压损失和机械强度；对低电压照明线路，因其对电压要求较高，所以通常先按允许电压损失选择截面积，再校验其他条件。按此经验选择，一般就能满足要求。

选择导体截面积时，要求在满足上述6个原则的基础上选择其中最大的截面积。导体截面积选择条件见表4-6。

表4-6 导体截面积选择条件

序号	导体截面积选择条件	导体类型			
		架空裸线	绝缘电线	电缆	硬母线
1	允许温升	√	√	√	√
2	电压损失	√	√	√	√
3	短路热稳定		√	√	√
4	短路动稳定				√
5	机械强度	√	√		
6	经济电流密度	√		√	

注：“√”表示适用，无标记则一般不用。

【例4-2】 图4-9所示，由10kV架空线路（线路间距为0.8m，水平排列且同截面积）向两个负荷点供电，要求电压损失不得超过5%。当地最热平均最高温度为32℃。试选铝绞线截面积大小。

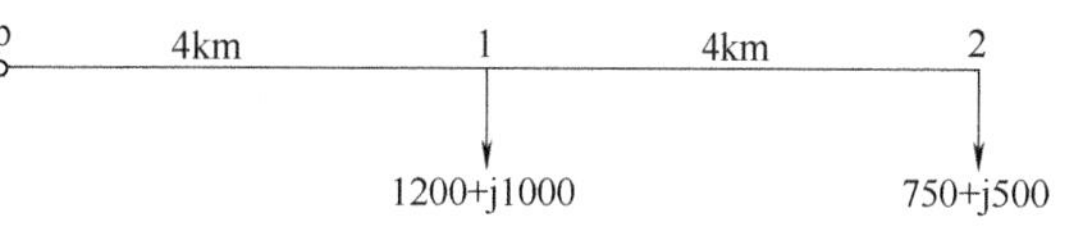

图4-9 例4-2的示意图

解 按允许电压损失选择。设 $x_0=0.35\Omega/\text{km}$。铝绞线电导率 $\gamma=0.032\text{km}/(\Omega\cdot\text{mm}^2)$

因为
$$\Delta U_{\text{r}}\%=\frac{x_0\sum_{i=1}^{2}q_iL_i}{10U_{\text{N}}^2}=\frac{0.35\times(1000\times4+500\times8)}{10\times10^2}=2.8$$

所以
$$\Delta U_{\text{a}}\%=\Delta U_{\text{al}}\%-\Delta U_{\text{r}}\%=5-2.8=2.2$$

$$A=\frac{\sum_{i=1}^{2}p_iL_i}{\gamma10U_{\text{N}}^2(\Delta U_{\text{al}}\%-\Delta U_{\text{r}}\%)}=\frac{1200\times4+750\times8}{0.032\times10\times10^2\times2.2}\text{mm}^2\approx153.41\text{mm}^2$$

据 A 值查表B-21选取LJ-185mm²，当几何间距 $a_{\text{av}}=1.26\times0.8\text{m}=1.008\text{m}\approx1\text{m}$ 时，查得：

$$x_0=0.31\Omega/\text{km},\ r_0=0.18\Omega/\text{km}$$

校验电压损失：

$$\Delta U\% = \frac{r_0 \sum_{i=1}^{2} p_i L_i + x_0 \sum_{i=1}^{2} q_i L_i}{10U_N^2}$$

$$= \frac{0.18 \times (1200 \times 4 + 750 \times 8) + 0.31 \times (1000 \times 4 + 500 \times 8)}{10 \times 10^2} = 4.424 < 5$$

满足要求。

$K_\theta I_{a1} \geqslant I_{30}$ 校验允许电流：

因为 $$K_\theta = \sqrt{\frac{\theta_{a1}-\theta_0'}{\theta_{a1}-\theta_0}} = \sqrt{\frac{70-32}{70-25}} \approx 0.919$$

查表 B-36 得：LJ-185 在 25℃时，$I_{a1} = 500\text{A}$

因为 $$I_{30} = \frac{S_{30}}{\sqrt{3}U_N} = \frac{\sqrt{(1200+750)^2+(1000+500)^2}}{\sqrt{3}\times 10}\text{A} \approx 142.04\text{A}$$

所以 $$K_\theta I_{a1} = 0.919\times 500\text{A} = 459.5\text{A} > I_{30} - 142.04\text{A}\text{（满足）}$$

校验机械强度：

因为 LJ-185>LJ-35（满足）

因此所选 LJ-185 导线完全满足要求。

【例 4-3】 已知某照明配电干线采用 ZBYJV-0.6/1 型电缆，按允许温升条件选择的电缆截面积为 10mm^2，线路末端短路电流为 $I_k = 3.66\text{kA}$，短路持续时间为 0.1s，该电缆的热稳定系数为 $143\text{A}\cdot\sqrt{s}/(\text{mm}^2)$，试校验该电缆是否满足短路热稳定条件。

解 根据题意，满足热稳定条件的最小允许截面积为

$$S_{min} = \frac{I_k}{K}\sqrt{t} = \frac{3.66\times 10^3}{143}\times\sqrt{0.1}\,\text{mm}^2 \approx 8.1\text{mm}^2$$

电缆的实际截面积为 10mm^2，大于最小截面积，故该电缆满足热稳定条件。

【例 4-4】 有一条用 LJ 型铝绞线架设的长 5km 的 35kV 架空线路，计算负荷为 4830kW，$\cos\varphi = 0.7$，$T_{max} = 4800\text{h}$，室外温度 25℃。试选择其经济截面积，并校验其发热条件和机械强度。

解 1）选择经济截面积。

$$I_{30} = \frac{P_{30}}{\sqrt{3}U_N\cos\alpha} = \frac{4830}{\sqrt{3}\times 35\times 0.7}\text{A} = 113.82\text{A}$$

由表 4-4 查得 $J_{ec} = 1.15\text{A/mm}^2$，因此：

$$A_{ec} = \frac{113.82}{1.15}\text{mm}^2 \approx 98.97\text{mm}^2$$

选最接近的标准截面积 95mm^2，即选 LJ-95 型铝绞线。

2）校验发热条件。查表 B-36 得 LJ-95 的允许载流量（室外温度 25℃）

$$I_{al} = 325\text{A} > I_{30} = 113.82\text{A}$$

因此满足发热条件。

3）校验机械强度。查表 4-5 得 35kV 架空线路铝绞线的最小允许截面积 $A_{min}=35mm^2$。因此所选 LJ-95 也是满足机械强度要求的。

4.2　电气设备选择的一般原则

正确选择电气设备是使供配电系统达到安全、经济运行的重要条件。在进行电气设备选择时，应根据工程实际情况，在保证安全、可靠的前提下，积极而稳妥地采用新技术，并注意节约投资，选择合适的电气设备。

尽管电力系统中各种电气设备的作用和工作条件并不一样，具体选择方法也不完全相同，但对它们的基本要求却是一致的。电气设备必须按照正常工作条件及环境条件进行选择，并按短路状态来校验，才能可靠工作。

4.2.1　按正常工作条件选择电气设备

为了保障高压电气设备的可靠运行，高压电气设备选择与校验的一般条件有：按正常工作条件包括电压、电流、频率、开断电流等选择；按短路条件包括动稳定、热稳定校验；按环境工作条件如温度、湿度、海拔等选择。

1. 额定电压

高压电气设备所在电网的运行电压因调压或负荷的变化，常高于电网的额定电压，故所选电气设备允许最高工作电压 U_{alm} 不得低于所接电网的最高运行电压。一般电气设备允许的最高工作电压在 $1.1\sim1.15U_N$，而实际电网的最高运行电压 U_{sm} 一般不超过 $1.1U_{Ns}$，因此在选择电气设备时，一般可按照电气设备的额定电压 U_N 不低于装置地点电网额定电压 U_{Ns} 的条件选择，即

$$U_N \geqslant U_{Ns} \tag{4-23}$$

2. 额定电流

电气设备的额定电流 I_N 是指在额定环境温度下，电气设备的长期允许通过电流。I_N 应不小于该回路在各种合理运行方式下的最大持续工作电流 I_{max}，即

$$I_N \geqslant I_{max} \tag{4-24}$$

计算时有以下几个应注意的问题：

1）由于发电机、调相机和变压器在电压降低 5%时，出力保持不变，故其相应回路的 I_{max} 为发电机、调相机或变压器的额定电流的 1.5 倍。

2）若变压器有过负荷运行可能时，I_{max} 应按过负荷确定（1.3~2 倍变压器额定电流）。

3）母联断路器回路一般可取母线上最大一台发电机或变压器的 I_{max}。

4）出线回路的 I_{max} 除考虑正常负荷电流（包括线路损耗）外，还应考虑事故时由其他回路转移过来的负荷。

3. 按环境工作条件校验

在选择电气设备时，还应考虑电气设备安装地点的环境条件，当气温、风速、温度、污秽等级、海拔、地震烈度和覆冰厚度等环境条件超过一般电气设备使用条件时，应采取措施。例如：当地区海拔超过制造部门的规定值时，由于大气压力、空气密度和湿度相应减少，使空气间隙和外绝缘的放电特性下降，一般当海拔在 1000~3500m 范围内，若海拔比厂

家规定值每升高 100m，则电气设备允许最高工作电压要下降 1%。当最高工作电压不能满足要求时，应采用高原型电气设备，或采用外绝缘提高一级的产品。对于 110kV 及以下电气设备，由于外绝缘裕度较大，可在海拔 2000m 以下使用。

当污秽等级超过使用规定时，可选用有利于防污的电瓷产品，当经济上合理时可采用屋内配电装置。

当周围环境温度 θ_0 和电气设备额定环境温度 θ_N 不等时，其长期允许工作电流应乘以修正系数 K，即

$$I_{al\theta}=KI_N=\sqrt{\frac{\theta_{max}-\theta_0}{\theta_{max}-\theta_N}}I_N \tag{4-25}$$

式中 θ_{max}——电气设备正常发热允许最高温度。

我国目前生产的电气设备使用的额定环境温度 $\theta_N=40℃$。如周围环境温度 θ_0 高于 40℃（但低于 60℃）时，其允许电流一般可按每增高 1℃，额定电流减少 1.8%进行修正，当环境温度低于 40℃时，环境温度每降低 1℃，额定电流可增加 0.5%，但其最大电流不得超过额定电流的 20%。

4.2.2 按短路情况校验电气设备的动稳定性和热稳定性

为使所选电气设备具有足够的可靠性、经济性和合理性，并在一定时期内适应电力系统发展的需要，做校验用的短路电流应按下列条件确定。

1. 短路热稳定校验

短路电流通过电气设备时，电气设备各部件温度（或发热效应）应不超过允许值。满足热稳定的条件为

$$I_t^2t\geqslant I_\infty^2t_{ima} \tag{4-26}$$

$$t_{ima}=t_{op}+t_{oc}+0.05 \tag{4-27}$$

式中 I_t——由生产厂给出的电气设备在时间 t 秒内的热稳定电流；

I_∞——短路稳态电流值；

t——与 I_t 相对应的时间；

t_{ima}——短路电流发热的假想时间；

t_{op}——后备保护动作时间，系统给出；

t_{oc}——开关开断时间，产品数据。

2. 电动力稳定校验

电动力稳定是电气设备承受短路电流机械效应的能力，也称动稳定。满足动稳定的条件为

$$i_{max}\geqslant i_{sh}^{(3)} \text{ 或 } I_{max}\geqslant I_{sh}^{(3)} \tag{4-28}$$

式中 $i_{sh}^{(3)}$、$I_{sh}^{(3)}$——短路冲击电流幅值及其有效值；

i_{max}、I_{max}——电气设备允许通过的动稳定电流的幅值及其有效值。

下列几种情况可不校验热稳定或动稳定：

1）用熔断器保护的电器，其热稳定由熔断时间保证，故可不校验热稳定。

2）采用限流熔断器保护的设备，可不校验动稳定。

3）装设在电压互感器回路中的裸导体和电气设备可不校验动、热稳定。

3. 开关电器开断能力校验

断路器和熔断器等电气设备，均担负着切断短路电流的任务，因此必须具备在通过最大短路电流时能够将其可靠切断的能力，即

$$I_{oc}>I_k \quad 或 \quad S_{oc}>S_k \tag{4-29}$$

式中　I_{oc}、S_{oc}——制造厂提供的最大开断电流和开断容量；

I_k、S_k——短路发生后 0.2s 时的三相短路电流和三相短路容量。

4.2.3　电气设备的选择与校验项目

1. 高压电气设备的选择与校验项目

由于各种高压电气设备具有不同的性能特点，选择与校验条件不尽相同，高压电气设备的选择与校验项目见表 4-7。

表 4-7　高压电气设备的选择与校验项目

设备名称	额定电压	额定电流	开断能力	短路电流校验		环境条件	其他
				动稳定	热稳定		
断路器	√	√	√	○	○	○	操作性能
负荷开关	√	√	√	○	○	○	操作性能
隔离开关	√	√		○	○	○	操作性能
熔断器	√	√	√			○	上、下级间配合
电流互感器	√	√		○	○	○	
电压互感器	√					○	二次负荷、准确等级
支柱绝缘子	√			○		○	二次负荷、准确等级
穿墙套管	√	√		○	○	○	
母线		√		○	○	○	
电缆	√	√			○	○	

注：表中“√”为选择项目，“○”为校验项目。

2. 低压电气设备的选择与校验项目

低压电气设备的选择与高压电气设备的选择一样，必须满足正常运行条件下和短路故障条件下的工作要求；同时，设备应工作安全可靠，运行维护方便，投资经济合理。

选择低压一次设备时，应校验的项目见表 4-8。低压配电屏的选择，要由其在低压配电系统中的用途（如动力、照明、联络等）、工程的先进性及投资条件、装置地点要求等综合确定。

表 4-8　低压电气设备的选择与校验项目

校验项目 设备名称	电压/kV	电流/A	断流能力/kA	短路电流校验	
				动稳定度	热稳定度
低压熔断器	√	√	√		
低压刀开关	√	√	√	○	○
低压负荷开关	√	√	√	○	○
低压断路器	√	√	√	○	○

注：表中“√”为选择项目，“○”为校验项目。

4.3 高压电气设备与选择

4.3.1 高压断路器

高压断路器是变配电系统中最重要的开关电器，其文字符号为 QF，不仅能通断正常负荷电流，而且能承受一定时间的短路电流，并能在保护装置的作用下自动跳闸，切除短路电流，起到保护作用，是开关电器中功能最全面的一种电器。因此它对电力系统的安全、可靠运行起着极为重要的作用。

高压断路器型号的组成及各部分含义如图 4-10 所示。根据高压断路器采用的灭弧介质不同，可以分为油断路器、真空断路器、六氟化硫（SF_6）断路器、压缩空气断路器和磁吹断路器等。

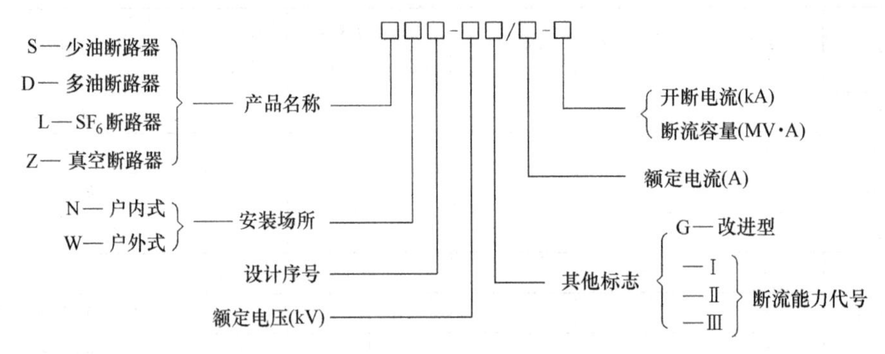

图 4-10　高压断路器型号的组成及各部分的含义

1. 油断路器

油断路器根据油量的多少，分为多油断路器和少油断路器。但多油断路器目前应用很少，这里只介绍少油断路器。少油断路器是利用少量变压器油作为灭弧介质，且将变压器油作为主触头在分闸位置时相间的绝缘，但不作为导电体对地的绝缘。导电体与接地部分的绝缘主要用电瓷、环氧树脂玻璃布和环氧树脂等材料制成。根据安装地点的不同，少油断路器可分为户内式和户外式两种。户内式主要用于 6~35kV 系统，户外式则用于 35kV 以上系统。少油断路器具有质量小、体积小、节约油和钢材、占地面积小等优点。图 4-11 是 SN10-10 型高压少油断路器。图 4-12 为高压少油断路器的一相油箱内部结构。

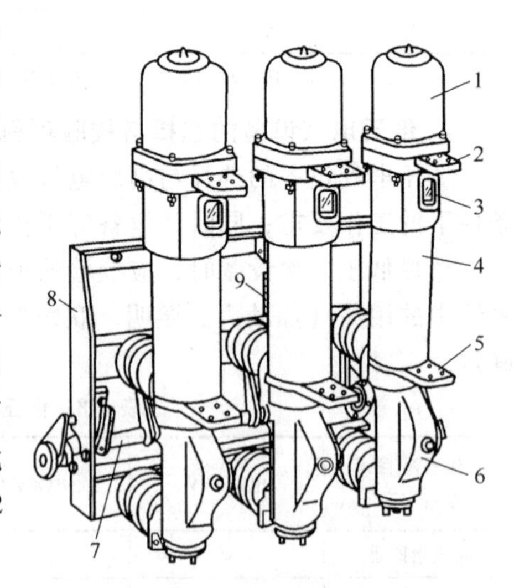

图 4-11　SN10-10 型高压少油断路器

1—铅帽　2—上接线端子　3—油杆　4—绝缘筒　5—下接线端子　6—基座　7—主轴　8—框架　9—断路弹簧

使用注意事项：

1）少油断路器的装油量不宜过多或过少，否则将引起爆炸危险，必须保持标准水平。

2）少油断路器在分、合大电流一定次数后，油质劣化，绝缘强度降低，必须更换新油，特别是分断短路故障时，一般就要检查油质，勤于换油。因此，少油断路器不适用于大电流频繁操作。

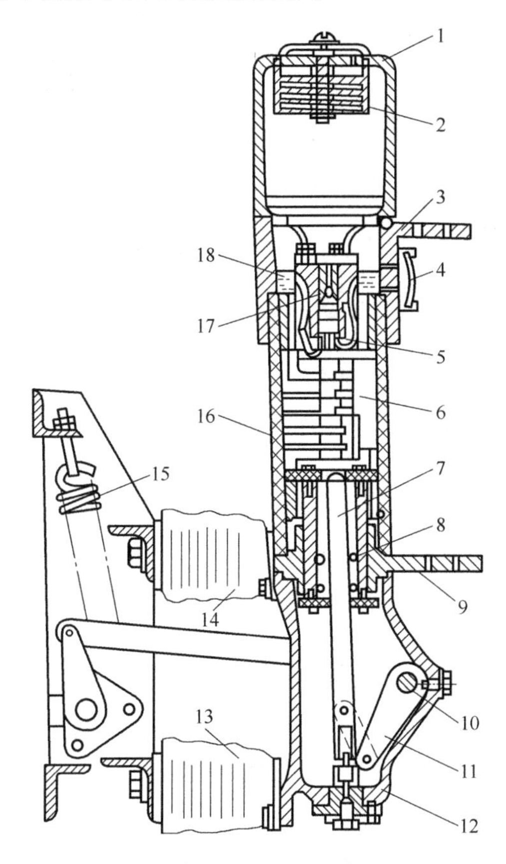

图 4-12 SN10-10 型高压少油断路器的一相油箱内部结构

1—铝帽 2—油气分离器 3—上接线端子 4—油杆 5—插座式静触头 6—灭弧室 7—动触头（导电杆） 8—中间滚动触头 9—下接线端子 10—转轴 11—拐臂 12—基座 13—下支柱绝缘子 14—上支柱绝缘子 15—断路弹簧 16—绝缘筒 17—逆止阀 18—绝缘油

2. 真空断路器

真空断路器是利用真空（气压为 10^{-6} ~ 10^{-2}Pa）灭弧的一种断路器，其触头装在真空灭弧室内。由于真空中不存在气体游离的问题，所以这种断路器的触头断开时很难发生电弧。所谓真空不是绝对的真空，实际上能在触头断开时因高电场发射和热电发射产生一点电弧，这种电弧称为“真空电弧”，它能在电流第一次过零时熄灭，因此燃弧时间很短，而且不致产生很高的过电压。图 4-13 是真空断路器。

真空断路器具有体积小、质量小、动作快、寿命长、结构简单、噪声和振动小，还有防火、防爆等优点，安全可靠，检修及维护方便等优点。因此，在 35kV 及以下的配电系统中已得到推广使用。

3. 六氟化硫断路器

六氟化硫（SF_6）断路器是利用 SF_6 气体作为灭弧和绝缘介质的一种断路器。SF_6 气体是目前所知道的优于其他灭弧介质的最为理想的绝缘和灭弧介质。它是一种无色、无味、无

a) ZW10-12系列户外高压真空断路器

b) ZN28-12T/630-20系列户内高压真空断路器

图 4-13 真空断路器

毒且不易燃的惰性气体，在150℃以下时，化学性能相当稳定。但它在电弧高温作用下会分解出氟（F_2），而氟具有较强的腐蚀性和毒性，因此这种断路器的触头一般都设计成具有自动净化的作用。然而由于上述的分解和化合作用所产生的活性杂质大部分能在电弧熄灭后几微秒的极短时间内自动还原，且残余杂质可以用特殊的吸附剂清除，因此对人身及设备不会造成危害。

SF_6 断路器断流能力强、灭弧速度快、电绝缘性能好、不易燃易爆，因此 SF_6 断路器主要用于需频繁操作及有易燃易爆危险的场所，特别是用于全封闭式组合电器中，但要求加工的精度高、密封性能好，所以制造成本高、价格昂贵。

表 B-48 有常用高压断路器的主要技术数据，供参考。

高压断路器选择及校验条件除额定电压、额定电流、热稳定、断流容量、动稳定校验外，还应注意断路器种类和形式的选择。高压断路器应根据断路器安装地点、环境和使用条件等要求选择其种类和形式。由于少油断路器制造简单、价格便宜、维护工作量较少，故在3~220kV 系统中应用较广，但近年来，真空断路器在 35kV 及以下电力系统中得到了广泛应用，有取代油断路器的趋势。SF6 断路器在 66kV 和 110kV 电压等级中广泛使用。

高压断路器的操动机构，大多数是由制造厂配套供应，仅部分少油断路器有电磁式、弹簧式或液压式等几种形式的操动机构可供选择。一般电磁式操动机构需配专用的直流合闸电源，但其结构简单可靠；弹簧式结构比较复杂，调整要求较高；液压操动机构加工精度要求较高。操动机构的形式，可根据安装调试方便和运行可靠性进行选择。

【例 4-5】 某工厂有功计算负荷为 5000kW，功率因数为 0.8，该厂计划在 10kV 配电所进线上安装一高压断路器，其主保护动作时间为 1.3s，断路器断路时间为 0.2s，10kV 母线上短路电流有效值为 32kA，试选高压断路器的型号规格。

解 工厂 10kV 配电所是户内装置，一般选用户内少油断路器 SN10-10 型。

由 $P_{30}=5000\text{kW}$，$\cos\varphi=0.8$ 得

$$I_{30}=\frac{P_{30}}{\sqrt{3}U\cos\varphi}=\frac{5000}{\sqrt{3}\times10\times0.8}\text{A}=361\text{A}$$

由 $I_k^{(3)}=32\text{kA}$ 得

$$i_{sh}^{(3)}=2.55I_k^{(3)}=81.6kA$$

查表 B-48 可知应选择 SN10-10Ⅲ/1250-750 型号的高压断路器，其主要技术数据见表 4-9。

表 4-9 SN10-10Ⅲ/1250-750 型号高压断路器主要技术数据

序号	选择项目	装置地点的技术数据	SN10-10Ⅲ/1250-750 型	结论
1	额定电压	$U_N=10kV$	10kV	合格
2	额定电流	$I_{30}=361A$	1250A	合格
3	开断电流	$I_k^{(3)}=32kA$	40kA	合格
4	动稳定	$i_{sh}^{(3)}=2.55I_k^{(3)}=81.6kA$	125kA	合格
5	热稳定	$I_\infty^{\ 2}t_{ima}=32^2\times(1.3+0.2+0.05)$	$40^2\times2$	合格

4.3.2 高压负荷开关

高压负荷开关其文字符号为 QL，具有简单灭弧的装置，能够通断一定的负荷电流和过负荷电流，但是它不能断开短路电流，所以通常与高压熔断器串联使用，借助熔断器来进行短路保护。负荷开关在构造上除灭弧装置外很像隔离开关，有明显可见的断开点，具有隔离电源、保证安全检修的作用。

图 4-14 为 FN3-10RT 型高压负荷开关外形结构图。上半部为负荷开关本身，很像一般的隔离开关，实际上就是在隔离开关的基础上加一简单的灭弧装置。负荷开关上端的绝缘子就是一简单的灭弧室，它不仅起支持绝缘子的作用，而且内部是一个气缸，装有由操动机构主轴传动的活塞，其作用类似于打气筒。绝缘子上部装有绝缘喷嘴和弧静触头。当负荷开关分闸时，在刀开关一端的弧动触头与绝缘子上弧静触头之间产生电弧。由于分闸时主轴转动带动活塞，压缩气缸内的空气从喷嘴往外吹弧，使电弧迅速熄灭。当然分闸时还有电弧迅速拉长及本身电流回路的电磁吹弧作用。但总的来说，负荷开关的灭弧断流能力是很有限的。

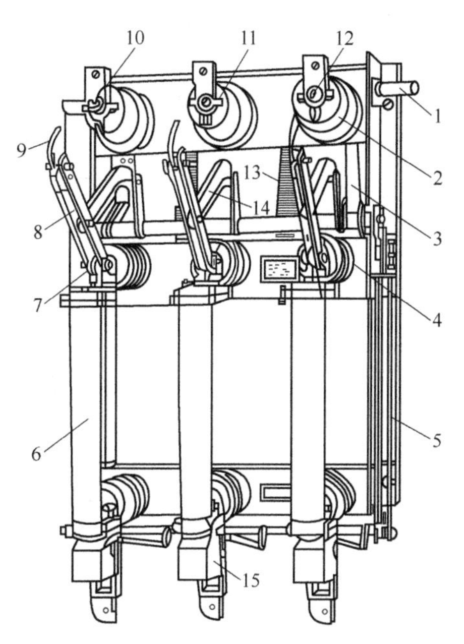

图 4-14 FN3-10RT 型高压负荷开关外形结构图

1—主轴 2—上绝缘子 3—连杆 4—下绝缘子 5—框架 6—高压熔断器 7—下触座 8—动触片 9—弧动触头 10—灭弧触头（内有静触头） 11—主静触头 12—上触座 13—断路弹簧 14—绝缘拉杆 15—热脱扣器

负荷开关结构简单、外形尺寸较小、价格较低，常在容量不大或不重要的馈电线路中用作电源开关设备，可以安装在配电变压器的高压侧，也可以用于配电线路上。

高压负荷开关型号的组成及各部分含义如图 4-15 所示。高压负荷开关的选择按照环境条件、额定电压、额定电流、热稳定、动稳定进行具体选型。常用高压负荷开关的主要技术数据，见表 B-49。

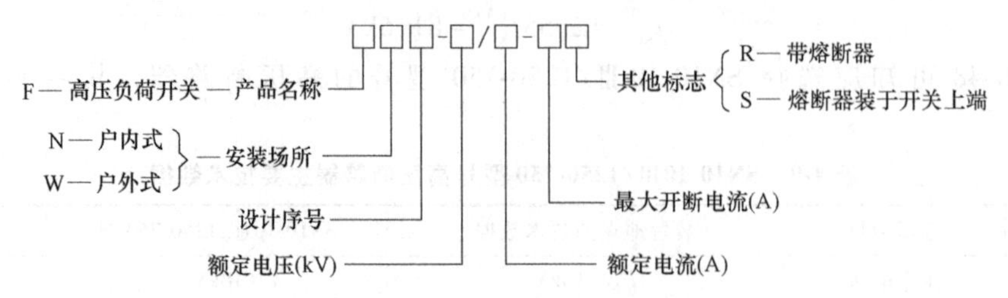

图 4-15　高压负荷开关型号的组成及部分含义

4.3.3　高压隔离开关

隔离开关其文字符号为 QS，用作有电压无负荷的情况下分断与关合电路，主要功能是保证高压装置中检修工作的安全。用隔离开关可将高压装置中需要修理的设备与其他带电部分可靠地断开，构成明显可见的断开点，且断开点的绝缘及相间绝缘都足够可靠，能充分保证人身和设备安全。

隔离开关无灭弧装置，所以不允许切断负荷电流和短路电流，否则电弧不仅使隔离开关烧毁，而且能引起相间闪络，造成相间短路，同时电弧也会对工作人员造成危险。因此在运行中必须严格遵守"倒闸操作"的规定，即隔离开关多与断路器配合使用。合闸送电时，应首先闭合隔离开关，然后闭合断路器，分闸断电时，应首先断开断路器，然后再拉开隔离开关。

隔离开关按其装置可分为户内式和户外式两种；按极数可分为单极和三极两种。目前我国生产的户内式有 GN2、GN6、GN8 系列，户外式有 GW 系列。图 4-16 是 GN8-10/600 型户内高压隔离开关。图 4-17 是高压隔离开关型号的组成及各部分含义。

高压隔离开关的选择一般先按环境条件（户内、户外）选择其类型，然后再按额定电压，额定电流，短路电流动、热稳定性进行具体选型。选择高压隔离开关时可不考虑其断流容量。常用高压隔离开关的主要技术数据见表 B-50。

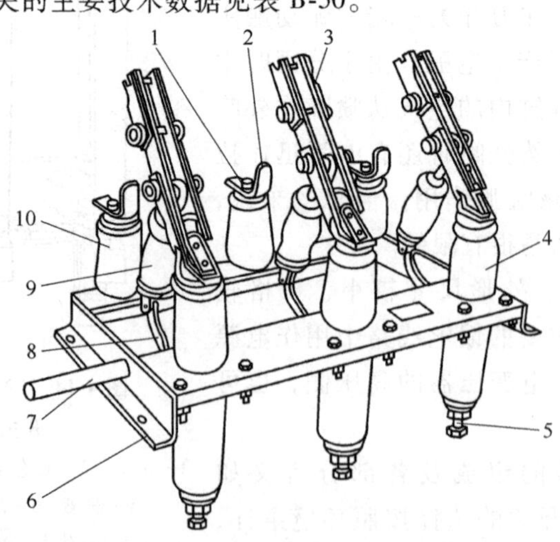

图 4-16　GN8-10/600 型户内高压隔离开关

1—上接线端子　2—静触头　3—闸刀　4—套管绝缘子　5—下接线端子　6—框架
7—转轴　8—拐臂　9—升降绝缘子　10—支柱绝缘子

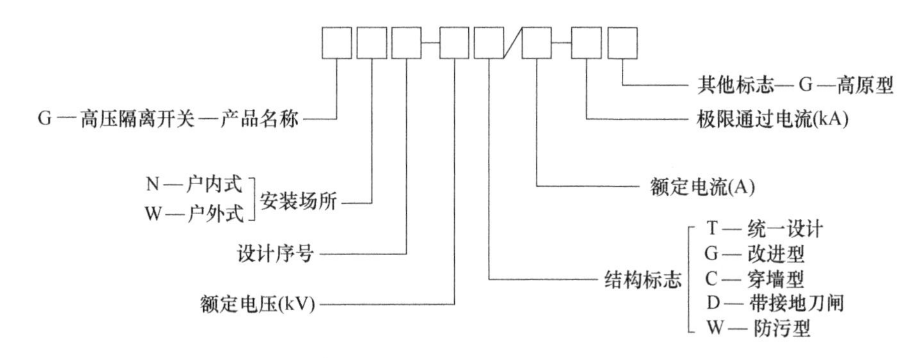

图 4-17 高压隔离开关型号的组成及各部分含义

【例 4-6】 试选择变压器 10kV 侧断路器 QF 和隔离开关 QS，已知三相短路电流为 $I_k^{(3)} = I_\infty = 4.8\text{kA}$，继电保护动作时间 $t_{op} = 1\text{s}$，拟采用快速开断的高压断路器，其全分断时间为 $t_{oc} = 0.1\text{s}$，采用弹簧操作机构。

解 （1）变压器最大持续工作电流为

$$I_{max} = \frac{1.05S_N}{\sqrt{3}U_N} = \frac{8000}{\sqrt{3}\times 10.5}\text{A} = 461.9\text{A}$$

（2）三相短路冲击电流

$$i_{sh} = 2.55I_k^{(3)} = 2.55\times 4.8\text{kA} = 12.24\text{kA}$$

（3）短路电流热效应：

$$Q_t = I_\infty{}^2 t_{ima} = 4.8^2\times(1+0.1)(\text{kA})^2\text{s} = 25.34(\text{kA})^2\text{s}$$

查表 B-48、B-50 可知应选择 ZN12-10/1250-25 型号的高压断路器、GN_8^6-6T/600 型号的隔离开关，其技术数据见表 4-10。

表 4-10 ZN12-10/1250-25 型号的高压断路器、GN_8^6-6T/600 型号的隔离开关主要技术数据

序号	选择项目	装置地点技术数据	ZN12-10/1250-25	GN_8^6-6T/600	结论
1	额定电压	$U_N = 10\text{kV}$	10kV	10kV	均合格
2	额定电流	$I_{30} = 461.9\text{A}$	630A	600A	均合格
3	开断电流	$I_k^{(3)} = 4.8\text{kA}$	25kA	—	均合格
4	动稳定	$i_{sh}^{(3)} = 12.24\text{kA}$	63kA	52kA	均合格
5	热稳定	$Q_t = 25.34(\text{kA})^2\text{s}$	$25^2\times 4 = 2500(\text{kA})^2\text{s}$	$20^2\times 5 = 2000(\text{kA})^2\text{s}$	均合格

4.3.4 高压熔断器

熔断器的文字符号为 FU，它是一种当所在电路的电流超过给定值一定时间后使其熔体熔化而分断电流，从而断开电路的一种保护电器。它的主要作用是对电路及电路设备进行过负荷和短路保护。高压熔断器型号的组成及各部分的含义如图 4-18 所示。我国目前生产的用于户内的高压熔断器有 RN1、RN2 系列；用于户外的有 RW4、RWI0（F）系列。

1. RN1、RN2 型户内高压熔断器

RN1 型与 RN2 型的结构基本相同，都是瓷质熔管内充石英砂填料的密闭管式熔断器，RN1 型主要用作高压设备和线路的短路保护，也可以用作过负荷保护。其熔体要通过主电

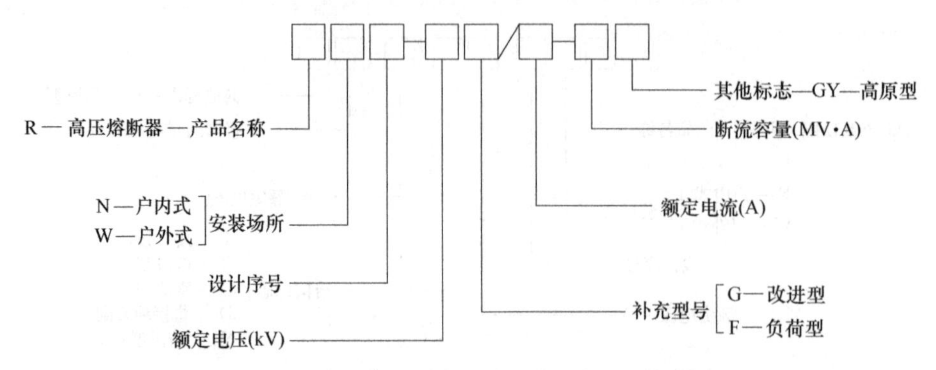

图 4-18　高压熔断器型号的组成及各部分的含义

路的电流，因此其结构尺寸较大，额定电流可达 100A。RN2 型只用作电压互感器一次侧的短路保护。由于电压互感器二次侧全部接阻抗很大的电压线圈，致使它接近于空载工作，其一次电流很小，因此 RN2 型的结构尺寸较小，其熔体额定电流一般为 0.5A。图 4-19 是 RN1、RN2 型高压熔断器的外形结构。

2. RW4、RW10（F）型户外高压跌开式熔断器

跌开式熔断器又称为跌落式熔断器，广泛应用于正常环境的室外场所下 6~10kV 线路及变压器进线侧做短路和过负荷保护，又可在一定条件下，直接用高压绝缘钩棒来操作熔管的分合。一般的跌开式熔断器 RW4 型不能带负荷操作，但有时可通断一定的小电流，操作要求与前述隔离开关相同。而负荷型跌开式熔断器 RW10（F）型可以带负荷操作，其要求与前述负荷开关相同。

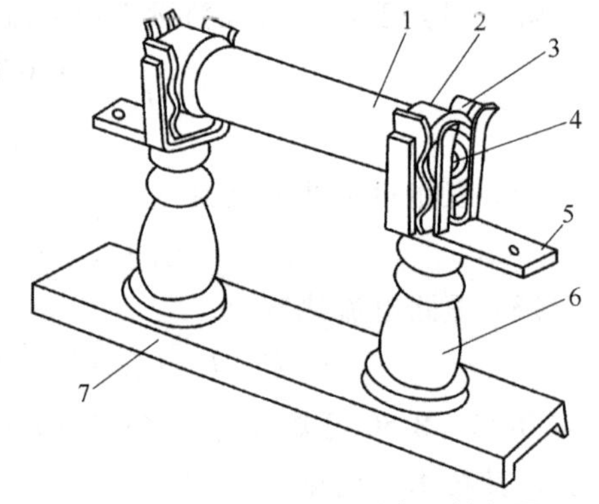

图 4-19　RN1、RN2 型高压熔断器的外形结构

1—瓷熔管　2—金属管帽　3—弹性触座
4—熔断指示器　5—接线端子
6—瓷绝缘子　7—底座

图 4-20 为 RW4-10（G）型跌开式熔断器。跌开式熔断器一般串联在线路中，正常运行时，其熔管上端的动触头借熔丝张力后，被钩棒推入上静触头内锁紧，同时下动触头与下静触头也相互压紧，使电路接通。当线路上发生短路时，短路电流使熔丝熔断，形成电弧，消弧管因电弧烧灼而分解出大量气体，使管内压力剧增，并沿管道形成强烈的气流纵向吹弧，使电弧迅速熄灭。熔丝熔断后，熔管的上动触头因失去张力而下翻，使锁紧机构释放熔管，在触头弹力及熔管自重作用下，回转跌开，造成明显可见的断开点。跌开式熔断器的灭弧速度慢，灭弧能力差，不能在短路电流到达冲击值之前将电弧熄灭，称为“非限流”式熔断器。

高压熔断器的选择一般先按使用环境选择其类型，然后再按额定电压、额定电流、断流容量进行具体选择型号，可不必进行短路电流动、热稳定性校验。常用高压熔断器的主要技术数据见表 B-51~表 B-52。

4.3.5　高压开关柜

高压开关柜是按一定的线路方案将有关一、二次设备组装而成的一种高压成套的配电装置，在发电厂及变配电所中作为控制和保护发电机、变压器和高压线路，也可作为大型高压交流电动机的起动和保护之用。高压开关柜内安装有高压开关设备、保护电器、监测仪表和母线、绝缘子等。

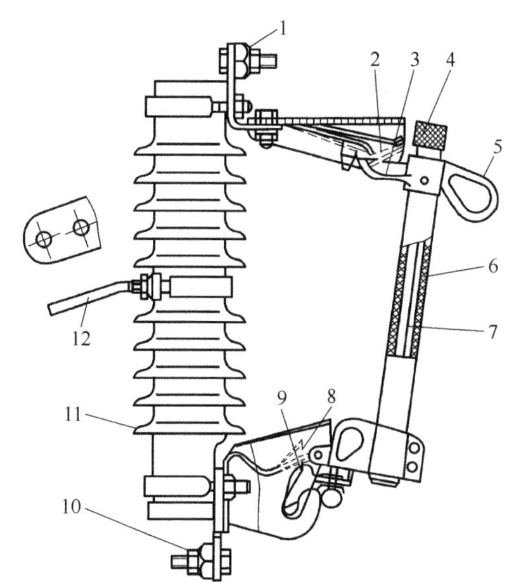

图 4-20　RW4-10（G）型跌开式熔断器

1—上接线端子　2—上静触头　3—上动触头　4—管帽（带薄膜）　5—操作环　6—熔管（外层为酚醛纸管或环氧玻璃布管，内套纤维质消弧管）　7—铜熔丝　8—下动触头　9—下静触头　10—下接线端子　11—绝缘瓷瓶　12—固定安装板

高压开关柜的选择应首先按照变、配电所一次电路图的要求进行方案的选择，然后进行技术经济比较得出最优方案。高压开关柜有固定式和手车式两大类。

XGN2-10 型开关柜为固定式金属封闭型开关柜，如图 4-21 所示。有严密的“五防”闭锁功能，即防止误跳、误合断路器，防止带负荷拉、合隔离开关，防止带电挂接地线，防止带接地线合隔离开关，防止人员误入带电间隔。柜内可安装 ZN□-10 系列真空断路器或 SN10 型少油式断路器；安装 GN□-10 旋转式隔离开关和 GN22-10 大电流隔离开关。空气绝缘距离大于 125mm，采用大爬距的支持绝缘子及套管，有较高的绝缘强度，柜内空间大，维修安装方便。不同容量的开关柜外形尺寸有所不同，1000A 容量以上用 1200mm×1200mm×2650mm（宽×深×高），1000A 容量以下用 1100mm×1200mm×2650mm。因为 XGN2-10 型开关柜的两侧面也封板，绝缘性加强，比 GG-1A（F）具有更高的防火、防护等级。

JYN2-10 型手车式开关柜，为金属封闭间隔式，移动手车户内式开关设备，如图 4-22 所示。它适用于交流 50Hz，额定电压为 3～10kV，额定电流 630～3150A 的三相交流单母线、双母线、单母线带旁路系统，作为接收和分配电能之用，可满足各种发电厂、变电站（所）及工矿企业的使用要求。

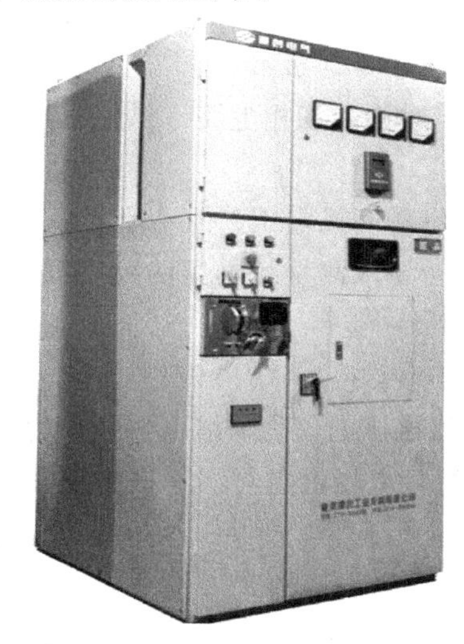

图 4-21　XGN2-10 型固定式金属封闭型开关柜

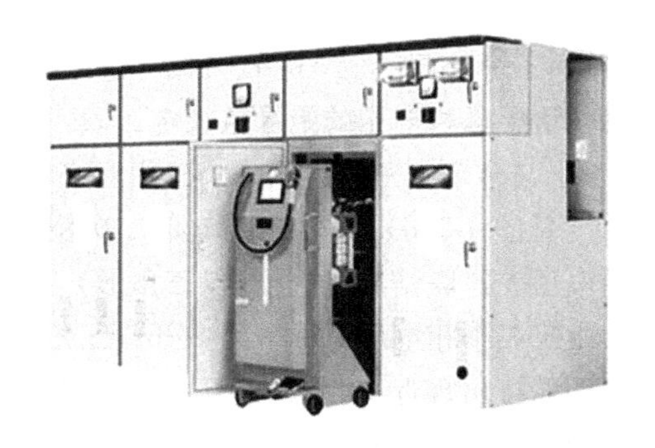

图 4-22　JYN2-10 型手车式开关柜

4.4 互感器及其选择

4.4.1 概述

互感器是一种特殊的变压器，是一次系统和二次系统间的联络元件，用来向测量仪表、继电器的电流线圈和电压线圈供电，正确反映电气设备的正常运行状态和故障状态。互感器分为电流互感器和电压互感器。电流互感器的文字符号为 TA（曾称为 CT）；电压互感器的文字符号为 TV（曾称为 PT）。

4.4.2 电压互感器

1. 基本结构原理和接线

电压互感器的构造、原理和接线都与电力变压器相同，差别在于电压互感器的容量小，通常只有几十或几百伏安，二次负荷为仪表和继电器的电压线圈，基本上是恒定高阻抗。其工作状态接近电力变压器的空载运行。

电压互感器的高压绕组，并联在系统一次电路中，二次电压 U_2 与一次电压呈比例，反映了一次电压的数值。一次额定电压 U_{1N}，多与电网的额定电压相同，二次额定电压 U_{2N}，一般为 100V、$100/\sqrt{3}$V、100/3V。

电压互感器的一次电压与二次电压有以下关系：

$$K_U = \frac{U_{1N}}{U_{2N}} \approx \frac{U_1}{U_2} \approx \frac{N_1}{N_2} \tag{4-30}$$

式中 K_U——电压互感器的额定电压比；

N_1、N_2——电压互感器的一次和二次绕组匝数。

由于电压互感器的一次绕组是并联在一次电路中，与电力变压器一样，二次侧不能短路，否则会产生很大的短路电流，烧毁电压互感器。同样，为了防止高、低压绕组绝缘击穿时，高电压窜入二次电路造成危害，必须将电压互感器的二次绕组、铁心及外壳接地。

电压互感器在三相电路中有 4 种常见的接线方案，如图 4-23 所示。

1）一个单相电压互感器的接线（见图 4-23a），用于对称的三相电路，供仪表、继电器接于一个线电压。

2）两个单相接成 V/V 接线（见图 4-23b），可以测量相间线电压，但不能测量相电压。

3）三个单相接成 Y0/Y0 联结（见图 4-23c），可供给要求测量线电压的仪表或继电器，以及供给要求相电压的绝缘监视电压表。

4）三个单相三绕组或一个三相五心柱三绕组电压互感器接成 Y0/Y0/△（开口三角形）联结（见图 4-23d），联结成 Y0 的二次绕组，供电给需线电压的仪表、继电器及作为绝缘监视的电压表，联结成 △（开口三角形）的辅助二次绕组接电压继电器。一次电压正常工作时，由于 3 个相电压对称，因此开口三角形两端的电压接近于零。当某一相接地时，开口三角形两端将出现近 100V 的零序电压，使电压继电器动作，发出信号。

图 4-24 为 JDZJ-10 型电压互感器。图 4-25 为电压互感器型号的组成及各部分的含义。

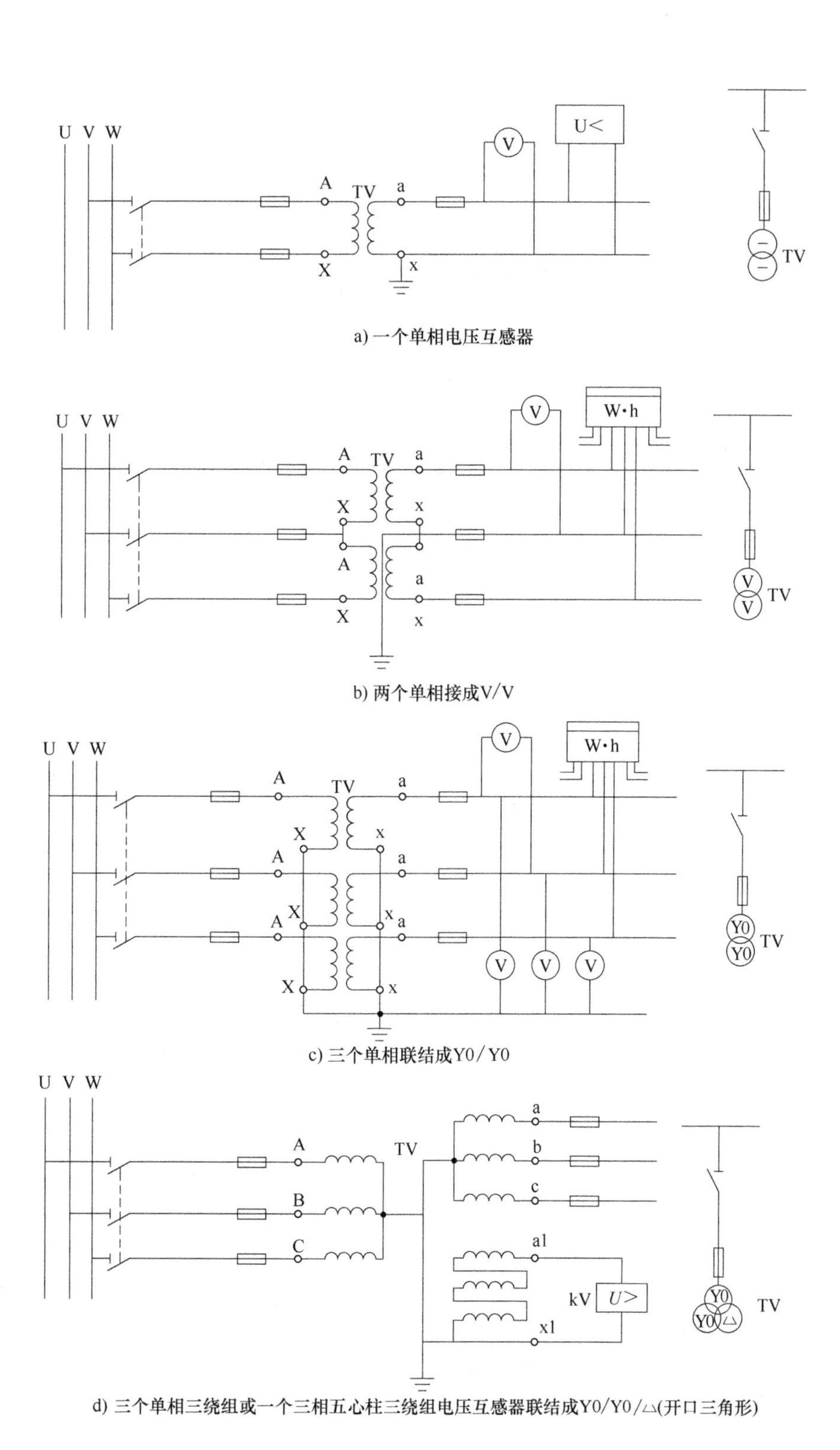

图 4-23　电压互感器的接线方案

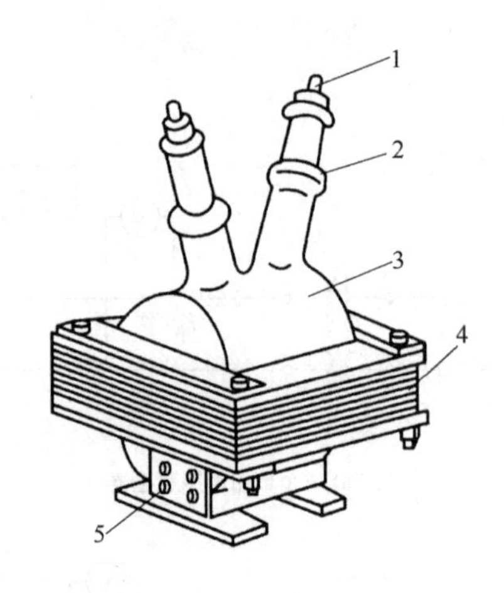

图 4-24　JDZJ-10 型电压互感器

1—一次接线端子　2—高压绝缘套管　3—一、二次绕组、环氧树脂浇注
4—铁心（壳式）　5—二次接线端子

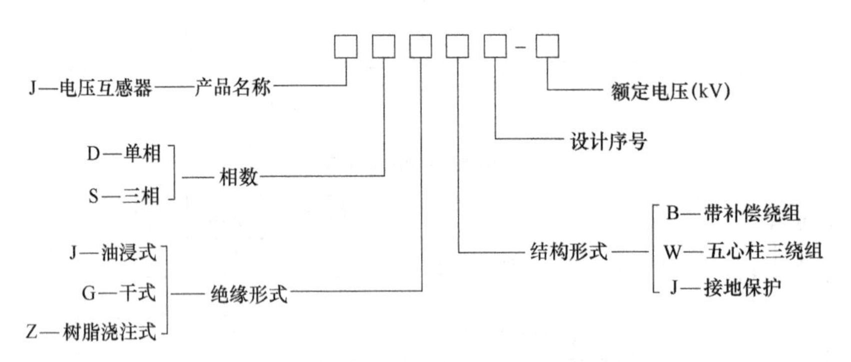

图 4-25　电压互感器型号的组成及各部分的含义

2. 电压互感器使用注意事项

1）电压互感器在工作时其二次侧不得短路。因为电压互感器一、二次侧都是在并联状态下工作的，如发生短路，将产生很大的短路电流，有可能烧毁互感器，甚至影响一次电路的安全运行。所以电压互感器的一、二次侧都必须装设熔断器作为短路保护。

2）电压互感器的二次侧有一端必须接地。互感器二次侧一端接地是为了防止其一、二次绕组间绝缘击穿时，一次侧的高电压窜入二次侧，危及人身和设备安全。

3）电压互感器在连接时，必须注意其端子的极性。单相电压互感器的一次绕组端子标以 A、X，二次绕组端子标 a、x，端子 A 与 a，X 与 x 各为对应的同极性端。三相电压互感器按照相序一次绕组端子分别标以 A、X、B、Y、C、Z，二次绕组端子分别标以 a、x、b、y、c、z，端子 A 与 a、B 与 b、C 与 c、X 与 x、Y 与 y、Z 与 z 各为对应的同极性端。

3. 电压互感器的选择

（1）电压互感器一次回路额定电压选择　为了确保电压互感器安全和在规定的准确级下运行，电压互感器一次绕组所接电力网电压应在（1.1～0.9）U_{N1} 范围内变动，即满足下列条件：

$$1.1U_{N1}>U_{Ns}>0.9U_{N1} \tag{4-31}$$

式中 U_{N1}——电压互感器一次额定电压；

U_{Ns}——电压互感器一次绕组所接电力网电压。

选择时，满足 $U_{N1}=U_{Ns}$ 即可。

（2）电压互感器二次额定电压的选择　电压互感器二次额定线间电压为100V，要和所接用的仪表或继电器相适应。

（3）电压互感器种类和形式的选择　电压互感器的种类和形式应根据装设地点和使用条件进行选择，例如：在6~35kV屋内配电装置中，一般采用油浸式或浇注式；110~220kV配电装置通常采用串级式电磁式电压互感器；220kV及其以上配电装置，当容量和准确级满足要求时，也可采用电容式电压互感器。

（4）准确度等级选择　和电流互感器一样，供功率测量、电能测量以及功率方向保护用的电压互感器应选择0.5级或1级的，只供估计被测值的仪表和一般电压继电器的选用3级电压互感器即可。

（5）按准确度等级和额定二次容量选择　首先根据仪表和继电器接线要求选择电压互感器接线方式，并尽可能将负荷均匀分布在各相上，然后计算各相负荷大小，按照所接仪表的准确级和容量选择互感器的准确度等级额定容量。

电压互感器的额定二次容量（对应于所要求的准确度等级）S_{N2}，应不小于电压互感器的二次负荷 S_2，即

$$S_{N2}\geqslant S_2 \tag{4-32}$$

$$S_2=\sqrt{(\sum S_0\cos\varphi)^2+(\sum S_0\sin\varphi)^2}=\sqrt{(\sum P_0)^2+(\sum Q_0)^2} \tag{4-33}$$

式中 S_0、P_0、Q_0——各仪表的视在功率、有功功率和无功功率；

$\cos\varphi$——各仪表的功率因数。

如果各仪表和继电器的功率因数相近，或为了简化计算起见，也可以将各仪表和继电器的视在功率直接相加，得出大于 S_2 的近似值，它若不超过 S_{N2}，则实际值更能满足要求。常用电压互感器的主要技术数据见表B-53。

4.4.3 电流互感器

1. 基本结构原理和接线

电流互感器是依据电磁感应原理将一次大电流转换成二次小电流来测量的仪器。电流互感器是由闭合的铁心和绕组组成。它的一次绕组匝数很少，串在需要测量的电流的线路中。因此它经常有线路的全部电流流过，二次绕组匝数比较多，串接在测量仪表和保护回路中，电流互感器在工作时，它的二次回路始终是闭合的，因此测量仪表和保护回路串联线圈的阻抗很小，电流互感器的工作状态接近短路。电流互感器是把一次大电流转换成二次小电流来测量，二次侧不可开路。

电流互感器的一次电流 I_1 与二次电流 I_2 有以下关系：

$$K_i=\frac{I_{1N}}{I_{2N}}\approx\frac{I_1}{I_2}\approx\frac{N_2}{N_1} \tag{4-34}$$

式中 K_i——电流互感器的额定电流比；

N_1，N_2——电流互感器的一次和二次绕组匝数。

电流互感器有三种常见的与测量仪表连接的接线方案，如图4-26所示。

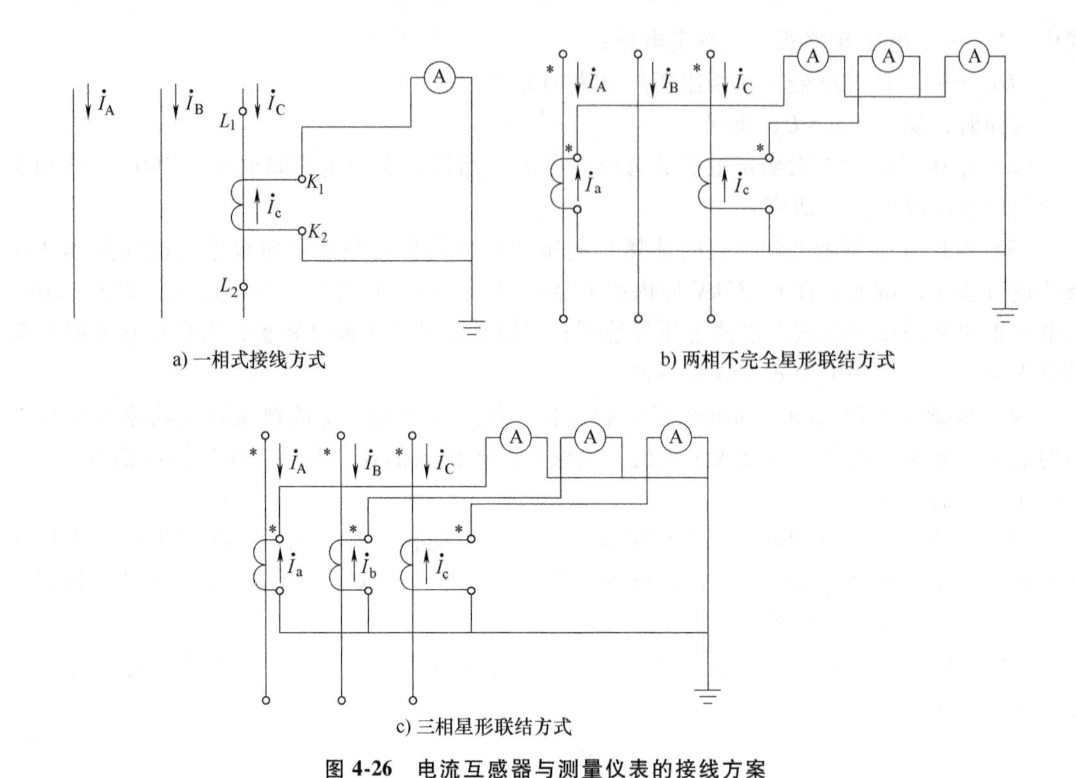

a) 一相式接线方式

b) 两相不完全星形联结方式

c) 三相星形联结方式

图 4-26　电流互感器与测量仪表的接线方案

1）一相式接线方式如图 4-26a 所示，仅用一台电流互感器。一相式电流保护的电流互感器主要用于测量对称三相负荷或相负荷平衡度小的三相装置中的一相电流。

2）两相不完全星形联结方式如图 4-26b 所示，两台电流互感器分别装在 U、W 两相中，其二次回路的中性线电流为 B 相电流，但方向相反。两相不完全星形联结用于相负荷平衡和不平衡的三相系统中。

3）三相星形联结方式如图 4-26c 所示，3 台电流互感器分别装在 U、V、W 三相中，可分别测量三相电流，适用于三相基本对称或不对称系统。

图 4-27 为户内高压 LQJ-10 型电流互感器。它有两个铁心和两个二次绕组，分别为 0.5 级和 3 级，其中 0.5 级用于测量，3 级用于继电保护。图 4-28 为户内低压 LMZJ1-10 型［(500~800)A/5A］电流互感器。它不含一次绕组，穿过其铁心的母线就是一次绕组（相当于 1 匝）。它用于 500V 及以下的配电装置中。

电流互感器型号的组成及各部分的含义如图 4-29 所示。

2. 电流互感器使用注意事项

1）电流互感器在工作时其二次侧不得开路。因为电流互感器在正常工作时的二次负荷很小，所以基本接近于短路状态。当二次侧开路时，一次电流全部成为磁化电流，则励磁磁动势剧增，造成铁心过度饱和磁化，发热严重乃至烧毁线圈，且磁路过度饱和磁化后，使误差增大，降低了准确度。同时，由于电流互感器二次绕组匝数远比一次绕组多，所以可感应出危险的高电压，危及人身和设备安全。因此电流互感器在工作时其二次侧是不允许开路的。在安装时，电流互感器二次侧的接线要牢靠、接触良好，且不允许串接熔断器和开关。

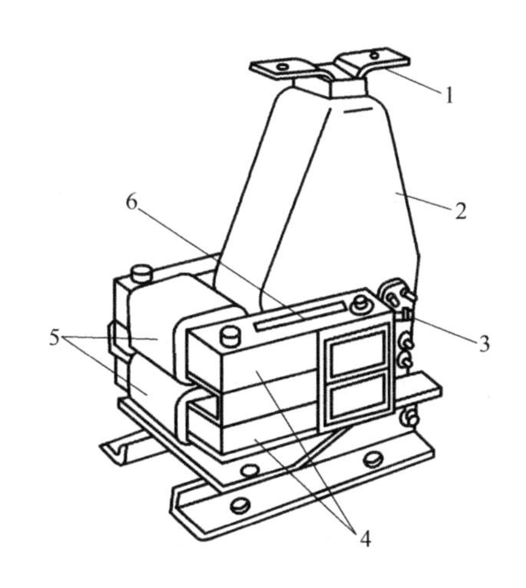

图 4-27 户内高压 LQJ-10 型电流互感器

1—一次接线端子 2—一次绕组（树脂浇注）
3—二次接线端子 4—铁心 5—二次绕组
6—警告牌（上写“二次侧不得开路”等字样）

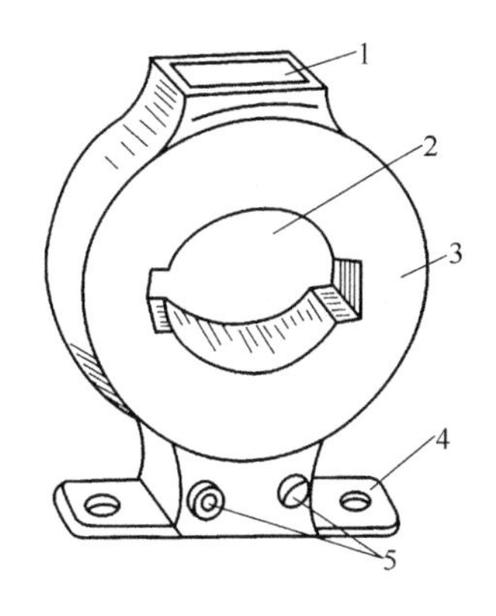

图 4-28 户内低压 LMZJ1-10 型电流互感器

1—铭牌 2—一次母线穿孔 3—铁心
（外绕二次绕组，树脂浇注） 4—安装板
5—二次接线端子

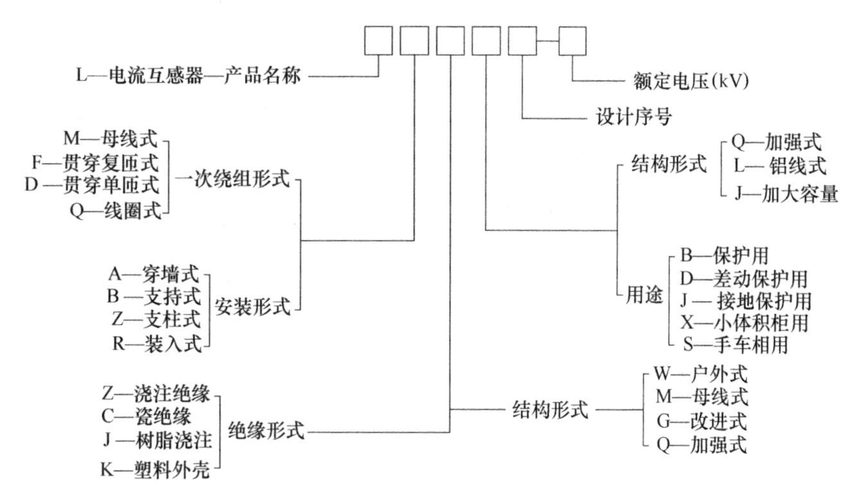

图 4-29 电流互感器型号的组成及各部分的含义

2）电流互感器的二次侧有一端必须接地。互感器二次侧一端接地是为了防止其一、二次绕组间绝缘击穿时，一次侧的高电压窜入二次侧，危及人身和设备安全。

3）电流互感器在连接时，必须注意其端子的极性。按规定，一次绕组端子标以 P1，P2，二次绕组端子标以 S1，S2，P1 与 S1 为同名端，P2 与 S2 为同名端。由于电流互感器二次绕组的电流为感应电动势所产生，所以该电流在绕组中的流向应为从低电位到高电位。若一次电流 I_1 从 P1 流向 P2，则二次电流 I_2 应从 S2 流向 S1。在安装和使用电流互感器时，一定要注意其端子的极性，否则其二次侧所接仪表、继电器中流过的电流就不是预想的电流，严重的还可能引发事故。

3. 电流互感器的选择

（1）电流互感器一次回路额定电压和电流选择　电流互感器一次回路额定电压和电流选择应满足：

$$U_{N1} \geqslant U_{Ns} \tag{4-35}$$

$$I_{N1} \geqslant I_{max} \tag{4-36}$$

式中　U_{N1}、I_{N1}——电流互感器一次额定电压和电流。

为了确保所供仪表的准确度，互感器的一次额定电流应尽可能与最大工作电流接近。

（2）二次额定电流的选择　电流互感器的二次额定电流有5A和1A两种，一般强电系统用5A，弱电系统用1A。

（3）电流互感器种类和形式的选择　在选择互感器时，应根据安装地点（如屋内、屋外）和安装方式（如穿墙式、支持式、装入式等）选择相适应的类别和形式。选用母线型电流互感器时，应注意校核窗口尺寸。

（4）电流互感器准确度等级的选择　为保证测量仪表的准确度，互感器的准确度等级不得低于所供测量仪表的准确度等级。例如：装于重要回路（如发电机、调相机、变压器、厂用馈线、出线等）中的电能表和计费的电能表一般采用0.5~1级表，相应的互感器的准确度等级不应低于0.5级；对测量精度要求较高的大容量发电机、变压器、系统干线和500kV级宜用0.2级。供运行监视、估算电能的电能表和控制盘上仪表一般皆用1~1.5级的，相应的电流互感器应为0.5~1级。供只需估计电参数仪表的互感器可用3级的。当所供仪表要求不同准确度等级时，应按相应最高级别来确定电流互感器的准确度。

（5）二次容量或二次负载的校验　为了保证互感器的准确度，互感器二次侧所接实际负载Z_{21}或所消耗的实际容量荷S_2应不大于该准确度等级所规定的额定负载Z_{N2}或额定容量S_{N2}（Z_{N2}及S_{N2}均可从产品样本查到），即

$$S_{N2} \geqslant S_2 = I_{N2}^2 Z_{21} \tag{4-37}$$

或

$$Z_{N2} \geqslant Z_{21} \approx R_{wi} + R_{tou} + R_m + R_r \tag{4-38}$$

式中　R_m、R_r——电流互感器二次回路中所接仪表内阻的总和与所接继电器内阻的总和，可由产品样本中查得；

R_{wi}——电流互感器二次连接导体的电阻；

R_{tou}——电流互感器二次连线的接触电阻，一般取为0.1Ω。

整理得

$$R_{wi} \leqslant \frac{S_{N2} - I_{N2}^2 (R_{tou} + R_m + R_r)}{I_{N2}^2} \tag{4-39}$$

因为$A = \frac{l_{ca}}{\gamma R_{wi}}$，所以

$$A \geqslant \frac{l_{ca}}{\gamma (Z_{N2} - R_{tou} - R_m - R_r)} \tag{4-40}$$

式中　A、l_{ca}——电流互感器二次回路连接导体截面积（mm^2）及计算长度（mm）。

按规程要求连接导体应采用不得小于1.5mm^2的铜线，实际工作中常取2.5mm^2的铜线。当截面积选定之后，即可计算出连接导体的电阻R_{wi}。有时也可先初选电流互感器，在已知其二次侧连接的仪表及继电器型号的情况下，利用式（4-40）确定连接导体的截面积。但须指出，只用1只电流互感器时电阻的计算长度应取连接长度2倍，如用3只电流互感器接成完全星形联结时，由于中性线电流近于零，则只取连接长度为电阻的计算长度。若用两只电流互感器联结不完全星形联结时，其二次公用线中的电流为两相电流之向量和，其值与相电流相等，但相位差为60°，故应取连接长度的$\sqrt{3}$倍为电阻的计算长度。

（6）热稳定和动稳定校验

1）电流互感器的热稳定校验只对本身带有一次回路导体的电流互感器进行。电流互感器热稳定能力常以1s允许通过的一次额定电流 I_{N1} 的倍数 K_h 来表示，故热稳定应按下式校验：

$$(K_h I_{N1})^2 \geqslant I_{\infty}^2 t_{dz} \tag{4-41}$$

式中　K_h、I_{N1}——由生产厂给出的电流互感器的热稳定倍数及一次额定电流；

I_{∞}、t_{dz}——短路稳态电流值及热效应等值计算时间。

2）电流互感器内部动稳定能力，常以允许通过的一次额定电流最大值的倍数 K_{mo}，即动稳定电流倍数表示，故内部动稳定可用下式校验：

$$\sqrt{2} K_{mo} I_{N1} \geqslant i_{ch} \tag{4-42}$$

式中　K_{mo}、I_{N1}——由生产厂给出的电流互感器的动稳定倍数及一次额定电流；

i_{ch}——故障时可能通过电流互感器的最大三相短路电流冲击值。

常用电流互感器的主要技术数据见表B-54。

4.5　低压电气设备与选择

4.5.1　低压刀开关

低压刀开关的文字符号为QK，其分类方法较多，按其操作方式分为单投和双投两种；按其极数分为单极、双极和三极3种；按其灭弧结构分为不带灭弧罩的和带灭弧罩的两种。

HD13型刀开关如图4-30所示。低压刀开关型号的组成及各部分的含义如图4-31所示。

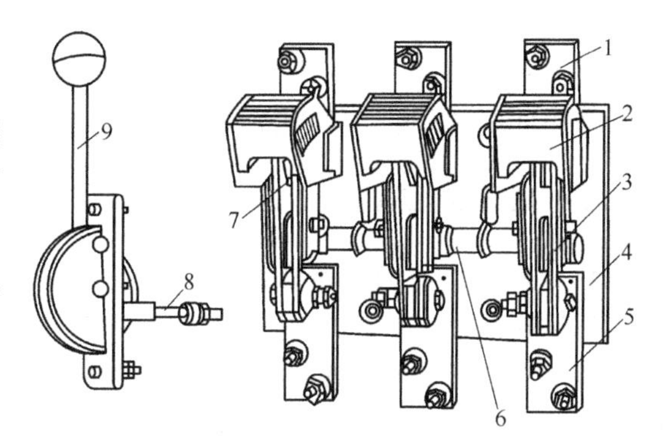

图4-30　HD13型刀开关

1—上接线端子　2—灭弧罩　3—闸刀　4—底座
5—下接线端子　6—主轴　7—静触头
8—连杆　9—操作手柄

不带灭弧罩的刀开关一般只能在无负荷下操作，用作隔离开关。带有灭弧罩的刀开关能通断一定的负荷电流，其钢栅片灭弧罩能使负荷电流产生的电弧有效熄灭。

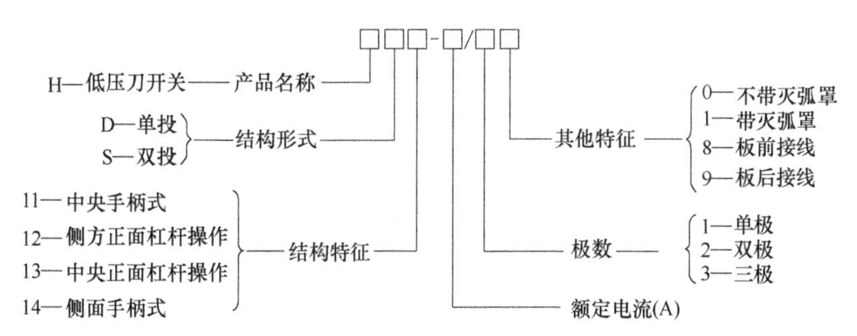

图4-31　低压刀开关型号的组成及各部分的含义

低压刀开关的选择可按额定电压、额定电流、断流容量进行选择。一般情况下，可不校验短路电流动、热稳定性。常用低压刀开关的主要技术数据见表 B-55。

4.5.2 低压熔断器

低压熔断器的作用主要是实现对低压系统的短路保护，有的也能实现过负荷保护。低压熔断器的类型很多，有插入式（RC）、螺旋式（RL）、密闭管式（RM）、有填料管式（RT）、新发展起来的 RZ 型自复式熔断器，以及引进技术生产的有填料管式 gF、aM 系列、高分断能力的 NT 式。图 4-32 是低压熔断器型号的组成及各部分的含义。

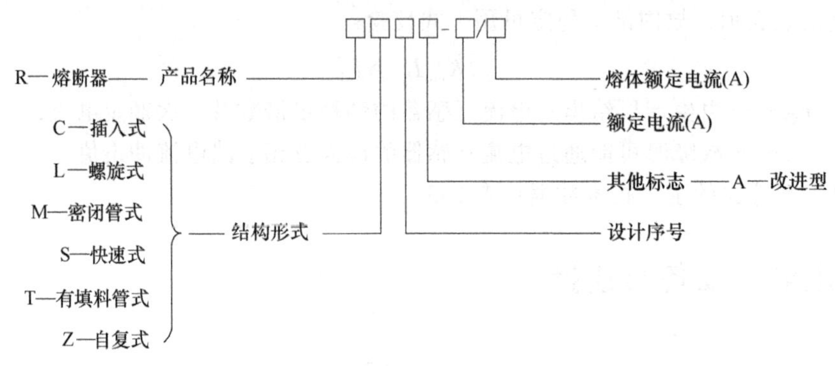

图 4-32 低压熔断器型号的组成及各部分的含义

常用低压熔断器的主要技术数据见表 B-56~表 B-58。熔断器的选择详见 6.4 节。

4.5.3 低压断路器

1. 低压断路器的工作原理

低压断路器又称低压空气开关、自动开关或自动空气断路器，其文字符号为 QF。它既可以在带负荷的状态下通断电路，又能在短路、过电压和低电压的情况下自动跳闸，其功能与高压断路器类似。低压断路器按灭弧介质不同可分为空气断路器和真空断路器；按照用途不同可以分为配电用断路器、电动机保护用断路器、照明断路器和漏电保护用断路器。

其原理结构和接线（闭合状态）如图 4-33 所示。当线路上出现短路故障时，其过电流脱扣器动作，使开关跳闸；当线路出现过负荷时，与其串联在一次线路的加热电阻丝加热，使双金属片弯曲，从而使开关跳闸；当线路严重失电压或者电压下降时，其失电压脱扣器动作，使开关跳闸；若按下按钮，会使失电压脱扣器失电

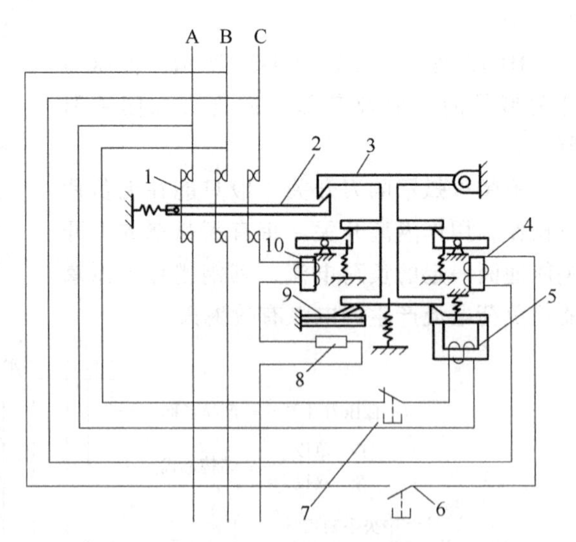

图 4-33 低压断路器的原理结构和接线（闭合状态）

1—主触头 2—跳钩 3—锁扣 4—分励脱扣器 5—失电压脱扣器 6、7—脱扣按钮 8—加热电阻丝 9—热脱扣器 10—过电流脱扣器

压或使分励脱扣器通电，则可使脱扣器远距离跳闸。

图 4-34 为低压断路器型号的组成及各部分的含义。

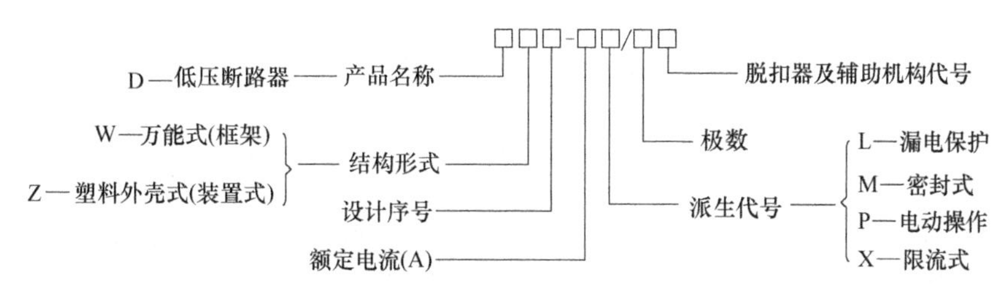

图 4-34 低压断路器型号的组成及各部分的含义

2. 低压断路器的分类

配电用低压断路器按保护性能可分为非选择型和选择型两类。非选择型断路器一般为瞬时动作和长延时动作，用作过负荷与短路保护用。选择型断路器分为两段保护、三段保护和智能化保护 3 种。两段保护为短延时与长延时或短延时与瞬时两段特性。三段保护为瞬时、短延时与长延时三段特性。其中瞬时和短延时特性适于短路保护，而长延时特性适于过负荷保护。图 4-35 为上述 3 种保护特性曲线。智能化保护是指断路器的脱扣器为微处理器或单片机控制，保护功能很多，选择性和效果也更好。

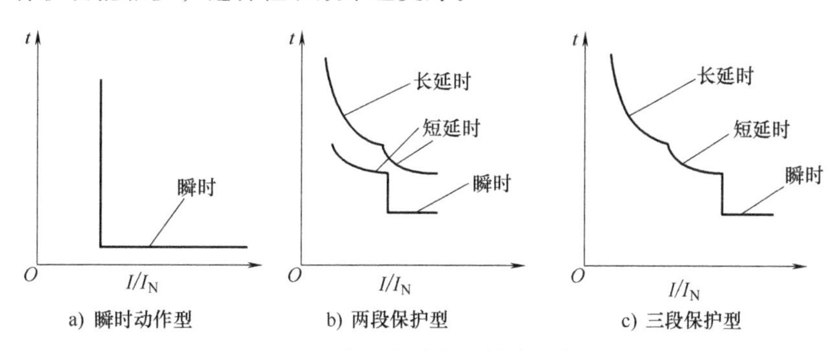

图 4-35 低压断路器保护特性曲线

配电用低压断路器按结构形式可分为塑料外壳式、框架式和微型断路器三大类。

(1) 塑料外壳式低压断路器　塑料外壳式低压断路器，原称装置式自动开关，其全部结构和导电部分都装设在一个塑料外壳内，仅在壳盖中央露出操作手柄，供手动操作用，通常装设在低压配电装置中。DZ10 型已淘汰，并被 DZ20 取代。DZ20 系列低压断路器的外形如图 4-36 所示。

(2) 框架式低压断路器　框架式低压断路器敞开地装设在金属框架上，其保护方案和操作方式较多，装设地点也比较灵活，所以又被称为万能式低压断路器。DW 型低压断路器的合闸操作方式较多，可以采用手动操作、杠杆操作、电磁操作和电动操作等。图 4-37 为 DW45 系列智能型万能式断路器。该断路器具有多种智能保护功能，可做到选择性保护，动作精确，避免不必要的停电，提高供电可靠性。

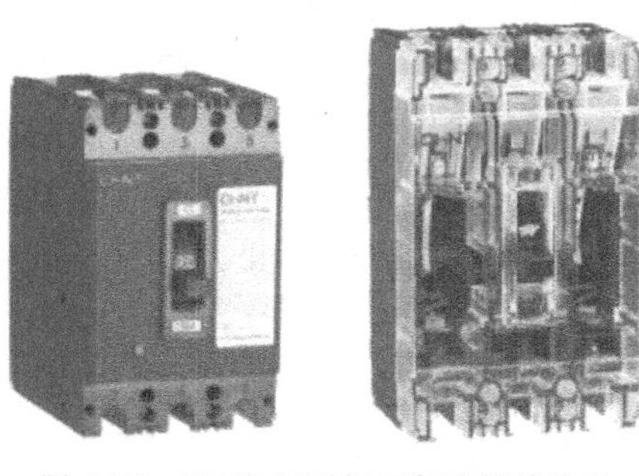

图 4-36 DZ20 系列低压断路器的外形

（3）微型断路器　如图4-38所示的是ABB的S250系列微型断路器、图4-39所示的是施耐德的C65N系列微型断路器。实际上也是塑壳断路器的一种，因其体积很小把它另列，微型断路器的特点是结构紧凑、接触防护好、安装使用方便、价格便宜，与塑壳式断路器相比容量更小，短路分断能力更低，短时耐受能力更差，主要用于微小型电动机、小容量配电线路和照明保护和家用。

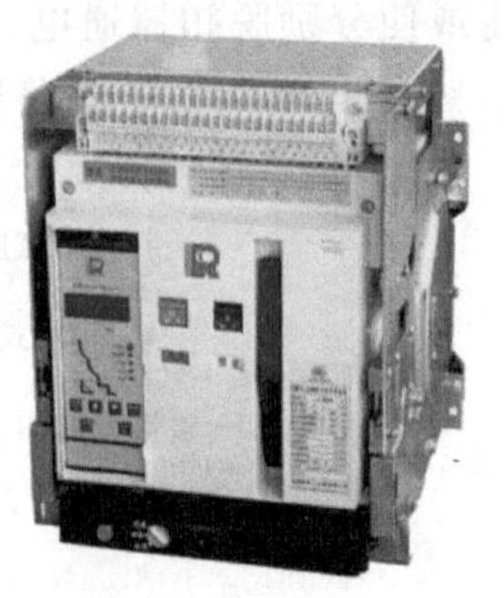

图4-37　DW45系列智能型万能式断路器

常用低压断路器的主要技术数据见表B-59。低压断路器的选择详见6.4节。

图4-38　ABB的S250系列微型断路器

图4-39　施耐德的C65N系列微型断路器

4.5.4　低压刀熔开关

低压刀熔开关是一种由低压刀开关与低压熔断器组合的熔断器式刀开关。熔断器式刀开关除应按使用的电源电压和负载的额定电流选择外，还必须根据使用场合、操作方式、维修方式等选用，要符合开关的形式特点。如前操作、前检修的熔断器式刀开关，中央均有供检修和更换熔断器的门，主要供BDL型开关板上安装。前操作、后检修的熔断器式刀开关，主要供BSL型开关板上安装。侧操作、前检修的熔断器式刀开关，可供封闭的动力配电箱使用。

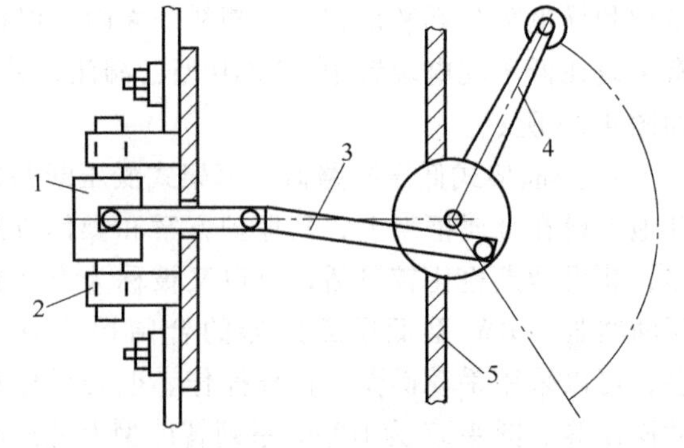

图4-40　刀熔开关结构示意图

1—RT0型熔断器的熔断体　2—弹性触座　3—连杆　4—操作手柄　5—配电屏电板

图4-40为刀熔开关结构示意图。图4-41为低压刀熔开关型号的组成及各部分的含义。

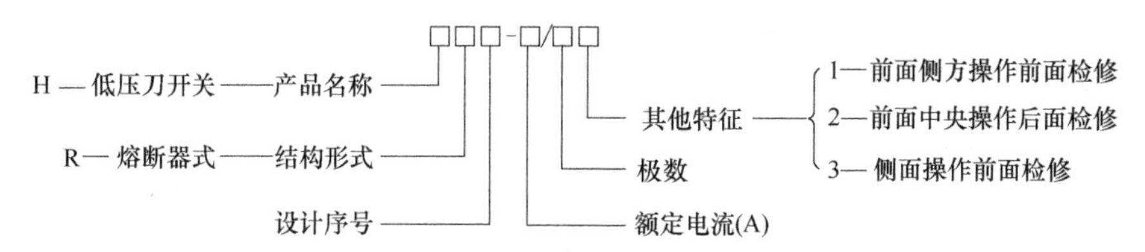

图 4-41 低压刀熔开关型号的组成及各部分的含义

4.5.5 低压负荷开关

低压负荷开关的文字符号是 QL，是一种由带灭弧罩的低压刀开关与低压熔断器组合而成的外装封闭式铁壳或开启式胶盖的开关电器。它能有效地通断负荷电流，并能进行短路保护，具有操作方便、安全经济的优点。

HK 系列开启式负荷开关如图 4-42 所示。低压负荷开关型号的组成及各部分的含义如图 4-43 所示。

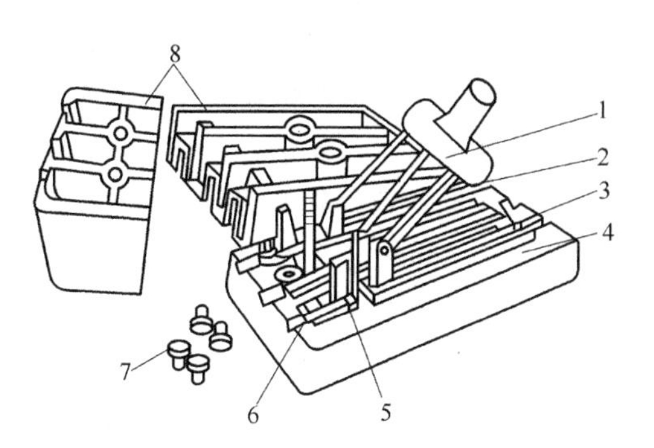

图 4-42 HK 系列开启式负荷开关

1—瓷质手柄 2—动触头 3—出线座 4—瓷底座 5—静触头 6—进线座 7—胶盖紧固螺钉 8—胶盖

4.5.6 低压配电屏

低压配电屏是按一定的接线方案将有关低压一、二次设备组装起来，用于低压系统中动力和照明配电用。

低压配电屏的结构形式有固定式和抽屉式两大类型。其型号的组成及各部分的含义如图 4-44 所示。

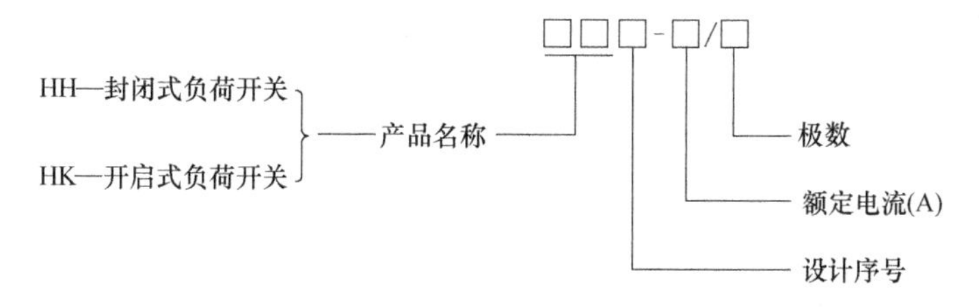

图 4-43 低压负荷开关型号的组成及各部分的含义

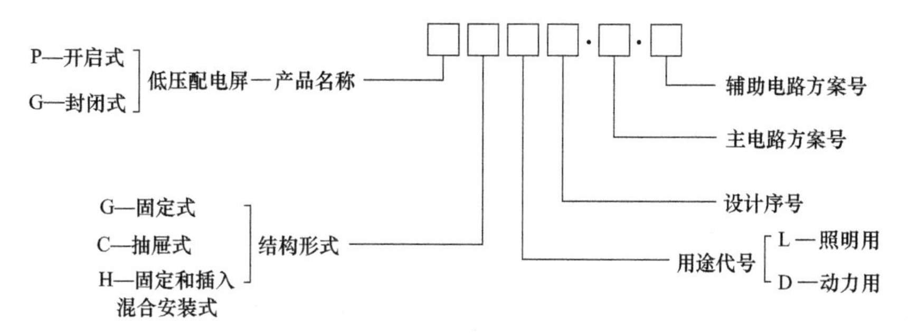

图 4-44 低压配电屏型号的组成及各部分的含义

固定式的所有电气器件都固定安装，比较简单经济。而抽屉式的某些电气器件按一次线路方案可灵活组合组装，按需要抽出或推入各个抽屉中，若某回路发生故障，将该回路的抽屉抽出，再将备用的抽屉推入，能迅速恢复供电。抽屉式（又称抽出式）低压配电屏结构紧凑、通用性好，安装灵活方便，防护安全性能好，因而越来越被广泛使用。屏内使用的主要电气器件有：各种低压断路器、熔断器、交流接触器、并联电容器和电流互感器等。

本章小结

本章是电气设计的主要内容之一，了解了导体与电气设备选择校验的一般原则和选择方法，除了掌握一般原则和方法，还应掌握各设备选择的特殊性。

1. 导体与电气设备的型号选择，根据工作要求和环境条件。

2. 电气设备选择按正常工作条件选择，按短路条件校验。按正常工作条件包括电压、电流、频率、开断电流等选择；按短路条件包括动稳定、热稳定校验；按环境工作条件如温度、湿度、海拔等选择。

3. 进行导体截面积选择时，应满足发热条件、电压损失条件、经济电流密度及机械强度条件要求。通常 10kV 及以下高压线路和低压动力线路按发热条件选择，按其他条件校验；低压照明线路按电压损耗选择，按其他条件校验；35kV 及以上的高压线路，按经济电流密度选择，再校验其他条件。

思考题与习题

4-1　电气设备选择的一般原则是什么？

4-2　导体选择一般有哪几种方式？

4-3　高压熔断器有哪些功能？

4-4　试比较高压断路器、高压负荷开关的区别。

4-5　电压互感器、电流互感器有哪些功能，在安装使用中应注意哪些事项？

4-6　低压断路器有哪些功能？按结构形式可以分为哪几类？

4-7　低压熔断器按使用类别可以分哪几类？

4-8　剩余动作电流保护器有哪几种分类方式？

4-9　有一条采用 BLX-500 型铝芯橡皮线明敷的 220V/380V 的 TN-S 线路，计算电流为 48A，当地最热月平均最高气温为 30℃。试按发热条件选择此线路的导体截面积。

4-10　有一条用 LJ 型铝绞线架设的长 3km 的 35kV 架空线路，计算负荷为 5100kW、$\cos\varphi=0.7$、$T_{max}=4800h$、环境温度为 35℃。试选择其经济截面积，并校验其发热条件和机械强度。

4-11　某 10kV 高压配电站进线上负荷电流为 400A，拟安装一 SN10-10 型高压断路器，其主保护动作时间为 1.2s. 断路器断路时间为 0.2s，该配电站 10kV 母线上短路电流有效值为 32kA，试选高压断路器、高压隔离开关及电流互感器的型号规格。

4-12　已知某终端负荷变电所 AC 380V 侧采用 80mm×10mm 的铝母线，水平放置，相邻两母线之间的轴线距离为 $D=0.2m$，绝缘子间跨距为 0.9m、跨距数大于 2，此母线接有一台 500kW 的电动机，反馈冲击电流为 6.3kA，母线的三相短路冲击电流为 67.2kA。试检验此母线的动稳定度。

第5章 变电所

5.1 变电所概述

发电厂发出的电能需送给远方的电力用户，为了减小输电线路上电能损耗及线路电压降，需要将低电压升高；为了满足电力用户安全的需要，又要将电压降低，并分配给各个用户。这就需要能升高和降低电压，并能分配电能的变电所。电力系统中通过变电所的电气装置进行变换电压、接收和分配电能。变电所是联系发电厂和电力用户的中间环节，同时通过变电所将各电压等级的电网联系起来。

5.1.1 变电所分类

1. 按照变电所在电力系统中的地位和作用可划分为以下类别

（1）系统枢纽变电所　枢纽变电所位于电力系统的枢纽点，它的电压是系统最高输电电压，枢纽变电所连成环网，全站停电后，将引起系统解列，甚至整个系统瘫痪，因此对枢纽变电所的可靠性要求较高。枢纽变电所主变压器容量大，供电范围广。

（2）地区一次变电所　地区一次变电所位于地区网络的枢纽点，是与输电主网相连的地区受电端变电所，任务是直接从主网受电，向本供电区域供电。全站停电后，可引起地区电网瓦解，影响整个区域供电。地区一次变电所主变压器容量较大，出线回路数较多，对供电的可靠性要求也比较高。

（3）地区二次变电所　地区二次变电所由地区一次变电所受电，直接向本地区负荷供电，供电范围小，主变压器容量与台数根据电力负荷而定。全站停电后，只有本地区中断供电。

（4）终端变电所　终端变电所在输电线路终端，接近负荷点，经降压后直接向用户供电，全站停电后，只是终端用户停电。

2. 按照变电所安装位置划分为以下类别

（1）室外变电所　室外变电所除控制、直流电源等设备放在室内外，变压器、断路器、隔离开关等主要设备均布置在室外，这种变电所建筑面积小，建设费用低。电压较高的变电所一般采用室外布置。

（2）室内变电所　室内变电所的主要设备均放在室内，减少了总占地面积，但建筑费用较高，适宜市区居民密集地区，或位于海岸、盐湖、化工厂及其他空气污秽等级较高的地区。

（3）地下变电所　在人口和工业高度集中的大城市，由于城市用电量大、建筑物密集，将变电所设置在城市大建筑物、道路、公园的地下，可以减少占地，尤其随着城市电网改造的发展，位于城区的变电所乃至大型枢纽变电所将更多采取地下变电所。这种变电所多数为无人值班变电所。

(4) 箱式变电所　箱式变电所又称预装式变电所，是将变压器、高压开关、低压电气设备及其相互的连接和辅助设备紧凑组合，按主接线和元器件不同，以一定方式集中布置在一个或几个密闭的箱壳内。箱式变电所是由工厂设计和制造的，结构紧凑、占地少、可靠性高、安装方便，现在广泛应用于居民小区和公园等场所。箱式变电所按照装设位置的不同又可分为户外和户内两种类型。

(5) 移动变电所　将变电设备安装在车辆上，以供临时或短期用电场所的需要。

5.1.2　变电所的发展

我国电力建设经过多年的发展，系统容量越来越大，短路电流不断增大，对电气设备、系统内大量信息的实时性等要求越来越高；而随着科学技术的高速发展，制造、材料行业，尤其是计算机及网络技术的迅速发展，电力系统的变电技术也有了新的飞跃，我国变电站设计出现了一些新的趋势。

1. 变电站占地及建筑面积减少

随着经济和城市建设的发展，市区的用电负荷增长迅速，而城市土地十分宝贵，地价越来越昂贵。新建的城市变电站必须符合城市的形象及环保等要求，追求综合经济、社会效益，所以建设形式多采用地面全户内型或地下等布置形式，有效占地面积减少。变电站接线方案的简化，组合电器、管母线及钢支架等的采用，使变电站布置更为简单，取消站前区和优化布置使变电站占地大幅度下降。分散式变电站自动化系统的采用，电缆大量减少，主控楼在活动地板下敷设电缆，取消电缆夹层，主控楼建筑面积减少。

2. 大量采用新的电气一次设备

近年来，电气一次设备制造有了较大发展，大量高性能、新型设备不断出现，设备趋于无油化，采用 SF_6 气体绝缘的设备价格不断下降，伴随着国产 GIS 向高电压、大容量、三相共箱体方面发展，性能不断完善，应用面不断扩大，许多城网建设工程、用户工程都考虑采用 GIS 配电装置。变电站设计的电气设备档次不断提高，配电装置也从传统的形式走向无油化、真空开关、SF_6 开关和机、电组合一体化的小型设备发展。

3. 运用综合自动化技术

变电站综合自动化系统近几年一直是电力建设的一个热点。无论国内外，还是从管理方、运行方及设计单位对于变电站实现综合自动化均取得了共识。伴随着计算机技术、网络技术和通信技术的发展，变电站综合自动化也采用了新的技术。

4. 使用全分散式变电站自动化系统

新型的全分散式变电站自动化系统，设计思想上实现了变电站二次系统由“面向功能”设计向“面向对象”设计的重要转变。系统不再单纯考虑某一个量，而是为某一设备配置完备的保护、监控和测量功能装置，以完成特定的功能，从而保证了系统的分布式开放性。其特点是各现场输入输出单元部件分别安装在中低压开关柜或高压一次设备附近，现场单元部件可以是保护、监控和测量功能的集成装置，亦可以是现场的保护、监控和测量部件分别保持其独立性。变电站遥测遥信采集及处理、遥控命令执行和继电保护功能等均由现场单元部件独立完成，并将这些信息通过网络送至后台主计算机。

5. 引入先进的网络技术

通信网络是综合自动化变电站与常规站的最明显的区别之一，只有采用通信网络，才可能节省大量电缆。因此必须保证通信网络安全、可靠，传输速度满足变电站综合自动化系统的要求。全分散式变电站自动化系统的实现尤其依托于如今发展很快的计算机网络技术。引入先进的网络技术使得自动化系统的实现更加简单，性能也大大优于以往的系统，并可解决以往系统中链路信息传输的实时性问题，以及信号传输的容量问题。

5.2　变电所设备组成

变电站起变换电压作用的设备是变压器，除此之外，变电站的设备还有开闭电路的开关设备，汇集电流的母线，计量和控制用互感器、仪表、继电保护装置和防雷保护装置、调度通信装置等，此外还包含无功补偿等设备（其符号见表 5-1，主要结构、功能详见第 4 章）。

表 5-1　变电所常见电气设备符号

设备名称	文字符号	图表符号	设备名称	文字符号	图表符号
双绕组变压器	T		电流互感器（双次级绕组）	TA	
三绕组变压器	T		电压互感器（单相式）	TV	
断路器	QF		电压互感器（三线圈式）	TV	
负荷开关	QL		电抗器	L	
隔离开关	QS		电缆终端头		
熔断器	FU		插头或插座		
跌落式熔断器	FU		避雷器	F	
电流互感器（单次级绕组）	TA		移相电容器	C	

5.3　配电网络形式

配电网络形式是指由电源端（变配电所）向负荷端（电能用户或用电设备）输送电能时采用的网络形式，常见的配电网络有：放射式、树干式和环式。

5.3.1 放射式

放射式是指变配电所母线上引出的一线路直接向一个车间变电所或高、低压用电设备供电，每一个用电点采用专线供电。放射式配电网络线路敷设简单、操作维护方便，各支线间发生故障时互不影响。

常见的高压放射式配电网络有三种方式，图 5-1 所示分别为单回路放射式、双回路放射式、公共备用干线放射式。

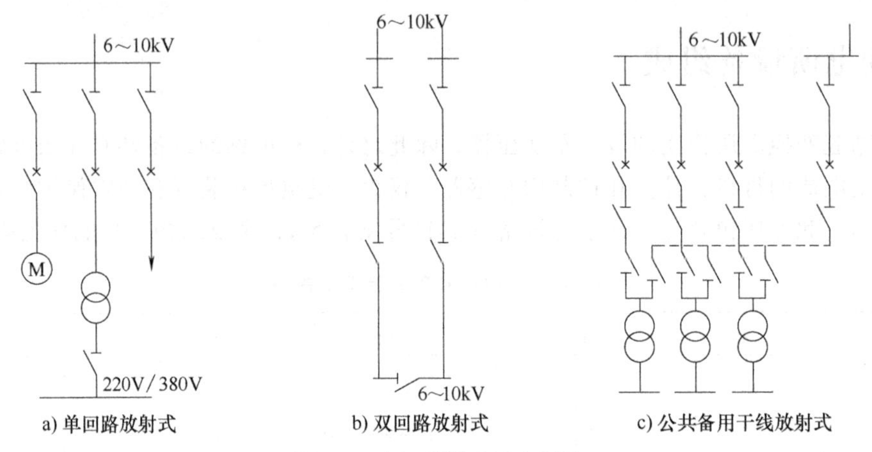

a) 单回路放射式　b) 双回路放射式　c) 公共备用干线放射式

图 5-1　高压放射式配电网络

其中采用单回路放射式的变电所引出线较多，可靠性差，一般用于配电给二级、三级负荷或专用高压设备，用于二级负荷时宜有备用电源。双回路放射式配电网络比单回路放射式配电网络可靠性高，当一个电源或一条线路故障时，可由另一个电源或另一个回路给全部负荷或部分一级、二级负荷供电，适用于配电给一级、二级负荷，用于一级负荷时，双回路的供电电源应可靠。有公共备用干线的放射式一般用于配电给二级负荷。

常见的低压放射式配电网络有单回路放射式和双回路放射式两种，如图 5-2 所示。低压配电单回路放射式用于配电给容量较大的集中负荷或重要负荷，双回路放射式用于配电给一级、二级负荷，用于消防负荷时，应在末端配电箱处自动切换。

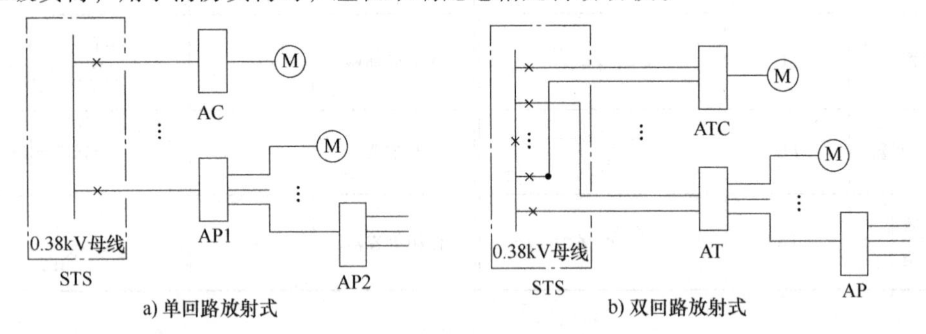

a) 单回路放射式　b) 双回路放射式

图 5-2　低压放射式配电网络

5.3.2 树干式

树干式配电网络是指由变配电所母线上引出的配电干线上，沿途支接了几个车间变电所或用电设备的配电形式。树干式配电与放射式配电相反，引出线少，节约投资，但供电可靠性不高，适用于小型用电设备或容量较小且分布均匀的用电设备供电。

常见的高压树干式配电网络有单电源树干式、单侧供电双回路树干式、双侧供电双回路树干式，如图 5-3 所示。单电源树干式配电用于配电给三级负荷，每回线路装设的变压器不超过 5 台，容量不超过 2000kV · A。双回路树干式用于配电给二级、三级负荷，两电源树干式用于配电给二级负荷，当电源可靠时也可配电给一级负荷。

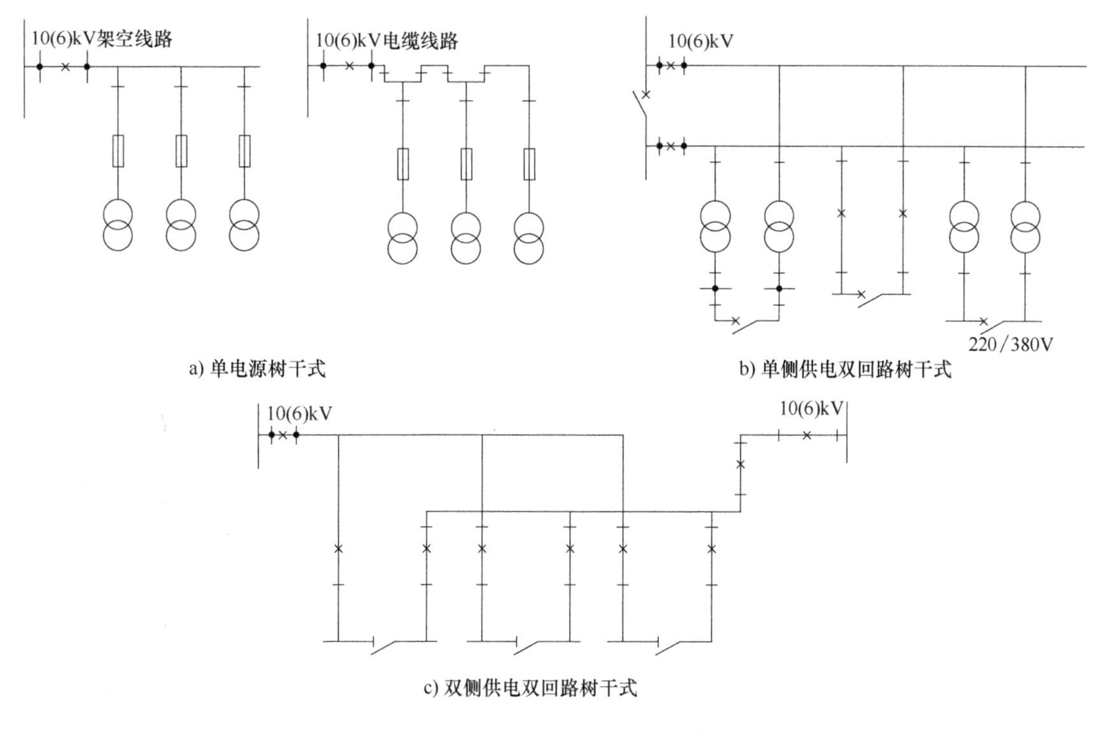

a) 单电源树干式　b) 单侧供电双回路树干式

c) 双侧供电双回路树干式

图 5-3　高压树干式配电网络

低压树干式配电网络形式有放射树干式、干线树干式和链式，如图 5-4 所示。当部分用电设备距供电点较远，而彼此相距很近、容量很小的次要用电设备，可采用链式配电。

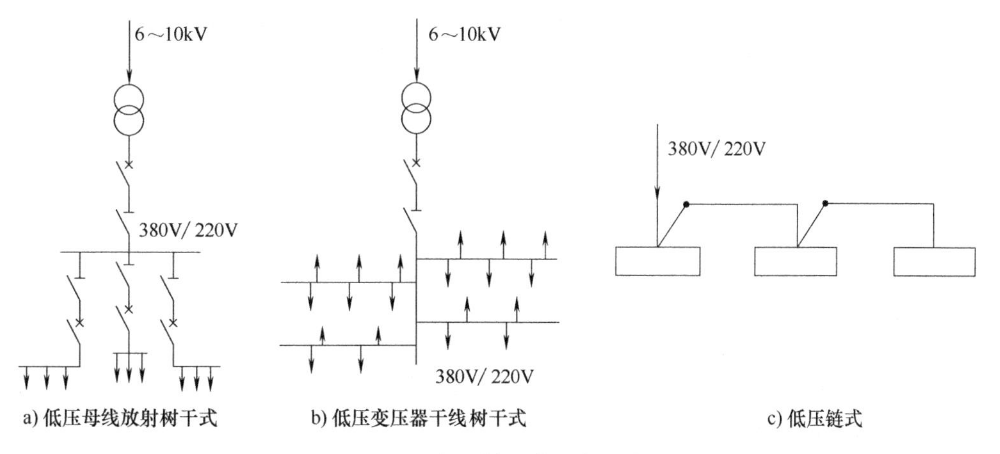

a) 低压母线放射树干式　b) 低压变压器干线树干式　c) 低压链式

图 5-4　低压树干式配电网络

5.3.3 环式

环式配电网络运行灵活，供电可靠性较高，有开环和闭环两种运行方式，如图5-5所示。闭环继电保护整定复杂，为避免环形线路上发生故障时影响整个环网，环形配电网络常采用开环运行方式，即环形接线中某一开关断开，在现代化城市配电网中应用较广。

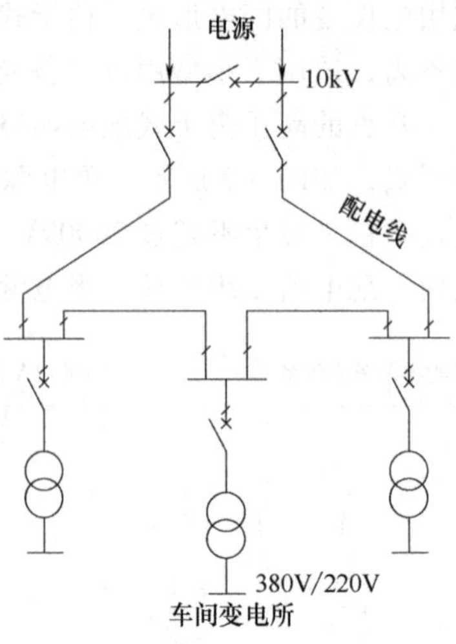

图5-5 环式配电网络

5.3.4 配电网络形式设计原则

配电系统的网络形式选择与设计应根据工程性质、规模、负荷容量等因素综合考虑，满足用电设备对供电可靠性和电能质量的要求，同时应注意接线简单、操作方便安全，具有一定灵活性，能适应生产和使用上的变化及设备检修的需要。

在工程如辅助生产区，多属三级负荷，供电可靠性要求较低，可用树干式，线路数量少，投资也少。负荷较大的高层建筑，向楼层各配电点供电时，宜采用分区树干式配电，减少配电电缆线路和高压开关柜数量，从而相应少占电缆竖井和高压配电室的面积；由楼层配电间或竖井内配电箱至用户配电箱的配电，应采取放射式配电；对部分容量较大的集中负荷或重要用电设备，应从变电所低压配电室以放射式配电。在多层建筑物内，由总配电箱至楼层配电箱宜采用树干式配电或分区树干式配电。对于容量较大的集中负荷或重要用电设备，应从配电室以放射式配电；楼层配电箱至用户配电箱应采用放射式配电。

5.3.5 各类建筑物供配电网络设计要点

1. 工业建筑供配电网络设计要点

1）在正常环境的车间或建筑物内，当大部分用电设备为中小容量，且无特殊要求时，宜采用树干式配电。

2）当用电设备为大容量，或负荷性质重要，或在有特殊要求（指潮湿、腐蚀性环境或有爆炸和火灾危险场所等）的车间、建筑物内，宜采用放射式配电，如图5-6所示。

3）当部分用电设备距供电点较远，而彼此相距很近、容量很小的次要用电设备，可采用链式配电，但每一回路环链设备不超过5台，其总容量不宜超过10kW。容量较小用电设备的插座，采用链式配电时，每一条环链回路的设备数量可适当增加。

4）冲击负荷和用电量较大的电焊设备，宜与其他用电设备分开，用单独线路或变压器供电。

2. 公用建筑供配电网络设计要点

对于用电负荷较大或者较重要时，应设置低压配电室，从配电室以放射式配电，各层或分配电箱的配电，宜采用树干式或放射与树干混合方式。

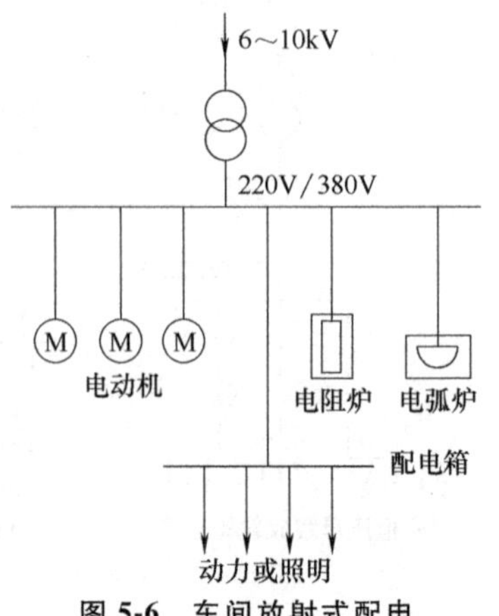

图5-6 车间放射式配电

(1) 体育建筑供配电网络　仅在比赛期间才使用的大型用电设备宜设单独变压器直接供电。体育馆内应设总配电间，各竞赛场地用电点，宜设电源井或配电箱，设置数量及位置由体育工艺确定，对电源井的供电方式宜采用环式供电。

(2) 影剧院供配电网络　一般可采用两路10kV电源，选用两台变压器双回路放射式供电。低压配电线路宜采用放射式和树干式相结合的方式，为避免舞台灯光调光设施对电声设备、电视转播设备的干扰，两者不应共用一台变压器。比较大的影剧院宜选用两台变压器，一台供音响、电视转播等设备，另一台供舞台灯光和其他用电。

(3) 医疗建筑供配电网络　根据医疗建筑负荷的特殊性并考虑到医院的可持续发展，可把用电设备分为几个供电系统：一般照明、事故照明、电压波动小的一般医疗用电（插座）负荷、电压波动大的医用数字检影成像系统设备、空调及动力负荷，应根据负荷性质采用不同的供配电网络。

1）重要医疗设备、CT机（计算机断层扫描机）、MRI机（核磁共振机）、DSA机（心血管造影机）、ECT机（同位素断层扫描机）等医疗装备用电，宜由变电所不同低压母线段两路电源供电，末端能自动切换。

2）洗衣房、营养部的动力等宜从变电所直接供电；冷水机组、大容量水泵等由配电所放射供电；收治传染性疾病患者的医院的通风负荷用专线供电，宜在护士站集中控制。

3）传染医院的配电线路按照不同感染区、隔离区、正常区等划分的区域设置配电回路，分设在不同区域内由不同配电回路供电，采用放射式配电。配电线槽或桥架穿越隔墙处应密封处理，防止交叉感染。

3. 高层住宅

18层及以下住宅，视用电负荷的具体情况可以采用放射式或树干式供电系统，电源柜设在1层或地下室内。19层及以上住宅，宜由变电所设专线回路采用放射式系统供电，电力、照明及应急电源宜分别引入。

向高层住宅供电的垂直干线，应采用三相供电系统，视负荷大小及分布状况可以采用如下形式：

1）插接母线式配电，宜根据功能要求分段供电。

2）电缆干线系统，宜采用预制分支电缆。

3）应急照明可以采用树干式或分区树干式配电。

5.3.6 工程实例

1. 高层办公楼

如图5-7所示，此工程为25层大型办公楼，主要用电负荷包括电气照明、应急照明、消防风机、电梯、空调机组等设备，有一级负荷、二级负荷及三级负荷，并分布在不同的楼层，部分设备集中在地下室和屋顶。根据负荷性质和设备容量大小，采用分区树干式和放射式结合的配电方式。

2. 高层住宅楼

如图5-8所示，此工程为18层高层住宅的照明配电系统，主要用电负荷为住户照明用电、公共照明、应急照明等，采用树干式和放射式相结合的方式。

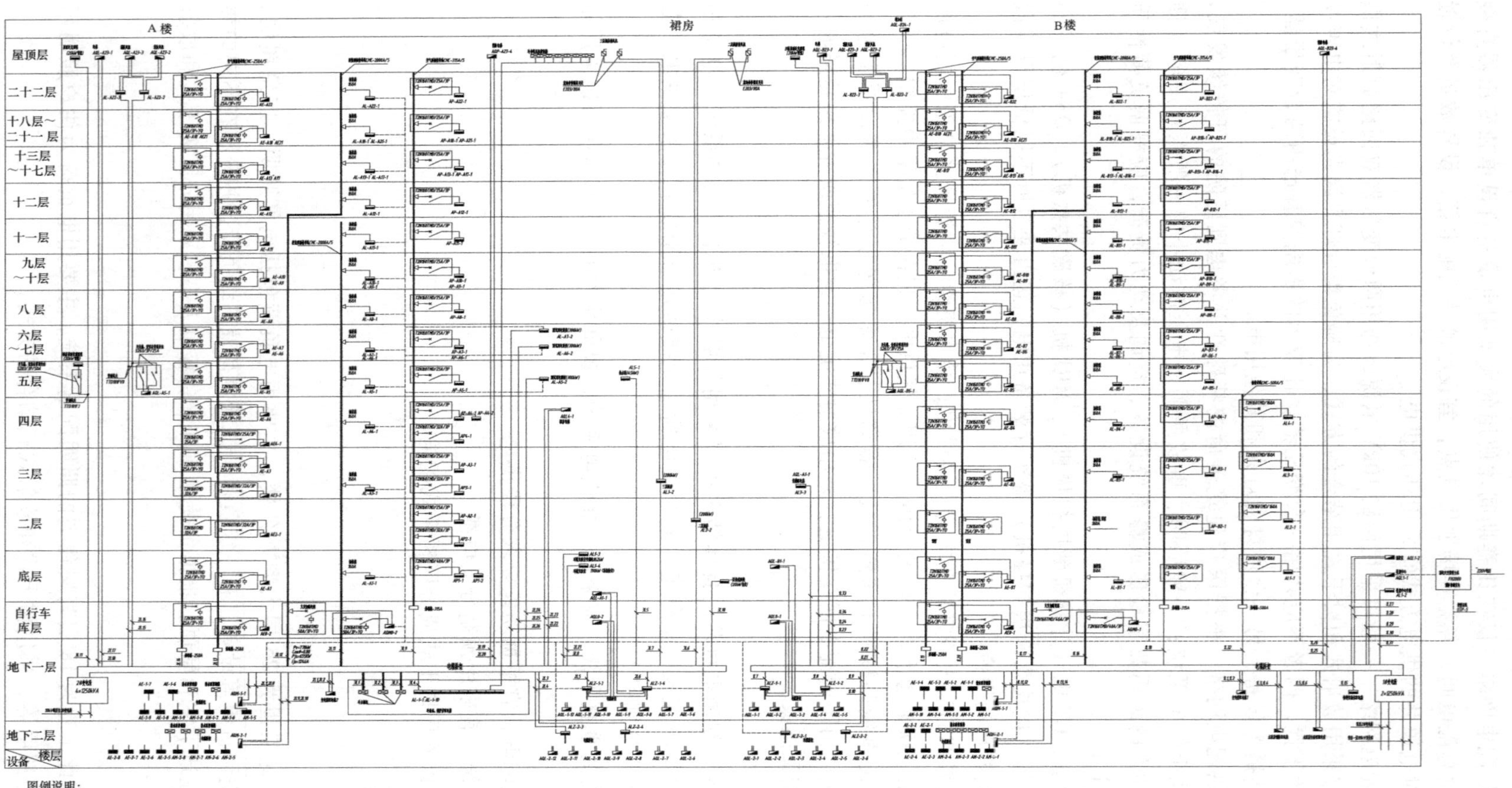

图 5-7 高层办公楼配电干线图

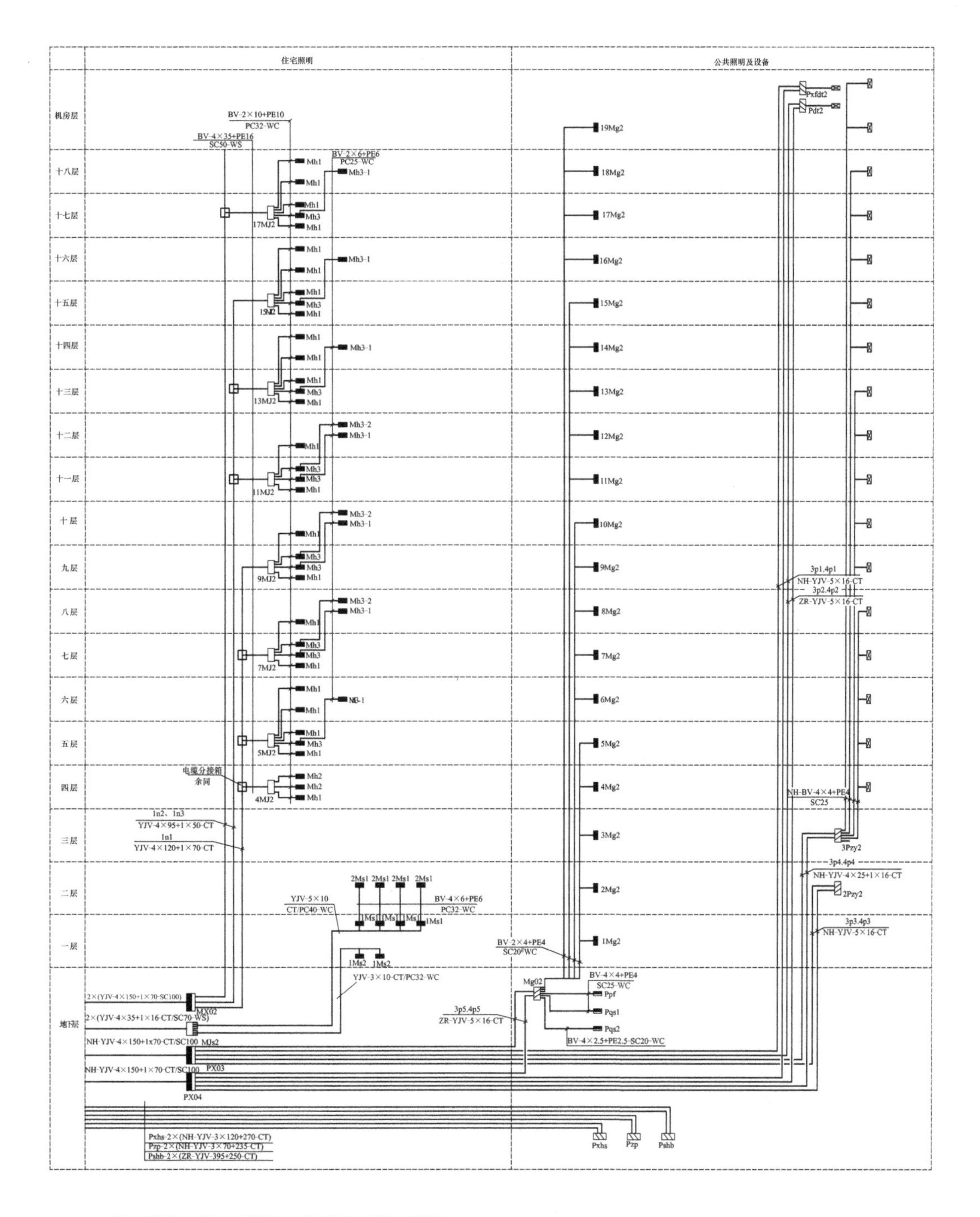

图例	设备名称	图例	设备名称	导线类型	线型
	层配电或动力箱		双电源切换箱	电力电缆	
	设备控制箱		终端配电箱	母线槽	
	计量箱				

图 5-8 高层住宅照明配电干线图

图 5-8

5.4 电气主接线

变配电所由电气主接线和二次接线构成。

1. 电气主接线

供配电系统中承担输送和分配电能任务的电路，称为电气主接线或主电路，也称为一次回路。一次电路中所有的电气设备称为一次设备，如电力变压器、断路器、互感器等。

2. 二次接线

用来控制、指示、监测和保护一次设备运行的电路，称为二次接线，也称为二次回路。二次回路中所有电气设备都称为二次设备或二次元件，如仪表、继电器、操作电源等。

变配电所的主接线是表示电能输送和分配的电路图，在变配电所主接线图，将各种开关电器、电力变压器、母线等电气设备用其图形符号表示，并以一定次序连接，通常以单线来表示三相系统。

用户 35kV 及以下变配电所电气主接线的形式通常有单母线接线、分段单母线接线、双母线、无母线接线等。工程设计时应根据变配电所在供配电系统中的地位、负荷性质、进出线回路数、主变压器容量及数量等条件确定。

5.4.1 主接线的一般要求

变配电所的电气主接线应满足以下基本要求：

(1) 安全性　电气主接线的安全性是要保证操作和维护时人员和设备的安全。采用架空或电缆线路进户时，应在变电所的室内靠近进线点处，装设便于操作维护的电源隔离装置。变配电所每段高压母线及架空线路末端应装设避雷器。当两路电路之间不允许并列运行时，应有联锁装置。

(2) 可靠性　电气主接线的可靠性是指在规定条件和规定时间内保证不中止供电的能力。电气主接线的可靠性主要取决于以下因素：

1) 变电所在电力系统的作用和位置。大型变配电所供电容量大、影响范围广，应采用可靠性程度高的主接线方式。

2) 负荷的性质。主接线的可靠性应根据负荷的性质和重要程度进行设计。

3) 设备制造的质量。构成主接线的一次设备及其控制、保护它的二次设备的制造水平可靠性决定主接线的可靠性。主接线形式越复杂，即构成主接线的设备越多，将有可能降低主接线的可靠性。

(3) 灵活性　电气主接线的灵活性是指系统操作、调度的方便性，能适应本变电所或系统的各种运行方式，能够满足扩建的灵活性。

(4) 经济性　当能满足运行要求时，35kV 变电所高压侧宜采用断路器较少或不用断路器的接线。有地区电网供电的变配电所电源进线处，应装设供计量用的专用电压、电流互感器。

5.4.2 常见变电所主接线形式

1. 有母线类主接线

母线又称为汇流排，当用电回路较多时，馈电线路和电源之间的联系常采用母线制。母线有铜排、铝排，起着接收电源电能和向用户分配电能的作用。有母线类的主接线有单母线不分段接线、单母线分段接线、双母线不分段接线、双母线分段接线等形式。

（1）单母线不分段接线　当只有一路电源进线时，常使用这种接线，如图 5-9 所示。每路进线和出线装设一只隔离开关和断路器，靠近线路的隔离开关称线路隔离开关，防止在检修断路器时从用户侧反向送电，或防止雷电过电压沿线路侵入，保证维修人员安全；靠近母线的隔离开关称母线隔离开关，用作隔离母线电源，检修维护断路器用。

单母线不分段接线的优点：简单清晰，设备少，投资小，运行操作方便，有利于扩建和采用成套配电装置。

单母线不分段接线的缺点：

① 任一回路断路器检修时需此回路停电。

② 母线或任一母线隔离开关检修时需全部停电。

③ 母线故障时全部停电。

单母线不分段接线的适用范围：对供电连续性要求不高的三级负荷用户，或者有备用电源的二级负荷用户。

（2）单母线分段接线　当有双电源供电时，常采用单母线分段接线，如图 5-10 所示。采用单母线分段接线运行时可以分段单独运行，也可以并列同时运行。采用分段单独运行时，各段相当于单母线不分段接线的运行状态，各段母线的电气系统互不影响。当任一段母线发生故障或检修时，仅停止对该段母线所带负荷的供电。当任一电源线路故障或检修时，若另一电源能负担全部负荷时，可倒闸操作恢复该电源所带负荷的供电，否则该电源所带负荷需停止运行。当并列运行时，若其中一路电源检修，无须母线停电。

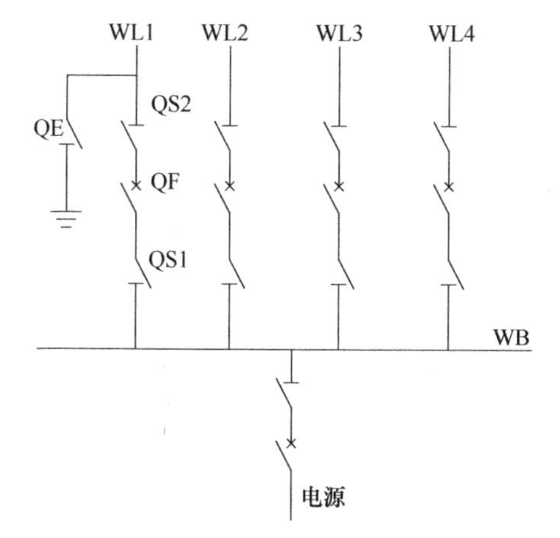

图 5-9　单母线不分段接线

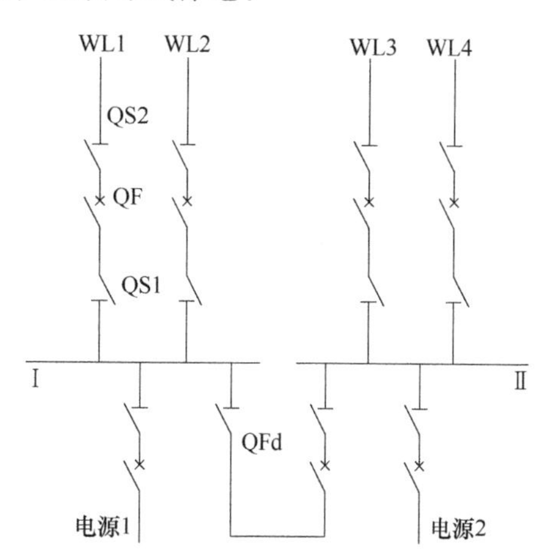

图 5-10　单母线分段接线

单母线分段接线中的分段断路器有以下作用：任一母线发生短路故障时，在继电保护的作用下，分段断路器和接在故障段上的电源回路的断路器自动分闸，这时非故障段母线可以继续工作；分段断路器除装继电保护装置外，还应装备用电源自动投入装置，任一电源故障，电源回路断路器自动断开，分段断路器可以自动投入，保证给全部出线供电。分段断路器还可以起到限制短路电流的作用。

当进行倒闸操作时，应按以下操作规程：切断电路时先断开断路器，后断开隔离开关；接通电路时先闭合隔离开关，后闭合断路器。因为带负荷操作过程中要产生电弧，隔离开关没有灭弧功能不能带负荷操作。

单母线分段接线的优点：

① 接线简单清晰、操作方便、占地少，便于扩建和采用成套配电装置。

② 母线发生故障，仅故障段母线停止工作，非故障段母线可继续工作，缩小了母线故障的影响范围；双回路供电的重要用户，可将双回路接在不同分段上，保证对重要用户的供电。

单母线分段接线的缺点：当一段母线或母线隔离开关发生永久性故障或检修时，则连接在该段母线上的回路在检修期间停电。

适用范围：有两路电源供电时，采用单母线分段接线，可以对一、二级负荷供电，特别是装设了备用电源自动投入装置后，提高了单母线分段接线的可靠性。

（3）双母线不分段接线　双母线不分段接线如图5-11所示，有两种运行方式：第一种运行方式是一组母线工作，一组母线备用，母联断路器断开，相当于单母线不分段接线；第二种运行方式两组共用，母联断路器闭合，负荷平均分配，相当于单母线分段接线。

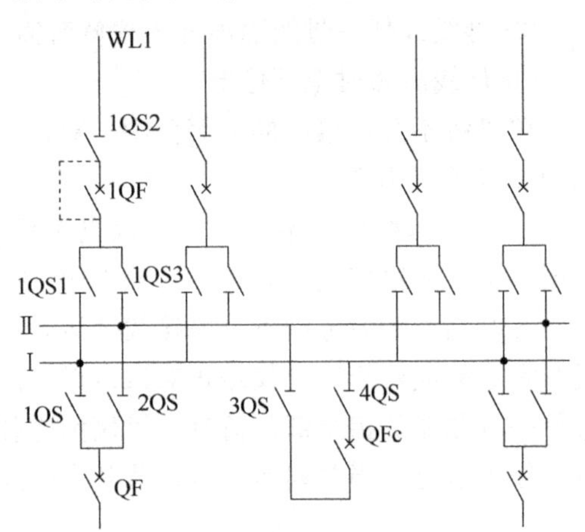

图5-11　双母线不分段接线

双母线不分段接线的优点：

① 可轮流检修母线而不影响正常供电。

② 检修任一母线侧隔离开关时，只影响该回路供电。工作母线发生故障后，所有回路短时停电并能迅速恢复供电。

③ 可利用母联断路器替代引出线断路器工作。

双母线不分段接线的缺点：

由于双母线接线的设备较多，配电装置复杂，运行中需要用隔离开关切换电路容易引起误操作；同时投资和占地面积也较大。

双母线不分段接线的适用范围：

① 6~10kV配电装置，当短路电流较大、出线需带电抗器时。

② 35~63kV配电装置，当出线回路数超过8回或连接的电源较多、负荷较大时。

③ 110~220kV配电装置，出线回路数为5回及以上或该配电装置在系统中居重要地位、出线回路数为4回及以上。

（4）双母线分段接线　双母线分段接线如图5-12所示。这种接线方式有较高的可靠性和灵活性，但投资增多。双母线分段接线广泛应用于大中型发电厂的发电机电压配电装置中。随着机组容量的增大，输电电压的增高，我国在220kV或330~500kV配电装置中，也采用双母线分段接线。

2. 无母线类主接线

（1）线路-变压器接线　当变电所只有一路电源进线和一台变压器出线时，可选择线路-变压器组接线，如图5-13所示。图5-13a接线，当有操作或继电保护等要求时，变压器一次侧装设断路器；图5-13b接线对于系统短路容量较小的不太重要的小型变电所，当高压熔断器参数能满足要求时，可采用变压器一次侧装设高压熔断器的接线，但在设计上仍应考虑到扩建或改建的可能性；图 5-13c 接线只适用于用电单位内部的 35kV 变电所，线路电源端的保护装置应能满足变压器保护要求，隔离开关应能切断变压器的空载电流。

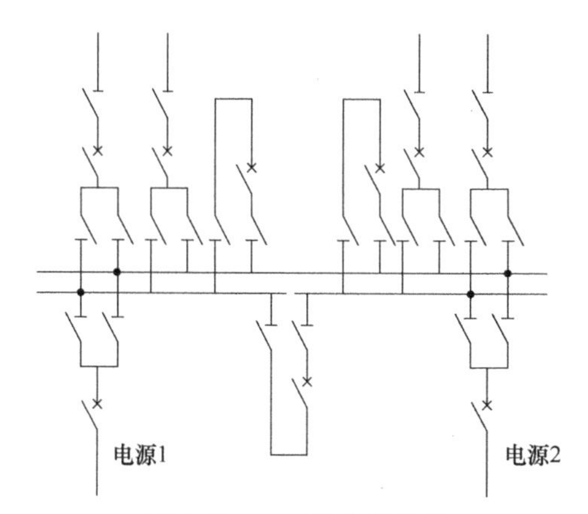

图 5-12 双母线分段接线

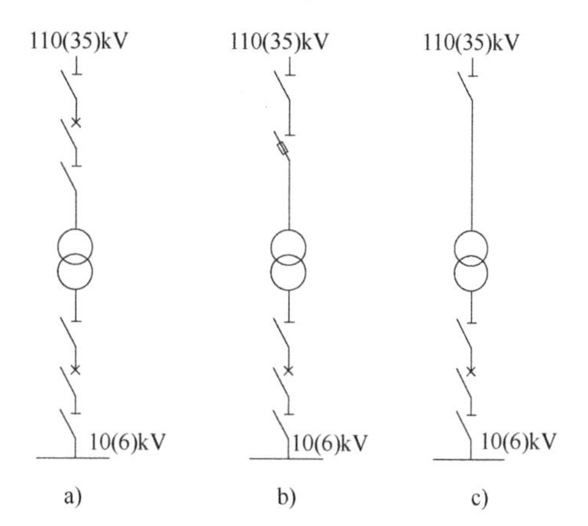

图 5-13 线路-变压器接线

线路-变压器接线方式的优点：线路最简单、设备及占地最少。

线路-变压器接线方式的缺点：不够可靠灵活，线路故障或检修时，变压器停运。变压器故障或检修时，线路停止供电。任何一个元件故障或检修，均需整个配电装置停电。

线路-变压器接线的适用范围：仅适用于向二、三级负荷供电。

（2）内桥接线 内桥接线如图 5-14 所示。桥臂靠近变压器侧，桥开关 QF3 接在线路开关 QF1 和 QF2 内侧，称为内桥，变压器一次侧仅装隔离开关，不装断路器。这种接线方法可提高线路 WL1 和 WL2 运行的灵活性。

内桥接线的优点：高压断路器数量少，占地少。

内桥接线的缺点：

① 变压器的切除和投入较复杂，需动作两台断路器，影响一回线路的暂时停运。

② 桥连断路器检修时，两个回路需解列运行。

③ 线路断路器检修时，需较长时间中断线路的供电。为避免此缺点，可在线路断路器的外侧增设带两组隔离开关的跨条。桥连断路器检修时，也可利用此跨条。

内桥接线的适用范围：适用于较小容量的发电厂，对一、二级负荷供电，并且变压器不经常切换或线路较长、故障率较高的变电所。

（3）外桥接线 外桥接线如图 5-15 所示。桥臂靠近线路侧，桥开关 QF3 接在线路开关 QF1 和 QF2 外侧，称为外桥接线。进线回路仅装隔离开关，不装设断路器，因此外桥接线对变压器回路的操作是方便的，对电源进线回路操作不方便。

外桥接线的优点：高压断路器数量少，占地少。

外桥接线的缺点：

① 线路的切除和投入较复杂，须动作两台断路器，并有一台变压器暂时停运。

② 桥连断路器检修时，两个回路须解列运行。

③ 变压器侧断路器检修时，变压器需较长时期停运。为避免此缺点，可加装正常断开运行的跨条。桥连断路器检修时，也可利用此跨条。

外桥接线的适用范围：较小容量的发电厂，对一、二级负荷供电，并且变压器的切换较

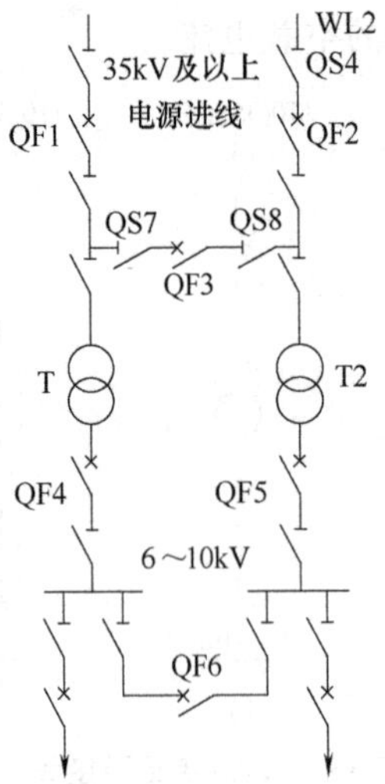

图 5-14 内桥接线

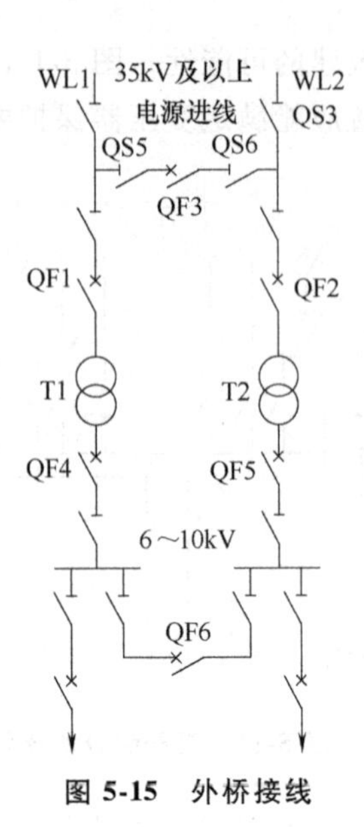

图 5-15 外桥接线

频繁或线路较短，故障率较少的变电所。

5.4.3 变电所主接线设计要点

变电所主接线设计应根据负荷容量大小、负荷性质、电源条件、变压器容量及台数、设备特点以及进出线回路数等综合分析来确定。主接线应力求简单、运行可靠、操作方便、设备少并便于维修，节约投资和便于扩建等要求，此外，设计变电所主接线时要注意以下事项：

1）在高压断路器的电源侧及可能馈电的一侧，须装设高压隔离开关或隔离触头。

2）每段高压母线上应装设一组电压互感器。电压互感器应采用专用熔断器保护。

3）所有变压器宜采取高压熔断器保护。

4）向高压并联电容组或频繁操作的高压用电设备供电的出线断路器兼作操作开关时，应采用具有高分断能力和频繁操作性能的断路器。

1. 35kV 变电所主接线设计

35kV 采用室外配电装置，并有两回路电源线和两台变压器时，主接线可采用桥式接线。当电源线路较长时，应采用内桥接线，为了提高可靠性和灵活性，可增设带隔离开关的跨条。当电源线路较短，需经常切换变压器或桥上有穿越功率时，应采用外桥接线。当 35kV 出线数为两回路以上或采用室内配电装置时，宜采用单母线不分段或单母线分段接线。

2. 10（6）kV 变电所主接线设计

10（6）kV 变电所主接线宜采用单母线或单母线分段接线方式，当供电连续性要求较高时，不允许停电检修断路器或母线，可采用双母线接线。变电所专用电源线的进线开关宜采用断路器或带熔断器的负荷开关。两个变配电所之间的联络线宜在供电可能性大的一侧配电所装设断路器，另一侧装隔离开关或负荷开关，如两侧供电可能性相同，宜在两侧均装设断路器。

10（6）kV 母线的分段处，宜装设断路器，但符合下列情况时，可装设隔离开关或隔离触头：

1）事故时手动切换电源能满足要求。

2）不需要带负荷操作。

3）继电保护或自动装置无要求。

4）出线回路较少。

5.4.4 变电所主接线工程示例

1. 35kV 总降压变电所电气接线示例

（1）单电源进线总降压变电所　总降压变电所为单电源进线，一次侧采用单母线不分段接线，如图 5-16 所示。

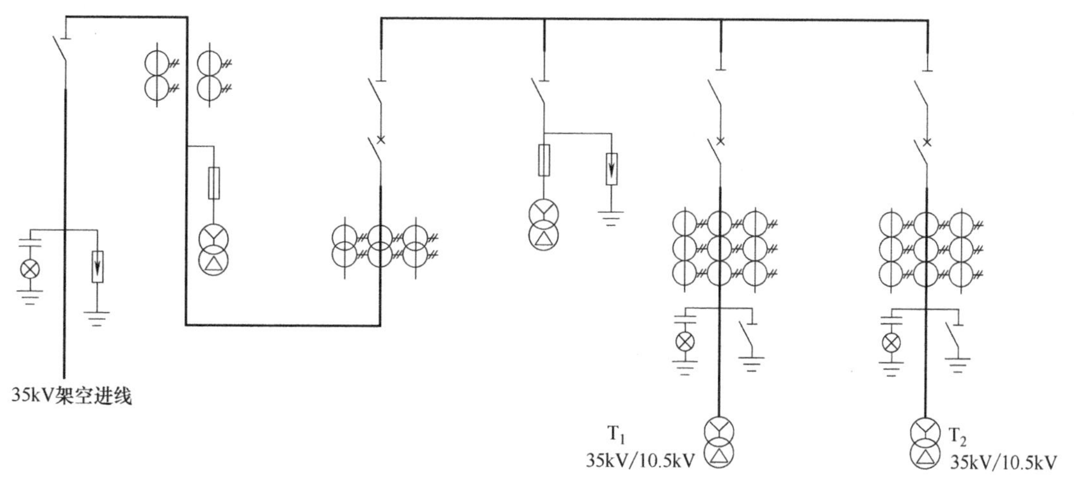

图 5-16　单电源进线、一次侧单母线不分段接线

（2）双电源进线总降压变电所　总降压变电所为双电源进线，一次侧采用单母线不分段接线，如图 5-17 所示。

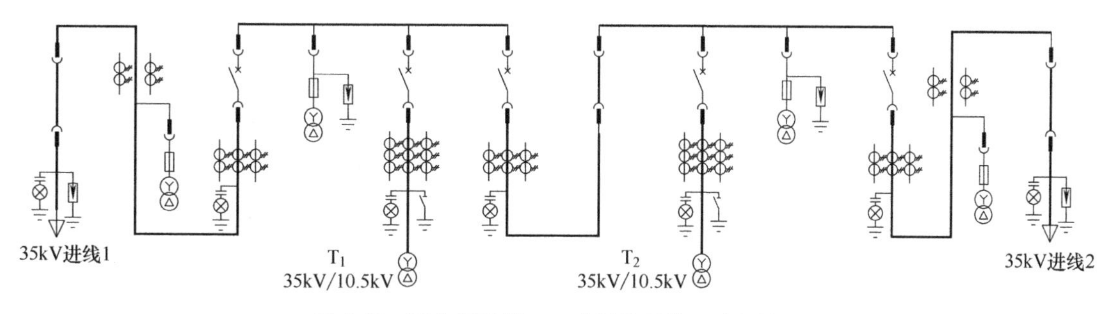

图 5-17　双电源进线、一次侧单母线不分段接线

2. 10kV 变电所主接线示例

（1）10kV 单电源进线　10kV 变电所单电源进线，一次侧单母线不分段接线，如图 5-18 所示。

（2）10kV 双电源进线　10kV 变电所双电源进线，一次侧母线分段接线，如图 5-19 所示。

高压开关柜编号		AK1	AK2	AK3	AK4	AK5	AK6	AK7
高压开关柜型号		KYN28A-12	KYN28A-12	KYN28A-12	KYN28A-12	KYN28A-12	KYN28A-12	KYN28A-12
一次系统图		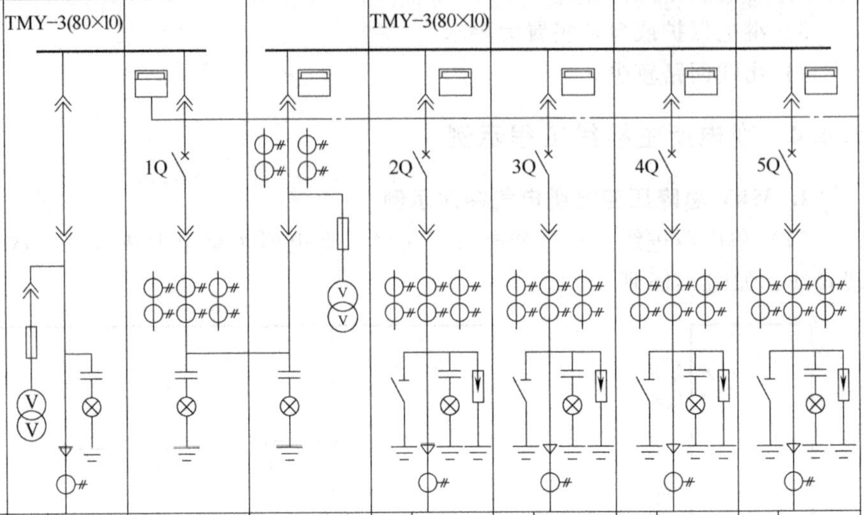 TMY-3(80×10)	1Q		TMY-3(80×10) 2Q	3Q	4Q	5Q
回路编号及用途		WH1 1#进线隔离	进线	计量	WH2 1#变压器(1TM)	WH3 2#变压器(2TM)	WH4 3#变压器(3TM)	WH5 4#变压器(4TM)
柜内主要元件	真空断路器 HVX-12		630A 25kA		630A 25kA	630A 25kA	630A 25kA	630A 25kA
	高压熔断器 XRNP-10/0.5A	3		3				
	电压互感器 JDZ-10,10/0.1kV,0.5级	2						
	电压互感器 JDZ-10,10/0.1kV,0.2级			2				
	电流互感器 LZZBJ9-12，0.5级		3(400/5)		3(100/5)	3(100/5)	3(100/5)	3(100/5)
	电流互感器 LZJC-10，0.2级			2(400/5)				
	电力综合仪表 NTS-236		1	1	1	1	1	1
	接地开关 JN15-12 25kA				1	1	1	1
	带电显示器 GSN1-10/T	1	1	1	1	1	1	1
	电动操作机构		1		1	1	1	1
	避雷器 HY5WZ2-12.7/32.4				3	3	3	3
	计量表计		1	1	1	1	1	1
	综合继电保护器 NTS-700系列		定时限过电流保护 电流速断保护 零序电流保护 NTS-711		定时限过电流保护 电流速断保护 零序电流保护 高温报警，超温跳闸 门控报警跳闸 NTS-711	定时限过电流保护 电流速断保护 零序电流保护 高温报警，超温跳闸 门控报警跳闸 NTS-711	定时限过电流保护 电流速断保护 零序电流保护 高温报警，超温跳闸 门控报警跳闸 NTS-711	定时限过电流保护 电流速断保护 零序电流保护 高温报警，超温跳闸 门控报警跳闸 NTS-711
	零序电流互感器 KLH-o1 100/5 10P5	1			1	1	1	1
	指示灯 AD11 25/41-8GE DC220V	红、绿各一	红、绿各一	红、绿各一	红、绿各一	红、绿各一	红、绿各一	红、绿各一
	母线及引下线							TMY-3(80×10)
	变压器容量/kV·A		4500		1000	1000	1250	1250
	计算电流/A		260		57.7	57.7	72.2	72.2
	电缆规格 YJV-8.7/15kV	由供电部门确定			3×95mm²	3×95mm²	3×120mm²	3×120mm²
	柜宽×柜深×柜高/(mm×mm×mm)	800×1650×2200	800×1650×2200	800×1650×2200	800×1650×2200	800×1650×2200	800×1650×2200	800×1650×2200
备注		手车与1Q联锁防止带负荷拉车	手车与1Q联锁电拉车	手车与1Q联锁防止带电拉车	手车与2Q联锁防止带电拉车	手车与3Q联锁防止带电拉车	手车与4Q联锁防止带电拉车	手车与5Q联锁防止带电拉车

图 5-18　单电源进线、一次侧单母线不分段接线

开关柜编号		AH1	AH2	AH3	AH4	AH5	AH6	AH7	AH8	AH9	AH10	AH11	AH12	AH13	AH14
接线图		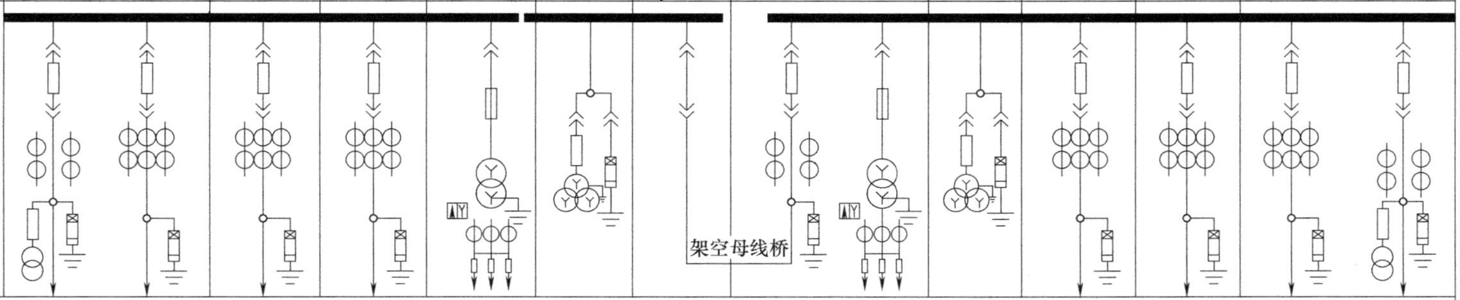						架空母线桥							
主母线		TMY-80×10													
开关柜方案号		013(G)	013	013	013	038	030	018	003	038	030	013	013	013	013(G)
用途		接线916线	1#变压器	2#变压器	3#变压器	站用变压器	PT	母联	母联	站用变压器	PT	4#变压器	5#变压器	6#变压器	接线924线
引下线		TMY-80×10	TMY-80×10	TMY-80×10	TMY-80×10	TMY-80×10	TMY-80×10	TMY-80×10	TMY-80×10	TMY-60×10	TMY-80×10	TMY-80×10	TMY-80×10	TMY-80×10	TMY-80×10
开关柜内设备	隔离开关														
	真空断路器	VX4-12/1250 -31.5kA	VX4-12/1250 -31.5kA	VX4-12/1250 -31.5kA	VX4-12/1250 -31.5kA				VX4-12/1250 -31.5kA			VX4-12/1250 -31.5kA	VX4-12/1250 -31.5kA	VX4-12/1250 -31.5kA	VX4-12/1250 -31.5kA
	熔断器					RN1-10	RN2-10			RN1-10	RN2-10				
	电流互感器	LZZBJ9-11 75/5 0.5/10P	LZZBJ9-11 75/5 0.5/10P	LZZBJ9-11 75/5 0.5/10P	LZZBJ9-11 75/5 0.5/10P				LZZBJ9-10 75/5 0.5/10P			LZZBJ3-10 75/5 0.5/10P	LZZBJ3-10 75/5 0.5/10P	LZZBJ3-10 75/5 0.5/10P	LZZBJ3-10 75/5 0.5/10P
	电压互感器	JDZ-10					JDZXF14-10 0.2级				JDZXF14-10 0.2级				JDZ-10
	避雷器	BSTG-B-127/600	BSTG-B-127/600	BSTG-B-127/600	BSTG-B-127/600		BSTG-B-127/600		BSTG-B-127/600		BSTG-3-127/600	BSTG-3-127/600	BSTG-3-127/600	BSTG-3-127/600	BSTG-3-127/600
	接地开关														
	隔离开关 温湿度控制器	MK-8800	MK-8800	MK-8800	MK-8800	MK-8800	MK-8800	MK-8800	MK-8800	MK-8800	MK-8800	MK-8800	MK-8800	MK-8800	MK-8800
	配电变压器		SCB11-1000/10	SCB11-1000/10	SCB11-1000/10	SC11-30/10				SC11-30/10		SCB11-1000/10	SCB11-1000/10	SCB11-1000/10	
	电缆型号	YJV-10-3×300	YJV-10-3×50	YJV-10-3×50	YJV-10-3×50							YJV-10-3×50	YJV-10-3×50	YJV-10-3×50	YJV-10-3×50
柜体尺寸(高×宽×深)/mm		2300×800×1500	2300×800×1500	2300×800×1500	2300×800×1500	2300×800×1500	2300×800×1500	2300×800×1500	2300×800×1500	2300×800×1500	2300×800×1500	2300×800×1500	2300×800×1500	2300×800×1500	2300×800×1500
进、出线形式		电缆	电缆	电缆	电缆							电缆	电缆	电缆	电缆

图 5-19　双电源进线、一次侧母线分段接线图

5.5 变电所结构及布置

5.5.1 变电所所址选择

变电所的所址应根据下列要求，经技术经济等因素综合分析和比较后确定。

1）变电所应接近负荷中心、接近电源侧，同时要方便进出线、利于设备运输。

2）不应设在有剧烈振动或高温的场所，或者地势低洼和可能积水的场所；避免设在多尘或有腐蚀性物质的场所，当无法远离时，不应设在污染源盛行风向的下风侧，或应采取有效的防护措施；变电所也不应设在厕所、浴室、厨房或其他经常积水场所的正下方处，也不宜设在与上述场所相贴邻的地方，当贴邻时，贴邻的隔墙应做无渗漏、无结露的防水处理。

3）不宜设在对防电磁干扰有较高要求的设备机房的正上方、正下方或与其贴邻的场所，当需要设在上述场所时，应采取防电磁干扰的措施。

5.5.2 变电所布置对其他相关专业要求

1. 变电所对建筑专业的要求

1）有油浸式变压器的高压电容器室的耐火等级不低于二级；真空断路器或非燃介质断路器的高压配电室的耐火等级不低于二级。高压配电室不能开启采光窗，窗台距室外地坪不低于1.8m。高压配电室高度应考虑设备高度及进出线方式，根据柜顶有无电缆桥架或母线槽进行高度设计，一般配电装置距屋顶不小于0.8m，距梁不小于0.6m。

2）当油浸式变压器室在多层和高层主体建筑物的底层时，底层外墙开口部位的上方需设置宽度不小于1m的防火挑檐。对于就地检修的屋内油浸式变压器，变压器室内高度可按吊芯所需的最小高度再加0.7m，宽度按变压器两侧各加0.8m确定。

3）当低压配电室与抬高地面的变压器室毗邻时，其高度不小于4m；当不与抬高地面的变压器室毗邻时，其高度不小于3.5m；当低压开关柜进出线均为电缆沟敷设时，其开关柜距屋顶不小于0.8m，距梁不小于0.6m。长度大于7m的配电室应设两个出口，并布置在配电室的两端。

2. 变电所对结构专业的要求

高压开关柜屏前、屏后每边运动荷重为4900N/m，操作时，每台开关柜有向上冲力9800N。变压器安装基础应按实际选用变压器轮轨距及计算荷重设计，对于就地检修的屋内油浸式变压器，变压器室的屋顶梁设置吊钩并满足计算荷重要求。

3. 变电所对给水排水及暖通专业的要求

一类建筑地下室的变电所设置火灾自动报警系统及固定式灭火装置。二类建筑的变电所可设置火灾自动报警及手提式灭火装置。设在地下室变电所的电缆沟和电缆夹层应设有放水、排水措施，其进出地下室的电缆管线均应设有挡水板及防水砂浆封堵等措施。电缆沟、电缆隧道及电缆夹层等低洼处，应设有集水口，并通过排污泵将积水排出。

5.5.3 变电所布置设计

1. 布置方案

变电所的布置是在其位置与数量、电气主接线、变压器形式、数量及容量确定的基础上进行的，与变电所的形式密切相关。变电所布置方案要符合以下基本要求。

1）为保证运行安全，35kV 高压配电装置和高压电容器装置宜设置在单独的房间内，低压电容器装置总容量较大时，宜设置在单独房间内；室内变电所的每台油量为 100kg 及以上的三相油浸式变压器，应在单独的变压器室内，设置储油设施或挡油设施，35kV 主变压器还须设置消防设施。

2）变电所的布置方案要便于运行维护，35kV 变电所宜双层布置，10kV 变电所单层布置，当采用双层布置时，变压器设在底层，二层的配电室设搬运设备的通道、平台或孔洞。

3）变电所的布置方案要便于进出线，若采用高压架空进线，则高压配电室设计在进线侧，低压配电室靠近变压器，同时位于出线侧；配电装置下设置电缆沟，其深度及宽度考虑电缆弯曲半径及电缆数量。

4）变电所的布置方案要注意节约土地与建筑费用，值班室可与低压配电室合并，但在值班人员经常工作的低压配电屏一面距墙不小于 3m；10kV 高压配电室和低压配电室可合并，当高压开关柜和低压配电屏顶面封闭外壳的防护等级不低于 IP3X 级时，两者可以靠近布置，干式变压器具有不低于 IP2X 的防护外壳时，可和高低压配电装置设置在同一房间内，当干式变压器的防护外壳为 IP4X 时，可与低压配电屏贴邻安装。

10（6）kV/0.38kV 室内变电所的常见总体布置方案如图 5-20 所示，其中图 5-20a 为一台油浸式变压器，高低压配电室分设的布置方案；图 5-20b 是一台油浸式变压器，高低压配电室合并的布置方案；图 5-20c 为两台油浸式变压器，设值班室的方案；图 5-20d 是两台油浸式变压器，低压配电室兼值班室的方案；图 5-20e 是一台干式变压器，与高低压配电装置设于同室的方案；图 5-20f 是两台干式变压器，与高低压配电装置设于同室的方案；图 5-20g 是两台干式变压器，与低压配电装置设于同室的方案；图 5-20h 是两台干式变压器，与低压配电装置设于同室的方案。

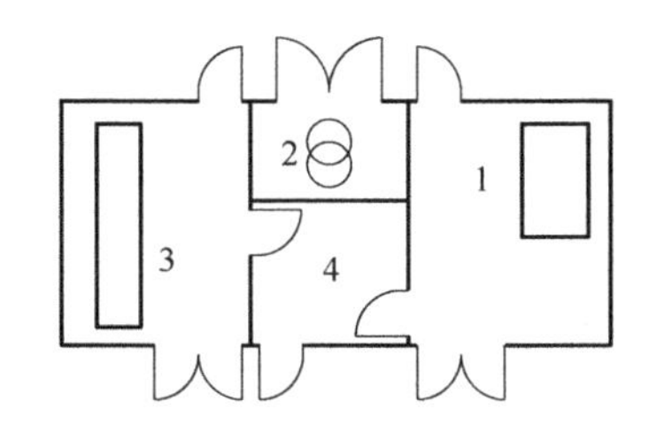

a) 一台油浸式变压器，高低压配电室分设

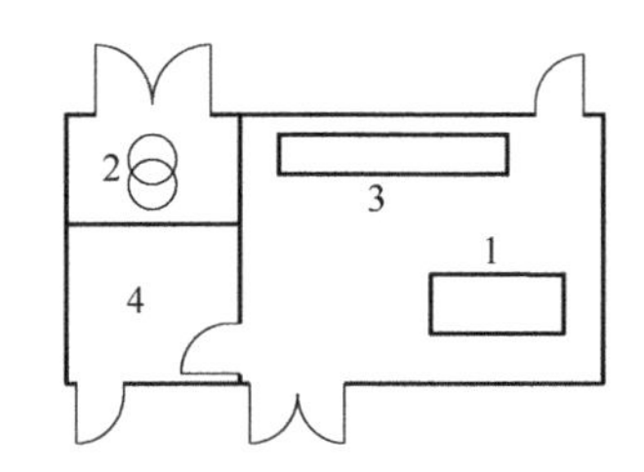

b) 一台油浸式变压器，高低压配电室合并

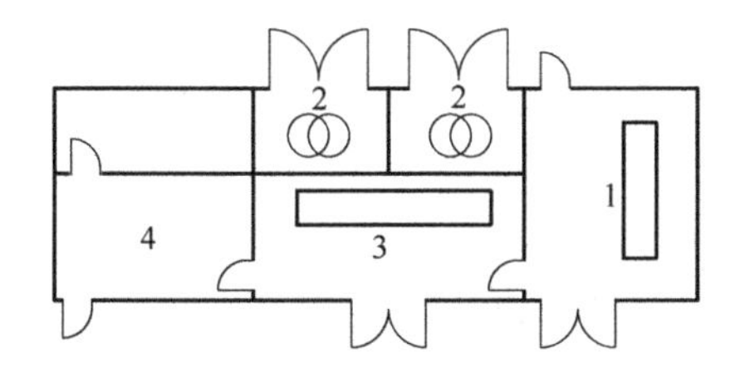

c) 两台油浸式变压器，设值班室

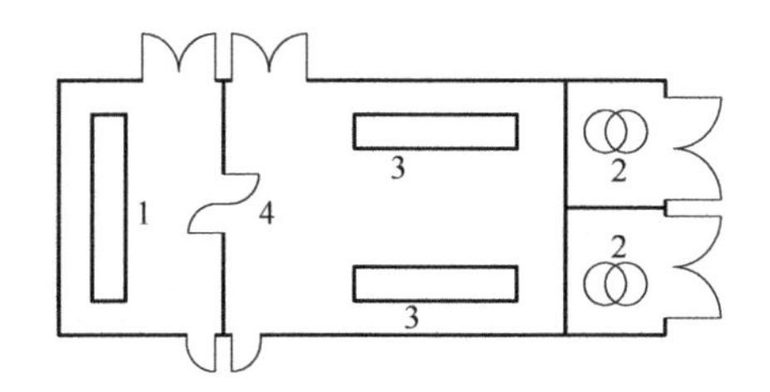

d) 两台油浸式变压器，低压配电室兼值班室

图 5-20　10（6）kV/0.38kV 室内变电所的常见总体布置方案

1—高压开关柜　2—变压器　3—低压配电屏　4—值班室

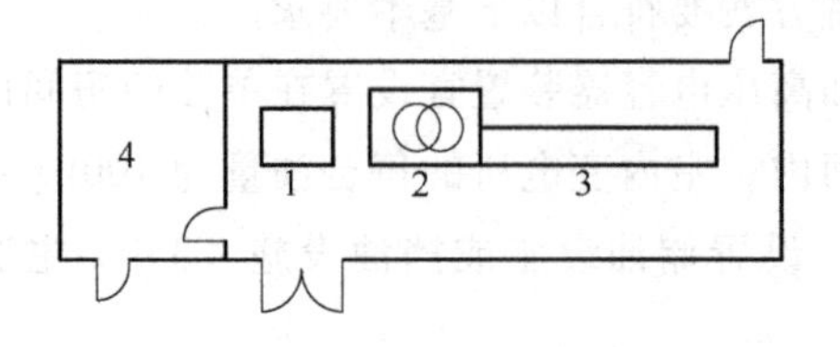

e）一台干式变压器，与高低压配电装置设于同室

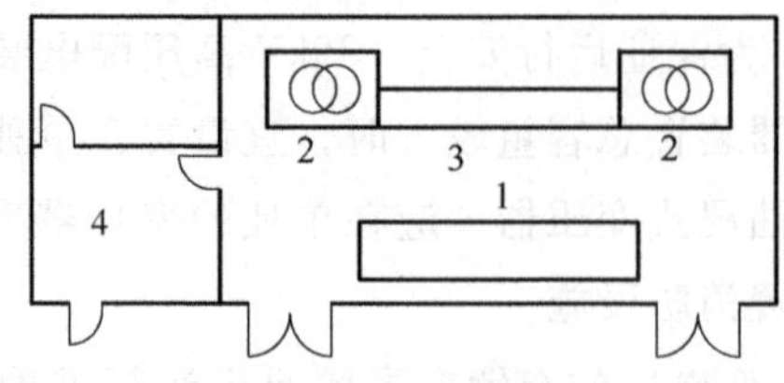

f）两台干式变压器，与高低压配电装置设于同室

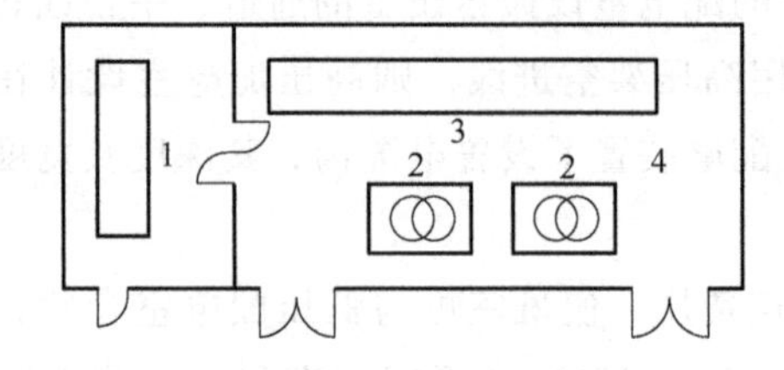

g）两台干式变压器，与低压配电装置设于同室

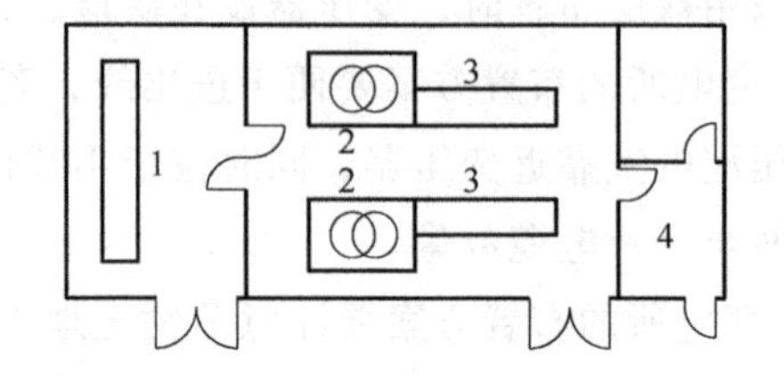

h）两台干式变压器，与低压配电装置设于同室

图 5-20　10（6）kV/0.38kV 室内变电所的常见总体布置方案（续）

1—高压开关柜　2—变压器　3—低压配电屏　4—值班室

2. 操作维护通道和安全距离

在变电所设备布置中，要考虑必需的空间，不仅为了设备的操作，也是为了维修、检查、预防火灾及故障时设备的搬运。在变电所的设备布置时，通常要考虑变压器、高压开关柜、低压开关柜的操作维护通道和安全距离。变压器室、高压配电室及低压配电室内各种通道的距离应不小于国家标准 GB 50053—2013《20kV 及以下变电所设计规范》中规定的最小尺寸。

1）可燃油油浸变压器外廓与变压器室墙壁和门的最小净距（mm），应符合表 5-2 的规定。

表 5-2　可燃油油浸变压器外廓与变压器室墙壁和门的最小净距　（单位：mm）

变压器容量/(kV·A)	100~1000	1250 及以上
变压器外廓与后壁、侧壁净距	600	800
变压器外廓与门净距	800	1000

露天和半露天变电所的变压器四周设不低于 1.7m 高的固定围栏（墙）。变压器外廓与围栏（墙）的净距不小于 0.8m，变压器底部距地面不应小于 0.3m，相邻变压器外廓之间的净距不应小于 1.5m。当露天或半露天变压器供给一级负荷时，相邻的可燃油油浸变压器的防火净距不应小于 5m，若小于 5m 时，应设置防火墙。防火墙应高出储油柜顶部，且墙两端应大于挡油设施各 0.5m。

2）高压配电室内成排布置的高压配电装置，其各种通道最小宽度，应符合表 5-3 的规定。

当固定式开关柜为靠墙布置时，柜后与墙净距应大于 50mm，侧面与墙净距应大于 200mm；通道宽度在建筑物的墙面遇有柱类局部凸出时，凸出部位的通道宽度可减少 200mm，小车长度可按 1.0m 考虑。

表 5-3 高压配电室内各种通道最小宽度 （单位：mm）

开关柜布置方式	柜后维护通道	柜前操作通道	
		固定式	手车式
单排布置	800	1500	单车长度+1200
双排面对面布置	800	2000	双车长度+900
双排背对背布置	1000	1500	单车长度+1200

3）低压配电屏前后通道最小宽度，应符合表 5-4 的规定。

表 5-4 低压配电屏前后通道最小宽度 （单位：mm）

形式	布置方式	屏前通道	屏后通道
固定式	单排布置	1500	1000
	双排面对面布置	2000	1000
	双排背对背布置	1500	1500
抽屉式	单排布置	1800	1000
	双排面对面布置	2300	1000
	双排背对背布置	1800	1000

当建筑物墙面遇有柱类局部凸出时，凸出部位的通道宽度可减小 200mm；开关柜侧面距墙最小净距不小于 1.0m；开关柜顶部与顶棚或梁之间的距离应等于或大于 0.5m，如果柜顶装有母线槽时，其间距应等于或大于 0.7m。

除了上述的安全距离与操作通道要符合相关的规范与标准，还需注意当安装同类型设备多于 2 种（含 2 种）时，应该注意到设备与配电盘间的对应位置，以防止误操作。若变压器的二次与开关柜的连接采用母线槽时，当开关柜在室内，变压器在室外时，应注意参照的标高及母线槽穿墙处的梁、窗及通风口的位置。对于容量等于或大于 300kV·A 变压器的布置应使二次侧的电缆或母线槽的长度尽量短，还应考虑当变压器故障时，从压力释放口排出的绝缘油不致影响任何其他设备、道路及建筑物的入口。由于 UPS 蓄电池、逆变器等元件是半导体电子设备，通常比其他设备更容易受温度、湿度及灰尘的影响，所以应避免安装在发热量大的变压器或开关室入口附近。

5.5.4 工程设计实例

1. 工程实例一

本工程是位于地下一层的 10kV/0.38kV 变电所，共有 4 台干式变压器，高压配电室与低压配电室合并，设置单独的值班室，设备布置方案如图 5-21 所示，各剖面图如图 5-22 所示。

2. 工程实例二

本工程是新建三层变电所，框架结构：一层为变压器和低压配电室和供电电缆进线室；二层为电缆夹层；三层为高压配电室。该变电所内设高压配电室、低压配电室、值班室、控制室、厕所等房间，设备布置方案如图 5-23，剖面如图 5-24 所示。

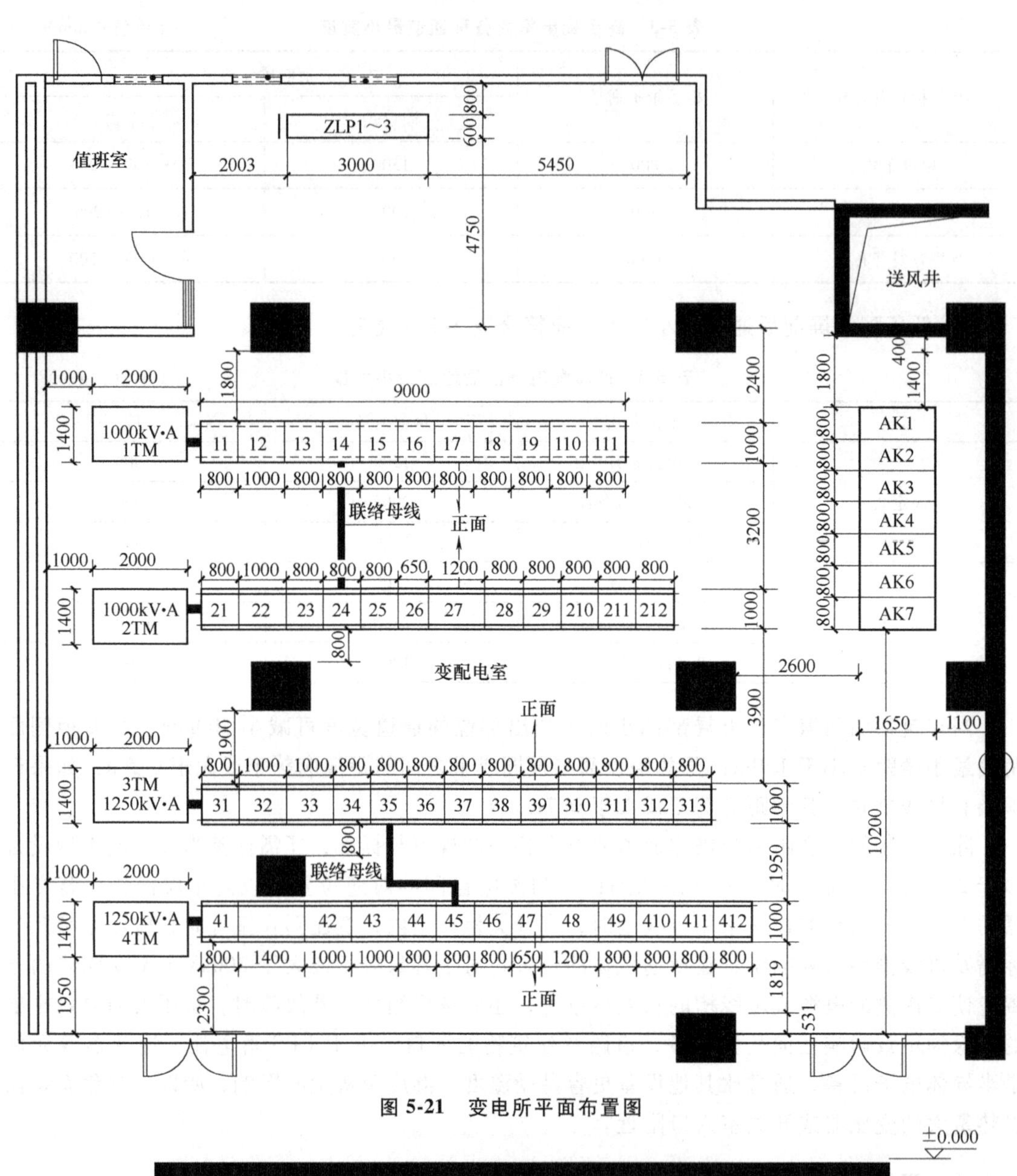

图 5-21　变电所平面布置图

±0.000
引至柴油发电机房 底边距地4.0m
高压桥架500×200 底边距地4.5m
变配电室
直流屏桥架 200×100 底边距地4.0m
双层桥架800×200 下层桥架底边距地3.0m，上层底边距地3.5m
4TM　412　313　3TM
AK7　AK6　AK5　AK4　AK3　AK2　AK1
−6.800

a) 剖面1

图 5-22　变电所剖面图

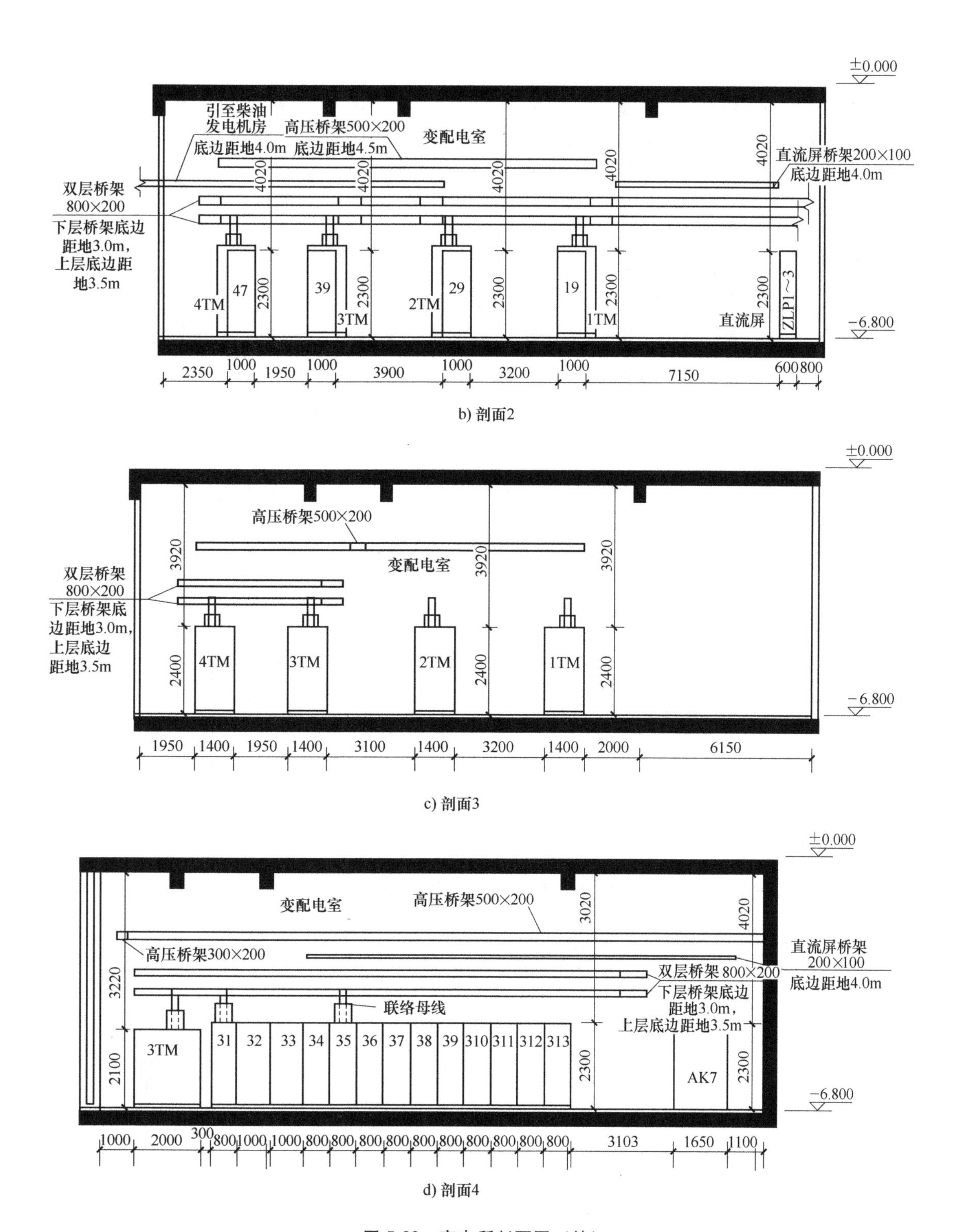

图 5-22　变电所剖面图（续）

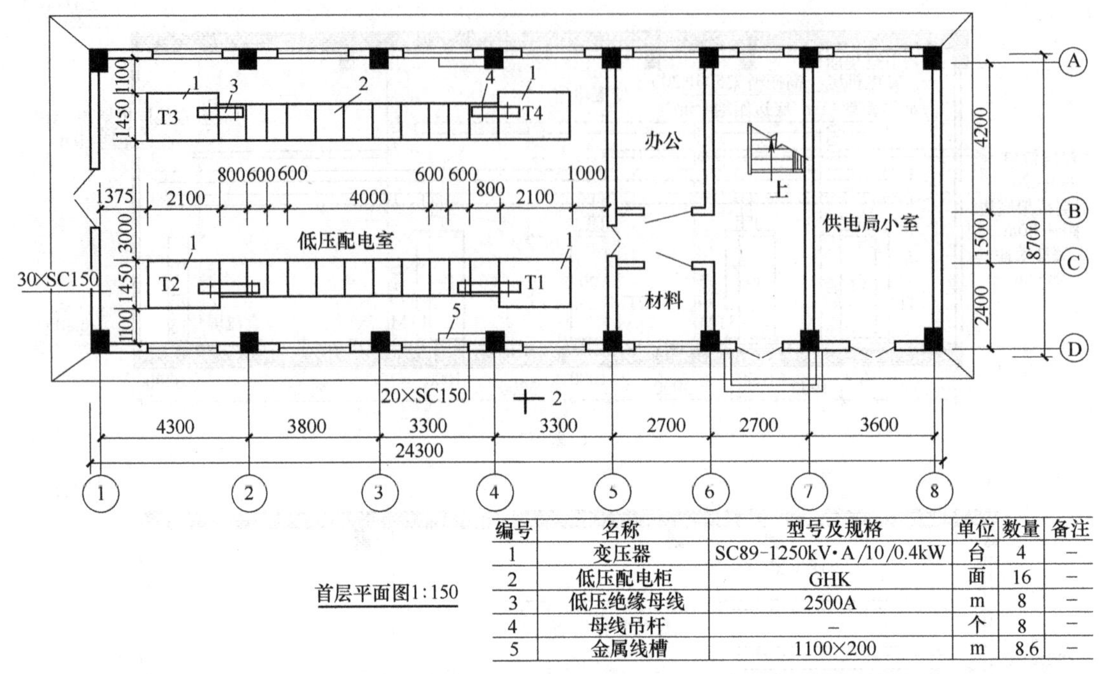

首层平面图1:150

编号	名称	型号及规格	单位	数量	备注
1	变压器	SC89-1250kV·A/10/0.4kW	台	4	–
2	低压配电柜	GHK	面	16	–
3	低压绝缘母线	2500A	m	8	–
4	母线吊杆	–	个	8	–
5	金属线槽	1100×200	m	8.6	–

a) 变电所首层平面布置图

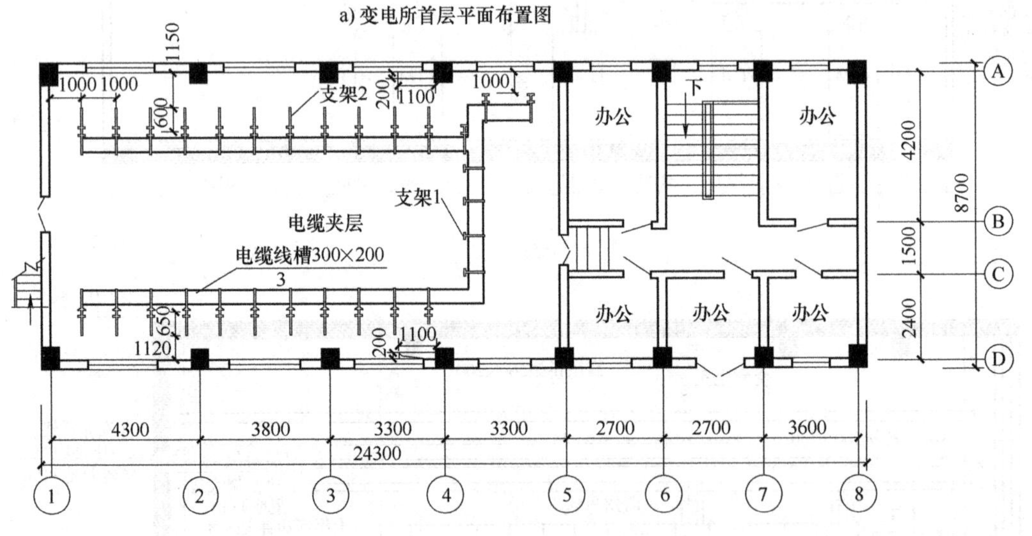

二层平面图1:150

编号	名称	型号及规格	单位	数量	备注
1	电缆支架	1式	副	7	–
2	电缆支架	2式	副	24	–
3	电缆线槽	镀锌 300×200	m	40	–

b) 变电所二层平面布置图

图 5-23 变电所平面布置图

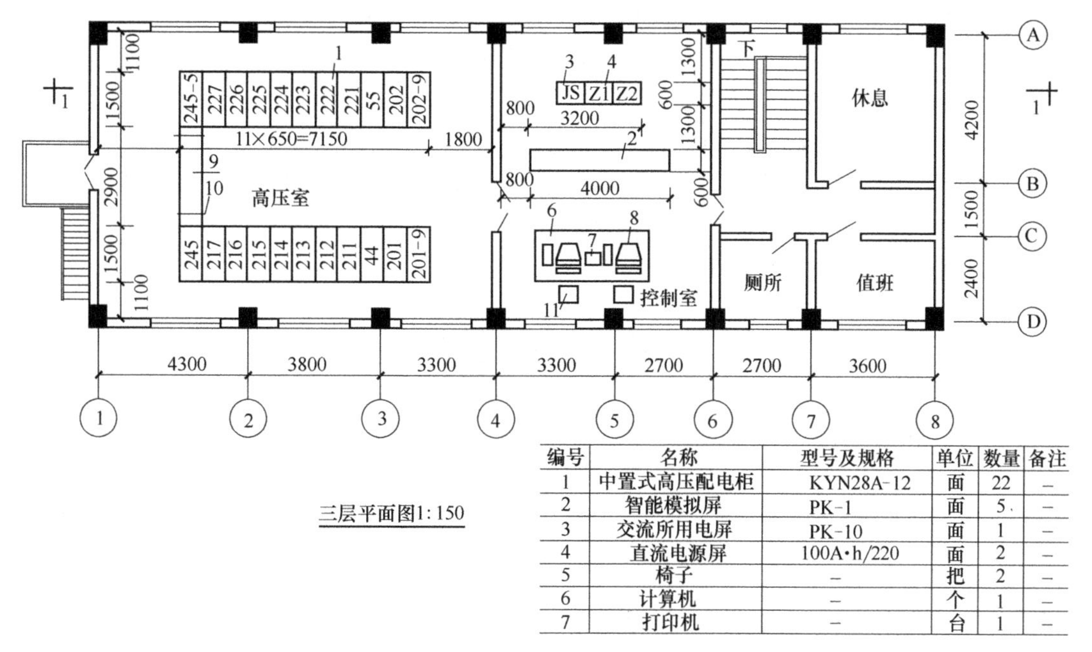

编号	名称	型号及规格	单位	数量	备注
1	中置式高压配电柜	KYN28A-12	面	22	–
2	智能模拟屏	PK-1	面	5	–
3	交流所用电屏	PK-10	面	1	–
4	直流电源屏	100A·h/220	面	2	–
5	椅子	–	把	2	–
6	计算机	–	个	1	–
7	打印机	–	台	1	–

c) 变电所三层平面布置图

图 5-23　变电所平面布置图（续）

注：示例中图样的比例为原工程设计图样的比例。

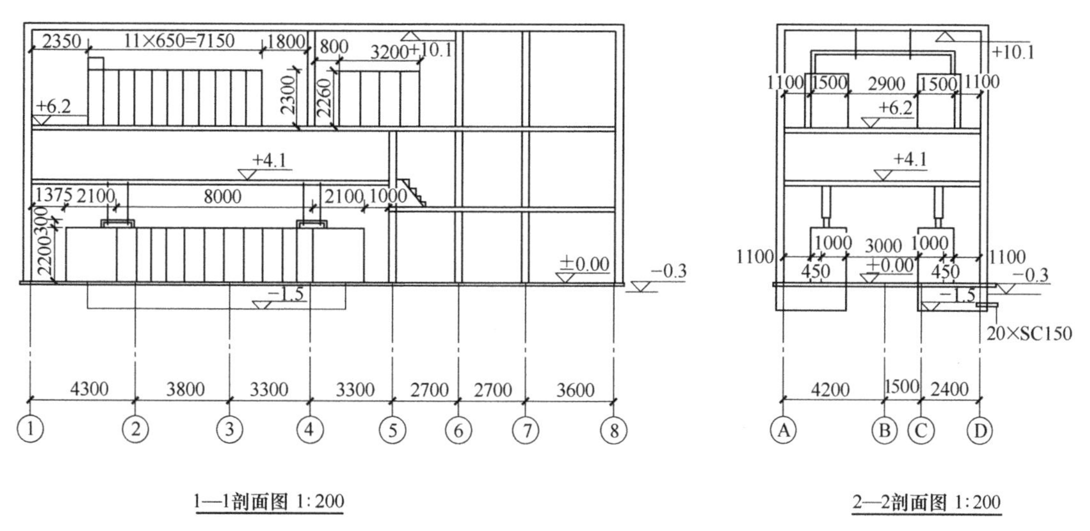

图 5-24　变电所局部剖面图

本章小结

本章主要介绍变电所类型、主接线形式、配电网络形式和变电所布置，并在每个知识点后引入工程实例。通过本章学习，应掌握这些基本概念和知识，并能根据实际工程进行设计。主要知识点如下：

1）变电所类型。

2）变电所主要设备：开闭电路的开关设备，汇集电流的母线，计量和控制用互感器、仪表、继电保护装置和防雷保护装置、调度通信装置等，此外还包含无功补偿等设备。

3）常见的配电网络有：放射式、树干式和环式。配电系统的网络形式选择与设计应根据工程性质、规模、负荷容量等因素综合考虑。

4）常见变电所主接线形式有：单母线不分段接线、单母线分段接线、双母线不分段接线、双母线分段接线和内桥接线、外桥接线。

5）变电所位置的选择与设计。

思考题与习题

5-1 断路器和隔离开关各有何用途？它们有何区别？选择断路器和隔离开关应满足哪些条件？如果不满足在运行时会发生什么危害？

5-2 电流互感器运行时为何二次绕组不能开路？开路有何危害？电流互感器二次绕组接地有何作用？

5-3 什么是电气主接线？电气主接线有哪些基本类型？

5-4 旁路母线的作用是什么？

5-5 试说明带旁路母线接线中，出线断路器检修时该回路不停电的倒闸的操作顺序。

5-6 在桥形接线中，内桥和外桥分别适用什么场合？

5-7 变电所选择所址时要注意哪些事项？

第6章　供配电系统的继电保护

6.1　继电保护概述

供配电系统在运行中可能会发生一些故障或处于不正常运行状态。故障中最常见、危害最大的是各种类型的短路，如系统相间短路、接地短路以及变压器和电动机等设备发生的匝间或层间局部短路。不正常运行状态主要指过负荷、温度过高等。故障和不正常运行状态若得不到及时处理或处理不当，就可能引起事故。为了保证能安全可靠地供电，供配电系统的主要电气设备及线路都要装设保护装置。

6.1.1　继电保护的作用

根据继电保护装置在供配电系统中的作用，继电保护的基本任务如下：

1）故障时动作与跳闸。当被保护设备或线路发生故障时，保护装置能自动、迅速、有选择地将故障元件从电力系统中切除，并保证该系统中非故障元件迅速恢复正常运行。

2）不正常状态时发出报警信号。当线路及设备出现不正常运行状态时，保护装置能根据运行维护的具体条件和设备的承受能力发出信号、减小负荷或延时跳闸。

6.1.2　继电保护的基本要求

为了使保护装置能够正确地反映故障并起到保护作用，继电保护装置必须满足以下 4 个基本要求，即选择性、速动性、灵敏性和可靠性。

1. 选择性

选择性指的是当供配电系统发生故障时，离故障点最近的保护装置将动作，切除故障，以保证无故障设备继续运行。例如，图 6-1 中，k_2 点发生短路故障时，按照选择性的要求，应由距短路点最近的保护动作，使断路器 QF_6 跳闸以切除故障，变电所 A、B、C 及其用户仍照常运行。如果 QF_6 不动作，其他断路器跳闸，则称为失去选择性动作。

2. 速动性

速动性是指过电流保护装置的动作速度要快。快速切除故障可以提高供配电系统并列运行的稳定性；加速系统电压的恢复，为电动机自起动创造条件；避免扩大事故，减轻故障组件的损坏程度。

3. 灵敏性

灵敏性是指保护装置对其保护范围内的故障或不正常运行状态的反应能力。如果保护装

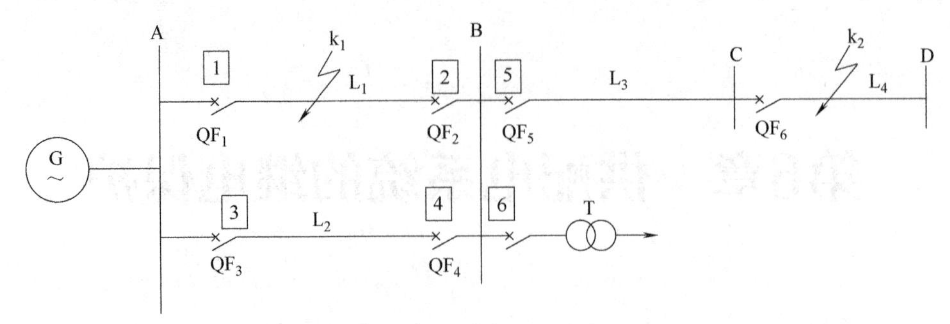

图 6-1　单侧电源网络中继电保护选择性动作说明图

置对其保护区内极轻微的故障都能及时地反应动作，则说明保护装置的灵敏性高。灵敏性通常用灵敏系数 K_{sen} 来衡量。灵敏系数应按实际可能出现的最不利于保护装置动作的运行方式和故障类型来计算。

对于反应故障时参数上升而动作的保护装置来说，其灵敏系数为

$$K_{sen}=\frac{\text{保护区末端金属性短路时故障参数的最小计算值}}{\text{保护装置的动作参数}}$$

对于反应故障时参数下降而动作的保护装置来说，其灵敏系数为

$$K_{sen}=\frac{\text{保护装置的动作参数}}{\text{保护区末端金属性短路时故障参数的最大计算值}}$$

无论是反映故障参数上升还是下降的保护装置，对灵敏系数的要求均大于 1，一般要求为 1.2~2。

4. 可靠性

可靠性是指在规定的保护范围内发生故障时，保护装置应可靠动作，不应拒动；而在保护范围外发生故障以及在正常运行时，保护装置不应误动。保护装置的可靠程度与保护装置的元件质量、接线方案以及安装、整定和运行维护等多种因素有关。

以上 4 项基本要求是研究继电保护的基础，它们之间既相互联系又相互矛盾，应根据电力系统的接线和运行的特点以及实际情况，合理地确定被保护线路及电气设备的保护方案，在选择保护装置时应力求技术先进、经济且合理。

6.1.3　继电保护技术的发展趋势

继电保护技术的未来发展趋势应是向微机化，网络化，智能保护、控制、测量、计量、数据通信一体和人机智能化方向发展。

（1）微机化　随着计算机硬件的迅猛发展，微机保护硬件也在不断发展。目前随着电力系统对微机保护要求不断提高，除了保护的基本功能外，还应具有大容量故障信息和数据的长期存放空间，快速的数据处理功能，强大的通信能力，与其他保护、控制装置和调度联网以共享全系统数据、信息和网络资源的能力以及高级语言编程能力等。

（2）网络化　实现微机保护装置的网络化，可以在最短的时间内准确判断出故障的性质、位置及故障参数的检测、发生故障的原因等，并在最短的时间内发出指令给相应的保护装置，快速切除故障，缩小故障的范围，提高整个系统安全性、可靠性。

（3）智能保护、控制、测量、计量、数据通信一体和人机智能化　在实现继电保护的

微机化、网络化的条件下保护装置实际上就是一台高性能、多功能的计算机，是整个电力系统网络上的一个智能终端。它可从网络上获取电力系统正常运行和发生故障条件下的任何信息和数据（如电流、电压、功率因数、有功功率、无功功率等），同时将保护装置的任何信息和数据传送给控制总站。因此每个微机保护装置不但可以完成继电保护功能，同时还可以完成测量、计量、控制、数据传送，实现集中控制和管理。

6.2　电力线路的继电保护

在输电线路上发生短路故障时，其重要特征是电流增加和电压降低。根据这两个特征可以构成电流、电压保护。反应电流突然增大使继电器动作而构成的保护，称作电流保护，主要包括反时限过电流保护、定时限过电流保护和电流速断保护。电压保护主要是低电压保护。当发生短路时，保护安装处母线残余电压低于低电压保护的整定值时，保护动作，但低电压保护一般很少单独采用，大部分情况是与电流保护配合使用，例如低电压闭锁过电流保护。

供配电系统的电力线路电压等级一般为6~35kV。由于线路较短，容量不是很大，因此继电保护装置通常比较简单。

6.2.1　带时限过电流保护

带时限的过电流保护按其动作时间特性可分为定时限过电流保护和反时限过电流保护两种。定时限过电流保护是指保护装置的动作时间按整定的动作时间固定不变，与故障电流大小无关；反时限过电流保护是指保护装置的动作时间与故障电流的大小呈反比关系，故障电流越大，动作时间越短。

1. 定时限过电流保护

（1）保护装置的原理　定时限过电流保护装置的原理图及展开图如图6-2所示，其中图6-2a为原理图，图6-2b为展开图。

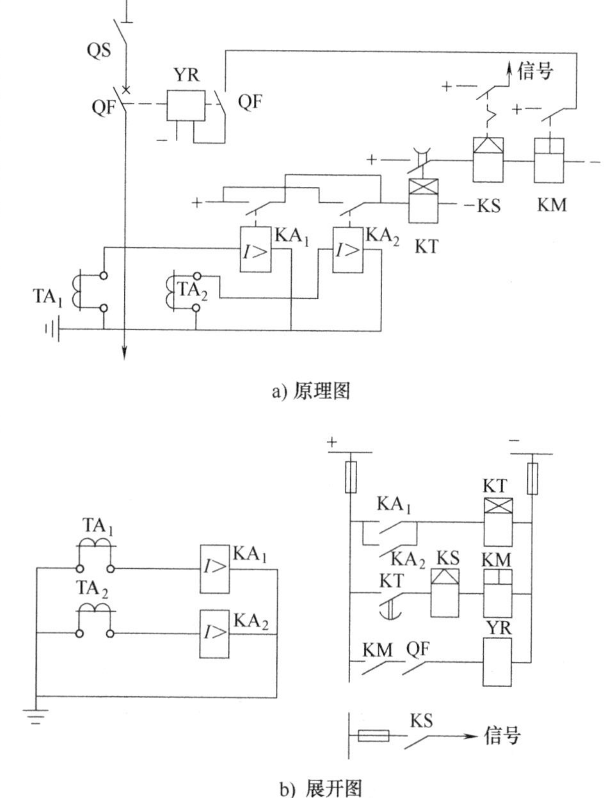

图6-2　定时限过电流保护装置的原理图及展开图

当线路过电流保护范围内发生相间短路时，电流继电器KA瞬时动作，触点闭合，接通时间继电器KT，经过整定的时限后，其延时触点闭合，使串联的信号继电器（电流型）KS和中间继电器KM动作。KS动作后，其指示牌掉下或指示灯亮，同时接通信号回路，给出灯光信号和音响信号。KM 动作后，接通跳闸线圈 YR 回路，使断路器 QF 跳闸，切除短路故障。短路故障被切除后，继电保护装置除 KS 外的其他继电器均自动返回起始状态，而 KS 可手动或电动复位。

（2）保护的时限特性　图 6-3 为定时限过电流保护的时限特性原理图。当线路 k 点发生短路故障时，由于短路电流流经保护装置 QF_1、QF_2，且其值大于各保护装置的动作电流，因而上述各保护装置的电流继电器均起动；但按选择性要求，只应保护装置 QF_2 动作，使其跳闸，故障切除后保护装置 QF_1 返回，因此各保护装置的动作时限应满足 $t_1>t_2$。定时限过电流保护的选择性是依靠保护的时限特性来保证的，离电源较近的上一级保护的动作时限比离电源较远的下一级保护的动作时限要长，即

$$t_n=t(n-1)_{\max}+\Delta t \tag{6-1}$$

式中　Δt——时限级差，通常取为 0.5s。

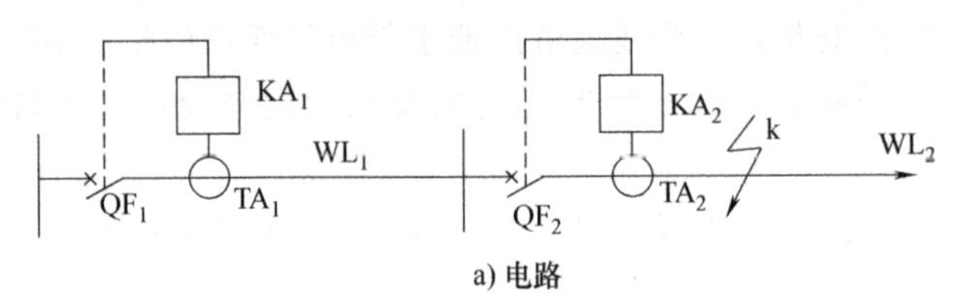

a) 电路

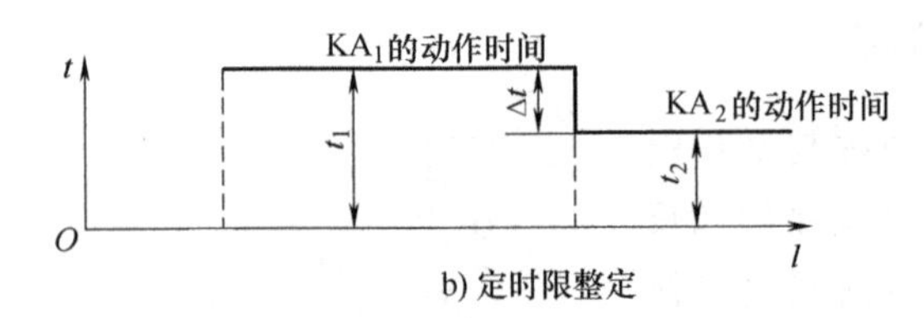

b) 定时限整定

图 6-3　定时限过电流保护的时限特性原理图

保护装置越接近电源，动作时间就越长，将形成阶梯形的时限特性。由于各保护装置的动作时限是固定的，与电流大小无关，因而称为定时限过电流保护。若下一级线路有 n 条并行的出线，那么上一级保护的动作时限应与下一级线路中最大的时限相配合。保护装置除保护本线路外，还应对下一相邻线路起后备保护的作用。当因某种原因下一级保护装置拒动时，上一级保护应动作。

（3）定时限过电流保护动作电流的整定计算　定时限过电流保护的动作电流一般按以下原则来确定。

1）在被保护线路中流过最大负荷电流的情况下，保护装置不应动作，即

$$I_{\text{op1}}>I_{\text{L.max}} \tag{6-2}$$

式中　I_{op1}——保护的动作电流（指保护装置动作时所对应的电流互感器一次电流值）；

$I_{\text{L.max}}$——被保护线路的最大负荷电流。

$I_{\text{L.max}}$ 要考虑电动机的自起动电流，如图 6-3 所示，为 k 点故障时，保护装置 QF_1、QF_2 中的电流继电器都要起动，应首先由保护装置 QF_2 动作切除故障线路，保护装置 1 的电流继电器立即返回。此时通过保护装置 QF_1 的电流继电器的最大电流不再是正常运行时的最大电流，这是因为短路时母线电压将降低，母线上所接电动机转速将降低或停转。k 点故障由保护装置 QF_2 切除后，当电压恢复时，仍接于电网中的电动机将出现自起动过程。电动

机自起动电流大于正常运行时的额定电流，其前方线路的最大负荷电流也大于正常值 I_R，即

$$I_{L.max}=K_{ast}I_R \tag{6-3}$$

式中 K_{ast}——电动机自起动系数，一般取1.5~3；

I_R——线路正常运行时的额定电流，可取计算电流 I_{30}。

2）为保证相邻线路上的短路故障在切除后，保护装置能可靠地返回，则返回电流 I_{re} 应大于外部短路故障切除后流过保护装置的最大自起动电流，即

$$I_{re}>K_{ast}I_R \tag{6-4}$$

$$I_{re}=K_{rel}K_{ast}I_R \tag{6-5}$$

又因

$$K_{re}=\frac{I_{re}}{I_{op1}}$$

$$I_{op1}=\frac{K_{rel}K_{ast}}{K_{re}}I_R \tag{6-6}$$

故继电器的动作电流为

$$I_{op}=\frac{K_{rel}K_{ast}K_W}{K_{re}K_i}I_R \tag{6-7}$$

式中 K_{rel}——可靠系数，一般DL型继电器取1.2，GL型继电器取1.3；

K_W——保护装置的接线系数；

K_{ast}——自起动系数，可取1.5~3；

K_{re}——继电器的返回系数，一般DL型继电器的返回系数取0.85，GL型继电器取0.8；

K_i——电流互感器的电流比。

保护装置灵敏系数的校验公式为

$$K_{sen}=\frac{I_{k.min}^{(2)}}{I_{op1}} \tag{6-8}$$

式中 K_{sen}——灵敏系数，作为主保护时要求 $K_{sen}\geqslant1.5$，作为后备保护时要求 $K_{sen}\geqslant1.2$；作为主保护时，采用最小运行方式下本线路末端两相短路时的短路电流，作为相邻线路的后备保护时应采用最小运行方式下相邻线路末端两相短路时的短路电流。

2. 反时限过电流保护

（1）保护装置的原理 图6-4为反时限过电流保护的原理图及展开图。当线路发生相间短路时，电流继电器KA动作，经过一定延时后其动合触点闭合，紧接着其动断触点断开。这时断路器因跳闸线圈YR分流而跳闸，从而切除了短路故障部分。在GL型继电器分流跳闸的同时，其信号牌将自动掉下，指示保护装置已经动作。在短路故障被切除后，继电器将自动返回，其信号牌可手动恢复。

感应式电流继电器兼有上述电磁式电流继电器、时间继电器、信号继电器和中间继电器的功能，可用于过电流保护以及电流速断保护，从而大大简化了继电保护的接线。

图6-4中的电流继电器增加了一对动合触点，与跳闸线圈串联，其目的是防止电流继电器的动断触点在一次电路正常运行时由于外界振动等偶然因素使之断开而导致断路器误跳闸

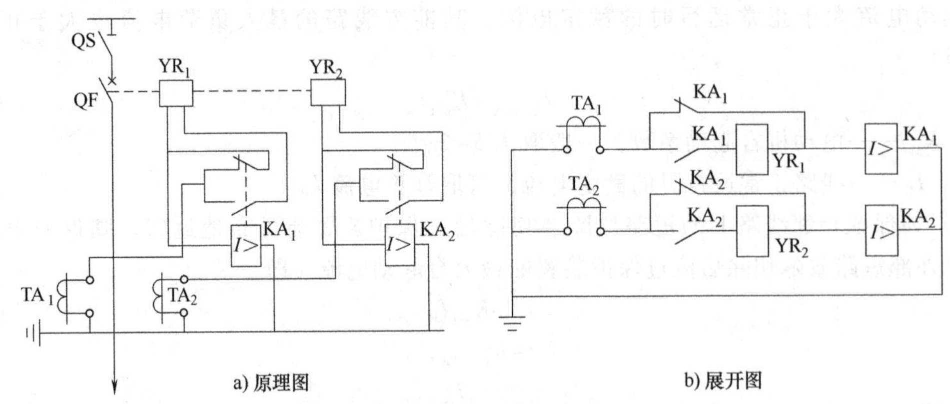

图 6-4　反时限过电流保护原理图与展开图

的事故。增加这对动合触点后，即使动断触点偶然断开，也不会造成断路器误跳闸。

但是继电器的这两对触点的动作程序必须是动合触点先闭合，动断触点后断开，即采用先合后断的转换触点。否则，动断触点先断开将造成电流互感器二次侧带负荷开路，这是不允许的，同时会使继电器失电返回，起不到保护作用。

（2）反时限过电流保护的时限配合　反时限过电流保护的原理特点是：保护装置的动作时间与故障电流的大小呈反比。在同一条线路上，当靠近电源侧的始端发生短路时，短路电流大，其动作时限短；反之当末端发生短路时，短路电流较小，动作时限较长。

在反时限过电流保护中，由于 GL 型电流继电器的时限调节机构是按 10 倍动作电流的动作时间来标度的，因此反时限过电流保护的动作时间要根据前后两级保护的 GL 型继电器的动作特性曲线来整定。

由于反时限过电流保护的动作时限随电流大小的变化而变化，因此，整定的时间必须指出是某一电流值或动作电流的某一倍数下的动作时间。为了达到时限上的配合，整定时应首先选择配合点，在配合点上两套保护装置的动作时限级差最小。如图 6-5 所示的线路保护，保护 KA_1、KA_2 的配合点应选在 WL_2 的始端 k 点，因为此点短路时，同时流过保护 KA_1、KA_2 的短路电流最大，动作时限的级差最小。此时保护装置的动作时限可满足 $t_1=t_2+\Delta t$（Δt 可取 0.7s）。

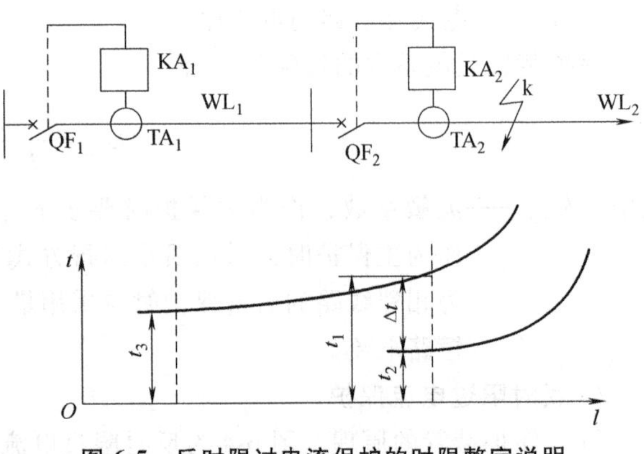

图 6-5　反时限过电流保护的时限整定说明

假设图 6-5 的线路中，后一级保护 KA_2 的 10 倍动作电流的动作时间已经整定为 t_2，现在要确定前一级保护 KA_1 的 10 倍动作电流的动作时间 t_1。整定计算的步骤如下所述。

1）计算 WL_2 始端的三相短路电流 I_k 反映到 KA_2 中的电流值，即

$$I'_{k(2)}=\frac{I_k K_{W(2)}}{K_{i(2)}} \tag{6-9}$$

式中，$K_{W(2)}$——KA_2 与电流互感器相连的接线系数；

$K_{i(2)}$ ——电流互感器 TA_2 的电流比。

2）计算 $I'_{k(2)}$ 对 KA_2 的动作电流 $I_{op(2)}$ 的倍数，即

$$n_2=\frac{I'_{k(2)}}{I_{op(2)}} \tag{6-10}$$

3）确定 KA_2 的实际动作时间。在图 6-6 的 KA_2 的动作特性曲线的横坐标轴上，找出 n_2，然后向上找到该曲线上的 a 点，该点所对应的动作时间 t'_2 就是 KA_2 在通过 $I'_{k(2)}$ 时的实际动作时间。

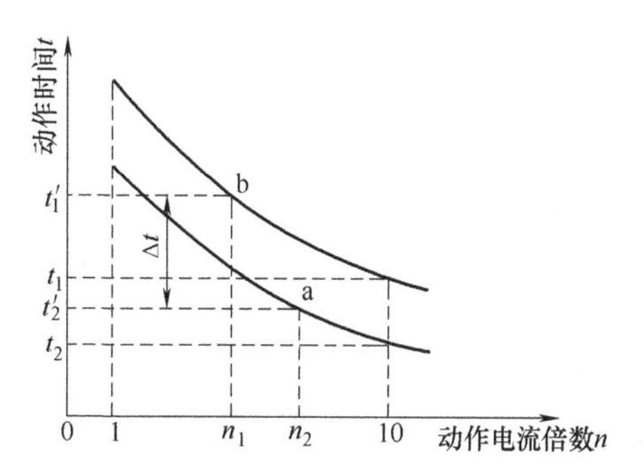

图 6-6 反时限过电流保护的动作特性曲线

4）计算 KA_1 的实际动作时间。根据保护装置选择性的要求，KA_1 的实际动作时间，$t'_1=t'_2+\Delta t$，Δt 取 0.7s。

5）计算 WL_2 始端的三相短路电流 I_k 反映到 KA_1 中的电流值，即

$$I'_{k(1)}=\frac{I_k K_{W(1)}}{K_{i(1)}} \tag{6-11}$$

式中 $K_{W(1)}$ ——KA_1 与电流互感器相连的接线系数；

$K_{i(1)}$ ——电流互感器 TA_1 的电流比。

6）计算 $I'_{k(1)}$ 对 KA_1 的动作电流 $I_{op(1)}$ 的倍数，即

$$n_1=\frac{I'_{k(1)}}{I_{op(1)}} \tag{6-12}$$

7）确定 KA_1 的 10 倍动作电流的动作时间。从图 6-6 的 KA_1 的动作特性曲线的横坐标轴上，找出 n_1，从纵坐标轴上找出 t'_1，然后找到 n_1 与 t'_1 相交的坐标 b 点。b 点所在曲线对应的 10 倍动作电流的动作时间 t_1 即为所求。

有时 n_1 与 t'_1 相交的坐标点不在给出的曲线上，而在两条曲线之间，这时可从上下两条曲线来粗略估计 10 倍动作电流的动作时间。

反时限过电流保护装置的动作电流及灵敏度的计算公式与定时限过电流保护的相同。

(3) 反时限过电流保护与定时限过电流保护比较

1）定时限过电流保护的优点是保护装置的动作时间不受短路电流大小的影响，动作时限比较准确，整定计算简单。其缺点是所需继电器数量较多，接线复杂，且需直流操作电源；靠近电源处的保护装置其动作时限较长。

2）反时限过电流保护的优点是继电器数量大为减少，而且可同时实现电流速断保护，因此投资少，接线简单，适于交流操作。其缺点是动作时限的整定比较烦琐，继电器动作的误差较大，当短路电流较小时，其动作时间较长。反时限过电流保护在中小型工厂供配电系统中应用广泛。

6.2.2 电流速断保护

过电流保护装置是按躲过最大负荷的电流来整定其动作电流的，其保护范围可延伸到下一条线路。当发生短路时，越靠近电源处其动作时间越长，而短路电流则是越靠近电源其值越大，危害也越严重。因而规定，当过电流保护的动作时限超过 0.5~0.7s 时，应装设电流

速断保护。电流速断保护是一种瞬时动作的过电流保护。

电流速断保护实质上是一种瞬时动作的过电流保护。对于采用 DL 系列电流继电器的速断保护，就相当于定时限过电流保护中抽去时间继电器。对于采用 GL 系列电流继电器，则利用该继电器的电磁元件来实现电流速断保护，如图 6-7 所示。

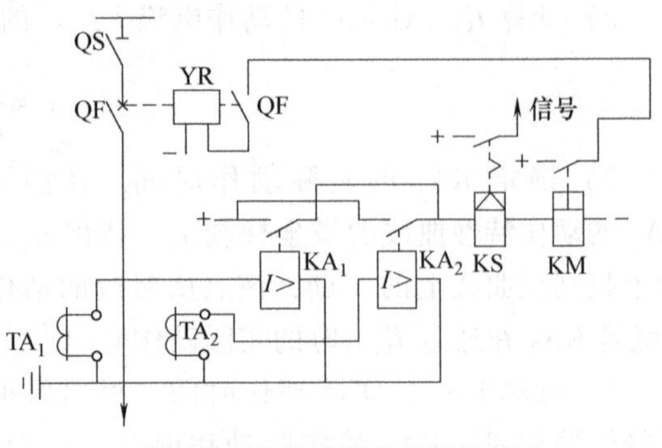

图 6-7 电流速断保护原理图

如图 6-8 所示，前一段线路 L_1 末端 k_1 点的三相短路电流，实际上与后一段线路 L_2 首端 k_2 点的三相短路电流是近乎相等的（因两点之间距离很短）。为了避免在后一级线路首端发生三相短路时前一级速断保护误动作，电流速断保护的动作电流 I_{qb} 应躲过其所保护线路末端的最大三相短路电流 $I_{k.max}$ 来整定，即

$$I_{qb}=I_{k.max}$$

继电器的动作电流为

$$I_{qb}=\frac{K_{rel}K_W}{K_i}I_{k.max} \tag{6-13}$$

式中 K_{rel}——可靠系数，DL 型继电器取 1.2~1.3，GL 型继电器取 1.8~2。

图 6-8 中，曲线 1 表示在最大运行方式下流过保护安装处的三相短路电流随短路点变化的曲线，曲线 2 表示在最小运行方式下流过保护安装处的最小两相短路电流曲线。由于电流速断保护的动作电流躲过了线路末端的最大短路电流，因此电流速断保护一般不能保护线路全长，且在系统不同运行方式下其保护范围不同。电流速断保护不动作区，称为死区。为了弥补死区得不到保护的缺陷，一般装有电流速断保护的线路应配备带时限的过电流保护。

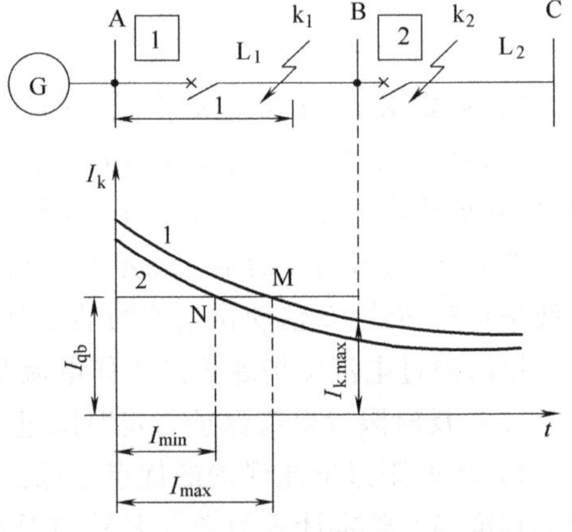

图 6-8 无时限电流速断保护的动作特性分析

电流速断保护的灵敏系数应满足：

$$K_{sen}=\frac{K_W I_k^{(2)}}{K_i I_{qb}}\geqslant(1.5\sim2) \tag{6-14}$$

式中 $I_k^{(2)}$——保护安装处（即线路首端）在系统最小运行方式下的两相短路电流；

I_{qb}——电流速断保护继电器的动作电流值。

6.2.3 低电压闭锁过电流保护

为了降低起动电流，提高保护装置的灵敏度，可采用具有低电压闭锁的过电流保护装置。在线路过电流保护的过电流继电器 KA 的常开触点回路中，串入低电压（欠电压）继电器 KV 的常闭触点，而 KV 经过电压互感器 TV 接在被保护线路上。

当过电流保护装置的灵敏系数达不到要求时，可采用低电压继电器闭锁的过电流保护装置来提高灵敏度，如图 6-9 所示。测量起动组件由低电压继电器和过电流继电器组成。只有当两种继电器都动作时，保护装置才会起动。在系统正常运行时，母线电压接近于额定电压，而低电压继电器 KV 的触点是断开的，即使电流继电器动作，使其触点闭合，保护装置也不会跳闸。因此，在整定电流继电器的动作电流时，只需按躲过线路的计算电流 I_{30} 来整定，当然保护装置的返回电流也应躲过 I_{30}。此时过电流保护动作电流的整定计算公式为

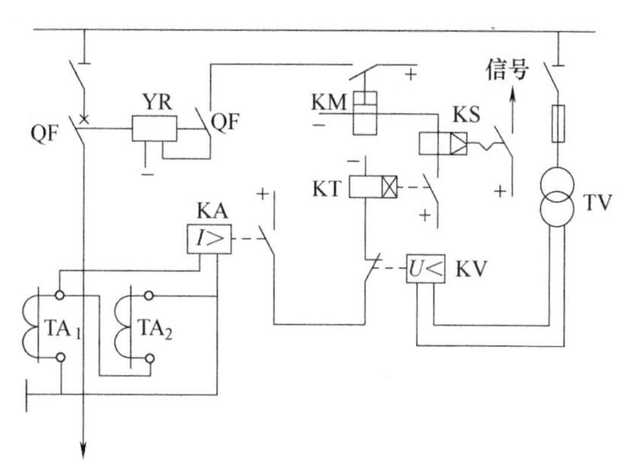

图 6-9　低电压继电器闭锁的过电流保护装置

$$I_{op}=\frac{K_{rel}K_{W}}{K_{re}K_{i}}I_{30} \tag{6-15}$$

上述低电压继电器 KV 的动作电压应按躲过母线正常最低工作电压 U_{min} 来整定，当然其返回电压也应躲过 U_{min}。因此低电压继电器动作电压的整定计算公式为

$$U_{op}=\frac{U_{min}}{K_{rel}K_{re}K_{u}}\approx 0.6\frac{U_{N}}{K_{u}} \tag{6-16}$$

式中　U_{min}——母线最低工作电压，取（0.85~0.95）U_{N}；

U_{N}——线路额定电压；

K_{rel}——保护装置的可靠系数，取 1.2；

K_{re}——低电压继电器的返回系数，一般取 1.25；

K_{u}——电压互感器的电压比。

6.2.4　单相接地保护

在中性点直接接地系统中，当发生单相接地故障时，将产生很大的短路电流，一般能使保护装置迅速动作，切除故障部分。

在中性点不接地或经消弧线圈接地的系统中发生单相接地时，其故障电流不大，只有很小的接地电容电流，而相间电压仍然是对称的，因此仍可继续运行一段时间。如故障点系高电阻接地，则接地相电压降低，其他两相对地电压高于相电压；如系金属性接地，则接地相电压为零，但其他两相的对地电压升高$\sqrt{3}$倍，故对电气设备的绝缘不利，如果长此下去，可能使电气设备的绝缘击穿而导致两相接地短路，从而引起断路器跳闸，线路停电，因此必须装设专用的绝缘监察装置或单相接地保护装置。当发生单相接地故障时，一般不跳闸，仅给出信号，使工作人员及时发现，采取措施。

1. 绝缘监视装置

利用发生单相接地时系统会出现零序电压这一特征而组成的绝缘监视装置，是最简单实用的中性点不接地系统单相接地保护方式。

对于单相接地故障的检测，传统的方法是采用二次侧联结成开口三角形的三相五芯电压互感器来进行检测。如图 6-10 所示，当系统发生单相接地故障时，开口三角形端将出现将近 100V 的零序电压，使过电压继电器动作，起动中央信号回路的电铃和光字牌即可反映出电网

上发生了单相接地故障。值班人员根据这个信号结合电压表的指示，就可以判定接地的相别。如要查寻接地线路，运行人员可依次断开线路，根据零序电压信号是否消失来找到故障线路。

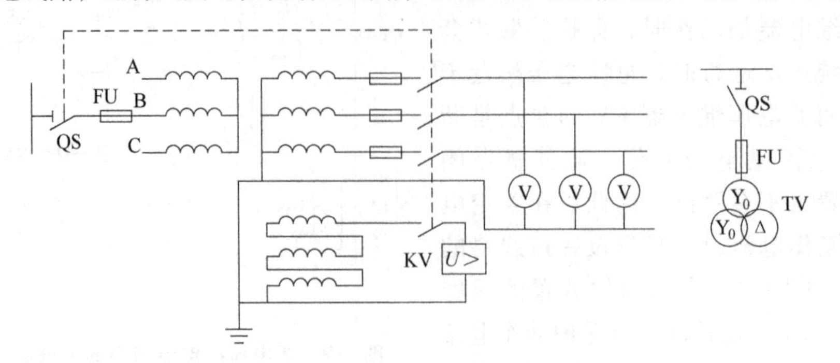

图 6-10 绝缘监视装置的原理接线图

单母线接线的 10kW 系统发生单相接地时，用瞬停拉线查找法，依次断开故障所在母线上各分路开关。

1）试拉充电线路。

2）试拉双回线路或有其他电源的线路。

3）试拉线路长、分支多、质量差的线路。

4）试拉无重要用户或用户的重要程度差的线路。

5）最后试拉带有重要用户的线路。

如果接地信号消失，绝缘监察电压表指示恢复正常，即可以证明所瞬停的线路上有接地故障。对于一般不重要的用户线路，可以停电并通知查找；对于重要用户的线路，可以转移负荷或者通知用户做好准备后停电查找故障点。

经逐条线路试停电查找，但接地现象仍不能消失，可能的原因是，两条回路同时接地或站内母线及连接设备接地。

2. 零序电流保护

在中性点不接地的系统中，除采用绝缘监测装置以外，也可以在每条线路上装设单独的接地保护，又称零序电流保护，它是利用故障线路的零序电流比非故障线路的零序电流大的原理来实现有选择性动作的。

三相的二次电流矢量相加后流入继电器。当三相对称运行以及三相和两相短路时，流入继电器的电流等于零，发生单相接地时，零序电流才流过继电器，所以称它为零序电流过滤器，如图 6-11 所示。

电缆线路的单相接地保护一般采用零序电流互感器，如图 6-12 所示。零序电流互感器的一次侧即为电缆线路的三相，其铁心套在电缆的外面，二次线圈绕在零序电流互感器的铁心上，并与过电流继电器相接。

对于采用电缆引出的线路，可通过广泛采用零序电流互感器来取得零序电流。零序电流互感器套在电缆的外面，其一次绕组是从铁心窗口穿过的电缆，二次侧输出零序电流信号，可接入零序电流继电器或其他测量部件。

保护动作电流在整定时要躲过其他线路上发生单相接地时在本线路上引起的电容电流，即

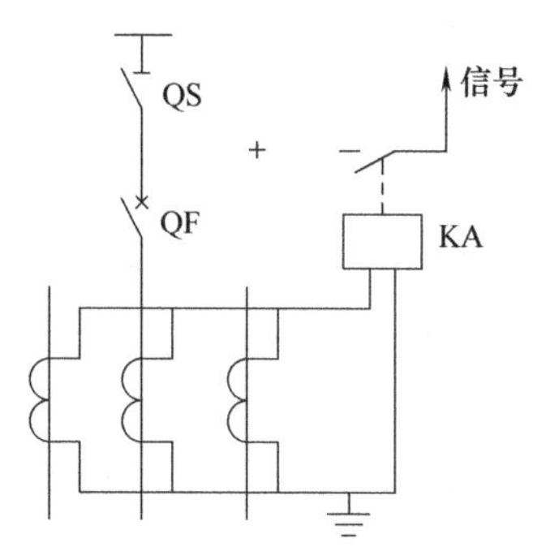

图 6-11 零序电流过滤器

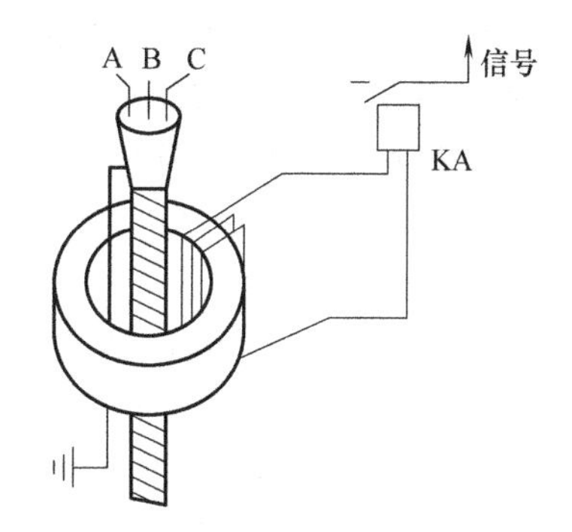

图 6-12 零序电流互感器

$$I_{op(E)}=\frac{K_{rel}}{K_i}I_C \tag{6-17}$$

式中 K_{rel}——可靠系数，保护装置带时限时取 1.5~2，保护装置不带时限时取 4~5；

I_C——本线路的零序电容电流；

$I_{op(E)}$——继电器动作电流。

灵敏系数按本线路发生单相接地时，保护应可靠动作进行校验，即

$$K_{sen}=\frac{I_{C\Sigma}-I_C}{K_iI_{op(E)}} \tag{6-18}$$

式中 $I_{C\Sigma}$——在最小运行方式下单相接地时网络总的电容电流。

当发生单相接地时，故障线路的零序电流较大，保护将动作并发出信号，非故障线路的零序电流较小，保护将不动作。因此零序电流保护是有选择性的，并且当网络馈线越多，总电容电流越大时，灵敏系数就越容易满足要求。因此，在线路数较多的配电系统中，零序电流保护可得到较多应用。

6.3 电力变压器继电保护

变压器的故障可分为油箱内和油箱外两种。油箱内的故障主要有绕组的相间短路、绕组的匝间短路和绕组的接地短路及铁心烧损等。变压器油箱外的故障最常见的是绝缘套管和引出线上发生的相间短路与接地短路。变压器的异常（不正常）运行状态主要有过负荷、外部短路引起过电流、外部接地短路引起中性点过电压以及油箱的油面降低等。为了保证电力系统安全可靠地运行，针对上述故障和异常运行状态，电力变压器应装设如下所述的保护：

1. 瓦斯保护

800kV·A 及其以上的油浸式变压器和 400kV·A 及其以上的车间内油浸式变压器均应装设瓦斯保护。瓦斯保护用来反映油箱内部短路故障及油面降低，其中轻瓦斯保护动作于信号，重瓦斯保护动作于跳开各电源侧断路器。

2. 过电流保护

400kV·A 以下的变压器多采用高压熔断器保护，当 400kV·A 以上的变压器高电压侧装有高压断路器时，应装设带时限的过电流保护装置。对车间变压器来说，过电流可作为主保护。如果过电流保护的时限超过 0.5s，而且容量不超过 800kV·A，则应装设电流速断作为主

保护，而过电流保护则作为电流速断的后备保护。电流速断与过电流保护均动作于跳闸。

3. 纵差动保护或电流速断保护

纵差动保护或电流速断保护用来反映变压器内部绕组、绝缘套管以及引出线相间短路的主保护。较小容量的变压器可用电流速断保护来代替纵差动保护。保护动作于跳开各电源侧断路器。

纵差动保护适用于6300kV·A及其以上并列运行的变压器、工业企业中的重要变压器、10000kV·A及其以上单独运行的变压器。低于上述容量的变压器，当其后备保护的动作时限大于0.5s时，一般应采用电流速断保护。但是，对于2000kV·A及其以上的变压器，当电流速断保护的灵敏度不满足要求时，也应装设纵差动保护。

4. 过负荷保护

对于400kV·A及其以上的变压器，当数台并列运行或单独运行并作为其他负荷的备用电源时，应装设过负荷保护。过负荷保护经延时动作于信号。在无人值班的变电所内，也可作用于跳闸或自动切除一部分负荷。

5. 温度保护装置

反映变压器上层油温超过规定值（一般为95℃）的保护装置，一般动作于信号。

6.3.1 变压器的瓦斯保护

在油浸式变压器油箱内发生故障时，短路点电弧会使变压器油及其他绝缘材料分解，产生气体（含有瓦斯成分）并从油箱向储油柜流动，反映这种气流与油流而动作的保护称为瓦斯保护。瓦斯保护的测量继电器为气体继电器。

气体继电器安装于变压器油箱和储油柜的通道上，为了便于气体的排放，安装时需要有一定的倾斜度：变压器顶盖与水平面间应有1%～1.5%的坡度；连接管道应有2%～4%的坡度。

（1）气体继电器的结构和工作原理　气体继电器主要有浮筒式和开口杯式两种类型。现在广泛应用的是开口杯式气体继电器，其内部结构如图6-13所示。

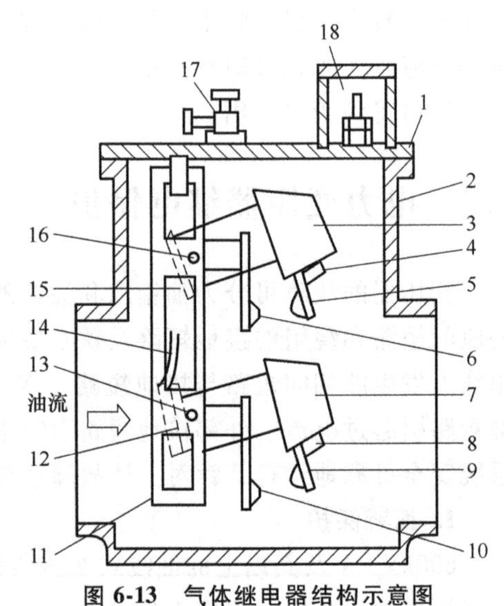

图6-13　气体继电器结构示意图

1—盖　2—容器　3—上油杯　4—永久磁铁　5—上动触点　6—上静触点　7—下油杯　8—永久磁铁　9—下动触点　10—下静触点　11—支架　12—下油杯平衡锤　13—下油杯转轴　14—挡板　15—上油杯平衡锤　16—上油杯转轴　17—放气阀　18—接线盒

在变压器正常运行时，气体继电器的容器内包括其中的上、下开口油杯都充满油，而上、下油杯因各自平衡锤的作用而升起，此时上、下两对触点都是断开的。

当变压器油箱内部发生轻微故障时，由于故障而产生的少量气体慢慢升起，进入气体继电器的容器，并由上而下地排除其中的油，使油面下降，上油杯因其中盛有残余的油使其力矩大于另一端平衡锤的力矩而降落，此时上触点接通信号回路，发出音响和灯光信号，这个过程称为轻瓦斯动作。

当变压器油箱内部发生严重故障时，由于故障产生的气体很多，因此这些气体会带动油流迅猛地由油箱通过连通管进入储油柜。当大量的油气混合体在经过气体继电器时，冲击挡板，使下油杯下降，此时下触点接通跳闸回路（通过中间继电器），使断路器跳闸，同时发出音响和灯光信号（通过信号继电器），这个过程称为重瓦斯动作。如果变压器油箱漏油，则气体继电器内的油也慢慢流尽，先是气体继电器的上油杯下降，发出轻瓦斯报警信号；随后下油杯下降，动作于跳闸，切除变压器，同时发出重瓦斯动作信号。

（2）变压器瓦斯保护的接线　变压器瓦斯保护的接线图如图 6-14 所示。当变压器内部发生轻微故障（轻瓦斯）时，气体继电器 KG 的上触点将闭合，动作于报警信号。当变压器内部发生严重故障（重瓦斯）时，KG 的下触点将闭合，动作后经过信号继电器 KS 将发出跳闸信号，同时经中间继电器 KM，跳开变压器两侧断路器。

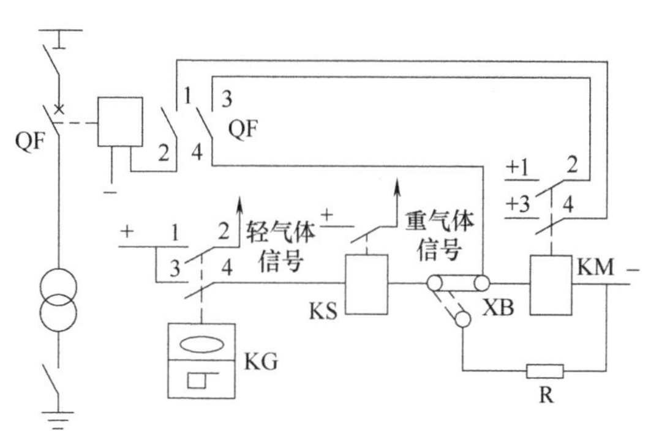

图 6-14　变压器瓦斯保护接线

由于气体继电器下触点在重瓦斯故障时可能有抖动（接触不稳定）的情况，因此为了使断路器能够足够可靠地跳闸，可利用具有自保持触点的中间继电器 KM。为了防止变压器在换油或进行气体继电器实验时误动作，可通过连接片 XB 将重瓦斯暂接到信号回路运行。

这种保护方式的优点是：动作快、灵敏度高、结构简单，并能反映变压器油箱内的各种故障。其缺点是：不能反映变压器油箱外、套管及连接线上的故障，且由于继电器结构的不完善等造成误动作较多。运行经验证明，只要加强试验及运行维护工作，瓦斯保护误动作是可以防止的。

（3）变压器瓦斯保护动作后的故障分析

1）收集瓦斯继电器内的气体做色谱分析，如无气体，应检查二次回路和瓦斯继电器的接线柱及引线绝缘是否良好。

2）位、油温、油色有无变化。

3）检查防爆管是否爆裂喷油。

4）检查变压器外壳有无变形，焊缝是否开裂喷油。

5）如果经检查未发现任何异常，而确系因二次回路故障引起误动作时，可退出瓦斯保护，投入其他保护，试送变压器，并密切监视。

6）在瓦斯保护的动作原因未查清前，不得合闸送电。

6.3.2　变压器的电流速断保护

小容量的变压器可以在其电源侧装设电流速断保护来代替纵差动保护。电源侧为中性点直接接地系统时，保护采用完全星形联结方式。电源侧为中性点不接地或经消弧线圈接地系统时，则采用两相不完全星形联结方式。其组成原理与线路的电流速断保护完全相同。其电流速断保护的动作电流为

$$I_{qb}=\frac{K_{rel}K_{W}}{K_{i}}I_{k.max} \tag{6-19}$$

式中　$I_{k.max}$——低压侧母线的三相短路电流周期分量的有效值换算到高压侧的穿越电流值；
　　　K_{rel}——可靠系数，取为1.2~1.3；
　　　K_{W}——保护装置的接线系数；
　　　K_{i}——自起动系数，可取1.5~3；

电流速断保护的起动电流还应躲过变压器空载合闸时的励磁涌流，按式（6-19）整定的起动电流可以满足这一要求。保护灵敏度应按保护安装处（高压侧）在系统最小运行方式下发生两相短路的短路电流来校验，要求$K_{sen} \geqslant 1.5$。

6.3.3　变压器的过电流、过负荷保护

1. 变压器的过电流

变压器过电流保护的组成和原理与线路过电流保护的组成和原理相同。为了得到较高的灵敏度，变压器过电流保护的电流互感器及继电器通常采用三相星形联结方式。

单电源供电的双绕组变压器的过电流保护中，电流互感器装设在电源侧，这样可使变压器也包括在保护范围之内。三绕组变压器过电流保护的原理是：当外部短路时，过电流保护应保证有选择性地只断开直接供给故障点短路电流那一侧的断路器，从而使另外两侧绕组仍然可以继续运行。对于两侧电源或三侧电源的三绕组变压器，为了确保保护的选择性，应在三侧绕组上都装设过电流保护，而动作时间最小的那一侧还应加装方向元件。

变压器过电流保护其动作电流的整定计算公式与线路过电流保护的基本相同，即

$$I_{op}=\frac{K_{rel}K_{W}}{K_{re}K_{i}}I_{L.max}$$

$$I_{L.max}=(1.5-3)I_{1N.T} \tag{6-20}$$

式中　$I_{1N.T}$——变压器的额定一次电流，其他参数的含义同线路过电流保护。

灵敏系数的校验公式为

$$K_{sen}=\frac{K_{W}I_{k.min}^{(2)}}{K_{i}I_{op}} \tag{6-21}$$

式中　$I_{k.min}^{(2)}$——变压器低电压侧母线在系统最小运行方式下发生两相短路时的高电压侧穿越电流。要求灵敏系数$K_{sen} \geqslant 1.5$，如不满足要求，可采用低电压闭锁的过电流保护。

2. 过负荷保护

变压器过负荷大多数都是三相对称的，因而过负荷保护只要在一相上用一个电流继电器即可实现。过负荷保护通常经过延时作用于信号。为防止外部短路时误发信号，过负荷保护的动作时间应大于变压器的过电流保护时间。在实际运行中，过负荷保护的动作时间通常为10s。同时，时间继电器的线圈应允许有较长时间通过电流，应选用线圈中串有限流电阻的时间继电器。

对于单侧电源的三绕组变压器，当三绕组容量相同时，只装在电源侧；当三绕组容量不同时，装在电源侧和容量较小的一侧。两侧电源的三绕组变压器则装在所有的三侧。变压器的过负荷保护其组成原理与线路的过负荷保护基本相同。过负荷保护的动作电流应为

$$I_{op}=\frac{K_{rel}I_{NT}}{K_{i}} \tag{6-22}$$

式中　K_{rel}——可靠系数，取值范围为1.2~1.3；

I_{NT}——变压器的额定电流。

6.3.4 变压器的差动保护

1. 变压器纵差动保护的原理接线

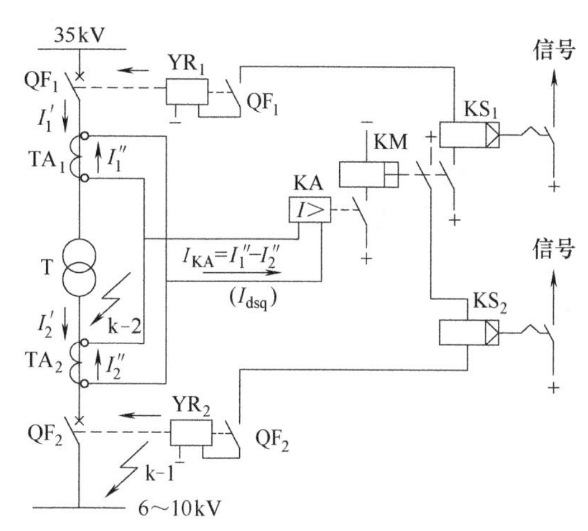

图 6-15 变压器纵差动保护原理接线

纵差动保护的原理接线如图 6-15 所示。在变压器正常运行或纵差动保护的保护区外 k-1 点处发生短路时，如果 TA_1 的二次电流I_1''与 TA_2 的二次电流 I_2''相等（或相差极小），则流入继电器 KA（或差动继电器 KD）的电流 $I_{KA}=I_1''-I_2''=0$ 或差流值极小，一般称此电流为不平衡电流 I_{dsq}，此时继电器 KA（或 KD）不动作。而在纵差动保护的保护区内 k-2 点处发生短路时，对于单端供电的变压器来说，$I_2''=0$，所以 $I_{KA}=I_1''$，超过继电器 KA（或 KD）所整定的动作电流 $I_{op(d)}$，使 KA（或 KD）瞬时动作，然后通过出口继电器 KM 使断路器 QF 跳闸，同时由信号继电器 KS 发出信号。

2. 变压器纵差动保护中的不平衡电流及其减小措施

为了保证纵差动保护的选择性，变压器纵差动保护的动作电流必须大于 I_{dsq}，为了使保护范围内部发生故障时纵差动保护具有足够的灵敏度，应使变压器在正常运行或保护区外部短路时流过差动回路的 I_{dsq} 尽可能得小。由于形成不平衡电流的因素比较多，因此必须采取措施躲开不平衡电流或设法减小不平衡电流的影响。不平衡电流产生的原因以及减小或消除不平衡电流的措施具体如下。

（1）变压器两侧电流相位不同　变压器的接线组别有多种，采用 Ydll 联结组，在正常运行时，Y 侧电流滞后 d 侧 30°且电流大小不相等。如不采取措施，则在差动回路中就会有相当大的不平衡电流。为了使正常运行时纵差动保护两臂中的电流同相，必须对纵差动保护进行相位补偿和数值补偿。

相位补偿需要将变压器 Y 侧的电流互感器二次侧联结成△，而将变压器△侧的电流互感器二次侧联结成Y，这样即可消除差动回路中因变压器两侧电流相位不同而引起的不平衡电流。数值补偿需要恰当地选择变压器高低电压两侧电流互感器的电流比，使高低电压两侧电流互感器二次电流的大小相等。

（2）电流互感器的实际电流比与计算电流比不相等　由于电流互感器都是标准化的定型产品，而选择的电流互感器的电流比与计算所得的电流比往往不相等，因此在差动回路中又会引起不平衡电流。为了消除这一不平衡电流，可以在互感器二次回路接入自耦电流互感器来进行平衡，也可利用速饱和电流互感器中或专门的差动继电器中的平衡线圈来实现平衡，以消除不平衡电流。

（3）变压器励磁涌流　变压器在正常运行时，励磁电流很小，一般不超过额定电流的 2%～10%。当发生外部短路时，由于电压降低，励磁电流更小，因此在这些情况下对差动保护的影响一般可以不考虑。当变压器空载合闸或外部故障切除后电压恢复时，励磁电流将大大增加，其值可达到变压器额定电流的6~8倍，称为励磁涌流。变压器的励磁电流只通过变压器的一次绕组，它通过电流互感器进入差动回路形成不平衡电流。这种情况可以采用具有速饱和铁心的差动继电器或速饱和电流互感器来减小励磁涌流引起的不平衡电流。

（4）变压器各侧电流互感器的型号不同　由于变压器各侧的电压等级和额定电流不同，因而采用的电流互感器的型号不同，其饱和特性和励磁电流（归算至同一侧）也就不同，所以会在差动回路中引起较大的不平衡电流。电流互感器同型系数可用 K_{ss} 来表示，若同型，K_{ss} 取0.5，若不同型，K_{ss} 取1。

（5）变压器的调压分接头改变　当电力系统的运行方式发生变化时，往往需要调节变压器的调压分接头，以保证系统的电压水平。调压分接头的改变将引起新的不平衡电流，在保护动作值的计算时应予以考虑。

6.3.5　变压器的单相保护

对变压器低压侧的单相短路，可采取下列措施：

1）当变压器低压侧装设三相都带过电流脱扣器的低压断路器时，此处低压断路器既可用作低压主开关，又可用来保护低压侧的相间短路和单相短路。

2）在变压器低压侧装设熔断器时，熔断器可用来保护低压侧的相间短路和单相短路。但熔断器熔断后需更换熔体才能恢复供电，因此只用于不重要负荷的变压器。

3）在变压器低压侧中性点引出线上装设零序电流保护。这种零序电流保护的动作电流 I_{op} 可按躲过变压器低压侧最大不平衡电流来整定。

4）采用两相三继电器接线或三相三继电器接线的过电流保护，可使低压侧发生单相短路时其保护灵敏度大大提高。

【例6-1】　图6-16所示网络中采用三段式相间距离保护为相间短路保护。已知线路每公里阻抗 $Z_1=0.4\Omega/\text{km}$，线路阻抗角 $\varphi_1=65°$，线路AB及线路BC的最大负荷电流 $I_{L.max}=400\text{A}$，功率因数 $\cos\varphi=0.9$。$K_{rel}^{I}=K_{rel}^{II}=0.8$，$K_{rel}^{III}=1.2$，$K_{ss}=2$，$K_{res}=1.15$，电源电动势 $E=115\text{kV}$，系统阻抗为 $X_{sA.max}=10\Omega$，$X_{sA.min}=8\Omega$，$X_{sB.max}=30\Omega$，$X_{sB.min}=15\Omega$；变压器采用能保护整个变压器的无时限纵差保护；$\Delta t=0.5\text{s}$。归算至115kV的变压器阻抗为84.7Ω，其余参数如图6-16所示。当各距离保护测量元件均采用方向阻抗继电器时，求距离保护1的Ⅰ、Ⅱ、Ⅲ段的一次动作阻抗及整定时限，并校验Ⅱ、Ⅲ段灵敏度。（要求 $K_{sen}^{II}\geqslant1.25$；作为本线路的近后备保护时，$K_{sen}^{III}\geqslant1.5$；作为相邻下一线路远后备时，$K_{sen}^{III}\geqslant1.2$）

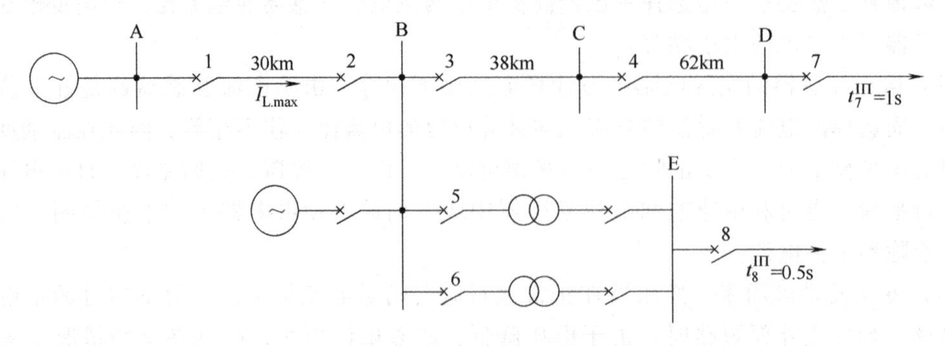

图6-16　例题6-1图

解 (1) 距离保护 1 第 I 段的整定。

1) 整定阻抗为

$$Z_{set.1}^{I}=K_{rel}^{I}L_{A-B}Z_1=0.8\times30\times0.4\Omega=9.6\Omega$$

2) 动作时间:

$$t_1^{I}=0s$$

(2) 距离保护 1 第 Π 段的整定

1) 整定阻抗:保护 1 的相邻元件为 BC 线和并联运行的两台变压器,所以 Π 段整定阻抗按下列两个条件选择。

a. 与保护 3 的第 I 段配合。

$$Z_{set.1}^{II}=K_{rel}^{II}(L_{A-B}Z_1+K_{b.min}Z_{set.3}^{I})$$

其中,

$$Z_{set.3}^{I}=K_{rel}^{I}L_{B-C}Z_1=0.8\times38\times0.4\Omega=12.16\Omega$$

$K_{b.min}$ 为保护 3 的 I 段末端发生短路时对保护 1 而言的最小分支系数(见图 6-17)。

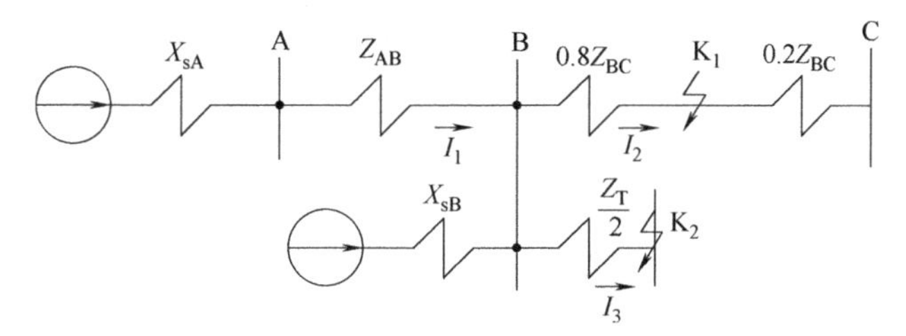

图 6-17 例 6-1 题图

当保护 3 的 I 段末端 K_1 点短路时,分支系数为

$$K_b=\frac{I_2}{I_1}=\frac{X_{sA}+X_{sB}+X_{AB}}{X_{sB}} \tag{6-23}$$

分析式(6-23)可看出,为了得出最小分支系数,式中 X_{sA} 应取最小值 $X_{sA.min}$;而 X_{sB} 应取最大值 $X_{sB.max}$。因而

$$K_{b.min}=1+\frac{X_{sA.min}+Z_{AB}}{X_{sB.max}}=1+\frac{8+0.4\times30}{30}=1.667$$

则

$$Z_{set.1}^{II}=0.8\times(30\times0.4+1.667\times12.16)\Omega\approx25.817\Omega$$

b. 与母线 B 上所连接的降压变压器的无时限纵差保护相配合,变压器保护范围直至低压母线 E 上。由于两台变压器并列运行,所以将两台变压器作为一个整体考虑,分支系数的计算方法和结果同 a,即

$$Z_{set}^{II}=K_{rel}^{II}\left(L_{A-B}Z_1+K_{b.min}\frac{Z_t}{2}\right)=0.8\times\left(30\times0.4+1.667\times\frac{84.7}{2}\right)\Omega=66.078\Omega$$

为了保证选择性,选 a 和 b 的较小值。所以保护 1 第 Π 段动作阻抗为

$$Z_{set}^{II}=25.817\Omega$$

2) 灵敏度校验:按本线路末端短路校验,即

$$K_{sen.1}^{II}=\frac{Z_{set.1}^{II}}{Z_{AB}}=\frac{25.817}{12}=2.151>1.25(\text{满足要求})$$

3) 动作时间:与保护 3 的 I 段配合,则

$$t_1^{\mathrm{II}}=t_3^{\mathrm{I}}+\Delta t=0.5\mathrm{s}$$

（3）距离保护 1 第 III 段的整定。

1）整定阻抗：距离保护第 III 段的整定值应按以下条件整定。

按躲开最小负荷阻抗整定。

由于测量元件采用方向阻抗继电器，所以

$$Z_{\mathrm{set.1}}^{\mathrm{III}}=\frac{0.9U_{\mathrm{N}}}{K_{\mathrm{rel}}^{\mathrm{III}}K_{\mathrm{ss}}K_{\mathrm{re}}\cos(\varphi_{\mathrm{set}}-\varphi)I_{\mathrm{L.max}}}$$

$$=\frac{0.9\times115000}{\sqrt{3}\times1.2\times2\times1.15\times\cos(65°-25.842°)\times400}\Omega=69.806\Omega$$

2）灵敏度校验。

a. 本线路末端短路时的灵敏系数为

$$K_{\mathrm{sen.1(1)}}^{\mathrm{III}}=\frac{Z_{\mathrm{set.1}}^{\mathrm{III}}}{Z_{\mathrm{AB}}}=\frac{69.806}{12}=5.817>1.5(\text{满足要求})$$

b. 如图 6-17 所示相邻线路末端短路时的灵敏系数为

$$K_{\mathrm{sen.1(2)}}^{\mathrm{III}}=\frac{Z_{\mathrm{set.1}}^{\mathrm{III}}}{Z_{\mathrm{AB}}+K_{\mathrm{b.max}}Z_{\mathrm{next}}} \tag{6-24}$$

其中，求取 $K_{\mathrm{b.max}}$ 时，X_{sA} 应取最大值 $X_{\mathrm{sA.max}}$；而 X_{sB} 应取最小值 $X_{\mathrm{sB.min}}$，则

$$K_{\mathrm{b.max}}=\frac{I_2}{I_1}=1+\frac{X_{\mathrm{sA.max}}+X_{\mathrm{AB}}}{X_{\mathrm{sB.min}}}=1+\frac{10+12}{30}=1.733$$

则

$$K_{\mathrm{sen.1(2)}}^{\mathrm{III}}=\frac{69.806}{12+1.733\times15.2}=1.821>1.2(\text{满足要求})$$

相邻变压器低压侧出口 K_2 点短路（见图 6-17）时的灵敏系数，也按式（6-24）计算，即

$$K_{\mathrm{sen.1(2)}}^{\mathrm{III}}=\frac{69.806}{12+1.733\times\frac{84.7}{2}}=0.817<1.2(\text{不满足要求})$$

变压器需要增加后备保护。

3）动作时间为

$$t_1^{\mathrm{III}}=t_7^{\mathrm{III}}+3\Delta t=2.5\ \text{或}\ t_1^{\mathrm{III}}=t_{\mathrm{s}}^{\mathrm{III}}+2\Delta t=1.5\mathrm{s}$$

取其中时间较长者

$$t_1^{\mathrm{III}}=2.5\mathrm{s}$$

6.4 供配电系统继电保护

供配电系统的继电保护是指熔断器保护和断路器保护。

6.4.1 熔断器保护

熔断器保护适用于高低压供配电系统，因其装置简单经济，故应用非常广泛，尤其在低

压为500V以下的电路中常作为电力线路、电动机及其他电器的过负荷及短路保护。

熔断器保护能在过负荷和短路时动作，切除过负荷和短路部分，保证系统的其他部分恢复正常运行。熔断器在供配电系统中的配置应符合过电流保护的选择性要求，即熔断器要配置得使故障范围最小。考虑到经济性，应使供配电系统中配置的熔断器数量尽量少。

图6-18为车间低压放射式配电系统中熔断器配置。其既可满足保护的选择性要求，其配置的数量又较少。图6-18中，熔断器FU_5用来保护电动机及其支线，当K-5处短路时，FU_5熔断。熔断器FU_4主要用来保护动力配电箱母线，当K-4处短路时，FU_4熔断。同理，熔断器FU_3主要用来保护配电干线，FU_2主要用来保护低压配电屏母线，FU_1主要用来保护电力变压器。当K-1~K-3处短路时，也都是靠近短路点的熔断器熔断。

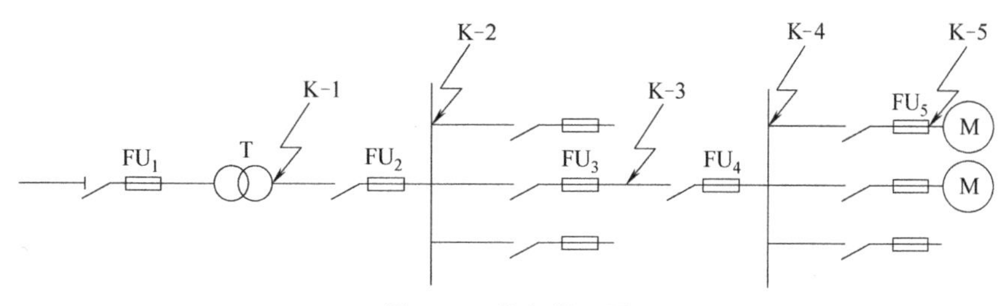

图6-18　熔断器配置

1. 熔断器熔体电流的选择

（1）熔断器用来保护电力线路

1）熔体额定电流$I_{N.FE}$应不小于线路的计算电流I_{30}，即

$$I_{N.FE} \geqslant I_{30} \tag{6-25}$$

2）熔体额定电流$I_{N.FE}$还应躲过线路的尖峰电流I_{pk}，以使熔体在线路出现正常尖峰电流时也不致熔断。由于尖峰电流是短时最大电流，而熔体加热熔断需要一定的时间，因此熔体额定电流应满足的条件为

$$I_{N.FE} \geqslant kI_{pk} \tag{6-26}$$

式中　k——小于1的计算系数。

对供单台电动机的线路来说，电动机的起动时间$t<3s$（轻载起动）时，宜取k为0.25~0.35；t为3~8s（重载起动）时，宜取k为0.35~0.5；$t>8s$或频繁起动、反接制动时，宜取k为0.5~0.6。

3）熔断器保护还应与被保护的线路相配合，当由于过负荷和短路引起绝缘导线或电缆过热时，熔断器应保证熔断，因此还应满足条件：

$$I_{N.FE} \leqslant K_{OL} I_{al} \tag{6-27}$$

式中　I_{al}——绝缘导线和电缆的允许载流量；

K_{OL}——绝缘导线和电缆的允许短时过负荷系数，若熔断器只用作短路保护，则电缆和穿管绝缘导线的K_{OL}取2.5，明敷绝缘导线的K_{OL}取1.5，若熔断器既用作短路保护又用作过负荷保护，则K_{OL}取1（当$I_{N.FE} \leqslant 25A$时取为0.85），对于有爆炸气体区域内的线路，K_{OL}应取为0.8。

若按式（6-25）和式（6-26）两个条件选择的熔体电流不满足式（6-27）的要求，则应改选熔断器的型号规格，或者适当增大导线和电缆的芯线截面积。

（2）保护电力变压器的熔断器熔体电流的选择　在确定保护电力变压器的熔断器熔体电流时，应考虑以下三个因素：

1）熔体电流要躲过变压器允许的正常过负荷电流。

2）熔体电流要躲过来自变压器低压侧的电动机自起动引起的尖峰电流。

3）熔体电流要躲过变压器自身的励磁涌流。

一般应满足式（6-28）的要求，即

$$I_{N.FE}=(1.5\text{-}2.0)I_{1N.T} \tag{6-28}$$

式中　$I_{1N.T}$——变压器的额定一次电流。

（3）保护电压互感器的熔断器熔体电流的选择　由于电压互感器二次侧的负荷很小，因此保护电压互感器的RN2型熔断器熔体的额定电流一般为0.5A。

2. 熔断器的选择与校验

选择熔断器时应满足下列条件：

1）熔断器的额定电压应不小于装置安装处的工作电压。

2）熔断器的额定电流应不小于它所装设的熔体额定电流。

3）熔断器的类型应符合安装处的条件（户内或户外）以及被保护设备的技术要求。

4）熔断器的断流能力应进行校验。

5）熔断器保护还应与被保护的线路相配合，使之不至于发生因过负荷和短路引起绝缘导线或电线过热起燃时熔断器不熔断的事故。

为了使熔断器能可靠地分断电路，需按短路电流校验熔断器的分断能力。

1）限流式熔断器。由于限流式熔断器（如RN1、RT0等）能在短路电流达到冲击值之前完全熄灭电弧、切除短路，因此只需满足条件：

$$I_{oc}\geqslant I''^{(3)} \tag{6-29}$$

式中　I_{oc}——熔断器的最大分断电流；

$I''^{(3)}$——熔断器安装处的三相次暂态短路电流的有效值，在无限大系统中，$I''^{(3)}=I_{\infty}^{(3)}$。

2）非限流式熔断器。由于非限流式熔断器（如RW4、RM10等）不能在短路电流达到冲击值之前熄灭电弧、切除短路，因此需满足条件：

$$I_{oc}\geqslant I_{sh}^{(3)} \tag{6-30}$$

式中　$I_{sh}^{(3)}$——熔断器安装处的三相短路冲击电流的有效值。

3）具有断流能力上下限的熔断器。这种熔断器（如RW4等跌开式熔断器）其断流能力的上限应满足式（6-29）的校验条件，其断流能力的下限应满足条件：

$$I_{oc.min}\leqslant I_{k}^{(2)} \tag{6-31}$$

式中　$I_{oc.min}$——熔断器的最小分断电流；

$I_{k}^{(2)}$——熔断器所保护的线路末端的两相短路电流（对中性点不接地的电力系统而言）。

为了保证熔断器在其保护区内发生短路故障时能可靠地熔断，灵敏度应满足

$$K_{sen}=\frac{I_{k.min}}{I_{N.FE}}\geqslant K \tag{6-32}$$

式中　$I_{N.EF}$——熔断器熔体的额定电流；

$I_{k.min}$——熔断器保护的线路末端在系统最小运行方式下的最小短路电流，K为灵敏度比值，其取值可参见表6-1。

表 6-1 检验熔断器保护灵敏度

熔体额定电流/A		4~10	16~32	40~63	80~200	250~500
熔断时间/s	5	4.5	5	5	6	7
	0.4	8	9	10	11	

注：表中 K 值适用于符合 IEC 标准的一些新型熔断器，如 RT12、RT14、RT15、NT 等熔断器。对于老型熔断器，可取 K 为 4~7，即近似地按表中熔断时间为 5s 的熔体来取值。

3. 前后熔断器之间的选择性配合

在低压配电系统中，如果上下两级线路都采用熔断器做短路保护，则应使它们的动作具有选择性。图 6-19 所示，当 k 点发生故障时，靠近故障点的 FU_2 熔断器最先熔断，切除故障部分后，则 FU_1 不再熔断，从而可使系统的其他部分迅速恢复正常运行。因此，上级熔体的熔断时间 t_1 与下级熔体的熔断时间 t_2 应满足 $t_1>3t_2$。如果不满足这一要求，则应将前一熔断器的熔体电流提高 1~2 级再进行校验。

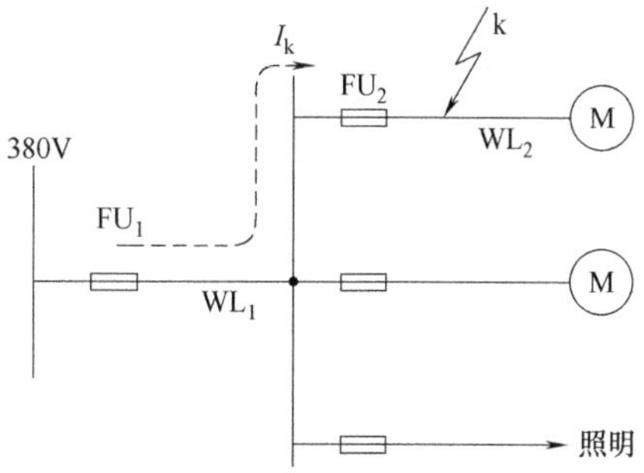

图 6-19 熔断器在配电系统中的选择性配合

6.4.2 断路器保护

1. 断路器在供配电系统中的作用

断路器是指能够关合、承载和开断正常回路条件下的电流，并能关合、在规定的时间内承载和开断异常回路条件下的电流的开关装置。断路器可用来分配电能，不频繁地起动异步电动机，对电源线路及电动机等实行保护，当它们发生严重的过载或者短路及欠电压等故障时能自动切断电路，其功能相当于熔断器式开关与欠热继电器等的组合。而且在分断故障电流后一般不需要变更零部件。目前，已获得了广泛的应用。

2. 低压断路器过电流脱扣器额定电流的选择

过电流脱扣器的额定电流 $I_{N.OR}$ 应不小于线路的计算电流 I_{30}，即

$$I_{N.OR} \geqslant I_{30} \tag{6-33}$$

3. 低压断路器过电流脱扣器动作电流和动作时间的整定

1）瞬时过电流脱扣器的动作电流 $I_{op(o)}$ 应躲过线路的尖峰电流 I_{pk}，即

$$I_{op(o)} \geqslant K_{rel} I_{pk} \tag{6-34}$$

式中 K_{rel}——可靠系数，对于动作时间 $t>0.02s$ 的万能式断路器（DW 型），K_{rel} 可取 1.35；对于 $t \leqslant 0.02s$ 的塑壳式断路器（DZ 型），K_{rel} 宜取 2~2.5。

2）短延时过电流脱扣器的动作电流和动作时间的整定。短延时过电流脱扣器的动作电流 $I_{op(s)}$ 应躲过线路短时间出现的负荷尖峰电流 I_{pk}，即

$$I_{op(s)} \geqslant K_{rel} I_{pk} \tag{6-35}$$

式中 K_{rel}——可靠系数，一般取 1.2。

短延时过电流脱扣器的动作时间通常分 0.2s、0.4s 和 0.6s 三级，应按前后保护装置保

护的选择性要求来确定，应使前一级保护的动作时间比后一级保护的动作时间长一个时间级差0.2s。

3）长延时过电流脱扣器的动作电流和动作时间的整定。长延时过电流脱扣器主要用来保护过负荷，因此其动作电流 $I_{op(t)}$ 只需躲过线路的最大负荷电流（计算电流 I_{30}），即

$$I_{op(t)} \geqslant K_{rel} I_{30} \tag{6-36}$$

式中 K_{rel}——可靠系数，一般取1.1。

长延时过电流脱扣器的动作时间应躲过允许过负荷的持续时间。其动作特性通常是反时限的，即过负荷电流越大，其动作时间越短。一般动作时间为1~2h。

4）过电流脱扣器与被保护线路的配合要求。为了不致发生因过负荷或短路引起绝缘导线或电缆过热起燃时，其低压断路器不跳闸的事故，低压断路器过电流脱扣器的动作电流 I_{op} 还应满足条件：

$$I_{op} \leqslant K_{ol} I_{al} \tag{6-37}$$

式中 I_{al}——绝缘导线和电缆的允许载流量；

K_{ol}——绝缘导线和电缆的允许短时过负荷系数，对于瞬时和短延时过电流脱扣器 K_{ol} 一般取4.5，对于长延时过电流脱扣器 K_{ol} 可取1，对于有爆炸气体区域内的线路 K_{ol} 应取为0.8。

如果不满足以上配合要求，则应改选脱扣器的动作电流，或者适当加大导线和电缆的线芯截面积。

4. 低压断路器热脱扣器的选择和整定

1）热脱扣器额定电流的选择。热脱扣器的额定电流 $I_{N.TR}$ 应不小于线路的计算电流 I_{30}，即

$$I_{N.TR} \geqslant I_{30} \tag{6-38}$$

2）热脱扣器动作电流的整定。热脱扣器的动作电流应满足：

$$I_{op.TR} \geqslant K_{rel} I_{30} \tag{6-39}$$

式中 K_{rel}——可靠系数，可取1.1。一般应通过实际运行试验对 K_{rel} 进行检验。

5. 低压断路器的选择和校验

选择低压断路器时应满足下列条件：

1）低压断路器的额定电压应不小于保护线路的额定电压。

2）低压断路器的额定电流应不小于它所装设脱扣器的额定电流。

3）低压断路器的类型应符合安装处的条件、保护性能及操作方式等要求。

4）低压断路器的断流能力应进行校验。

为使低压断路器可靠断开电路，应按短路电流来校验其分断能力，满足如下要求。

1）对于分断时间大于0.02s的万能式断路器（DW型），应满足：

$$I_{oc} \geqslant I_k^{(3)} \tag{6-40}$$

2）对于分断时间小于等于0.02s的塑壳式断路器（DZ型），应满足：

$$I_{oc} \geqslant I_{sh}^{(3)} \tag{6-41}$$

$$i_{oc} \geqslant i_{sh}^{(3)} \tag{6-42}$$

式中 I_{oc}、i_{oc}——断路器极限分断电流；

$I_{sh}^{(3)}$——三相短路电流其周期分量的有效值；

$i_{sh}^{(3)}$——最大三相短路冲击电流。

为使断路器能可靠地动作，必须按短路电流来校验其灵敏度，即

$$K_{sen}=\frac{I_{k.min}}{I_{op}}\geqslant 1.3 \tag{6-43}$$

式中　$I_{k.min}$——低压断路器保护的线路末端在系统最小运行方式下的单相短路电流（对TN和TT系统）或两相短路电流（对IT系统）；

I_{op}——瞬时或短延时过电流脱扣器的动作电流。

6. 前后低压断路器之间以及低压断路器与熔断器之间的选择性配合

（1）前后低压断路器之间的选择性配合　当选择性配合进行检验时，按产品样本给出的保护特性曲线考虑其偏差范围为±（20%～30%）。如果在后一断路器出口发生三相短路，则前一断路器保护动作时间计入负偏差、后一断路器保护动作时间计入正偏差，此时，前一级的动作时间仍大于后一级的动作时间，能实现选择性配合。对于非重要负荷，保护电器可允许无选择性动作。

通常，为保证前后两级低压断路器之间能选择性动作，前一级宜采用带短延时的过电流脱扣器，后一级则应采用瞬时过电流脱扣器，而且动作电流也是前一级大于后一级，至少前一级的动作电流不小于后一级动作电流的1.2倍。

（2）低压断路器与熔断器之间的选择性配合　通过保护特性曲线可检验低压断路器与熔断器之间的选择性配合。前一级低压断路器可按保护特性曲线考虑-30%～-20%的负偏差，而后一级熔断器可按保护特性曲线考虑30%～50%的正偏差。此时，若两条曲线不重叠也不交叉，且前一级的曲线总在后一级的曲线之上，则前后两级保护可满足选择性要求。

本章小结

本章主要介绍了供配电系统常见的继电器，重点是电力线路、电力变压器和供配电系统的继电保护方法。通过本章以下知识点的学习要掌握继电器的使用和计算，并能根据工程进行继电保护设计。

1）继电保护的作用和基本要求。

2）电力线路的继电保护：带时限过电流保护、电流速断保护、低电压闭锁过电流保护和单相接地保护。

3）电力变压器继电保护：变压器的瓦斯保护、电流速断保护和过电流、过负荷保护。

4）供配电系统的继电保护：熔断器保护和断路器保护。

思考题与习题

6-1　继电保护的作用是什么？

6-2　电力系统发生短路故障时，会产生什么样的严重后果？

6-3　继电保护的基本要求是什么？各项要求的主要内容是什么？

6-4　评价继电保护性能的标准是什么？

6-5 依据短路的特征，已经构成了哪些继电保护的方式？

6-6 主保护和后备保护的作用分别是什么？

6-7 在图 6-20 所示的单电源系统示意图中，当 K 处发生短路时，应当由哪个保护动作于跳闸？如果该保护拒动，那么，又应当由哪个保护动作于跳闸？为什么？

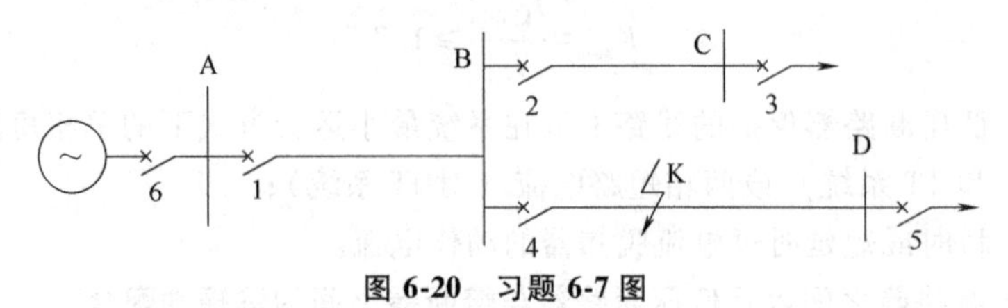

图 6-20 习题 6-7 图

6-8 某 110kV 单电源系统如图 6-21 所示，其中，$Z_{s.min}=10\Omega$、$Z_{s.max}=13.5\Omega$，线路的单位阻抗为 0.4Ω。在可靠系数 $K_{rel}^{I}=1.3$ 的情况下，试求：

1）保护 1 的电流 I 段整定值，并进行灵敏度验证。

2）当线路 AB 的长度减小到 25km 时，重复上述的计算，并分析计算结果。

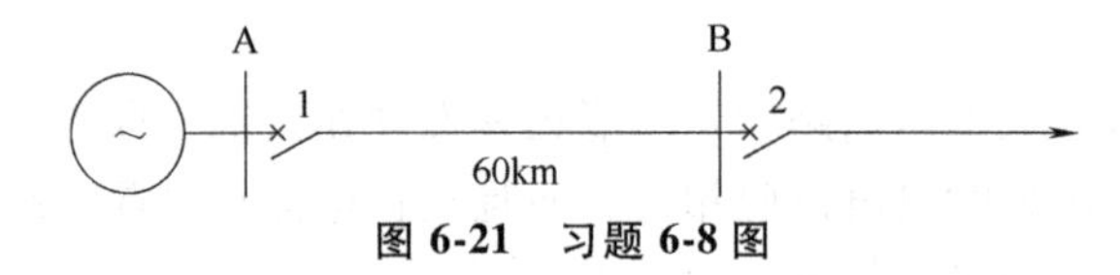

图 6-21 习题 6-8 图

第7章　电 气 照 明

本章从建筑供配电设计的角度，对建筑电气照明的基本概念、基本要求和基本设计方法进行讨论。首先从电气照明的基本知识出发，给出电气照明的质量标准。其次介绍常用的照明光源与灯具及其选取原则。接着给出室内照度计算的方法及示例。然后给出电气照明设计的原则和方法。最后介绍了应急照明设计。

7.1　电气照明基本知识

电气照明的目的是利用电气照明装置将电能等转化为光能，以光照射的方式满足人类视觉条件。

7.1.1　照明系统的概念

光学是照明的基础，设计电气照明系统，需要了解光的基本概念和相关知识。

1. 光和光通量

(1) 光的本质　目前，科学家常采用量子论和电磁波理论来阐述光的本质。

量子论：普朗克（Planck）提出，即发光体以分立的波束形式发射辐射能，这些波束沿直线发射出来，作用在人眼上而产生光的感觉。光对物体的效用可用量子论圆满地加以解释。

电磁波理论：麦克斯韦（Maxwell）提出，即发光体以辐射能的形式发射光，而辐射能又以电磁波形式向外传输，电磁波作用在人眼上就产生光的感觉。光在空间运动可以用电磁波理论圆满地加以解释。

光是能量的一种形态，这种能量从一个物体传播到另一个物体，在传播过程中无须任何物质作为媒介。这种能量的传递方式称为辐射，辐射的含义是指能量从能源出发沿直线向四面八方传播，尽管实际上它并不总是沿直线方向传播的，特别在通过物质时，其方向会有所改变。

光是一种电磁波，以辐射的方式传播能量；光波包含一系列波长不同的电磁波，光波的波长范围极其广泛，波长不同的电磁波的特性不同，波长在 380~780nm 的电磁波可产生视觉效应，称为可见光。人体视觉器官对不同波长的可见光的敏感程度不同，在视觉上会形成不同的颜色，波长由 380~780nm 依次递增，可见光颜色分别为紫、蓝、青、绿、黄、橙、红，波长低于紫光区附近的光波称为紫外线，波长高于红光区附近的光波称为红外线，人体视觉器官对波长为555nm左右的黄绿色光最为敏感。

（2）光通量　光以辐射的方式传播能量，用光通量来描述光的辐射能量的强弱。光通量定义为单位时间内光辐射能量的大小，即光通量表示光源在单位时间内向四周发射的引起人体视觉感应的辐射能量。光通量一般用符号 Φ 表示，单位为lm（流明）。

光通量是光源的一个基本参数，其大小描述了光源的发光能力。例如一个40W的荧光灯，其光通量约为2400lm，而一个40W的白炽灯，其光通量约为350lm，虽然二者消耗的电功率相同，但荧光灯的发光能力比白炽灯强，即荧光灯可以获得更好的光亮视觉效果。

2. 发光强度

发光强度表示光源向空间某一给定方向发射的光通量，定义为光源在给定方向的单位立体角内 Ω 所传播的光通量，立体角 Ω 定义为任意一个封闭的圆锥面所包围的空间，立体角单位为球面度（sr）；发光强度一般用符号 I 表示，单位为cd（坎德拉），按发光强度的定义，发光强度可表示为

$$I=\frac{\mathrm{d}\Phi}{\mathrm{d}\Omega} \tag{7-1}$$

其中空间立体角可描述为

$$\Omega=\frac{A}{r^2} \tag{7-2}$$

式中　A——Ω 与相对应的球面积；

r——球的半径。

按照发光强度和光通量的定义，具有均匀发光强度1cd的点光源在单位立体角内发出的光通量便为1lm。

当光源（或灯具）的几何尺寸远小于光源到被照面之间的距离时，可以忽略光源（或灯具）本身的尺寸，将光源视为一点即点光源。

发光强度描述了光源发出的光通量在空间的分布情况，在光源发出的光通量一定时，发光强度大小只与光通量在空间的分布密度有关。因此，在不改变光源的前提下，调整发光强度在各个方向上的分布，可改善发光强度。例如40W的白炽灯，作为一个点光源（裸灯泡）向空间发送的光通量约为350lm，其立体角为 4π，则白炽灯裸灯泡的发光强度为 $350/4\pi\mathrm{cd}=28\mathrm{cd}$，如果给白炽灯加上反光罩，白炽灯发出的光通量并未改变，但光通量在空间的分布发生了变化，光通量经反光罩反射后，光罩下面空间的光通量更为集中，即光罩下面空间的发光强度提高了，使光罩下面空间看起来更为明亮。

3. 照度

照度是光照度的简称，定义为投射到某个被照物体表面的光通量 Φ 与被照物体表面面积 A 之比，或者说照度是被照物体表面单位面积上辐射的光通量。照度一般用符号 E 表示，单位为lx（勒克斯），按照度的定义，照度可表示为

$$E=\frac{\mathrm{d}\Phi}{\mathrm{d}A} \tag{7-3}$$

按式（7-3），$1\mathrm{m}^2$ 上均匀分布1lm光通量即为1lx，或者说，发光强度为1cd的点光源在球内表面上辐射所形成的照度就是1lx。

对于不会自行发光的物体（非光源），需要在光源的光通量投射到物体表面时，物体表

面被照亮，才能够看清物体，照度即是描述看清物体的程度的物理量，或者说照度描述投射到物体表面的光通量的多少，投射到物体表面的光通量多，照度高，容易看清楚物体。光源一定时，照度还与被照物体表面的位置有关，一般通过距光源不同距离的被照物体表面的光通量是不同的，亦即照度是不同的，距光源近的物体表面，投射到物体表面的光通量多，照度高。

照度是照明工程中重要的参数。照明工程的主要任务之一即是使照明空间具有足够的照度以满足人体视觉的要求，照度标准中对各种工作场所都规定了必需的最低照度值，照明设计需要满足照明标准中规定的照度要求。照度是计算照明光源用电负荷的主要依据。照明空间的照度可用照度计测量。

一般情况下，1lx 仅能够辨别物体轮廓，5~50lx 看书阅读还比较困难，50lx 只能用于短时阅读；一个 40W 的白炽灯 1m 远处的物体表面照度约为 30lx；白天采光良好的室内照度为 100~500lx；晴天中午阳光下的照度为 80000~120000lx。

4. 亮度

亮度是光亮度的简称。在同样照度的平面上，放置两个同样大小的物体，一个表面为黑色，另一个表面为白色，看上去表面为白色的物体要亮得多，这说明人体视觉并不取决于物体的照度，而是取决于物体表面的光亮程度，被视物体沿视线方向上的发光强度造成了人体视觉现象。因此将亮度定义为发光体（即指光源，又指被光照射产生反射光的物体）在视觉方向上的单位投影面上的发光强度，亮度考虑了光的辐射方向，可以用亮度来描述发光体或反光物体表面光亮程度。亮度一般用符号 L 表示，亮度的单位为 cd/m^2。图 7-1 是亮度定义示意图。

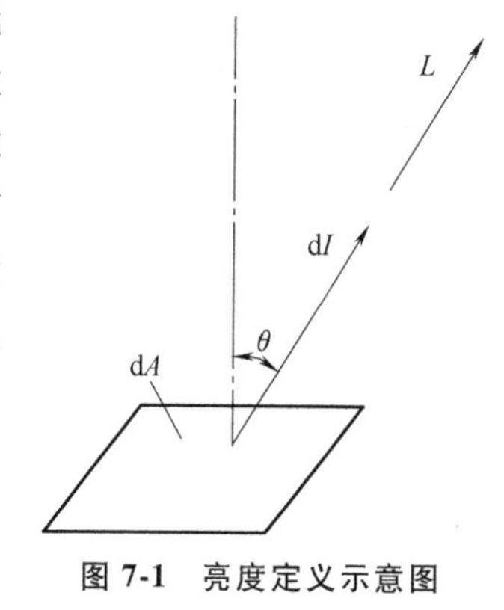

图 7-1 亮度定义示意图

按亮度的定义和图 7-1，亮度可表示为

$$L=\frac{\mathrm{d}I}{\mathrm{d}A\cos\theta} \tag{7-4}$$

式中 L——亮度；

I——发光强度；

A——发光面积；

θ——表面法线与给定方向之间的夹角。

在发光体的发光强度 I 一定时，发光面积 A 大，则其亮度小。利用这一特性，可采用加大发光面积以减小发光体对眼睛的刺激，改善眩光。

对被光照射产生反射光的物体，亮度还与其表面的反光性能有关。

对于均匀漫反射表面，其表面亮度 L 与表面照度 E 有以下关系：

$$L=\frac{\rho E}{\pi} \tag{7-5}$$

式中 ρ——表面反射比。

对于均匀漫透射表面，其表面亮度 L 与表面照度 E 有以下关系：

$$L=\frac{\tau E}{\pi} \tag{7-6}$$

式中　τ——表面透射比。

亮度也是照明工程中的重要物理量，有的国家采用亮度作为照明的基本指标，但亮度与照度是不同的照明物理量；亮度是用来描述发光体表面光亮程度的物理量，亮度与被照物体表面的反光性能有关；照度是描述看清物体程度的物理量，照度与被照物体表面的反光性能无关，亮度大的光源不一定比亮度小的光源能将物体照得更清楚些。

例如：一盏40W的白炽灯的光通量约为350lm，一盏20W的荧光灯的光通量约为1200lm，这两盏灯分别装在同一高度和同一大小的房间中，荧光灯能将房间中物体照得更清楚些，这是因为荧光灯射入被照面的光通量大于白炽灯，即20W的荧光灯的照度高于40W的白炽灯，但在远距离观察这两盏灯，则白炽灯显得更亮，这是因为白炽灯的光亮程度更高，即白炽灯的亮度高于荧光灯。

因此，作为照明用途，应选用光通量大（照度高）的光源，例如教室照明，选用荧光灯更好；作为标识用途，应选用亮度高的光源，例如疏散指示照明，则应选用白炽灯，能在远距离发现标识。

5. 光的反射系数

光以辐射的方式传播能量，在光通过介质传播能量时，发光强度会发生变化，如果在传播过程中，发光强度减弱，则说明光的一部分能量转变为其他形式的能量，即介质吸收了一部分光能，通常称为发生了光的吸收。

在光由一种介质射入另一种介质时，如果光不是垂直射入两种介质的分界面，则在两种介质的分界面处将有一部分光被反射回原来的介质，另一部分进入另一种介质，但传播的方向将发生改变，这种现象称为光的反射与折射。

当光线遇到非透明物体表面时，大部分光被反射，小部分光被吸收。光线在镜面和扩散面上的反射状态有以下四种。

（1）规则反射　在研磨很光的镜面上，光的入射角等于光的反射角，反射光线总是在入射光线和法线所决定的平面内，并与入射光分处在法线两侧，称为反射定律。在反射角以外，人眼是看不到反射光的，这种反射称为规则反射，亦成为定向反射（或镜面反射）。它常来控制光束的方向，灯具的反射灯罩就是利用这一原理制成的。

（2）散反射　光线从某一方向入射到经散射处理的铝板，经涂刷处理的金属板或毛面白漆涂层时，反射光向各个不同的方向散开，但其总的方向是一致的，其光线的轴线方向仍遵守反射定律。这种光的反射称为散反射。

（3）漫反射　光线从某一方向入射到粗糙表面或涂有无光泽镀层时，反射光被分散在各个方向，即不存在规则反射，这种光的反射称为漫反射。当反射遵守郎伯余弦定律，那么，从反射面的各个方向看去，其亮度均相同，这种光的反射则称为各向同性漫反射（或完全漫反射）。

（4）混合反射　光线从某一方向入射到瓷釉或带有高度光泽的涂层上时，其反射特性介于规则反射和漫反射（或散反射）之间，则称为混合反射。

一般将被照物体反射的光通量 Φ_F 与入射的光通量 Φ_R 之比称为光的反射系数，如图7-2所示。反射系数是描述被照物体对光的吸收能力的无量纲参数。

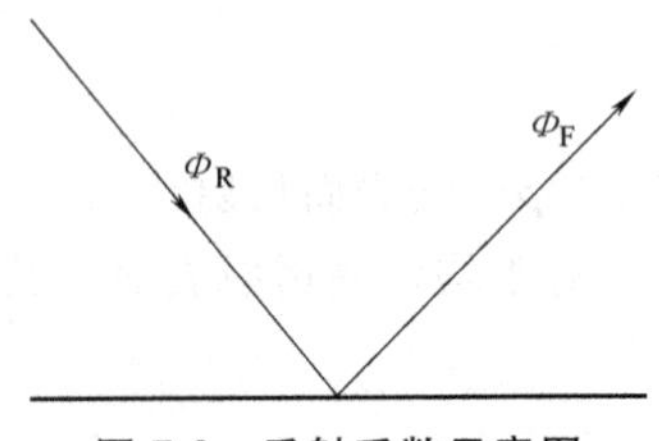

图7-2　反射系数示意图

如果光由一种介质射入另一种介质时，介质能够将入射的光通量完全吸收，则称这种介质为黑体，或者说黑体是反射系数为零的物体。

6. 光效

光效是光源发光效能的简称，光效定义为光源发出的光通量 Φ 与光源消耗的电功率 P 之比，是一个有单位的参数，光效一般用符号 η_G 表示，其单位为 lm/W，按光效的定义可表示为

$$\eta_G = \frac{\Phi}{P} \tag{7-7}$$

在选择照明设备时，要尽量选用光效高的设备，以获得好的照明经济性。例如，一个功率为 40W、光通量为 2400lm 的荧光灯，其光效为（2400/40）lm/W = 60lm/W，而一个功率为 40W、光通量为 350lm 的白炽灯，其光效为（350/40）lm/W ≈ 8.8lm/W，荧光灯的光效是白炽灯的数倍，显然选用荧光灯作为照明光源，经济性更好。

7. 光源的色温

所谓光源的色温是以发光体表面颜色来估计其温度的一个物理量。色温以黑体的温度作基准，如果某光源辐射光的颜色与黑体在某一温度下所辐射光的颜色相同，此时黑体的温度即为该光源的色温；光源的色温采用开尔文温度体系，单位为 K。

色温是现代照明工程中的一个重要指标，可通过选择不同色温的光源，营造与环境相适应的视觉效果。

我国照明设计标准按照 CIE 的建议将光源的色表分为三类，并提出典型的应用场所，见表 7-1。

表 7-1 光源的色表分类

类别	色表	相关色温	应用场所举例
Ⅰ	暖	<3300K	客房、卧室、病房、酒吧、餐厅
Ⅱ	中间	3300~5300K	办公室、阅览室、教室、诊室、机加工车间、仪表装配
Ⅲ	冷	>5300K	高照度场所、热加工车间，或白天需补充自然光的房间

对色温大于 5300K 的光源，光色偏白，一般称为冷色光，人体视觉会产生冷的感觉。一般白色荧光灯的色温为 6500K，属冷色光。

对色温在 3300~5000K 之间的光源，光色白中略偏红，人体视觉会产生温和的感觉，适宜采用金属卤化物灯等中间色照明光源，营造轻松活跃的效果。

对色温小于 3300K 的光源，光色偏红，一般称为暖色光，人体视觉会产生暖和的感觉。一般的白炽灯的色温为 2400~2920K，属暖色光。

8. 光源的显色性

光源的显色性取决于光源的光谱能量分布，对有色物体的颜色外貌有显著影响。CIE 用一般显色指数 R_a 作为表示光源显色性能的指标，它是根据规定的 8 种不同色调的标准色样，在被测光源和参照光源照明下的色位移平均值确定的。R_a 的理论最大值是 100，表示色样在该照明光源下，色样与其真实的颜色完全一致，显色指数低于 100，表示在该照明光源照射下，物体会产生与其真实的颜色不一致的色差，或者说，显色指数高，色差小，对颜色的分辨能力高。

CIE 将灯的显色性分为 4 类，其中第 I 类又细分为 A、B 两组，并提出每类灯的适用场所，作为评估室内照明质量的指标，见表 7-2。GB 50034—2013《建筑照明设计标准》对各类建筑的不同房间和场所都规定了 R_a 值。

表 7-2　光源的显色性分类

类别	R_a 值	色表	应用场所举例	
			优先采用	容许采用
Ⅰ	≥90	暖	颜色匹配	
		中间	医疗诊断、画廊	
		冷		
	80~90	暖	住宅、旅馆、餐馆	
		中间	商店、办公室、学校、医院、印刷、油漆和纺织工业	
		冷	视觉费力的工业生产	
Ⅱ	60~80		高大的工业生产场所	
Ⅲ	40~60		粗加工工业	工业生产
Ⅳ	20~40			粗加工工业，显色性要求低的工业生产、库房

现代照明工程中在选用光源时，必须根据照明空间的性质，考虑光源的显色性影响。对颜色分辨能力要求较高的场所，如展示厅、手术室等。手术室的显色指数应不小于 90，一般办公室、教室显色指数应不小于 80；粗加工工业，显色性要求低的工业生产、库房可以小于 40。

照度、显色指数、色温是现代照明工程中选用光源的三要素，三者配合好坏与否，是现代照明工程成功的重要指标。

7.1.2　照明质量标准

优良的室内照明质量由以下五个要素构成。

1）适当的照度水平。

2）舒适的亮度分布。

3）优良的灯光颜色品质。

4）没有眩光干扰。

5）装饰性和能耗等要求。

不同的应用场合对质量要求的重点可能不同，现分别说明如下。

1. 照度水平

照明设计最基本的要求是照明空间的照度满足规定的要求，照度间接地反映了照明空间的光亮程度。照度太低容易造成视觉疲劳，影响视力健康；照度太高则容易刺激视觉感官甚至导致心理刺激，而且会使能耗上升。

照度水平与照明空间的功能、生活水平、用户的投资水平等因素有关，不同功能要求的照明空间对照度要求不同，不同的视觉工作条件对照度范围的要求不同，每个国家和地区的照度标准在不同时期也有不同的照度值，我国国家标准以推荐照度的形式给出了各种场所的照度标准值，既是照明设计照度选择的依据，也是评价照明质量的指标。

选择照度时，应优先满足照明功能要求，在满足有关规范规定的照度标准的前提下，使视觉的满意程度与经济状况相适应。照度选择的主要依据是国家标准给出的各种场所的照度标准推荐值。

在选择照度时，应符合国家标准规定的下列分级：0.5lx，1lx，2lx，3lx，5lx，10lx，15lx，20lx，30lx，50lx，75lx，100lx，150lx，200lx，300lx，500lx，750lx，1000lx，1500lx，2000lx，3000lx，5000lx。

表7-3~表7-6为常见建筑场所的照明标准值。其他建筑场所的照明标准值可参考《建筑照明设计标准》，其中包括了照度标准值、显色指数、眩光限制要求、照明功率密度LPD限制值等参数。一般情况下，设计照度值与照度标准值相比较，可有-10%~10%的误差；表中的照明功率密度值与照度值相对应，如果照度高于或低于对应值时，照明功率密度值应按比例提高或折减，照明功率密度的现行值是当前的执行值，目标值则尚未执行，但是表示期望达到的目标要求。表中的办公建筑和商业建筑的照明功率密度LPD值为强制性指标，设计时必须满足要求。

表7-3 居住建筑照明标准值

房间和场所		参考平面及其高度	照度标准值/lx	显色指数 R_a	LPD/(W/m^2)	
					现行值	目标值
起居室	一般活动区	0.75m水平面	100	80	6	5
	书写、阅读		300	80	—	—
卧室	一般活动区	0.75m水平面	75	80	6	5
	床头、阅读		150	80	—	—
餐厅		0.75m餐桌面	150	80	6	5
厨房	一般活动区	0.75m水平面	100	80	6	5
	操作台	台面	150	80	—	—
卫生间		0.75m水平面	100	80	6	5

表7-4 办公建筑照明标准值

房间和场所	参考平面及其高度	照度标准值/lx	统一眩光值UGR	显色指数 R_a	LPD/(W/m^2)	
					现行值	目标值
普通办公室	0.75m水平面	300	19	80	11	9
高档办公室	0.75m水平面	500	19	80	18	15
会议室	0.75m水平面	300	19	80	11	9
接待室、前台	0.75m水平面	200	—	80	—	—
营业厅	0.75m水平面	300	22	80	13	11
设计室	实际工作面	500	19	80	18	15
文件整理、复印、发行室	0.75m水平面	300	—	80	11	9
资料、档案室	0.75m水平面	200	—	80	8	7

表 7-5 商业建筑照明标准值

房间和场所	参考平面及其高度	照度标准值/lx	统一眩光值 UGR	显色指数 R_a	LPD/(W/m²)	
					现行值	目标值
一般商店营业厅	0.75m 水平面	300	22	80	12	10
高档商店营业厅	0.75m 水平面	500	22	80	19	16
一般超市营业厅	0.75m 水平面	300	22	80	13	11
高档超市营业厅	0.75m 水平面	500	22	80	20	17
收款台	台面	500	—	—	—	—

表 7-6 学校建筑照明标准值

房间和场所	参考平面及其高度	照度标准值/lx	统一眩光值 UGR	显色指数 R_a	LPD/(W/m²)	
					现行值	目标值
教室	课桌面	300	19	80	11	9
实验室	实验桌面	300	19	80	11	9
美术教室	桌面	500	19	80	18	15
多媒体教室	0.75m 水平面	300	19	80	11	9
教师黑板	黑版面	500	—	—	—	—

2. 照度的均匀度

除照度值指标外，还要考虑，照度的均匀度定义为参考平面上的最小照度与平均照度之比，为使照明空间的照度均匀，按照 GB 50034—2013《建筑照明设计标准》规定，公共建筑的工作房间和工业作业建筑区域内的一般照明的照度均匀度不应小于 0.6，房间或场所内的通道和其他非作业区域的一般照明的照度值不宜低于作业区域一般照明的照度值的 1/3。

3. 光源的光色

光源的显色指数、色温等与环境相适应，考虑灯具的造型与建筑空间和照明要求相协调。对长期工作或停留的房间或场所，照明光源的显色指数不宜低于 80；在灯具安装高度大于 8cm 的工业建筑场所，显色指数可低于 80，但必须能够辨别安全色。国家标准中对各种场所的显色指数有具体规定。

4. 眩光要求

眩光是人体视觉器官对照明空间的光线的感觉，是视觉现象，是一种主观的感觉。眩光是度量处于视觉环境中的照明装置发出的光对人眼引起不舒适感主观反应的心理参数。人体注视一个物体时，只要物体本身发出或反射的光波辐射进入人的眼睛，便产生视觉现象，在视野范围内，如果亮度分布或亮度范围不适当，或者视野范围内的亮度在空间或时间上存在极端的对比，便会引起眼睛不舒服的感觉、降低观察目标的能力，此种视觉现象，称为眩光。眩光是评价照明质量的指标之一，照明设计要采取措施，降低这种不舒服的视觉现象。

眩光分为直接眩光和反射眩光。直接眩光指由视野中，特别是在靠近视线方向存在的发光体所产生的眩光，例如裸露的光源容易造成直接眩光。反射眩光指由视场内光滑物体的反射光线引起的眩光，会引起视觉不适或视觉操作绩效下降。眩光与照明空间的背景亮度、灯具亮度、视觉方向等因素有关。

眩光会导致不舒服的生理和心理感觉，因此眩光是评价照明质量的指标之一，眩光用眩光值描述，对公共建筑和工业建筑，一般采用国际照明委员会（CIE）规定的统一眩光值（UGR）来评价房间或场所不舒服眩光；对室外体育场所的不舒服眩光，应采用眩光值（GR）来进行评价，统一眩光值 UGR 和眩光值 GR 的计算方法和要求可参考 GB 50034—2013《建筑照明设计标准》。

对直接眩光，一般可通过降低光源亮度，选择合适的照明灯具、限制灯具的遮光角等措施加以限制。

5. 能耗指标

节能是社会可持续发展的要求，在照明设计和评级中，要始终贯彻节能要求。《建筑照明设计标准》中，规定了各类建筑的照明功率密度值，且大部分照明功率密度值属于强制性标准，必须严格执行。因此将能耗指标作为评价照明设计的指标。

7.2 照明光源与灯具

光源泛指能发出光亮的物体。在建筑照明中，照明光源指能将电能转换为光辐射的设备。照明光源是建筑照明最主要的设备。

自爱迪生发明白炽灯以来，经过 100 多年的发展，已经有了多种不同类型的光源，而且人类还在不断探索，寻求更加节能环保的新型照明光源。照明光源选择是建筑照明的基本内容，不仅要考虑视觉条件的要求，还要考虑节能条件的要求，考虑光源的技术特性和使用环境，使照度、显色指数、色温、光源的造型与建筑空间布局相协调，创造舒适、美观的视觉效果。照明灯具指具有配光特性的光源支架，照明光源与灯具要配合使用，相互协调，灯具还可以调节和改善照明空间的配光特性。了解照明光源和灯具的基本类型、基本技术特性和基本的选择要求是本节的主要内容。

7.2.1 常用电光源的类型及选择

将电能转换成光学辐射能的器件，称为电光源，而用作照明的称为照明电光源。

1. 电光源分类

常用照明光源一般按光源的发光原理分为热辐射光源、气体放电光源和半导体光源等三大类。

（1）热辐射光源　热辐射光源指利用电流将特殊的物体加热到白炽状态而发出的光源，主要有白炽灯、卤钨灯两种，以钨丝为辐射体，钨丝在通电后可达到白炽温度，以热辐射方式产生可见光。热辐射光源工作时，其表面通常会有升温现象。

热辐射光源的显色指数通常较高，功率因数高，但光效一般较低。

（2）气体放电光源　气体放电光源指利用电流在流过特殊的气体时，使气体放电而产生的光源，以原子辐射方式产生可见光。荧光灯、高压汞灯、高压钠灯、金属卤化物灯、氙灯等都是常见的气体放电光源，这类光源一般有明显的频闪效应。气体放电光源按放电方式不同，又可分为辉光放电光源和弧光放电光源两种类型。

辉光放电光源放电电流小，不需要专用的起动器件以及起动线路便可工作，主要利用负辉区的光或正柱区的光，冷阴极灯、霓虹灯等属于辉光放电光源。辉光放电光源一般用于装饰性照明。

弧光放电光源放电电流大，通常需要专用的起动器件以及起动线路才能工作；弧光放电光源按灯管内的气体压力又分为低压弧光放电光源和高压弧光放电光源；低压弧光放电光源只要是荧光灯、低压钠灯等；高压弧光放电光源包括高压汞灯、高压钠灯、金属卤化物灯等。弧光放电光源的显色指数通常比热辐射光源低，功率因数也比较低，但发光效率高，使用寿命长，在照明工程中得到了广泛的应用。

（3）半导体光源　半导体光源的发光原理是利用半导体材料的特性，向半导体二极管的PN结施加正向电压，使N区电子越过PN结注入P区，与P区空穴复合，以光子的形式释放能量而产生可见光。

发光二极管是半导体照明光源的雏形，由于发光二极管不可能产生具有连续线谱的白光，而且产生的光通量小，不足以提供足够的照度，仅限于作为标志使用。随着技术进步，1996年日本推出白色LED灯，取得了半导体灯用于照明的突破。目前，LED灯的光效已可达到100lm/W，远高于其他光源，而且半导体光源具有体积小、重量轻、耗电低、寿命长、亮度高、响应快等普通光源无法相比的优点，被称为绿色光源。采用半导体灯为照明光源是当今光源发展主流。

常用照明光源分类及其基本特性见表7-7。

表7-7　常用照明光源分类及其基本特性

<table>
<tr><th colspan="3">光源分类</th><th>主要形式</th><th>发光原理</th><th>一般特性</th></tr>
<tr><td colspan="3">热辐射光源</td><td>白炽灯、卤钨灯</td><td>热辐射方式</td><td>显色指数高，功率因数高，光效低</td></tr>
<tr><td rowspan="3">气体放电光源</td><td colspan="2">辉光放电</td><td>冷阴极灯、霓虹灯</td><td rowspan="3">原子辐射方式</td><td rowspan="3">有明显的频闪效应，显色指数低，光效较高；辉光放电光源不需要专用的起动器件
弧光放电光源需要专用的起动器件，高压弧光放电光源功率大，但外表面积却较小；弧光放电光源在建筑照明中广泛应用</td></tr>
<tr><td rowspan="2">弧光放电</td><td>低压弧光放电</td><td>荧光灯、低压钠灯</td></tr>
<tr><td>高压弧光放电</td><td>高压汞灯、高压钠灯、金属卤化物灯</td></tr>
<tr><td colspan="3">半导体光源</td><td>LED灯</td><td>光子形式</td><td>光效高、体积小、耗电低、寿命长、响应快</td></tr>
</table>

2. 常用电光源主要技术特征和选择要点

照明光源包含许多的技术与结构特征，本章仅从光源选择的角度简要介绍常用照明光源的主要技术特征和选择要点。

照明光源选择要符合国家现行的标准和有关规定，一般要求选用高效节能的照明光源；另外要根据具体使用环境与要求，在满足照度、显色性、色温、起动时间等要求的基础上，考虑光源的寿命和价格等经济性指标。

（1）白炽灯　白炽灯是最早使用的照明光源，属于热辐射光源。某型号白炽灯主要技术参数见表B-60。根据表B-60中的技术参数可知其特征是显色指数较高、功率因数高、色温低、点燃迅速。另外白炽灯没有附件，体积小、调光性好、亮度高；但光效低、寿命短、能耗大，在工作时表面有温升。

白炽灯显色性高，适合于艺术性和装饰性照明。白炽灯亮度高，适合于用作标志照明。

白炽灯起动和调光性能好，能快速点亮，在供电电压降低时不会突然熄灭，因而适合于在要求瞬时起动和连续调光的场所使用，适合于作为应急照明光源，以保证照明的连续性；白炽灯无频闪效应，适合于对电磁干扰较高的场所。

白炽灯光效低、寿命短、能耗大，一般情况下，室内外的照明不应采用普通白炽灯作为照明光源，但在特殊情况下，其他光源无法满足要求需采用时，应采用100W以下的白炽灯。

我国的普通白炽灯的额定电压为220V，用于其他环境的白炽灯的额定电压有36V、24V、12V等。白炽灯结构简单，价格低廉，安装使用方便，适用范围大。

（2）卤钨灯　卤钨灯与白炽灯同属热辐射光源，发光原理相同。某型卤钨灯主要技术参数见表B-61。卤钨灯具有与白炽灯相同的基本技术参数，但卤钨灯在灯泡内注入了少量的卤族元素或相应的卤化物，可以防止灯泡玻璃外壳的黑化，提高了灯泡的使用寿命和光效。

卤钨灯的功率通常较大，不适宜办公和生产场所的照明，主要用于大空间照明，例如体育馆、大会堂等照明，其高显色性和色温范围特别适宜于演播室和舞台照明。卤钨灯工作时的温升大，不宜在有易燃、易爆危险的环境中使用。卤钨灯灯丝的耐振性较差，不适宜在振动环境和移动环境下使用。

（3）荧光灯　荧光灯属于气体放电光源，是20世纪30年代才出现的照明光源，部分荧光灯主要技术参数见表B-62～表B-65。与白炽灯相比，荧光灯最突出的优点是光效高、色温高、使用寿命长，工作时光源表面没有温升；最主要的缺陷是调光性差，需要起动附件，具有频闪效应。

早期的荧光灯，大多采用电感式镇流器，功率因数较低，需要采用并联电容以提高功率因数，近年来，随着电子镇流器的广泛使用，功率因数大大提高，而其光效高、使用寿命长、工作时光源表面没有温升的优势十分突出，已经成为最主要的照明光源。

荧光灯的产品种类较多，而且发展较快。按荧光灯外形和结构，可分为直管型、环型、紧凑型等，特别是紧凑型荧光灯，将灯管、镇流器等附件一体化，其体积已经与普通的白炽灯相似，可以直接安装在普通白炽灯的插口上代替白炽灯；另外，荧光灯的制造技术已经可以生产具有高显色性、不同色温的荧光灯，在调光性能和频闪效应方面也已有较大改善，在建筑照明中，几乎可以完全取代白炽灯，目前高性能的荧光灯的主要缺陷是价格较高，但随着发展，这种状况会得到改善。

荧光灯广泛适用于办公和生产照明，按《建筑照明设计标准》的规定，高度较低的房间，如办公室、教室、会议室、电子等生产车间宜采用直管型荧光灯；商店的营业厅宜采用直管型或紧凑型荧光灯。

荧光灯的额定电压一般为交流220V。

（4）高压弧光放电光源　高压弧光放电光源是在白炽灯和荧光灯的基础上发展起来的照明光源。目前技术比较成熟和使用较多的高压弧光放电光源主要是荧光高压汞灯、高压钠灯和金属卤化物灯。三种照明光源具有较多的共同性，因此将其放在一起进行讨论。

高压弧光放电光源共同的技术特征是光源功率范围大、使用寿命长、光效高、对使用环境要求低，但功率因数较低，需要起动附件，且起动有较长时间延迟，具有明显的频闪效应。

荧光高压汞灯具有三种类型：普通型、反射型、自镇流型。普通型和反射型需要与附加的镇流器配套使用，自镇流器则可以不需要附加的镇流器，但光效比普通型、反射型荧光高压汞灯低。荧光高压汞灯的显色指数较低，一般用于广场、车站、街道、建筑工地等面积较大但对显色性要求低的室外照明。

高压钠灯是利用高压状态的钠蒸气放电发光的一种气体放电光源，将放电管内抽真空后注入钠、汞和氙气；高压钠灯结构也与高压汞灯相似，但其光效是三种高压弧光放电光源中最高的。某型高压钠灯主要技术参数见表 B-66。高压钠灯体积较小、亮度高、透雾性强，适合于交通道路、航运、机场跑道等需要高亮度和高可见性的场所，一般较少用作室内照明。

金属卤化物灯是在高压汞灯基础上发展起来的照明光源，其放电管内填充了金属卤化物。金属卤化物灯的外形和结构与高压汞灯相似，但光效更高，光源的显色性等性能更好。按金属卤化物的光学特性，应该是用于各种照明场所，但由于其起动设备复杂，起动需要较长时间才能稳定，且价格较高，目前主要用于机场、体育场的探照灯，影视摄像设备的光源和影剧院的装饰照明等。

荧光高压汞灯与高压钠灯、金属卤化物灯同属于高压弧光放电光源。与高压钠灯、金属卤化物灯相比较，荧光高压汞灯的光效低，因而《建筑照明设计标准》规定，一般照明场所不宜采用荧光高压汞灯，不应采用自镇流型荧光高压汞灯。

（5）半导体灯　半导体灯又称为发光二极管灯，一般简称 LED 灯，半导体灯用于照明，仅在 20 世纪末。普通的发光二极管不可能产生具有连续线谱的白光，也不可能产生两种以上高亮度单色光，因而普通的半导体灯要产生白光只能先产生蓝光，再借助于其他物质间接产生宽带光谱而合成白光，但发光二极管的耗电低、寿命长、亮度高、响应快的特点使其在数字显示、信号标志等领域得到了十分广泛的应用。

与目前的照明光源相比，发光二极管在耗电、亮度、体积、寿命等方面具有突出的优势，如果能够用作照明光源，将会是一个突破性发展。几十年来，世界各国一直在研究和开发二极管照明光源。日本的企业在 1996 年成功地开发出了能发出白光的 LED 灯，取得了发光半导体灯用于照明光源的突破，但当时 LED 灯的光效较低，随后的几年中，LED 灯的光效不断提高，1999 年达到了 15lm/W，2001 年由美国推出的 LED 灯的光效已经达到 50lm/W，目前 LED 灯的光效已超过 60lm/W，达到了 40W 的荧光灯的光效水平，而且在实验室中，LED 灯的光效已经达到 100lm/W，完全具备成为普通照明光源的水平，只要突破半导体材料的生产和加工封装技术便可以进入实际使用。半导体灯的低能耗、长寿命特性被称为绿色光源。

另外，发光二极管光谱几乎不含红外与紫外光谱，具有很好的显色性，而且调光性能出色，其光亮几乎可以随输入电压呈线性比例变化，与现在的所有照明光源相比，LED 灯的综合性能是最好的，采用半导体灯为主要照明光源是当今照明光源发展主流。

目前，LED 灯已经广泛用作道路交通指示标志、障碍标志、疏散指示标志和装饰性彩灯等。

7.2.2 照明灯具及其特性

照明灯具指具有配光特性的光源支架。由灯具的概念，灯具应该具有以下的特性：

1）作为光源支架，支撑和固定光源。

2）配光特性，利用灯具的反射和遮光特性，可以改变光源的光通量在照明空间的分布，即改变发光强度在空间各个方向上的分布，进而改变照明效果，防止直接眩光。

3）作为长期使用的支架，灯具应具有装饰、美化环境的特性。

4）灯具应具有保护光源、防止意外事故的特性。

从功能和用途上，照明灯具和照明光源都是不同概念的照明设施，但在选择照明产品时，许多产品是将光源和灯具配套出售和使用的，在工程应用中不要混淆了这两个概念。

1. 照明灯具的分类

照明灯具涉及的内容较为广泛，选择考虑的因素也比较多，在本章内容中，只介绍照明灯具的基本分类和选择要点。

（1）按照明灯具光通量分布的分类　根据 CIE（国际照明委员会）的建议，按光通量在灯具上下两个半球空间的分布比例，可将照明灯具分为直接型、半直接型、全漫射型、半间接型和间接型等五类，见表 7-8。

表 7-8　室内灯具型号划分

型号	名称	光通比(%)		发光强度分布
		上半球	下半球	
A	直接型	0~10	90~100	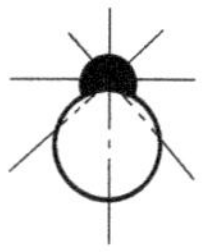
B	半直接型	10~40	60~90	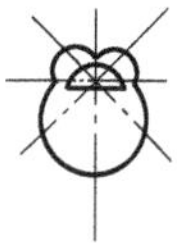
C	全漫射型	40~60	40~60	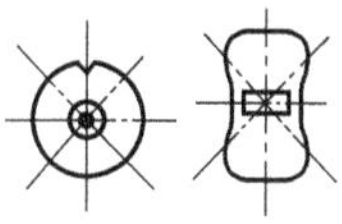
D	半间接型	60~90	10~40	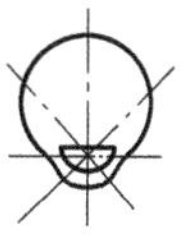
E	间接型	90~100	0~10	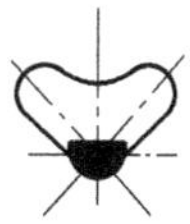

1）直接型灯具一般采用非透明且反射性好的材料制造，灯具下方敞开，光源的光通量基本集中在灯具的下半球空间，光通量利用率高，下方的工作面可以获得较大的照度；但由于光源上方的光通量低，照明空间内的顶部照度低，上下两个半球空间的照度对比大，容易产生不舒适的视觉感。直接型灯具适用于一般照明和局部照明方式，嵌入式格栅荧光灯、防

潮吸顶灯、镜面灯等为典型的直接型灯具。

2）半直接型灯具一般采用半透明材料制造，灯具下方敞开，光源的光通量分布仍然是灯具的下半球空间高于上半球空间，但光源上射的光通量增加，使照明空间的光照比较柔和，同时保持光源下方的工作面仍可获得较大的照度，但照明空间内的顶部较暗。半直接型灯具使用于一般照明方式，可以产生一定的环境氛围，花式吊灯、筒式的荧光灯、下方敞口灯具、方形吸顶灯、具有透光作用的灯罩均属于半直接型灯具。

3）全漫射型灯具又称直接-间接型灯具，一般采用具有漫射特性的材料制造，通常为封闭式灯罩，光源的光通量在灯具上下两个半球空间的分布基本相同，照明空间亮度均匀，光照柔和，直接眩光小，但光通量利用率低。漫射型灯具比较少作为工作照明，但可以产生一定的环境氛围，有装饰性效果，多用于公共场所。单吊灯、乳白玻璃球罩灯具是典型的漫射型灯具。

4）半间接型灯具的特性与半直接型灯具相反，光源的光通量分布是灯具的上半球空间高于下半球空间，光源上射的光通量大，增加了照明空间的散射，光照更加柔和，但光通量的利用率低，一般在照明要求不高，以产生环境氛围为主的公共场所。伞形罩单吊灯、反射型吊灯、反射型壁灯等属于半直接型灯具。

5）间接型灯具的特性与直接型灯具相反，光源的光通量基本集中在灯具的上半球空间，空间照明基本靠屋顶或其他物体的反射，可以在很大程度上减小眩光和阴影，光照柔和，但光通量利用率是几种方式中最低的。下半球用非透明材料制造上半部用透光材料制造的敞口式反射型吊灯、反射型壁灯等均属于间接型灯具。

（2）按外壳防护等级分类　照明灯具具有保护光源、防止意外事故的特性。按我国国家标准对外壳防护等级的分类原则，其形式为“IPXX”，IP 为外壳防护等级分类的特征字符，后面的 XX 为特征数字，第一个特征数字表示防止人体触及或接近外壳内部带电部分、防止固体异物进入外壳内部的防护等级，分为 0~6 级，数字越大，要求越高；第二个数字特征表示防止水进入外壳内部的防护等级，分为 0~8 级，数字越大，要求越高。例如，防护等级 IP44 的灯具，第一个数字“4”表示灯具可防止大于 1mm 的固体异物进入外壳内部，第二个数字“4”表示灯具具有防溅水的保护，具体的保护等级说明可查阅相关手册获取。

对需要有外壳防护要求的场所，在照明设计时，应按外壳防护等级分类注明灯具的防护等级。

（3）按防触电保护分类　灯具的人体可接触部分都应该是绝缘的，但不同的使用场所，对防止触电的要求不同，我国国家标准按防触电保护要求，将其分为 0 类、Ⅰ类、Ⅱ类、Ⅲ类共四类。

灯具的 0 类防护表示只依靠基本的绝缘，是灯具金属外壳与带电部分隔离，从 2009 年 1 月 1 日起 0 类已经停止使用。Ⅰ类防护表示除基本的绝缘外，灯具的金属外壳等可触及的导电部分还与接地装置相连接，对采用金属外壳的灯具，例如路灯、庭院灯等，应选择具有Ⅰ类防触电保护的灯具。Ⅱ类防护表示除基本的绝缘外，还有补充绝缘，即采用双重绝缘或加强绝缘防止触电，对环境条件较差，人体可以经常触及的灯具，例如台灯、可移动的照明灯等，应选择具有Ⅱ类防触电保护的灯具。Ⅲ类防护表示照明光源采用特低安全电压，灯具也不会出现高于特低安全电压的情况，不存在触电的危险，对于恶劣的使用环境，例如水下照明灯等，应选择具有Ⅲ类防触电保护的灯具。

灯具按其结构特点分类，可分为开启型、闭合型、封闭型、密闭型、防爆型、防腐型等；按安装方式分类，可分为吸顶式、嵌入顶棚式（镶嵌式）、嵌入墙壁式、悬挂式、壁式（壁灯）、移动式等；按灯具外形分类，则种类繁多，常见的有筒灯、金属格栅灯、壁灯、吸顶灯、吊灯等。

2. 照明灯具选择的基本原则

在照明工程与设计中，光源与灯具要统一考虑，使灯具、光源、使用环境相互配合，既保证照明的质量，又实现美化装饰的效果。安全、节能是建筑照明设计的主题，确保安全使用、选择高效的灯具、提高光源的利用率是基本原则。

灯具选取主要考虑配光曲线、灯具效率和遮光角等特性（见表B-68～表B-70），然后再考虑灯具的经济性和装饰性。

（1）配光曲线　灯具的配光特性要求主要指应根据照明空间的功能要求选择具有合适的光通量分布的灯具。例如，对一般的办公室、教室等，既要保证整个空间有一定的亮度，又要保证工作面的基本照度，因此可以选用半直接型配光特性的灯具；如果需要限制眩光，可以选用格栅式荧光灯具等，降低光源表面亮度；对工业厂房等对上部空间照明要求不高的场所，则可以考虑选用光通量利用率高，下方的工作面可以获得较大照度的直接型配光特性的灯具；对于局部照度要求高的场所，可选择用筒灯、射灯等；对于照度要求不高的场所，可以选用全漫射型灯具，以求光线柔和，营造温馨环境氛围，全漫射型灯具还具有装饰性的效果。

（2）灯具效率　灯具效率定义为灯具投射出的光通量 Φ_F 与灯具内光源发出的光通量 Φ 之比，灯具效率是描述灯具对入射光反射能力强弱的无量纲参量，利用灯具可改善或调整光源的发光强度和照度。灯具效率 η_D 表示为

$$\eta_D=\frac{\Phi_F}{\Phi} \tag{7-8}$$

另外，《建筑照明设计标准》对荧光灯和高强度气体放电灯灯具的效率有具体要求，开敞式荧光灯和高强度气体放电灯灯具的效率不应低于75%，格栅式的效率不应低于60%。

（3）遮光角　遮光角又称保护角，指为防止高亮度光源的直接眩光而采取的量。通过光源中心的水平线与刚刚看不见灯具内发光体的视线间的夹角。

遮光角是灯具的出光面沿口或遮光格栅的下沿与灯具内发光部分（光源或闪光部分）的连线和水平线形成的夹角，采用不透光材料遮挡射向人眼的光线，是减少眩光的一种措施，角度越大，眩光越小。

在正常的水平视线条件下，为防止高亮度的光源造成直接眩光，灯具至少要有10°～15°的遮光角。在照明质量要求高的环境里，灯具应有30°～45°的遮光角。加大遮光角会降低灯具效率，这两方面要权衡考虑。

灯具的使用环境要求主要指在具有安全隐患的特殊场所使用的灯具，应选择能满足特殊场所使用条件的灯具外壳防护等级的灯具。灯具的安全要求主要指在有防触电要求的场所使用的灯具，应选择能满足相应的防触电保护分类条件的灯具。正规的灯具在其产品手册中会标注产品的外壳防护等级和防触电保护分类。

灯具的经济性主要在满足照明质量和安全条件的前提下，降低灯具初期投资费用和考虑运行维护费用。初期投资费用一般要进行方案比较和产品选型，运行费用要考虑使用周期和

灯具清洁等费用。通常造型复杂的灯具安装维护不便，灯具清洁不容易。

灯具的装饰性主要涉及美学艺术，灯具价格高、材料好，并不一定有美的效果，灯具与环境的协调才是最基本的因素。

3. 灯具的悬挂高度与布置间距

光源与灯具布置包括光源与灯具的悬挂高度和平面布置方案。光源与灯具布置影响照明质量，不合理的布置方案，会影响照度的均匀性、阴影、亮度的分布、产生眩光等。灯具布置还要考虑安全与维护的要求，考虑与照明空间协调美观的要求等因素。

（1）光源与灯具的悬挂高度　光源与灯具的悬挂高度指光源与灯具到照明空间地面的垂直高度。悬挂高度影响照明安全性能、照明质量、经济性能和维护性能。例如灯具的悬挂高度太高，导致照度降低，或者说在满足照度标准的条件时，要增加光源的功率，导致照明功率密度值上升，经济性能降低，同时维护也不方便。灯具的悬挂高度也不能太低，悬挂太低，容易产生眩光，影响视觉效果，同时存在不安全因素。

光源与灯具的悬挂高度与光源类别、电功率大小、灯具的特性等因素有关。一般而言，光源电功率大，要求悬挂高度高，利于安全与降低眩光；灯具的反射性能好，可以适当提高悬挂高度，以利于降低眩光；反射性能差，可以适当降低悬挂高度，以利于保证照度要求。对于室内一般照明，灯具有最低悬挂高度的要求，在设计和安装照明灯具时，要满足有关标准和规范规定的最低悬挂高度的要求。

对于白炽灯，一般要求其功率不高于100W，最低悬挂高度要求为2.5m。对于无反射罩的荧光灯，其功率不高于36W时，最低悬挂高度要求为2.0m，功率高于36W时，最低悬挂高度要求为3.0m。对于带反射罩的高压汞灯、金属卤化物灯等，最低悬挂高度要求为4.0~8.0m；对于带反射罩且带格栅的高压汞灯、金属卤化物灯等，最低悬挂高度要求为4.5~9.0m。

（2）光源与灯具布置　光源与灯具布置主要考虑照明方式。一般照明场所主要采用一般照明方式和分区一般照明方式。光源与灯具布置主要采用均匀布置方案，即不考虑空间内设备的位置，使灯具在照明空间内均匀分布，使照明空间获得均匀的照度分布。在大多数情况下，选择均匀布置方案可满足照度质量要求。

为获得均匀的照度分布，灯具到工作面的垂直距离 H 和灯具之间的水平距离 L 要满足一定的限制条件。用灯具的距高比 L/H 来描述这种条件，对同一种光源和灯具，距高比不变时，照度的均匀性也相同。常见灯具平面布局方案有长方形、正方形、菱形等，不同布局方案中，灯具之间的水平距离有所区别，图7-3是三种布局的灯具之间的水平距离示意图。灯具布置的实际距高比小于或等于最大允许距高比时，可以获得均匀的照度分布。

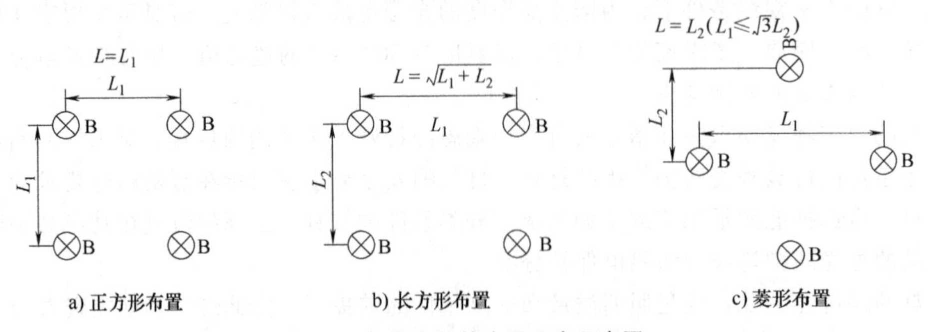

图7-3　灯具之间的水平距离示意图

通常，灯具的产品手册都规定了相应灯具的最大距高比。例如，对带反射罩的无格栅荧光灯灯具，合适的距高比在1.5左右；对带反射罩的有格栅荧光灯灯具，合适的距高比在1.3左右。选择均匀布置方案时，在灯具的悬挂高度和工作面高度确定后，可以按灯具推荐的距高比确定灯具之间的水平距离。

对荧光灯等非均匀结构尺寸的光源或灯具，在布置时，要考虑其光通量的均匀性，在教室等环境布置荧光灯，要将荧光灯与讲台黑板平面垂直布置，灯具距墙面的距离不宜超过灯具之间距离的一半。

7.3 室内照度计算

7.3.1 利用系数法

电气照明的一个基本任务是确定照明空间的光源与灯具数量及布局，确定照明空间所需的电功率，进而完成照明配电设计，实现这一任务的过程称为照明计算。具体而言，照明计算要根据照明空间照度标准的要求、灯具的形式和布局、室内环境条件等，确定灯具的数量和光源的功率；或者在光源的功率、灯具的形式和布局、室内环境条件等确定时，校验照明空间工作面的照度是否满足照度标准的要求。

照明计算的基本方法主要有点照度计算和平均照度计算两类。点照度计算是在光源、灯具的形式和布局确定后，计算被照平面上某个工作点的照度，在需要计算照明空间的照度时，需要进行逐点计算，因而点照度计算也称逐点计算法，点照度计算过程比较复杂，一般用于验算局部的照度要求或工作面的照度均匀度。平均照度计算以被照平面为对象，用被照工作面的光通量除以此照面面积计算被照工作面的平均照度，建筑照明的大多数场所都要求被照工作面具有均匀的照度，因而平均照度计算比较适合于照明工程设计；平均照度计算主要采用利用系数法，考虑了照明空间形状和表面对光源光通量的反射等影响，比较接近均匀照度空间的实际情况。

由于影响照度的因素很多，无论采用哪一类照明计算方法，都需要利用经验数据，因而只是近似计算，其结果可作为设计的参考。如果需要保证实际的照度标准，应根据现场的实际照度对光源与灯具进行调整。

1. 利用系数

照明空间的室空间形状、表面材料、灯具配光特性和灯具的效率等会对光源的光通量分布产生影响，引入利用系数来描述这种影响，利用系数 U 定义为投射到工作面的光通量 Φ_f 和所有光源发出的总光通量 Φ_Σ 之比，在照明空间的灯具数量为 N，每个灯具内光源的光通量为 Φ 时，利用系数可以表示为

$$U=\frac{\Phi_f}{\Phi_\Sigma}=\frac{\Phi_f}{N\Phi} \tag{7-9}$$

类似于负荷计算时引入的需要系数，在工程应用中，按一定的条件和理论分析，预先将不同灯具的利用系数编制为表格，在照明计算时，查表得出相应的利用系数 U，然后根据式(7-9)可得到投射到工作面的光通量 Φ_f。采用利用系数进行照明计算的方法称为利用系数法。

2. 室形指数

照明空间的形状会对光源的光通量分布产生影响，照明空间的高矮、表面面积的大小等都会影响利用系数，在编制利用系数表格时，需要考虑照明空间的形状影响，查表求利用系数时，需要根据照明空间的形状选择相应利用系数。按我国有关标准和CIE的推荐，照明工程应用中，采用室形指数 RI 描述照明空间形状，室形指数 RI 的计算公式为

$$RI=\frac{lw}{h(l+w)} \tag{7-10}$$

式中　w——房间宽度；

l——房间长度；

h——灯具的计算高度（灯具平面到工作面的垂直距离）。

室形指数实际是描述照明空间的屋面、地面和墙面构成的漫射表面的几何形状的参数，其基本的定义是照明空间的屋面和地面面积与照明空间墙面面积之比。

室形指数是一个无量纲参数，RI 值越大，表示房间大，高度相对较矮；反之，RI 值越小表示房间小，高度相对较高。一般的室内空间，其室形指数在0.6～5.0之间，为方便计算，通常将室形指数分为10个等级，进行查表，在查表求利用系数 U 时，要考虑室形指数 RI 的影响。

3. 有效空间反射比

照明空间的表面材料会对光源的光通量分布产生影响，在光源的光通量入射到照明空间的表面时，一部分被吸收，一部分反射回照明空间。显然，反射的光通量多，照明空间的照度高。一般而言，照明空间表面的颜色深，则对入射的光通量吸收多，反射的光通量少；照明空间表面的颜色浅，对入射的光通量吸收少，反射的光通量多。显然，利用系数与照明空间的表面对光通量的反射性有关。有效空间反射比的计算表达式为

$$\rho_e=\frac{\rho A_0}{(1-\rho)A_s+\rho A_0} \tag{7-11}$$

式中　ρ——平均反射比；

A_s——空间总面积；

A_0——灯具开口平面的面积。

在编制利用系数表格时，引入有效空间反射比来描述照明空间表面及材料对光通量的反射性能；有效空间反射比是用来描述照明有效空间的平面对光通量的反射或折射情况的参数，其数值与照明有效空间平面的实际面积、总面积和内表面平均反射比等因素有关，相应的有效空间反射比包含顶棚有效反射比、地板有效反射比、墙面有效反射比三个基本参数，也有具体的计算表达式，在查表求利用系数 U 时，要考虑有效空间反射比的影响。

反射比是一个小于1的无量纲参数，反射比大，表示空间表面反射的光通量较多，被表面吸收的光源的光通量少；反射比小，表示空间表面反射的光通量较少，被表面吸收的光源的光通量多；反射比太高，则容易产生眩光，影响照明质量。对长时间工作的房间，对照明空间表面的反射比有要求，即在选择屋顶面、地面、墙面的装饰材料时，要满足国家标准的要求。GB 50034—2013《建筑照明设计标准》中长时间工作的房间的表面反射比的要求见表7-9。选择长时间工作的房间的表面的装饰材料时，要考虑表面反射比的限制条件，不宜采用深色的、反射系数小的装饰材料。

表 7-9 长时间工作的房间的表面反射比

表面名称	屋顶面	地面	墙面	作业面
反射比	0.6~0.9	0.1~0.5	0.3~0.8	0.2~0.6

4. 维护系数

照明设备在使用一定周期后，由于环境、灰尘等因素的影响，会使照度下降，为保持要求的照度，需要对照明光源与灯具进行擦拭维护。污染严重的环境，每年要求进行的擦拭维护次数多。在照明计算中，引入维护系数 K 描述这种影响。

维护系数定义为在规定表面上的平均照度与该装置在相同条件下新装在同一表面上的平均照度之比，维护系数 K 是一个小于 1 的无量纲参数，其取值主要考虑环境条件。对清洁的室内环境，K 值可取 0.8；对一般清洁的室内环境，K 值可取 0.7；对污染较重的室内环境，K 值可取 0.6；对室外环境，K 值可取 0.65。

在查表求利用系数 U 时，要考虑维护系数的影响。

5. 利用系数法

照明空间工作面的平均照度 E_{av} 只与投射到其表面的光通量和表面面积 A 有关，投射到工作面的光通量 Φ_f 可以通过利用系数 U 的表达式（7-9）求取，这是采用利用系数法进行照明计算的基本出发点。在考虑维护系数 K 后的利用系数法的基本计算公式为

$$E_{av}=\frac{N\Phi UK}{A} \tag{7-12}$$

式中 E_{av}——照明空间工作面的平均照度（lx）；

K——维护系数；

U——利用系数；

N——灯具数量；

A——照明空间平面的面积（m^2）；

Φ——光源的光通量（lm）。

式（7-12）中，利用系数 U 可以根据所选灯具的参数、室形指数和有效空间反射比通过查表得出，维护系数 K 可以通过查表 7-10 获得，照明空间工作面的面积 A 可以根据房间参数计算得出，光源的光通量 Φ 可由光源产品手册得到。利用该公式可以解决两个问题。

如果房间的灯具已布置好，即房间的灯具数量 N 已确定，则可以利用上述公式校验所设计的照明系统的照度水平是否符合照明质量标准。如果给定照明空间的照度水平要求，则可以利用上述公式确定房间内应该布置灯具的数量。

表 7-10 维护系数

环境污染特征		适用房间或场所	灯具清洁每年次数	维护系数值
室内	清洁	教室、办公室、营业厅、卧室、病房、客房、影院、剧场、餐厅、阅览室、体育场、仪表装配车间、电子器件装配车间、检验室等	2	0.80
	一般	候机厅、候车室、机械加工车间、装配车间等	2	0.70
	污染严重	共用厨房、锻工车间、铸工车间、水泥车间等	3	0.60
室外		雨篷、站台	2	0.65

【例 7-1】 某教室长 11m，宽 6.6m，高 3.3m。室内表面反射比分别为：顶棚 0.8，墙面 0.5，地面 0.15。在离顶棚 0.5m 的高度安装 YG1-1（2200lm）型荧光灯，要求距地面 0.8m 高的工作面上的平均照度为 300lx，计算需要安装灯的个数。其中 YG1-1 型荧光灯的利用系数见表 7-11。

表 7-11 YG1-1 型荧光灯的利用系数

地板空间有效反射比 $\rho_{fe}=20\%$ 时的利用系数												
顶棚空间有效反射比 ρ_{ce}	70			50			30			10		
墙面反射比 ρ_w	70	50	30	70	50	30	70	50	30	70	50	30
室空间比 RCR												
1	0.75	0.71	0.67	0.67	0.63	0.60	0.59	0.56	0.54	0.52	0.50	0.48
2	0.68	0.63	0.55	0.60	0.54	0.50	0.53	0.48	0.45	0.46	0.43	0.40
3	0.61	0.53	0.46	0.54	0.47	0.42	0.47	0.42	0.38	0.41	0.37	0.34
4	0.56	0.46	0.39	0.49	0.41	0.36	0.43	0.37	0.32	0.37	0.33	0.29
5	0.51	0.43	0.34	0.45	0.37	0.31	0.39	0.33	0.28	0.34	0.29	0.25
6	0.47	0.37	0.30	0.41	0.33	0.27	0.36	0.29	0.25	0.32	0.26	0.22
7	0.43	0.33	0.26	0.38	0.30	0.24	0.33	0.26	0.22	0.29	0.24	0.20
8	0.40	0.29	0.23	0.35	0.27	0.21	0.31	0.24	0.19	0.27	0.21	0.17
9	0.37	0.27	0.20	0.33	0.24	0.19	0.29	0.22	0.17	0.25	0.19	0.15
10	0.34	0.24	0.17	0.30	0.21	0.16	0.26	0.19	0.15	0.23	0.17	0.13
地板空间有效反射比 $\rho_{fe}=30\%$ 时的修正系数												
顶棚空间有效反射比 ρ_{ce}	80			70			50			30		
墙面反射比 ρ_w	70	50	30	70	50	30	50	30	10	50	30	10
室空间比 RCR												
1	1.092	1.082	1.075	1.077	1.070	1.064	1.049	1.044	1.040	1.028	1.026	1.023
2	1.079	1.066	1.055	1.068	1.057	1.048	1.041	1.033	1.027	1.026	1.021	1.017
3	1.070	1.054	1.042	1.061	1.048	1.037	1.034	1.027	1.020	1.024	1.017	1.012
4	1.062	1.045	1.033	1.055	1.040	1.029	1.030	1.022	1.015	1.022	1.015	1.010
5	1.056	1.038	1.026	1.050	1.034	1.024	1.027	1.018	1.012	1.020	1.013	1.008
6	1.052	1.033	1.021	1.047	1.030	1.020	1.024	1.015	1.009	1.019	1.012	1.006
7	1.047	1.029	1.018	1.043	1.026	1.017	1.022	1.013	1.007	1.018	1.010	1.005
8	1.044	1.026	1.015	1.040	1.024	1.015	1.020	1.012	1.006	1.017	1.009	1.004
9	1.040	1.024	1.014	1.037	1.022	1.014	1.019	1.011	1.005	1.016	1.008	1.004
10	1.037	1.022	1.012	1.034	1.020	1.012	1.017	1.010	1.004	1.015	1.007	1.003
地板空间有效反射比 $\rho_{fe}=10\%$ 时的修正系数												
顶棚空间有效反射比 ρ_{ce}	80			70			50			30		
墙面反射比 ρ_w	70	50	30	70	50	30	50	30	10	50	30	10
室空间比 RCR												
1	0.923	0.929	0.935	0.933	0.939	0.943	0.956	0.960	0.963	0.973	0.976	0.979
2	0.931	0.942	0.950	0.940	0.949	0.957	0.962	0.968	0.974	0.976	0.980	0.985
3	0.939	0.951	0.961	0.945	0.957	0.966	0.967	0.975	0.981	0.978	0.983	0.988
4	0.944	0.958	0.969	0.950	0.963	0.973	0.972	0.980	0.986	0.980	0.986	0.991
5	0.949	0.964	0.976	0.954	0.968	0.978	0.975	0.983	0.989	0.981	0.988	0.993
6	0.953	0.969	0.980	0.958	0.972	0.982	0.977	0.985	0.992	0.982	0.989	0.995
7	0.957	0.973	0.983	0.961	0.975	0.985	0.979	0.987	0.994	0.983	0.990	0.996
8	0.960	0.976	0.986	0.963	0.977	0.987	0.981	0.988	0.995	0.984	0.991	0.997
9	0.963	0.978	0.987	0.965	0.979	0.989	0.983	0.990	0.996	0.985	0.992	0.998
10	0.965	0.980	0.989	0.967	0.981	0.990	0.984	0.991	0.997	0.986	0.993	0.998

（续）

地板空间有效反射比 ρ_{fe}=0%时的修正系数												
顶棚空间有效反射比 ρ_{ce}	80			70			50			30		
墙面反射比 ρ_w	70	50	30	70	50	30	50	30	10	50	30	10
室空间比 RCR												
1	0.859	0.870	0.879	0.873	0.884	0.893	0.916	0.923	0.929	0.948	0.954	0.960
2	0.871	0.887	0.903	0.886	0.902	0.916	0.926	0.938	0.949	0.954	0.963	0.971
3	0.882	0.904	0.915	0.898	0.918	0.934	0.936	0.950	0.964	0.958	0.969	0.979
4	0.893	0.919	0.941	0.908	0.930	0.948	0.945	0.961	0.974	0.961	0.974	0.984
5	0.903	0.931	0.953	0.914	0.939	0.958	0.951	0.967	0.980	0.964	0.977	0.988
6	0.911	0.940	0.961	0.920	0.945	0.965	0.955	0.972	0.985	0.966	0.979	0.991
7	0.917	0.947	0.967	0.924	0.950	0.970	0.959	0.975	0.988	0.968	0.981	0.993
8	0.922	0.953	0.971	0.929	0.955	0.975	0.963	0.978	0.991	0.970	0.983	0.995
9	0.928	0.958	0.975	0.933	0.959	0.980	0.966	0.980	0.993	0.971	0.985	0.996
10	0.933	0.962	0.979	0.937	0.963	0.973	0.969	0.982	0.995	0.973	0.987	0.997

解 1）填写原始数据。

光源光通量 $\Phi=2200\text{lm}$，维护系数 $K=0.8$，室长 $l=11\text{m}$，室宽 $w=6.6\text{m}$，顶棚空间高 $h_c=0.5\text{m}$，顶棚空间墙面反射比 $\rho_{cw}=0.5$，顶棚反射比 $\rho_c=0.8$，室空间高 $h_r=2\text{m}$，墙面反射比 $\rho_w=0.5$，地板空间高 $h_f=0.8\text{m}$，地板空间墙面反射比 $\rho_{fw}=0.5$，地板反射比 $\rho_f=0.15$。

2）计算室空间比 RCR，即

$$RCR=\frac{5h_r(l+w)}{lw}=\frac{5\times2\text{m}\times(11\text{m}+6.6\text{m})}{11\text{m}\times6.6\text{m}}=2.42$$

3）计算顶棚空间平均反射比，即

$$\rho=\frac{0.5\times2h_c(l+w)+0.8lw}{2h_c(l+w)+lw}$$

$$=\frac{0.5\times2\times0.5\text{m}\times(11\text{m}+6.6\text{m})+0.8\times11\text{m}\times6.6\text{m}}{2\times0.5\text{m}\times(11\text{m}+6.6\text{m})+11\text{m}\times6.6\text{m}}=0.74$$

计算顶棚空间有效反射比，即

$$\rho_{ce}=\frac{\rho A_0}{(1-\rho)A_s+\rho A_0}$$

$$=\frac{0.741\times11\text{m}\times6.6\text{m}}{(1-0.741)\times(11\text{m}\times6.6\text{m}+2\times0.5\text{m}\times(11\text{m}+6.6\text{m}))+0.741\times11\text{m}\times6.6\text{m}}=0.70$$

4）墙面反射比为

$$\rho_w=0.5$$

5）根据 $\rho_{ce}=0.70$，$\rho_w=0.5$，$RCR=2.42$ 查利用系数表，查得

$$(RCR_1,U_1)=(2,0.61),(RCR_2,U_2)=(3,0.53)$$

利用线性插值可求得利用系数为

$$U=U_1+\frac{U_2-U_1}{RCR_2-RCR_1}(RCR-RCR_1)$$

$$=0.61+\frac{0.53-0.61}{3-2}\times(2.42-2)$$

$$=0.576$$

6）计算地板空间平均反射比，即

$$\begin{aligned}\rho &= \frac{0.5\times2h_{\mathrm{f}}(l+w)+0.15lw}{2h_{\mathrm{f}}(l+w)+lw}\\ &= \frac{0.5\times2\times0.8\mathrm{m}\times(11\mathrm{m}+6.6\mathrm{m})+0.15\times11\mathrm{m}\times6.6\mathrm{m}}{2\times0.8\mathrm{m}\times(11\mathrm{m}+6.6\mathrm{m})+11\mathrm{m}\times6.6\mathrm{m}}\\ &= 0.247\end{aligned}$$

计算地板空间有效反射比，即

$$\begin{aligned}\rho_{\mathrm{fe}} &= \frac{\rho A_0}{(1-\rho)A_{\mathrm{s}}+\rho A_0}\\ &= \frac{0.247\times11\mathrm{m}\times6.6\mathrm{m}}{(1-0.247)\times(11\mathrm{m}\times6.6\mathrm{m}+2\times0.8\mathrm{m}\times(11\mathrm{m}+6.6\mathrm{m}))+0.247\times11\mathrm{m}\times6.6\mathrm{m}}\\ &= 0.20\end{aligned}$$

故不需要修正利用系数。

7）计算所需灯的数量，即

$$\begin{aligned}N &= \frac{E_{\mathrm{av}}A}{\Phi UK}\\ &= \frac{300\mathrm{lx}\times11\mathrm{m}\times6.6\mathrm{m}}{2200\mathrm{lm}\times0.576\times0.8}\\ &= 21.48\end{aligned}$$

需要安装灯的个数为 21 个。

7.3.2 单位功率法

从理论上讲，利用系数法已经可以完成照明计算，但直接采用利用系数法，需要考虑室形指数、反射比等因素，对利用系数进行修正，计算过程相对复杂。在实际应用中，单位功率法可作为照明初步设计时估算照明负荷的依据，其实质仍是利用系数法。

单位功率法又称为单位容量法，其计算出发点是根据照明空间的光源种类、灯具形式、照度标准的经验数据等条件，预先将各种光源和灯具在不同照度标准下的单位被照面积所需的电功率制成表格，照明计算时根据对应情况查表直接求得单位面积电功率。

单位功率法的基本计算公式为

$$P_{\Sigma}=CAP_0 \tag{7-13}$$

式中 P_{Σ}——照明空间所需的总功率（W）；

C——校正系数，可参考表 7-12 和表 7-13 选取；

A——照明空间平面面积（m^2）；

P_0——单位容量（$\mathrm{W/m}^2$）。

采用式（7-13）时，在实际条件不满足单位容量计算表的编制条件时需要进行校正，主要考虑反射比、灯具效率、光源功率三个因素，对应有三个校正系数 C_1、C_2、C_3，式（7-13）的校正系数为 $C=C_1C_2C_3$。表 7-12、表 7-13 为校正系数 C_1、C_2、C_3 的取值说明。

随着照明技术的进步和节能要求提高，照明单位容量的指标还将得到改善。以表中参数为依据的计算结果可以作为照明设计参考，但并非必须严格遵守计算结果。

表 7-12 当反射比、灯具效率不是规定值时的修正系数 C_1、C_2

房间反射比不是规定值时的修正系数 C_1				灯具效率不是规定值时的修正系数 C_2	
顶棚反射比	墙面反射比	地面反射比	修正系数 C_1	灯具效率	修正系数 C_2
70%	50%	20%	1	70%	1
60%	40%	20%	1.08	60%	1.22
40%	30%	20%	1.27	50%	1.47

表 7-13 当光源功率不是规定功率时的修正系数 C_3

额定功率/W	白炽灯									荧光灯			
	15	25	40	60	100	150	200	500	1000	15	20	30	40
C_3	1.7	1.42	1.34	1.19	1.0	0.9	0.86	0.76	0.68	1.55	1.24	1.65	1.0

7.4 电气照明设计

7.4.1 概述

照明设计要求根据照明空间的环境与使用性质，选择合适的光源、灯具等照明设备，并通过对照明设备的合理布局，满足照明空间的使用功能要求，使照明设备与照明环境相适应，视觉清晰，亮度均匀，让使用者在照明空间内工作或生活感到舒适和轻松。照明设计的内涵广泛，涉及建筑、光学、电学、美学等多个领域的知识。

照明电气设计的主要内容是依照光照设计确定的设计方案，确定照明负荷级别、计算负荷、确定配电系统、选择开关、导线、电缆和其他电气设备，选择供电电压和供电方式，绘制灯具和线路平面布置图和系统图，汇总安装容量、主要设备和材料清单，编制预算书等。

照明设计是一个实现照明空间照明要求的过程，通常可按以下步骤进行：

1. 明确设计要求

照明设计首先要了解用户的设计意图与要求，收集有关资料；例如要了解照明空间的大小、结构布局、功能要求，使用性质与环境，投资水平等，勾画总体构想，完成整体方案。

2. 确定照明质量标准

国家有关标准对不同用途的照明空间的照度有具体要求，设计时要根据设计要求，参考国家有关标准，选择满足国家标准规定的照度范围，再根据投资水平等因素，选择合适的照度标准。建筑照明的主要标准可参考 GB 50034—2013《建筑照明设计标准》。

3. 确定照明方式

根据照明空间的照度标准，在一般照明、分区一般照明、局部照明及混合照明四种方式中，选择合适的照明方式。

4. 光源与灯具选择

根据照明空间的功能要求，考虑节能要求，选择高效的光源与灯具；考虑环境与使用功能要求，选择具有与之相适宜的显色指数、色温的光源，选择满足安全防护、防触电要求的灯具；考虑美观装饰性的要求，选择与环境协调的灯具；考虑建筑的结构与平面，确定灯具的安装方式和布局。

5. 方案比较

对较大的照明工程设计，通常还要对设计方案的技术和经济性能指标进行论证，并对多个方案进行比较，从中选择最佳方案，满足经济性的要求。

6. 照明供配电设计

根据照度要求，确定光源所需的电功率，并进行照明负荷计算，按照明种类的供电可靠性要求，根据供配电系统的设计原则与要求，完成照明供配电设计。

7.4.2 照明负荷计算

通常把负荷密度法和利用系数法结合起来确定建筑物的负荷。

负荷密度法一般用来估算三级配电箱的负荷，公式为

$$P_c = \rho A \tag{7-14}$$

式中 ρ——负荷密度（kW/m^2）；

A——建筑物面积（m^2）。

比如，某办公室的面积为 $30m^2$，办公楼的负荷密度指标为 $40 \sim 80W/m^2$；可以估算出该办公室的计算负荷为 1.2~2.4kW。

利用系数法通常用来获得计算电流、一级和二级配电箱的负荷，计算公式如下。

（1）对于三相用电设备，即

$$\begin{cases} P_c = K_d \sum P_e \\ I_c = \dfrac{P_c}{\sqrt{3} U_N \cos\varphi} \end{cases} \tag{7-15}$$

式中 P_c——用电设备组的计算负荷；

K_d——需要系数，查相关表获取；

$\sum P_e$——各用电设备组有功负荷的总和（kW）；

I_c——用电设备组的计算电流（A）；

U_N——三相用电设备的额定电压（kV），为 0.38kV；

$\cos\varphi$——功率因数，取 0.9。

（2）单相用电设备的计算电流为

$$I_c = \frac{P_c}{U_\varphi \cos\varphi} \tag{7-16}$$

式中 U_φ——三相用电设备的额定电压（kV），为 0.22kV。

由上述两组公式可求得配电箱进线公共计算功率和计算电流。

7.5 应急照明设计

应急照明是在正常照明电源失效后启用的照明，直接影响建筑安全和人员安全。应急照明除考虑供电可靠性，要采用应急电源供电外，还要考虑应急电源的切换时间，应急照明灯具的布置等。

7.5.1 应急照明的基本要求

应急照明的供电要求一般要考虑应急照明的设置场所、照度要求、供电电源和应急电源之间的切换时间、应急电源持续供电时间等。

应急电源包括备用照明、安全照明、疏散照明，三种照明对供电的要求略有不同。应急照明的设置场所根据应急照明的种类和功能确定；应急照明的供电电源，应根据应急照明类别，使用场所和要求、建筑的电源条件选择，可以采用来自电力网的有效独立于正常照明电源的线路，包括灯内自带蓄电池或集中设置的蓄电池电源、应急发电机组三种电源的一种或任意两种的组合。应急照明电源应采用自动切换方式。

1. 备用照明

备用照明主要用于正常照明电源失效后，确保正常活动继续进行。需要在正常照明电源失效后继续工作的场所，例如发电机房、银行、商场收款台等，应设置备用照明。

备用照明的照度要确保正常活动继续进行，一般要求备用照明的照度不宜低于对应的正常照明照度的10%；对于在发生火灾时仍需继续坚持工作的房间，例如建筑配电室、消防控制室、消防水泵房、防烟排烟机房、发电机房、信息中心、通信机房等场所应设置备用照明，且备用照明应保持正常照明的照度。

为满足备用照明的照度，备用照明供电的应急电源应具有足够的容量以满足供电要求。因此备用照明供电的应急电源通常采用来自电力网的有效独立于正常照明电源的线路和应急发电机组。

备用照明供电电源的持续供电时间取决于设置场所的工作具体情况，一般不应小于20min，对于重要的场所，可要求持续到正常电源恢复。持续供电时间长，对应急电源的要求高，应急电源容量大。

2. 安全照明

安全照明主要用于正常照明电源失效后，确保处于潜在危险之中的人员安全。在正常照明电源失效后，可能导致人员安全事故的场所，例如医院手术室、地下室等，应设置安全照明。

安全照明的照度按不会导致混乱和危险原则确定，一般要求其照度不宜低于对应的正常照明照度的10%；对医疗抢救的场所，要求达到正常照明的照度。对照度要求低、安全照明电功率小的场所，可选择自带蓄电池或集中设置的蓄电池电源供电；对照度要求高，安全照明电功率大的场所，宜选择来自电力网的有效独立于正常照明电源的线路供电。

安全照明供电电源的持续供电时间与备用电源相似，取决于设置场所的工作的具体情况，一般不应小于20min，对于特殊场所，例如医院手术室等，应按持续工作时间考虑。

3. 疏散照明

疏散照明主要用于正常照明电源失效后，用于确保疏散通道被有效地辨认和使用。疏散照明直接影响建筑，特别是高层建筑内人员在发生火灾意外时的逃生与安全。

在建筑发生火灾时，将建筑内的人员迅速撤离到安全地区，避免人员伤亡是消防扑救工作的首要任务。发生火灾时初始的特征是烟雾，要在烟雾笼罩之下、正常供电中断之后，迅速撤离火灾现场。具备疏散指示照明与安全出口标志是非常重要的消防措施，特别是高层建筑，结构相对复杂，而且消防通道在一般情况下又极少使用，在慌乱和浓烟之中，有明显的疏散指示标志和安全出口标志引导逃生尤其重要。疏散照明的设置和要求要满足国家建筑消防规范和相关规范的强制性要求。

疏散照明包含疏散指示标识和疏散通道照明两个内容。疏散指示标识要能明确、清晰地指示通向室外安全出口的疏散线路或出口位置，在火灾等意外情况下，引导建筑内的人员迅速找到疏散通道。疏散指示标识的光源以亮度要求为主，对照度要求低；一般采用白炽灯、稀土金属荧光灯及高效发光晶体管等高亮度光源以保证醒目；疏散通道照明则主要提供疏散通道必要的照明，保证建筑内的人员能够沿疏散通道前行，对照度的要求不高，满足可视照度的要求即可。

对安全出口标志的照明要求为：正常时，要求在30m以外能识别出口标志，标志亮度不小于$15cd/mm^2$，不大于$300cd/mm^2$；应急时，在20m以外能识别出口标志，照度不应低于0.5lx。

对疏散指示标志的照明要求为：正常时，在20m以外能识别出口标志，亮度不小于$15cd/mm^2$，不大于$300cd/mm^2$；应急时，在15m以外能识别出口标志，照度不应低于0.5lx。

对疏散照明要求为：照度不应低于5lx。

按CIE的规定，疏散照明和正常照明电源的切换时间不应超过5s。疏散照明供电电源的持续供电时间要满足疏散逃生的要求，按现行的《高层民用建筑设计防火规范》规定，疏散照明供电电源的持续供电时间不应小于20min，对于超高层建筑、重要的建筑，持续供电时间不应小于30min。而在新修订的GB 50016—2014（2018版）《建筑设计防火规范》中规定：消防应急照明灯具和灯光疏散指示标志的并用电源的连续供电时间不应小于30min，并建议在有条件时，采用蓄电池组作为火灾应急照明和疏散指示标志的电源。目前使用的自带浮充镍铬蓄电池的照明灯具，持续供电时间一般都大于60min。从消防安全的角度，蓄电池供电方式更为可靠，在供电线路意外断开后，也可保证疏散照明的供电。

根据上述的讨论，将应急照明的供电要求简要的列在表7-14中，以体会其中不同之处。

表7-14　应急照明的供电要求

<table>
<tr><th colspan="2">照明种类</th><th>设置场所</th><th>照度要求</th><th>切换时间</th><th>持续供电时间</th><th>供电电源</th></tr>
<tr><td colspan="2">备用照明</td><td>正常照明电源失效后需要走继续工作的场所</td><td>一般场所不低于正常照度的10%
火灾时须继续坚持工作的场所，按正常照度考虑</td><td>一般场所：不超过15s
重要场所：不超过1.5s</td><td>一般不应小于20min，重要场所按实际要求确定</td><td>电源容量比较大，一般选择独立于正常照明的线路和应急发电机组</td></tr>
<tr><td colspan="2">安全照明</td><td>正常照明电源失效后，可能导致人员安全事故的场所</td><td>一般场所不低于正常照度的5%；特殊场所满足正常照度</td><td>0.5s</td><td>同上</td><td>快速投入的电源</td></tr>
<tr><td rowspan="2">疏散照明</td><td>疏散标志</td><td rowspan="2">有关消防规范规定的疏散通道和安全出口</td><td>不低于0.5lx有效识别标志</td><td rowspan="2">5s</td><td rowspan="2">不应小于30min</td><td rowspan="2">有条件时，选择蓄电池组应急电源</td></tr>
<tr><td>疏散照明</td><td>不低于5lx</td></tr>
</table>

7.5.2　应急照明设计

1. 下列场所应设置备用照明GB 51348—2019第10.4.1条

1）正常照明失效可能造成重大财产损失和严重社会影响的场所（民用建筑中如重要的

通信中心、广播电视台、国际会议中心、重要旅馆、候机楼、交通枢纽等）。

2）正常照明失效妨碍灾害救援工作进行的场所（如消防控制室、消防泵房、配电室、发电机房等）。

3）人员经常停留且无自然采光的场所（如建筑内区的会议室、控制室等）。

4）正常照明失效将导致无法工作和活动的场所（如地铁站、地下医院、地下商场、地下餐饮娱乐场所等）。

5）正常照明失效可能诱发非法行为的场所（如公共交通场所、大中型商场的营业厅、收款台及银行柜台等）。

2. 下列场所应设置安全照明 GB 51348—2019 第 10.4.5 条

1）人员处于非静止状态且周围存在潜在危险设施的场所（如体育项目比赛场所）。

2）正常照明失效可能延误抢救工作的场所（如医院的手术室、抢救室等）。

3）人员密集且对环境陌生时，正常照明失效易引起恐慌骚乱的场所（如地下交通空间、体育馆的观众席、大型地下商业等）。

4）与外界难以联系的封闭场所（如金库、冷库、文物库等）。

消防应急（疏散）照明灯应设置在墙面或顶棚上，设置在顶棚上的疏散照明灯不应采用嵌入式安装方式。灯具选择、安装位置及灯具间距以满足地面水平最低照度为准；疏散走道、楼梯间的地面水平最低照度，按中心线对称 50%的走廊宽度为准；大面积场所疏散走道的地面水平最低照度，按中心线对称疏散走道宽度均匀满足 50%范围为准。

疏散指示标志灯在顶棚安装时，不应采用嵌入式安装方式。安全出口标志灯应安装在疏散口的内侧上方，底边距地不宜低于 2.0m；疏散走道的疏散指示标志灯具应在走道及转角处离地面 1.0m 以下墙面上、柱上或地面上设置，采用顶装方式时，底边距地宜为 2.0~2.5m。

设在墙面上、柱上的疏散指示标志灯具间距在直行段为垂直视觉时不应大于 20m，侧向视觉时不应大于 10m；对于袋形走道，不应大于 10m。交叉通道及转角处宜在正对疏散走道的中心的垂直视觉范围内安装，在转角处安装时距角边不应大于 1m。

设在地面上的连续视觉疏散指示标志灯具之间的间距不宜大于 3m。

一个防火分区中，标志灯形成的疏散指示方向应满足最短距离疏散原则，标志灯设计形成的疏散途径不应出现循环转圈而找不到安全出口。

装设在地面上的疏散标志灯，应防止被重物或受外力损坏，其防水、防尘性能应达到 P67 的防护等级要求。地面标志灯不应采用内置蓄电池灯具。

疏散照明灯的设置，不应影响正常通行，不得在其周围存放有容易混同以及遮挡疏散标志灯的其他标志牌等。

本 章 小 结

本章首先简单介绍电气照明的基本知识，包括照明的度量和照明质量标准的确定，然后讲述照明光源和灯具的选取，着重介绍如何合理地选取电光源和灯具来满足照明质量标准，接着重点介绍室内照度的计算方法，已校验所选取和布置的照明装置是否能够满足照明质量标准，最后讲述了与照明装置匹配的电气照明设计和应急照明设计。

思考题与习题

7-1 照明质量的好坏如何评价？

7-2 常用的电光源有哪些参数？

7-3 照明设计时如何合理选取电光源？

7-4 如何实施绿色照明？

7-5 灯具有哪些作用？

7-6 室内灯具布置一般要考虑哪些问题？

7-7 照明配电设计时一般要考虑哪些问题？

7-8 应急照明系统中如何选取电光源？

7-9 为什么照度计算要考虑维护系数？

7-10 叙述照明电气设计中如何完成原始资料收集。

7-11 照明施工图包含哪些内容？

7-12 长 30m，宽 15m，高 6m 的车间。灯具安装高度为 4.2m，工作面高度为 0.75m，计算室形指数及室空间比。

7-13 有一面积为 8.8m×6.6m 接待室采用 6 只 JXDS-2（2000lm）平圆吸顶灯照明，布局如图 7-4 所示。其中，JXDS-2 灯具的维护系数为 0.8。已知灯 1 对 A 点产生的照度为 12lx，灯 2 对 A 点产生的照度为 4lx，灯 3 对 A 点产生的照度为 1lx，计算房间内桌面上 A 点的照度。

7-14 有一教室长 6.6m，宽 6.6m，高 3.6m。在离顶棚 0.5m 的高度内安装有 8 只 YG1-1 型 36W 荧光灯具，课桌高度为 0.8m，教室内各表面的反射比如图 7-5 所示。试计算课桌面上的平均照度（36W 荧光灯光通量取 3350lm），并分析所选灯具是否满足要求，若不满足，如何改选？

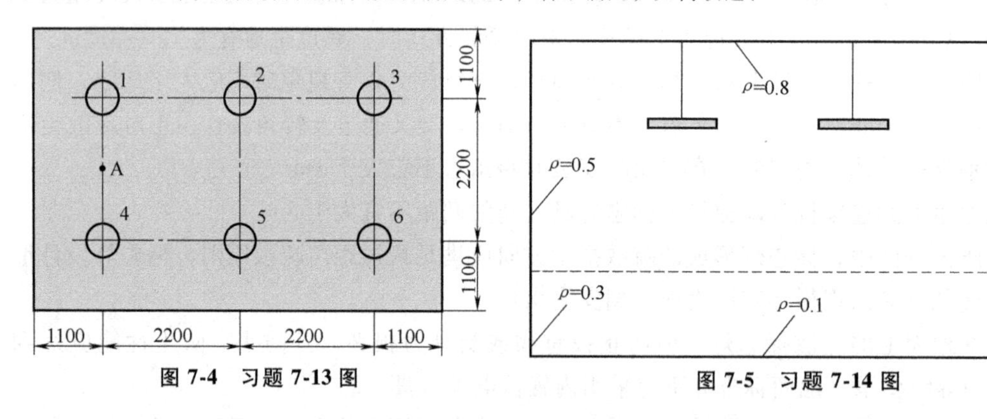

图 7-4 习题 7-13 图　　图 7-5 习题 7-14 图

7-15 某无窗厂房长 10m，宽 6m，高 3.3m。室内表面反射比分别为：顶棚 0.7，墙面 0.5，地面 0.2。采用 YG1-1（2400lm）型灯具照明，灯具吸顶安装，要求距地面 0.8m 高的工作面上的平均照度为 500lx，计算需要安装灯的个数。

第8章 电气安全技术

由于电能应用的广泛性，不论生产领域，还是生活领域，都离不开电，都会遇到各种不同的电气安全问题，可能导致人员伤亡、设备损毁、大面积停电等严重的事故，造成严重的不良后果，甚至是严重的社会影响。按照消防部门的统计数据，近几年我国累计发生的火灾事故中，由于电线老化、接触不良、短路、超负荷等电气故障引发的火灾占各类火灾之首，严重危害了人们生命财产安全。本章主要介绍民用建筑物防雷和电气接地装置等的安全防护措施。

8.1 民用建筑物防雷

8.1.1 雷电的产生

每年夏季，天气多变，早上晴空万里，下午却乌云密布，响起阵阵雷声。而我们所研究的就是这夏季雨天最常出现的一种自然现象——雷电。

1. 雷电的产生原因

雷电是发生在大气层中大气或云块在气流作用下产生异性电荷的积累使某处空气被击穿，电荷中和产生强烈的声、光、电并发的一种物理现象，通常是指带电的云层对大地之间、云层与云层之间、云层内部的放电现象。这个放电的过程会产生强烈的闪电和巨大的声响，即人们常说的“电闪雷鸣”。

雷电是一种常见的大气放电现象。雷电一般产生于强对流的积雨云中，因此常伴有强烈的阵风和暴雨，有时还伴有冰雹和龙卷。在夏天的午后或傍晚，地面的热空气携带大量的水汽不断地上升到高空，进而形成大范围的积雨云。积雨云顶部一般比较高，积雨云的不同部位聚集着大量的正电荷或负电荷，可达20km，云的上部常有冰晶。冰晶的凇附，水滴的破碎以及空气对流等过程，使云中产生电荷，如图8-1所示。

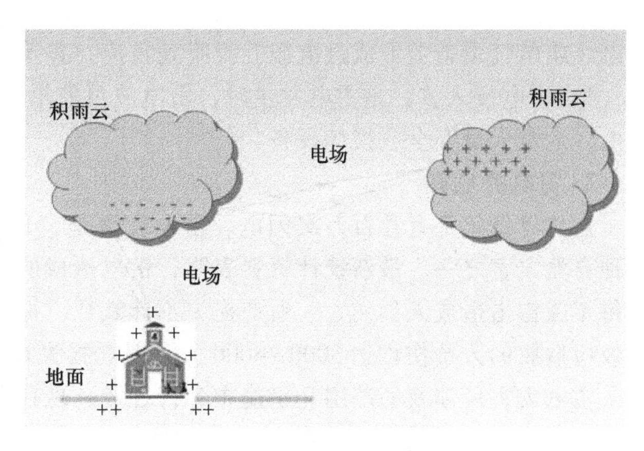

图8-1 雷电的形成

云中电荷的分布较复杂，但总体而言，云的上部以正电荷为主，下部以负电荷为主从而形成雷雨云。而地面因受到近地面积雨云的静电感应，也会带上与云底相反符号的电荷，两者相当于一个巨大的电容器。一般情况下，把地面看成零电势面，积雨云与地面的高度差比较大，根据公式：$U=Ed$，积雨云与地面间的电场强度与距离都很大，所以它们间的电势差很大，即电压很大。

闪电的电压很高，约为1亿~10亿V。闪电的平均电流是3万A，最大电流可达30万A。一个中等强度雷暴的功率可达1000万W，相当于一座小型核电站的输出功率。当云层里的电荷越积越多，使电场强度达到一定强度，就会把空气击穿，打开一条狭窄的通道强行放电。当云层放电时，由于云中的电流很强，通道上的空气瞬间被烧得灼热，温度高达6000~20000℃，所以发出耀眼的强光，这就是闪电。而闪道上的高温会使空气急剧膨胀，同时也会使水滴汽化膨胀，从而产生冲击波，这种强烈的冲击波活动形成了雷声。

危害建筑物的雷电是由雷云（带电的云层）对地面建筑物（包括大地）放电所引起的。近地面的雷云（时测表明下部负极性雷云占绝大多数）使大地或建筑物感应出（静电感应）与其下部极性相反的电荷，这样雷云与大地或建筑物之间形成了强大的电场。当雷云附近的电场强度达到足以使空气绝缘破坏时，空气便开始游离，变为导电的通道，不过这个导电的通道是由雷云和地面突出的建筑物相向逐步发展的，这个过程叫作先导放电。当先导放电的头部相互接近时，达到空气的击穿距离就开始进入放电的第二阶段，即主放电阶段。主要放电阶段又称为回击放电，其放电的电流即雷电流，可达到几十万A，电压可达到几百万V，温度可达20000℃。在几微秒时间内，使放电的空气通道白热而猛烈膨胀，并出现耀眼的光亮和巨响，这就是通常所说的“闪电”和“打雷”。打到地面上的闪电称为“落雷”，落雷击中的建筑物、树木或人畜称为“雷击”。

2. 雷电的分类

雷电的种类主要有四种：直击雷、球雷、感应雷和雷电侵入波。

1）直击雷：是雷电与地面、树木、铁塔或其他建筑物等直接放电形成的。这雷击的能量很大，雷击后一般会留下烧焦、坑洞、突出部分削掉等痕迹。

2）球雷：是一种紫色或灰紫色的滚动雷，它能沿地面滚动或空中飘动，能从门窗、烟囱等孔洞缝隙窜入室内，遇到人体或物体容易发生爆炸。

3）感应雷：是指感应过电压。雷击于电线或电气设备附近时，由于静电和电磁感应将在电线或电气设备上形成过电压。没听到雷声，并不意味着没有雷击。

4）雷电侵入波：是雷电发生时，雷电波可能沿着架空线路、电缆线路或金属管道侵入屋内，危及人身安全或损坏设备。

3. 雷电的危害

自然界每年都有几百万次闪电。雷电灾害是“联合国国际减灾十年”公布的最严重的十种自然灾害之一。最新统计资料表明，雷电造成的损失已经上升到自然灾害的第三位。全球每年因雷击造成人员伤亡、财产损失不计其数。据不完全统计，我国每年因雷击以及雷击负效应造成的人员伤亡达3000~4000人，财产损失在50亿元到100亿元。

雷电灾害所涉及的范围几乎遍布各行各业。现代电子技术的高速发展，带来的负效应之一就是其抗雷击浪涌能力的降低。以大规模集成电路为核心组件的测量、监控、保护、通信、计算机网络等先进电子设备广泛运用于电力、航空、国防、通信、广电、金融、交通、石化、医疗以及其他现代生活的各个领域，以大型 CMOS 集成元件组成的这些电子设备普遍存在着对暂态过电压、过电流耐受能力较弱的缺点，暂态过电压不仅会造成电子设备产生误操作，也会造成更大的直接经济损失和广泛的社会影响。雷电示意图如图 8-2 所示。

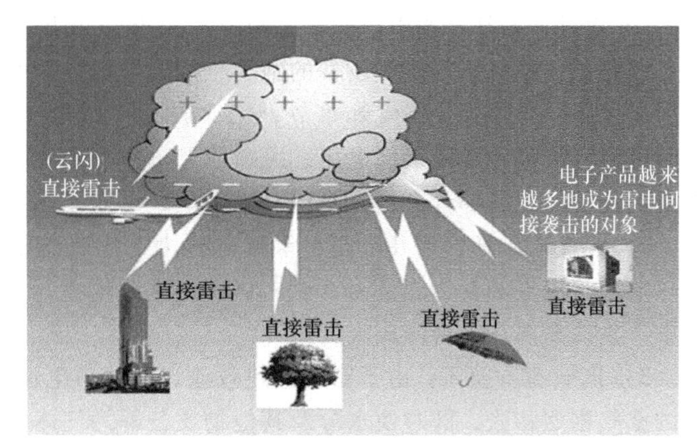

图 8-2 雷电示意图

雷击造成的危害

1）直击雷危害。直击雷是雷击危害最主要的一种形式，在前面的雷电的分类中已经介绍过了。由于直击雷是带电的云层对大地上的某一点发生猛烈的放电现象，所以它的破坏力十分巨大，若不能迅速将其泻放入大地，将导致放电通道内的物体、建筑物、设施、人畜遭受严重的破坏或损害——火灾、建筑物损坏、电子电气系统摧毁，甚至危及人畜的生命安全。

2）雷电波侵入危害。雷电不直接放电在建筑和设备本身，而是对布放在建筑物外部的线缆放电。线缆上的雷电波或过电压几乎以光速沿着电缆线路扩散，侵入并危及室内电子设备和自动化控制等各个系统。因此，往往在听到雷声之前，电子设备、控制系统等可能已经损坏。

3）感应过电压危害。若雷击在设备设施或线路的附近发生，或闪电不直接对地放电，只在云层与云层之间发生放电现象，释放电荷，则在电源和数据传输线路及金属管道金属支架上会感应生成过电压。

雷击放电于具有避雷设施的建筑物时，雷电波沿着建筑物顶部接闪器（避雷带、避雷线、避雷网或避雷针）引下线泄放到大地的过程中，会在引下线周围形成强大的瞬变磁场，轻则造成电子设备受到干扰，数据丢失，产生误动作或暂时瘫痪；严重时可引起元器件击穿及电路板烧毁，使整个系统陷于瘫痪。

4）系统内部操作过电压危害。因断路器的操作、电力重负荷以及感性负荷的投入和切除、系统短路故障等系统内部状态的变化而使系统参数发生改变，引起的电力系统内部电磁能量转化，从而产生内部过电压，即操作过电压。

操作过电压的幅值虽小，但发生的概率却远远大于雷电感应过电压。实验证明，无论是感应过电压还是内部操作过电压，均为暂态过电压（或称瞬时过电压），最终以电气浪涌的方式危及电子设备，包括破坏印制电路板、元器件和绝缘过早老化寿命缩短、破坏数据库或使软件误操作，使一些控制元件失控。

5）地电位反击危害。如果雷电直接击中具有避雷装置的建筑物或设施，接地网的地电位会在数微秒之内被抬高数万或数十万伏。高度破坏性的雷电流将从各种装置的接地部分，流向供电系统或各种网络信号系统，或者击穿大地绝缘而流向另一设施的供电系统或各种网络信号系统，从而破坏或损害电子设备。同时，在未实行等电位连接的导线回路中，可能诱发高电位而产生火花放电的危险。

雷击的危害按其破坏因素又可归纳为三类。

1）电性质破坏。雷电产生高达数万 V 甚至数十万 V 的冲击电压，可毁坏发电机、变压器、断路器、绝缘子等电气设备的绝缘，烧断电线或劈裂电杆，造成大规模停电；绝缘损坏会引起短路，导致火灾或爆炸事故；二次放电（反击）的火花也可能引起火灾或爆炸；绝缘的损坏，如高电压窜入低电压，可造成严重触电事故；巨大的雷电流流入地下，会在雷击点及其连接的金属部分产生极高的对地电压，可直接导致接触电压或跨步电压的触电事故。

2）热性质破坏：当几十至上千 A 的强大电流通过导体时，在极短的时间内将转换成大量热能。雷击点的发热能量为 500~2000J，这一能量可熔化 50~200cm^3 的钢。故在雷电通道中产生的高温往往会酿成火灾。

3）机械性质破坏：由于雷电的热效应，能使雷电通道中木材纤维缝隙和其他结构缝隙中的空气剧烈膨胀，同时使水分及其他物质分解为气体，因而在被雷击物体内部出现很大的压力，致使被击物遭受严重破坏或造成爆炸。

8.1.2 防雷分类

1. 建筑物落雷的相关因素和民用建筑的防雷分类

（1）建筑物遭雷击的相关因素　建筑物落雷的次数多少，不仅与当地的雷电活动频繁程度有关，而且还与建筑物本身的结构特征有关。首先，旷野中孤立的建筑物和建筑群中高耸的建筑物，容易遭受雷击；其次，凡金属屋顶、金属构架、钢筋混凝土结构的建筑物，容易遭受雷击；另外，地下有金属管道、金属矿藏的建筑物，以及建筑物的地下水位较高，这些建筑物也易遭雷击。建筑物易遭雷击的部位一般为：屋面上突出的部分和边沿，如平屋面的檐角、女儿墙和四周屋檐；有坡度的屋面的屋角、屋脊、檐角和屋檐；此外，高层建筑物的侧面墙体也容易遭到雷电的侧击。

（2）建筑物的防雷分类　在建筑电气设计中，根据建筑物的重要性、使用性质，以及发生雷电事故的可能性和影响后果等，把建筑物按照防雷要求分成三类。

1）第一类防雷建筑物。

① 凡制造、使用或贮存火炸药及其制品的危险建筑物，因电火花而引起爆炸、爆轰，会造成巨大破坏和人身伤亡者。

② 具有 0 区或 20 区爆炸危险场所的建筑物。

③ 具有 1 区或 21 区爆炸危险场所的建筑物，因电火花而引起爆炸，会造成巨大破坏和人身伤亡者。

2）第二类防雷建筑物。

① 国家级重点文物保护的建筑物。

② 国家级的会堂、办公建筑物、大型展览和博览建筑物，大型火车站和飞机场（飞机场不含停放飞机的露天场所和跑道）、国宾馆，国家级档案馆、大型城市的重要给水泵房等特别重要的建筑物。

③ 国家级计算中心、国际通信枢纽等对国民经济有重要意义的建筑物。

④ 国家特级和甲级大型体育馆。

⑤ 制造、使用或贮存火炸药及其制品的危险建筑物，且电火花不易引起爆炸或不致造成巨大破坏和人身伤亡者。

⑥ 具有 1 区或 21 区爆炸危险场所的建筑物，且电火花不易引起爆炸或不致造成巨大破

坏和人身伤亡者。

⑦ 具有 2 区或 22 区爆炸危险场所的建筑物。

⑧ 有爆炸危险的露天钢质封闭气罐。

⑨ 预计雷击次数大于 0.05 次/a 的部、省级办公建筑物和其他重要或人员密集的公共建筑物以及火灾危险场所。

⑩ 预计雷击次数大于 0.25 次/a 的住宅、办公楼等一般性民用建筑物或一般性工业建筑物。

3）第三类防雷建筑物。

① 省级重点文物保护的建筑物及省级档案馆。

② 预计雷击次数大于或等于 0.01 次/a，且小于或等于 0.05 次/a 的部、省级办公建筑物和其他重要或人员密集的公共建筑物，以及火灾危险场所。

③ 预计雷击次数大于或等于 0.05 次/a，且小于或等于 0.25 次/a 的住宅、办公楼等一般性民用建筑物或一般性工业建筑物。

④ 在平均雷暴日大于 15d/a 的地区，高度在 15m 及以上的烟囱、水塔等孤立的高耸建筑物；在平均雷暴日小于或等于 15d/a 的地区，高度在 20m 及以上的烟囱、水塔等孤立的高耸建筑物。

2. 建筑物年雷击次数的计算

建筑物年预计雷击次数为

$$N = KN_g A_e \tag{8-1}$$

式中 N——建筑物年预计雷击次数，次/年；

K——校正次数，一般情况下取 1，在下列情况下取相应数值：位于山顶上或旷野的孤立的建筑物取 2；金属屋面没有接地的砖木结构建筑物取 1.7；位于河边、湖边、山坡下或山地中土壤电阻率较小处、地下水露头处、土山顶部、山谷风口等处的建筑物，以及特别潮湿的建筑物取 1.5；

N_g——建筑物所处地区的雷击大地的年平均密度（次/(km^2 · a)）；

A_e——与建筑物截收相同雷击次数的等效面积（km^2）。

1）雷击大地的年平均密度为

$$N_g = 0.1 \times T_d \tag{8-2}$$

式中 T_d——年平均雷电日数。

2）建筑物等效面积。A_e 应为其实际平面积向外扩大后的面积，如图 8-3 所示。

其计算方法应符合下列规定：

① 当建筑物的高 $H<100$m 时，其每边的扩大宽度和等效面积应按下列公式计算确定：

$$D = \sqrt{H(200-H)} \tag{8-3}$$

$$A_e = [LW + 2(L+W)\sqrt{H(200-H)} + \pi H(200-H)] \times 10^{-6} \tag{8-4}$$

式中 D——建筑物每边的扩大宽度（m）；

L，W，H——建筑的长、宽、高（m）。

② 当建筑物的高 $H\geqslant100$m 时，其每边的扩大宽度应按照等于建筑物的高 H 计算，A_e 应按下式确定：

$$A_e=[LW+2H(L+W)+\pi H^2]\times10^{-6} \tag{8-5}$$

③ 当建筑物各部位的高度不同时，应沿建筑物周边逐点计算出最大扩大宽度，A_e 应按每点最大扩大宽度外端的连接线所包围的面积计算。

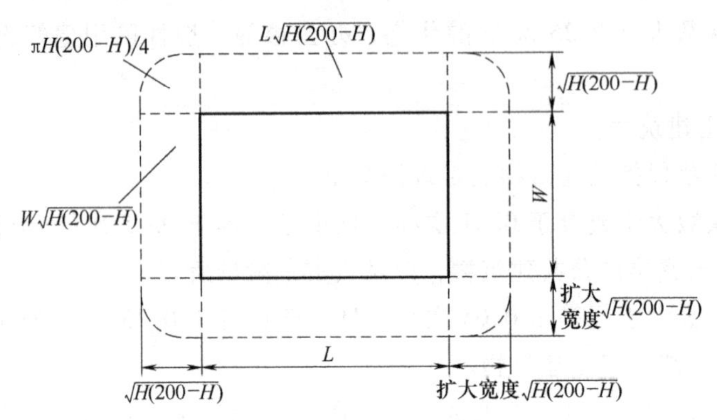

图 8-3 建筑物的等效受雷面积

8.1.3 防雷保护措施

1. 建筑物的防雷措施

建筑物的防雷措施，应当考虑当地气象、地形、地貌、地质等环境条件下，根据雷电活动规律和被保护建筑物的特点，因地制宜地采取措施，做到安全可靠、经济合理。

一般的防雷措施及防雷装置　各类防雷建筑物应设防直击雷的外部防雷装置，并应采取防闪电电涌侵入的措施。第一类防雷建筑物和第二类防雷建筑物的 5~7 款尚应采取防闪电感应的措施。在防雷装置与其他设施和建筑物内人员无法隔离的情况下，应采取等电位连接。

防止直接雷击的装置一般由接闪器、引下线和接地装置 3 部分组成。

1）接闪器。接闪器的分类见表 8-1，其中，避雷网布置见表 8-2。

表 8-1 接闪器的分类

接闪器种类	安装位置	材料规格
避雷针	屋面	针长 1m 以下；圆钢直径 12mm；钢管直径 20mm 针长 1~2m；圆钢直径 16mm；钢管直径 25mm
	烟囱、水塔	圆钢直径 20mm；钢管直径 40mm
避雷环	烟囱、水塔顶部	圆钢直径 12mm；扁钢截面积 100mm²，厚度 4mm
避雷带、避雷网	屋面	圆钢直径 8mm；扁钢截面积 48mm²，厚度 4mm
避雷线	架空线路的杆、塔	镀锌钢绞线截面积 50mm²，跨度大时应验算机械强度

金属屋面兼作接闪器，金属屋面周边每隔 18~24m 应采用引下线接地一次。现场浇制的或由预制构件组成的钢筋混凝土屋面，其钢筋宜绑扎或焊接成闭合回路，并应每隔 18~24m 采用引下线接地一次。

表 8-2 避雷网布置

建筑物防雷类别	H_r/m	避雷网网格尺寸/(m)
1	30	≤5×5 或≤6×4
2	45	≤10×10 或≤12×8
3	60	≤20×20 或≤24×16

当建筑物太高或其他原因难以装设独立避雷针、架空避雷线、避雷网时，可将避雷针、避雷网或混合组成的接闪器直接装在建筑物上，避雷针应沿屋角、屋脊、屋檐和檐角等易受雷击的部位敷设，并且所有避雷针应采用避雷带互相连接。

2）引下线的设置，见表 8-3。

表 8-3 引下线设置

<table>
<tr><th>种类</th><th>安装位置</th><th>材料规格</th><th colspan="2">间距</th><th>备注</th></tr>
<tr><td rowspan="3">人工引下线</td><td rowspan="3">外墙（最短路径接地）</td><td rowspan="3">圆钢直径 8mm，扁钢厚度 4mm，截面积 48mm²</td><td>一类防雷建筑</td><td>≤12m</td><td rowspan="4">（1）多根引下线时，在距地 0.3~1.8m 处设断接卡，用于测量接地电阻
（2）在易受损位置，地上 1.7m 到地下 0.3m 应暗敷或加镀锌角钢、改性塑料管或胶管保护</td></tr>
<tr><td>二类防雷建筑</td><td>≤18m</td></tr>
<tr><td>三类防雷建筑</td><td>≤25m</td></tr>
<tr><td>建筑物金属构件、金属烟囱、金属爬梯</td><td>烟囱、水路</td><td>圆钢直径 12mm
扁钢厚度 4mm
截面积 100mm²</td><td></td><td></td></tr>
</table>

3）接地装置。防雷的接地装置将直击雷电流散至大地中去，在无爆炸危险的民用建筑内这些接地一般是共用接地装置。当与电力系统的中性点接地、保护接地及共用天线电视系统等共用接地装置时，接地装置的散流电阻要符合各种接地的要求。从增加安全考虑，要求联合的接地电阻值不大于 1Ω。

防雷接地装置可敷设人工接地体，人工接地体分为垂直接地体和水平接地体。前者多用于单独接地；后者多用于环绕建筑四周的联合接地。防雷接地装置也可利用钢筋混凝土基础接地，要求混凝土采用以硅胶盐为基料的水泥，且基础周围土壤的含水量不低于 4%，引下线与基础内径不小于 16mm 的主筋 2 根分别可靠焊接。

都要在进入建筑物的进口处，就近连接到接地装置上。防雷接地装置埋设的要求：

① 埋于土壤中的人工垂直接地宜采用角钢、钢管或圆管；埋于土壤中的人工水平接地宜采用扁钢或圆钢。圆钢直径不应小于 16mm；扁钢截面积不应小于 100mm²，其厚度不应小于 4mm；角钢厚度不应小于 4mm，钢管壁厚不应小于 3.5mm。

② 人工垂直接地体的长度宜为 2.5m。人工垂直接地体间的距离及人工水平接地体间的距离宜为 5m，当受地方限制时可适当减小。人工接地体在土壤中的埋设深度不应小于 0.5m。接地体应远离由于砖窑、烟道的高温影响使土壤电阻率升高的地方。

③ 在腐蚀性较强的土壤中，应采取热镀锌等防腐措施或加大截面积。

④ 在高土壤电阻率地区，宜采用增加接地体、将接地体埋于较深的低电阻率土壤中、在土壤中混合降阻剂、将接地体周围土壤换成低电阻率土壤等方法降低防直击雷接地装置接地电阻。

⑤ 防直击雷的人工接地体距建筑物出入口或人行道不应小于 3m。当小于 3m 时，应采取下列措施之一：

a. 水平接地体局部深埋不小于 1m。

b. 水平接地体局部应包绝缘物，可采用 50~80mm 厚的沥青层。

c. 采用沥青碎石地面或在接地体上面敷设 50~80mm 厚的沥青层，其宽度应超过接地体 2m。

⑥ 埋在土壤中的接地装置，其连接应采用焊接，并在焊接处做防腐处理。

各类防雷建筑物各种连接导体的截面积不应小于表 8-4 的规定。

表 8-4　各种连接导体的最小截面积

材料	导体	
	等电位连接带之间和等电位连接带与接地装置之间的连接导体，流过大于或等于 25% 总雷电流的等电位连接导体	内部金属装置与等电位连接之间的连接导体，流过应小于 25% 总雷电流的等电位连接导体
铜	$16mm^2$	$6mm^2$
铝	$25mm^2$	$10mm^2$
铁	$50mm^2$	$16mm^2$

铜或镀锌钢等电位连接带的截面积不应小于 $50mm^2$。

当建筑物内有信息系统时，在那些要求雷击电磁脉冲影响最小之处，等电位连接带宜采用金属板，并与钢筋或其他屏蔽构建做多点连接。

2. 防雷电波侵入的措施及防雷装置

雷电波侵入是由于雷电对架空线路或金属管道的作用，雷电波可能沿着这些管线侵入屋内，危及人身安全或损坏设备。

防止雷电波入侵的一般措施：把进入建筑物的各种线路及金属管道全线埋地引入，并在进户处将其有关部分与接地装置相连接。当低电压全线埋地有困难时，采用一段长度不小于 50m 的铠装电缆直接埋地引入，并在进户端将电缆的金属外皮与接地装置相连接；当低电压线采用架空线直接进户时，应在进户处装设阀型避雷器，该避雷器的接地引下线应与进户线的绝缘体铁脚、电气设备的接地装置连在一起，避雷器是防止雷电波有架空管线进入建筑物的有效措施，如图 8-4 所示。

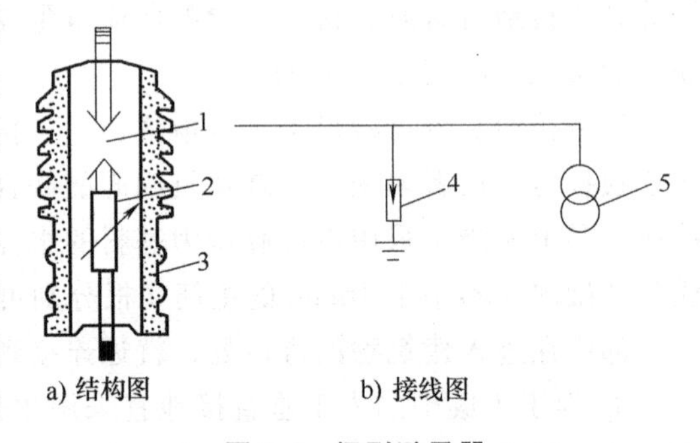

图 8-4　阀型避雷器

1—间隙　2—可变电阻　3—瓷瓶

4—避雷器　5—变压器

3. 防止雷电反击的措施

雷电流流经引下线产生的高电位会对附近金属物体产生放电。当防雷装置受到雷击时，在接闪器、引下线和接地体上都产生很高的电位，如果防雷装置与建筑物内外的电气设备、电线或其他金属管线之间的绝缘距离不够，它们之间就会产生放电，这种现象称为反击。反击也会造成电气设备绝缘破坏，金属管道烧穿，甚至引起火灾和爆炸。

防止反击的措施有两种：

1）将建筑物的金属物体（含钢筋）与防雷装置的接闪器、引下线分隔开，并且保持一定安全距离 S_k：$S_k>0.5P_X$。如果距离不能满足上述要求，金属线应与引下线连接。

2）当防雷装置不易与建筑物内的钢筋、金属管道分割开时，则将建筑物内的金属管道系统，在其主干管道处与靠近的防雷装置相连接，有条件时宜将建筑物每层的钢筋与所有的防雷引下线连接。

8.2　电气接地装置

8.2.1　相关概念

1. 地和接地

电气工程中的地：提供或接收大量电荷并可用来作为稳定良好的基准电位或参考电位的物体，一般指大地。电子设备中的基准电位参考点也称为地，但不一定与大地相连。

1）参考地（基准地）是指不受任何接地配置影响、可视为导电的大地部分，其电位约定为零。大地是指地球及其所有自然物质。

2）局部地是指大地与接地极有电接触的部分，其电位不一定等于零。

接地是指在系统、装置或设备的给定点与局部之间做电连接，与局部地之间的连接可以是有意的、无意的或意外的；也可以是永久性的或临时性的。

2. 电气装置接地

接地装置也称接地一体化装置：把电气设备或其他物件和地之间构成电气连接的设备。接地装置由接地极（板）、接地母线（户内、户外）、接地引下线（接地跨接线）、构架接地组成。它被用以实现电气系统与大地相连接的目的。与大地直接接触实现电气连接的金属物体为接地极。它可以是人工接地极，也可以是自然接地极。对此接地极可赋以某种电气功能，例如用作系统接地、保护接地或信号接地。接地母线是建筑物电气装置的参考电位点，通过它将电气装置内需接地的部分与接地极相连接。它还起另一作用，即通过它将电气装置内诸等电位联结线互相连通，从而实现一建筑物内大件导电部分间的总等电位联结。接地极与接地母线之间的连接线称为接地极引线。

（1）功能接地　出于电气安全之外的目的，将系统、装置或设备的一点或多点接地。

1）（电力）系统接地。根据系统运行的需要进行的接地，如交流电力系统的中性点接地、直流系统中的电源正极或中性点接地等。

2）信号电路接地。为保证信号具有稳定的基准电位而设置的接地。

（2）保护接地　为了电气安全，将系统、装置或设备的一点或多点接地。

1）电气装置保护接地。电气装置的外露可导电部分、配电装置的金属架构和线路杆塔等，由于绝缘损坏或爬电有可能带电，为防止其危及人身和设备的安全而设置的接地。

2）作业接地。将已停电的带电部分接地，以便在无电击危险情况下进行作业。

3）雷电防护接地。为雷电防护装置（接闪杆、接闪线和过电压保护器等）向大地泄放雷电流而设的接地，用以消除或减轻雷电危及人身和损坏设备。

4）防静电接地。将静电荷导入大地的接地。如对易燃易爆管道、贮罐以及电子器件、设备为防止静电的危害而设的接地。

5）阴极保护接地。使被保护金属表面成为电化学原电池的阴极，以防止该表面被腐蚀的接地。

(3) 功能和保护兼有的接地　电磁兼容性是指为装置设备或系统在其工作的电磁环境中能不降低性能地正常工作，且对该环境中的其他事物（包括有生命体和无生命体）不构成电磁危害或骚扰的能力。为此目的所制作的接地称为电磁兼容性接地。电磁兼容性接地既有功能接地（抗干扰），又有保护接地（抗灾害）的含义。

屏蔽是电磁兼容性的基本保护措施之一。为防止寄生电容回授或形成噪声电压需将屏蔽体接地，以便电磁屏蔽体泄放感应电荷或形成足够的反向电流以抵消干扰影响。图 8-5 所示为功能接地和保护接地。

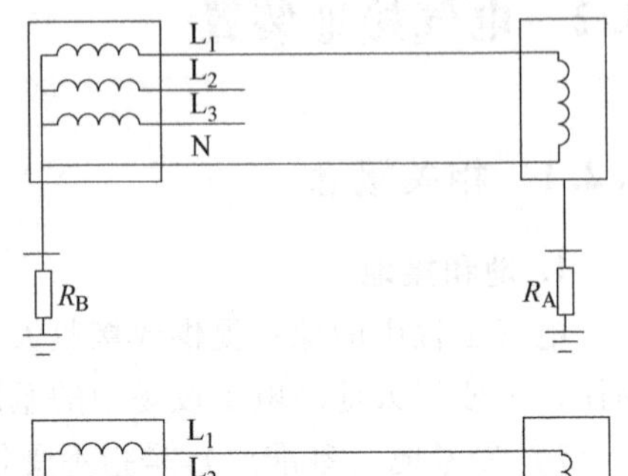

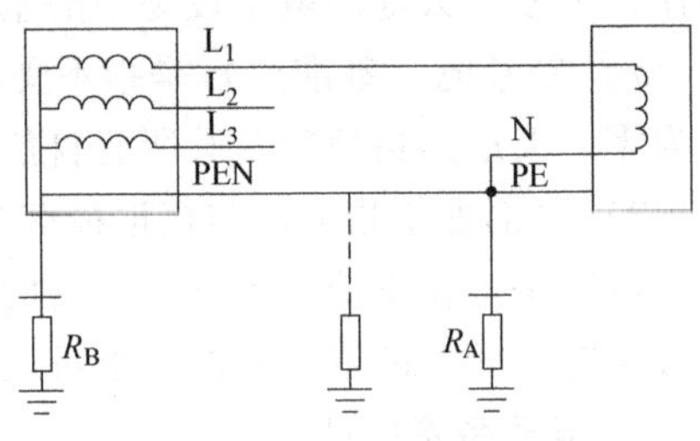

图 8-5　功能接地和保护接地

3. 共用接地系统

根据电气装置的要求，接地配置可以兼有或分别承担防护接地和功能接地两种功能。对于防护目的的要求，始终应当优先考虑。

建筑物内通常有多种接地，如电力系统接地、电气装置保护接地、电子信息设备信号电路接地、防雷接地等。如果用于不同目的的多个接地系统分开独立接地，不但受场地的限制难以实施，而且不同的地电位会带来安全隐患，不同系统接地导体间的耦合，也会引起相互干扰。因此，接地导体少、系统简单经济、便于维护、可靠性高且低阻抗的共用接地系统应运而生。

1）每幢建筑物本身应采用一个接地系统。

2）各个建、构筑物可分别设置本身的共用接地系统。

每个独立接闪杆（避雷针）或每组接闪线（避雷线）是用于防雷的单独构筑物，应有各自的接地极。

3）数座建筑物间相互通信和有数据交换时，各接地极应相互连接。当接地极相互连接不可行时，通信网络推荐采用电气分隔，例如，采用光纤连接。

4）在一定条件下，变电站的保护接地和低压配电系统接地可以共用接地装置。

8.2.2　低压配电系统的接地形式和要求

低压配电系统的接地形式可分为 IT、TT、TN 三种类型，其中：第一字母表示系统电源侧中性点接地状态，T 表示电源端有一点直接接地，I 表示电源端所有带电部分与地绝缘，或一点经高阻抗接地；第二字母表示系统负荷侧接地状态，T 表示用电设备的外露可导电部分对地直接电气连接，与电力系统的任何接地点无关，N 表示用电设备的外露可导电部分与电力系统的接地点直接电气连接。

1）IT 系统。IT 系统就是电源中性点不接地，用电设备外露可导电部分直接接地的系统。IT 系统可以有中性线，但 IEC 强烈建议不设置中性线。因为如果设置中性线，在 IT 系统中 N 线任何一点发生接地故障，该系统将不再是 IT 系统。IT 系统中，连接设备外露可导电部分和接地体的导线，就是 PE 线。IT 系统接线如图 8-6 所示。

IT 系统的缺点是因一般不引出 N 导体，不便于对照明、控制系统等单相负荷供电，不适用于具有大量 220V 的单相用电设备的供电，否则需要采用 380V/220V 的变压器，给设计、施工、使用带来不便，且其接地故障防护和维护管理较复杂而限制了在其他场所的应用。

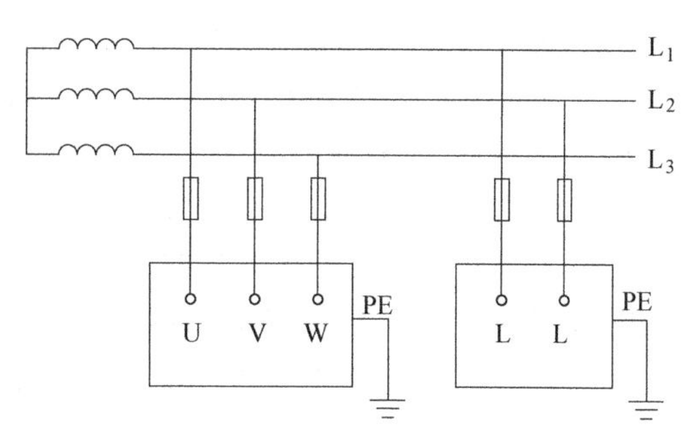

图 8-6 IT 系统接线

IT 系统因其接地故障电流很小，故障电压很低，不致引发电击、火灾、爆炸等危险，供电连续性和安全性最高，因此适用于不间断供电要求较高和对接地故障电压有严格限制的场所，如应急电源装置、消防、矿井下电气装置、医院手术室以及有防火防爆要求的场所。

2）TT 系统。TT 系统就是电源中性点直接接地，用电设备外露可导电部分也直接接地的系统。通常将电源中性点的接地叫作工作接地，而设备外露可导电部分的接地叫作保护接地。TT 系统中，这两个接地必须是相互独立的。设备接地可以是每一设备都有各自独立的接地装置，也可以若干设备共用一个接地装置。图 8-7 为 TT 系统接线。

TT 系统因电气装置外露可导电部分与电源端系统接地分开，单独接地，装置外壳为低电位且不会导入电源侧接地故障电压，防电击安全性优于 TN-S 系统。

TT 系统仅对一些取不到区域变电所单独供电的建筑适用，也就是供电是来自公共电网的建筑物。但由于公共电网的供电可靠性和供电质量都不很高，为了保证电子设备和计算机的正常准确运行，还必须做一些技术型措施。我国 TT 系统主要用于城市公共配电网和农网。

3）TN 系统。TN 系统即电源中性点直接接地，设备外露可导电部分与电源中性点直接电气连接的系统。TN 系统中，根据其保护中性线是否与工作中性线分开而划分为 TN-C 系统、TN-S 系统、TN-C-S 系统三种形式。

① TN-C 系统。在 TN-C 系统中，将 PE 线和 N 线的功能综合起来，由一根称为 PEN 线的导体同时承担两者的功能。在用电设备处，PEN 线既连接到负荷中性点上，又连接到设备外露的可导电部分。它存在以下弊端：

a. PEN 导体不允许被切断，检修设备时不安全。

b. PEN 导体通过中性电流，对信息系统和电子设备易产生干扰。

c. 正常运行时设备外壳带电。

因此现在已很少采用，尤其是在民用配电中，已基本上不允许采用 TN-C 系统。图 8-8 为 TN-C 系统接线。

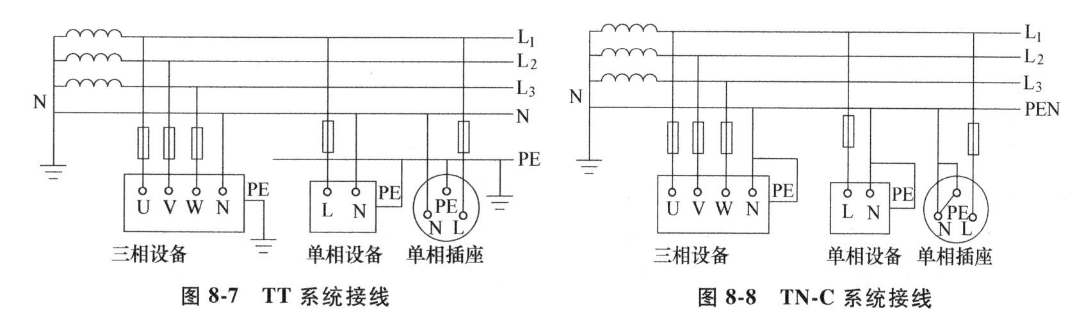

图 8-7 TT 系统接线　　图 8-8 TN-C 系统接线

② TN-S 系统。TN-S 系统中性线 N 与 TT 系统相同。与 TT 系统不同的是，用电设备外露可导电部分通过 PE 线连接到电源中性点，与系统中性点共用接地体，而不是连接到自己

专用的接地体，中性线（N线）和保护线（PE线）是分开的。图8-9为TN-S系统接线。

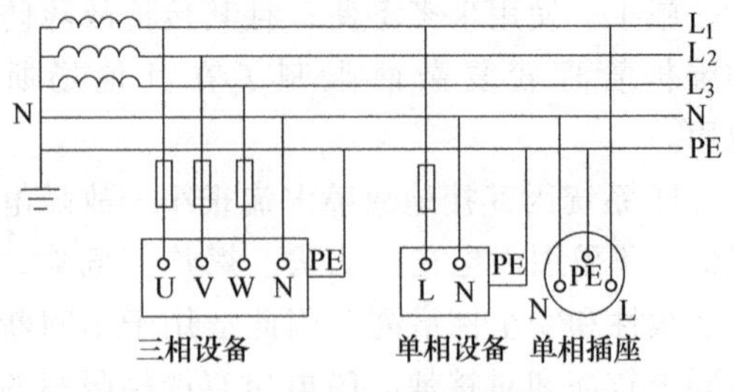

图 8-9　TN-S 系统接线

TN-S系统的安全性能最好，是我国现在应用最广泛的一种系统，应用于有爆炸危险、火灾危险性大及其他安全要求高的场所。在设有变电所的建筑中，均采用了TN-S系统，在住宅小区和小型的公共建筑中也有一些采用了TN-S系统。

③ TN-C-S系统。TN-C-S系统是TN-C系统和TN-S系统的结合形式，在TN-C-S系统中，从电源出来的那一段采用TN-C系统。因为在这一段中无用电设备，只起电能的传输作用，到用电负荷附近某一点处，将PEN线分开形成单独的N线和PE线。从这一点开始，系统相当于TN-S系统。图8-10为TN-C-S系统接线。

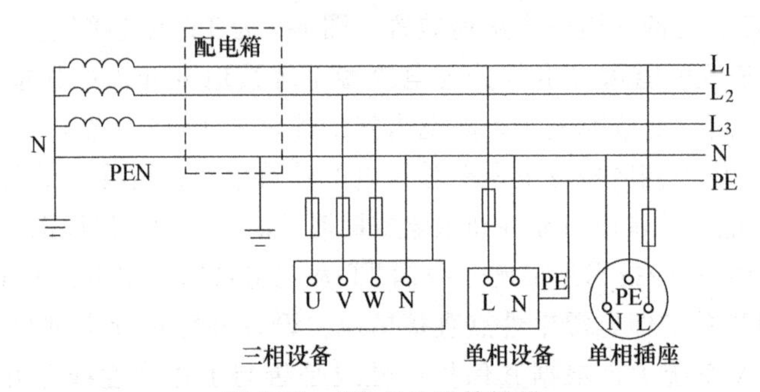

图 8-10　TN-C-S 系统接线

TN-C-S系统是应用比较广泛的一种系统。工厂的低压配电系统、城市公共低压电网、小区的低压配电系统等采用TN-C-S系统的较多。一般在采用TN-C-S系统时，都要同时采用重复接地这一技术措施，即在系统由TN-C变成TN-S处将PEN线再次接地，以提高系统的安全性能。TN-C-S系统常用于民用建筑中，在低压入户的住宅小区和小型的公共建筑中多数采用了TN-C-S系统。

8.2.3　电气装置的接地电阻

1）配电变压器设置在建筑物外，其低压配电系统采用TN系统时，低压线路在引入建筑物处，PE或PEN应重复接地，接地电阻不宜超过10Ω。

2）中性点不接地IT系统的低压线路钢筋混凝土杆塔宜接地，金属杆塔应接地，接地电阻不宜超过30Ω。

3）架空低压线路入户处的绝缘子铁脚宜接地，接地电阻不宜超过30Ω。土壤电阻率在200Ω·m及以下地区的铁横担钢筋混凝土杆线路，可不另设人工接地装置。当绝缘子铁脚与建筑物内电气装置的接地装置相连时，可不另设接地装置。人员密集的公共场所的入户线，当钢筋混凝土杆的自然接地电阻大于30Ω时，入户处的绝缘子铁脚应接地，并应设专用的接地装置。

4）TT系统中电气装置外露可导电部分应设保护接地的接地装置，其接地电阻与外露可导电部分的保护导体电阻之和，应符合下式的要求：

$$R_A \leqslant 50/I_a \tag{8-6}$$

式中　R_A——季节变化时接地装置的最大接地电阻与外露可导电部分的保护导体电阻之和（Ω）；

I_a——保护电器自动动作的动作电流，当保护电器为剩余电流保护时，I_a 为额定剩余动作电流 $I_{\Delta n}$（A）。

5）IT 系统各电气装置的外露可导电部分其保护接地可共用同一接地装置，亦可个别地或成组地用单独的接地装置接地。每个接地装置的接地电阻应符合下式的要求：

$$R \leqslant 50/I_d \tag{8-7}$$

式中　R——外露可导电部分的接地装置因季节变化的最大接地电阻（Ω）；

I_d——相导体（线）和外露可导电部分间第一次出现阻抗可不计的故障时的故障电流（A）。

8.2.4　保护等电位联结

1. 总等电位联结

在等电位联结中，将保护接地导体、总接地导体或总接地端子（或母线）、建筑物内的金属管道和可利用的建筑物金属结构等可导电部分连接在一起，称为总等电位联结（见图 8-11）。

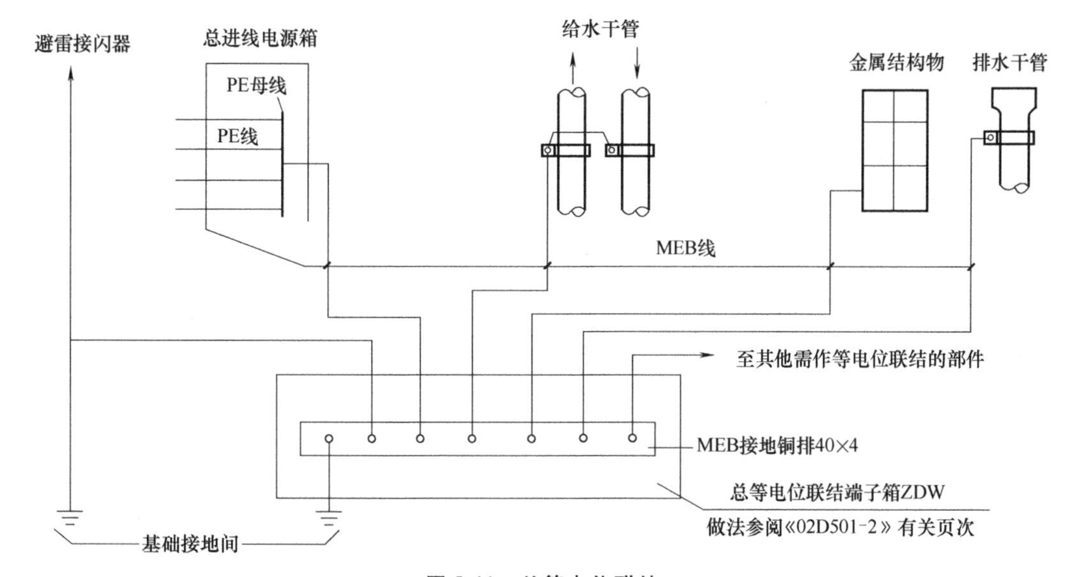

图 8-11　总等电位联结

每个建筑物内的接地导体、总接地端子和下列可导电部分应实施保护等电位联结：

1）进入建筑物的供应设施的金属管道，例如燃气管、水管等。

2）在正常使用时可触及的装置外部可导电结构、集中供热和空调系统的金属部分。

3）便于利用的钢筋混凝土结构中的钢筋。

4）进线配电箱的 PE（PEN）母排。

5）自接地极引来的接地干线（如需要）。

从建筑物外进入的上述可导电部分，应尽可能在靠近入户处进行等电位联结。

通信电缆的金属护套应做等电位联结，这时应考虑通信电缆的业主或管理者的要求。

2. 辅助等电位联结

辅助等电位联结（见图 8-12）是在伸臂范围内有可能出现危险电位差的同时接触的电气设备之间或电气设备与外界可导电部分（如金属管道、金属结构件）之间直接用导体做联结。

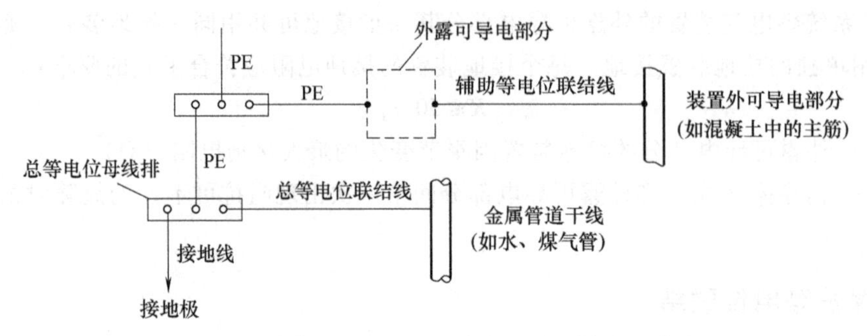

图 8-12　电气设备外露可导电部分辅助等电位联结

3. 局部等电位联结

局部等电位联结是在建筑物内的局部范围内按总等电位联结的要求再做一次等电位联结。下列情况需做局部等电位联结（见图 8-13）：

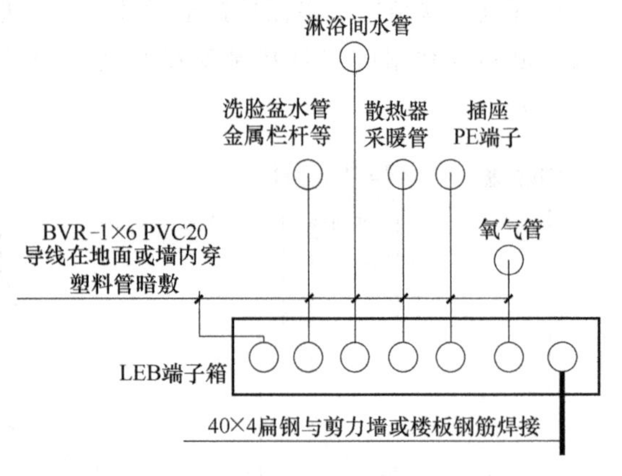

图 8-13　卫生间局部等电位联结

1）配电箱或用电设备距总等电位联结端子较远，发生接地故障时，PE 导体此段上接触电压超过 50V。

2）由 TN 系统同一配电箱供电给固定式和手持式、移动式三种电气设备，而固定式保护电器切断电源时间不能满足手持式、移动式设备防电击要求时。

3）为满足浴室、游泳池、医院手术室等场所对防电击的特殊要求时。

4）为避免爆炸危险场所因电位差产生电火花时。

5）为满足防雷和信息系统抗干扰的要求时。

4. 等电位联结线的安装

1）金属管道上的阀门、仪表等装置需加跨接线连成电气通路。

2）煤气管入户处应插入一绝缘段（如在法兰盘间插入绝缘板）并在此绝缘段两端跨接火花放电间隙，由燃气公司实施。

3）导体间的连接可根据实际情况采用焊接或螺栓连接，要求做到连接可靠。

4）等电位联结线与 PE 线及接地线一样，在其端部应有黄绿相间的色标。

本章小结

建筑防雷接地对于保证建筑物的安全有着重要的作用。由于雷电的危害是无孔不入的，可以在整个空间范围内侵袭微电子设备，因此现代防雷的技术原则强调全方位防护、综合治理、层层设防，把防雷接地作为一个系统工程来抓。

防雷并非是预防雷电的发生，而是给雷电流设计出一条流入大地的通道，而不是让它流过被保护的建筑物和设备。防雷技术就是采取一系列的措施，全方位地堵截雷电的入侵，这些措施可以简要概括为：

躲：就是躲开雷电的侵袭。如在项目建设规划、选址时，需要考虑防雷，尽可能躲开多雷区或易落雷的地点。

等电位联结：所谓等电位联结是在电气装置或某一空间内将各种金属导电部分以适合的方式互相连接，使其电位相等或接近，从而消除或减少其间的电位差。

引导：即利用避雷针等装置，将雷电流通过引下线传导至接地装置而泄入大地。

接地：是防雷的基本措施，所有防雷措施都离不开接地系统，雷电流入地都要通过接地系统。接地装置的接地电阻越小，其防护效果就越好。

应根据建筑物的具体情况，灵活采取措施，防止或减少雷害，达到保证安全的目的。

思考题与习题

8-1 什么叫过电压？过电压有哪几种分类？它们的产生原因分别是什么？

8-2 接闪器的种类和主要参数？

8-3 雷电过电压的形式？

8-4 什么叫接地？接地的主要作用是什么？

8-5 雷电是怎么形成的？雷电的特点是什么？

8-6 各类防雷建筑物应设内部防雷装置，在建筑物的地下室或地面层处，哪些物体应与防雷装置做防雷等电位联结？

8-7 防止雷电波入侵的一般措施是什么？

8-8 对供配电系统通常采用哪些防雷措施？

8-9 对建筑物通常采用哪些防雷措施？

第9章 高层建筑供配电与照明系统设计实例

随着社会经济的飞速发展，逐渐涌现出各种现代电器，用电需求不断增加，给供电系统带来了巨大的压力，因此配电系统的安全性、可靠性、合理性和节能性显得至关重要。其中高层建筑供配电系统设计的专业性、复杂性极高，本章主要讲高层建筑供配电与照明系统设计的工程案例，通过案例的学习，达到综合运用所学理论知识，加深课堂教学内容的理解，熟悉高层建筑供配电与照明系统设计的基本方法和流程。

9.1 高层建筑的建筑分类和耐火等级

9.1.1 高层建筑的建筑分类

民用建筑根据其建筑高度和层数可分为单、多层民用建筑和高层民用建筑。高层民用建筑根据其建筑高度、使用功能和楼层的建筑面积可分为一类和二类。民用建筑的分类应符合表 9-1 的规定。

表 9-1 民用建筑的分类

名称	高层民用建筑		单、多层民用建筑
	一类	二类	
住宅建筑	建筑高度大于 54m 的住宅建筑（包括设置商业服务网点的住宅建筑）	建筑高度大于 27m，但不大于 54m 的住宅建筑（包括设置商业服务网点的住宅建筑）	建筑高度不大于 27m 的住宅建筑（包括设置商业服务网点的住宅建筑）
公共建筑	1. 建筑高度大于 50m 的公共建筑 2. 建筑高度 24m 以上部分任一楼层建筑面积大于 $1000m^2$ 的商店、展览、电信、邮政、财贸金融建筑和其他多种功能组合的建筑 3. 医疗建筑、重要公共建筑、独立建造的老年人照料设施 4. 省级及以上的广播电视和防灾指挥调度建筑、网局级和省级电力调度建筑 5. 藏书超过 100 万册的图书馆、书库	除一类高层公共建筑外的其他高层公共建筑	1. 建筑高度大于 24m 的单层公共建筑 2. 建筑高度不大于 24m 的其他公共建筑

9.1.2 高层建筑的耐火等级

民用建筑的耐火等级可分为一、二、三、四级，应根据其建筑高度、使用功能、重要性和火灾扑救难度等确定，并应符合下列规定：

1）地下或半地下建筑（室）和一类高层建筑的耐火等级不应低于一级。

2）单、多层重要公共建筑和二类高层建筑的耐火等级不应低于二级。

3）除木结构建筑外，老年人照料设施的耐火等级不应低于三级。

4）建筑高度大于100m的民用建筑，其楼板的耐火极限不应低于2.00h。

一、二级耐火等级建筑的上人平屋顶，其屋面板的耐火极限分别不应低于1.50h和1.00h。

9.2　高层建筑电气设备的特点

高层建筑具有建筑面积大、高度高、功能复杂、建筑设备多、能耗大、管理要求高等特点。因而，高层建筑与一般的单层或多层建筑相比，对电气设备的要求有所不同。

高层建筑电气设备特点：

1）用电设备多：如弱电设备、空调制冷设备、厨房用电设备、锅炉房用电设备、电梯用电设备、电气照明设备、给水排水设备及消防用电设备等。

2）电气系统复杂：除供配电系统外，其余各子系统也相当复杂。

3）电气线路多：根据高层系统情况，电气线路分为火灾自动报警与消防联动控制线路、音响广播线路、通信线路、高压供电线路及低压配电线路等。

4）电气用房多：为确保变电所设置在负荷中心，除了把变电所设置在地下室、底层外，有时也设置在大楼的顶部或中间层；而电话站、音控室、消防中心、监控中心等都要占用一定房间；另外，为了区分种类繁多的电气线路，在竖向上的敷设，以及干线至各层的分配，必须设置电气竖井和电气小室。

5）供电可靠性要求高：由于高层建筑中大部分电力负荷为二级负荷，也有相当数量的负荷属一级负荷，所以，高层建筑对供电可靠性要求高，一般均要求有两个及以上的高压供电电源，为了满足一级负荷的供电可靠性要求，很多情况下还需设置柴油发电机组（或燃气轮发电机组）作为应急电源。

6）用电量大，负荷密度高：高层建筑的用途不同，其用电量也有差别，但总的来说耗电量一般非常巨大。高层建筑电气设备负荷密度高，如高层综合楼、高层商住楼、高层办公楼、高层旅游宾馆和酒店等负荷密度都在$60W/m^2$以上，有的高达$150W/m^2$，即便是高层住宅或公寓，负荷密度也有$30W/m^2$，有的也达到$50W/m^2$。

7）自动化程度高：根据高层建筑的实际情况，为了降低能量损耗、减少设备的维修和更新费用、延长设备的使用寿命、提高管理水平，要求对高层建筑的设备进行自动化管理，对各类设备的运行、安全状况、能源使用状况及节能等实行综合自动监测、控制与管理，以实现对设备的最优化控制和最佳管理，特别是计算机与光纤通信技术的应用，以及人们对信息社会的需求，高层建筑正沿着自动化、节能化、信息化和智能化方向发展。高层建筑消防应“立足自防、自救，采用可靠的防火措施，做到安全适用、技术先进、经济合理”。

9.3　高层建筑供配电与照明系统设计内容和流程

高层建筑供配电与照明系统的设计，是高层建筑电气设计的重要组成部分，合理与否会影响整个建筑使用功能及安全。

9.3.1 高层建筑供配电系统设计内容和流程

1. 供配电系统设计内容

设计内容包括设计说明，供电电源及电压的选择，负荷计算，无功补偿，变电所的设置，低压配电系统，低压设备选择，电缆、导线选型及敷设和设备材料表等。在进行供配电系统设计时，首要问题是保证用电运行安全可靠，使用合理。

2. 施工图设计流程

（1）确定供电电源　高层建筑中的较大部分负荷属于一级负荷和二级负荷，所以高层建筑对供电可靠性要求高，一级负荷应由双重电源供电，当一个电源发生故障时，另一个电源不应同时受到损坏；二级负荷的外部电源进线宜由35kV、20kV或10kV双回线路供电；当负荷较小或地区供电条件困难时，二级负荷可由一回35kV、20kV或10kV专用的架空线路供电，具体数量应视当地电网条件而定。住宅小区的供电方式必须与当地供电部门协商确定。

（2）确定供电电压　当用电设备的安装容量在250kW及以上或变压器安装容量在160kVA及以上时，宜以20kV或10kV供电；当用电设备总容量在250kW以下或变压器安装容量在160kVA以下时，可由低电压380V/220V供电。

（3）负荷计算　电力负荷是供电设计的依据参数。计算准确与否，对合理选择设备、安全可靠与经济运行，均起着决定性作用。负荷计算的基本方法有：需要系数法、单位指标法等。

1）负荷计算应包括下列内容：

① 有功功率、无功功率、视在功率、无功补偿。

② 一级、二级及三级负荷容量。

③ 季节性负荷容量。

2）方案设计阶段可采用单位指标法；初步设计和施工图设计阶段，宜采用需要系数法。

3）当消防用电设备的计算负荷大于火灾切除的非消防负荷时，应按未切除的非消防负荷加上消防负荷计算总负荷。否则，计算总负荷时不应考虑消防负荷容量。

4）自备应急发电机的负荷计算应满足下列要求：

① 当自备应急发电机仅为一级负荷中的特别重要负荷供电时，应按一级负荷中的特别重要负荷的计算容量，选择自备应急发电机容量。

② 当自备应急发电机为同时使用的消防负荷及火灾时不允许中断供电的非消防负荷供电时，应按两者的计算负荷之和，选择应急发电机容量。

③ 当自备应急发电机作为第二电源时，计算容量应按消防状态与非消防状态对第二电源需求的最大值，选择自备应急发电机容量。

5）当单相负荷的总计算容量小于计算范围内三相对称负荷总计算容量的15%时，可全部按三相对称负荷计算；当超过15%时，宜将单相负荷换算为等效三相负荷，再与三相负荷相加。

（4）无功补偿

1）35kV及以下无功补偿宜在配电变压器低电压侧集中补偿，补偿基本无功功率的电容器组，宜在变电所内集中设置。有高压负荷时宜考虑高压无功补偿。

2）当民用建筑内设有多个变电所时，宜在各个变电所内的变压器低电压侧设置无功补偿。

3）容量较大、负荷平稳且经常使用的用电设备的无功功率宜单独就地补偿。

4）变电所计量点的功率因数不宜低于0.9。

5）民用建筑内的供配电系统宜采用成套无功补偿柜。

（5）变电所的设置

1）变电所可设置在建筑物的地下层，但不宜设置在最底层。变电所设置在建筑物地下层时，应根据环境要求降低湿度及增设机械通风等。当地下只有一层时，尚应采取预防洪水、消防水或积水从其他渠道浸泡变电所的措施。

2）民用建筑宜按不同业态和功能分区设置变电所，当供电负荷较大，供电半径较长时，宜分散设置；超高层建筑的变电所宜分设在地下室、裙房、避难层、设备层及屋顶等处。

（6）低压配电系统　高层民用建筑的低压配电系统应符合下列规定：

1）照明、电力、消防及其他防灾用电应分别自成系统。

2）用电负荷或重要用电负荷容量较大时，宜从变电所以放射式配电。

3）高层民用建筑的垂直供电干线，可根据负荷重要程度、负荷大小及分布情况，采用下列方式供电：

① 高层公共建筑配电箱的设置和配电回路应根据负荷性质按防火分区划分。

② 400A及以上宜采用封闭式母线槽供电的树干式配电。

③ 400A以下可采用电缆干线以放射式或树干式配电；当为树干式配电时，宜采用预制分支电缆或T接箱等方式引至各配电箱。

④ 可采用分区树干式配电。

4）选择低压配电装置时，除应满足所在低压配电系统的标称电压、频率及所在回路的计算电流外，尚应满足短路条件下的动、热稳定要求。对于要求断开短路电流的保护电器，其极限通断能力应大于系统最大运行方式的短路电流。

5）配电装置的布置，应综合设备的操作、搬运、检修和试验要求等因素确定。

（7）低压电器的选择

1）选用的电器应满足下列要求：

① 电器的额定电压、额定频率应与所在回路标称电压及标称频率相适应。

② 电器的额定电流不应小于所在回路的计算电流。

③ 电器应适应所在场所的环境条件。

④ 电器应满足短路条件下的动稳定与热稳定的要求，用于断开短路电流的电器，应满足短路条件下的通断能力。

2）三相四线制系统中四极开关的选用，应符合下列规定：

① 电源转换的功能性开关应作用于所有带电导体，且不得使所连接电源并联。

② TN-C-S、TN-S系统中的电源转换开关，应采用切断相导体和中性导体的四极开关。

③ 有中性导体的IT系统与TT系统之间的电源转换开关，应采用切断相导体和中性导体的四极开关。

④ 正常供电电源与备用发电机之间的电源转换开关应采用四极开关。

⑤ TT 系统中当电源进线有中性导体时应采用四极开关。

⑥ 带有接地故障保护功能的断路器应选用四极开关。

3）自动转换开关电器（ATSE）的选用应符合下列规定：

① 应根据配电系统的要求，选择可靠性高的 ATSE 电器。

② ATSE 的转换动作时间宜满足负荷允许的最大断电时间的要求。

③ 当采用 PC 级自动转换开关电器时，应能耐受回路的预期短路电流，且 ATSE 的额定电流不应小于回路计算电流的 125%。

④ 当采用 CB 级 ATSE 为消防负荷供电时，所选用的 ATSE 应具有短路保护和过负荷报警功能，其保护选择性应与上下级保护电器相配合。

⑤ 当应急照明负荷供电采用 CB 级 ATSE 时，保护选择性应与上下级保护电器相配合。

⑥ 宜选用具有检修隔离功能的 ATSE，当 ATSE 不具备检修隔离功能时，设计时应采取隔离措施。

⑦ ATSE 的切换时间应与供配电系统继电保护时间相配合，并应避免连续切换。

⑧ ATSE 为大容量电动机负荷供电时，应适当调整转换时间，在先断后合的转换过程中保证安全可靠切换。

4）剩余电流保护器的设置应符合下列规定：

① 应能断开被保护回路的所有带电导体。

② 保护接地导体（PE 线）不应穿过剩余电流保护器的磁回路。

③ 剩余电流保护器的选择，应确保回路正常运行时的自然泄漏电流不致引起剩余电流保护器误动作。

④ 上下级剩余电流保护器之间应有选择性，并可通过额定动作电流值和动作时间的级差来保证。剩余电流的故障发生点应由最近的上一级剩余电流保护器切断电源。

（8）电缆、导线选型及敷设

1）干线的导线型号、根数（包括必要的 N 线、PE 线）、截面积、安装功率、计算功率、功率因数、计算电流。

2）分支线的导线型号、根数、截面积及安装功率。

3）干线末端及代表性分支末端的电压损失值。

4）干线及支线的敷设方式。

9.3.2 高层建筑照明系统设计内容和流程

1. 照明系统设计内容

设计内容包括设计说明、光源选择、照度计算、灯具造型、灯具布置、安装方式、眩光控制、调光控制、线路截面积、敷设方法和设备材料表等。照明设计和建筑装修有着非常密切的关系，应与建筑师密切配合，达到使用功能和建筑效果的统一。绿色照明是指在设计中广泛采用新的材料、技术、方法，达到节能、高效及环保的要求。

2. 施工图设计流程

（1）绘制电气照明平面图

1）照明灯具类型及位置。绘制灯具的位置，必要时标注尺寸，注明灯具类型或符号、代号（应采用标准的图形符号表示），标注灯具的安装方式（吸顶式、嵌入式、管吊式等），标注灯具离地高度。

2）注明电光源的类型、额定功率、数量（包括单个灯具内光源数量）。

3）每个房间、场所要求的照度标准值。

4）局部照明、重点照明的设置要求（包括电光源、照明灯具及位置等）。

5）应急照明装设。分别标明疏散照明灯、疏散用出口标志灯、指向标志灯的类型（含光源、功率）及装设位置等；还有备用照明、安全照明的光源、灯具类型、功率及装设位置等要求。

6）移动照明、检修照明用的插座和其他插座，应注明形式（极数、孔数）、额定电流值、安装位置、高度和安装方式。

7）配电箱的型号、编号、出线回路、安装方式（嵌墙或悬挂）和安装位置。

8）开关形式、位置、安装高度和安装方式（嵌入式或明装）；控制装置的类型、设置位置和控制范围。

9）配电干线和分支回路的导线型号、根数、截面积，如为套管，应注明管材、管径、敷设方式、安装部位和高度等。

（2）绘制剖面图和立面图

1）对于较复杂的建筑或生产设备、平台、栈道、操作或维护通道，或生产通道、动力管道，需要增加剖面图，以表明灯具与这些设备、平台、管道的位置关系，避免灯光被遮挡；高层建筑的走廊，各专业管线密集的，应绘制综合管线布置剖面图。

2）对于高等级公共建筑，装设有夜景照明的，应增加立面图。

（3）绘制场所照度分布图或（和）等照度曲线　对于照度和照度均匀度要求很高的场所，如体育场馆等，可绘制照度分布图或（和）等照度曲线，以考核其各点照度值和照度变化梯度。此图宜在初步设计阶段完成。

（4）绘制配电系统图

对于较大项目，有多台配电箱时，应绘制配电系统图，其内容包括：

1）照明配电系统、干线和配电箱的接线方式。

2）干线的导线型号、根数（包括必要的 N 线、PE 线）、截面积、安装功率、计算功率、功率因数、计算电流。

3）分支线的导线型号、根数、截面积及安装功率。

4）干线末端及代表性分支末端的电压损失值。

5）配电箱及开关箱的型号、出线回路数及安装功率。

6）配电箱、开关箱内保护电器的类型，熔断器及其熔断体的额定电流，或熔断器的反时限（长延时）脱扣器和瞬时脱扣器的整定电流。

图 9-1 是高层建筑的照明配电系统常用的四种方案。其中图 9-1a～c 为混合式，先将整幢楼按区域和层分为若干供电区，一般选取每供电区的层数为 2～6 层，分区设置电气竖井，每路干线向一个供电区供电，故又称为分区树干式配电系统。图 9-1a、b 基本相同，只是图 9-1b 增加了一个公用备用回路，从而增加了供电的可靠性，公用回路采用了大树干式配电方式。图 9-1c 增加了分区配电箱，它与图 9-1a、b 比较，可靠性比较高，但配电级数增加了一级。图 9-1d 采用了大树干式配电方式，配电干线少，减少了低压配电屏及馈电回路数，

安装维护方便，但供电的可靠性和控制的灵活性较差。

（5）绘制必要的安装图和线路敷设图

通常选用国家或省市编制的通用图，特殊安装需要的应补充必要的安装大样图。

（6）编制材料明细表

材料明细表应有明确的型号、技术规格和参数，能满足订货、采购或招标的需要，内容应包括灯具、光源和镇流器、触发器、补偿电容器、配电箱、控制装置、开关、插座及其他附件，还有导线、套管等材料的名称、型号、技术规格、技术参数及单位、数量。

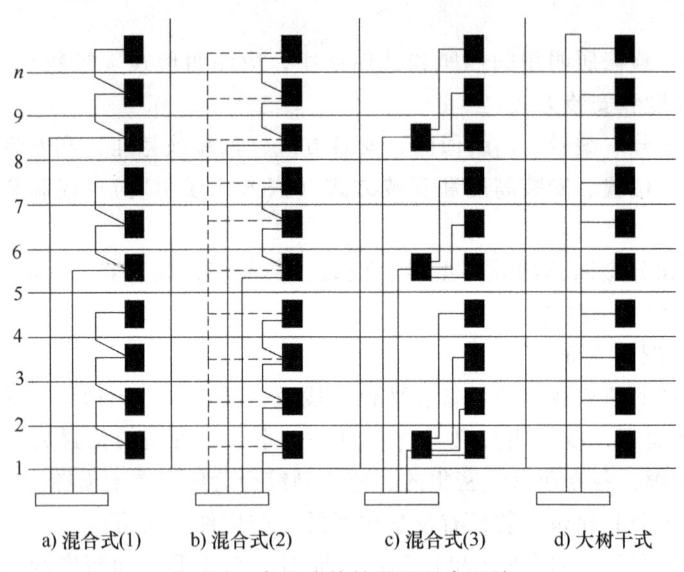

图 9-1　高层建筑的照明配电系统

9.4　提高高层建筑供电可靠性的原则和措施

1. 高层建筑供电原则

（1）可靠性原则　在民用高层建筑中，由于使用人员密集、涉及面广，因此，供配电系统设计必须坚持安全性与可靠性。在规划设计的过程中，应当首先科学分析实际用电负荷等级，在此基础上保证供配电系统能够在任何运行方式下都可以持续性提供电力保障，从而确保电力供应的安全可靠。

（2）简洁性原则　由于高层建筑电气设备较多，因此在日常使用以及维护的过程中，供配电系统的线路设计要追求简单、清晰，尽量避免过多的电气设备。同时，电气设备及线路的设计要方便使用、易于操作。只有这样，才能充分保障供配电系统的安全运行，并且也有助于对各种故障进行及时处理。

（3）保障安全性原则　在民用高层建筑中，由于电气设备以及功能需求较多，因此，在日常工作过程中，应当充分保证操作人员在日常工作以及在检修维修过程中的安全性。

2. 提高高层建筑供电可靠性的措施

供电可靠性与系统可靠性、电网结构与变电站主接线可靠性、继电保护与安全自动装置配置、电力系统备用容量与运行方式等密切相关。因此，从电力系统规划直到电力系统运行都要重视提高供电可靠性。提高供电可靠性的措施是多方面的，主要措施有以下几点：

1）合理配置继电保护装置，包括高、低压用电设备的熔体保护及保护整定值的配合。当电气设备发生事故时，用保护装置迅速切断故障，使事故影响限制在最小的范围。

2）提高安全自动装置的功能。例如，在变电站设低频率自动减负荷装置，当系统频率降低到一定数值时，自动断开某些配电线路的断路器，切除部分不重要负荷，使电力系统出力与用电负荷平衡，以确保重要用户的连续供电。提高供电可靠性的自动装置还有高压线路的自动重合闸、自动解列装置、按功率或电压稳定极限的自动切负荷装置等。

3）提高供电设备的技术性能和可靠性。首先要选用可靠的供电设备，其次要做好供电设备的维护工作，运行中要防止各种可能的误操作。

4）大力采取先进、实用的技术手段和方法来提高供电可靠性。例如：应用计算机网络技术对电力运行设备动态管理工作；应用在线监测技术加强电力设备运行可靠性的监测、维护和管理工作等。

5）提高供配电系统的管理水平。配电系统计算机监控和信息管理系统不仅能提高供电可靠性，而且具有显著的经济效益和社会效益。供配电系统是一个庞大的系统，可分为不同的工作领域，配电系统各个不同的领域正在蓬勃发展不同程度和要求的自动化、智能化以及综合化的控制与管理体系。

6）应正确选用供配电系统的接地形式，做好系统的防雷及防雷击电磁脉冲，减少高次谐波分量，保证供电品质等。

7）对于高层建筑内部人员来说，要保证规范用电，不能私自更改电气设计，这些也都是非常重要的。

随着社会的进步和经济的不断发展，居民建筑还会出现新的特点，现代高层建筑的电气设计也由于智能化的需要而变得复杂。但是无论出现怎样的变化，电气设计者都应本着稳定、安全、经济的原则，认真按照设计和操作规范进行设计优化和施工，从而将高层建筑电气设计和安装上推至臻美。

9.5　工程实例

某小区供配电系统和照明系统设计实例。

1. 设计依据

（1）工程概况　本小区地下一层为设备用房，地上二十四层为住宅，建筑防火类别为一类高层建筑，结构形式为剪力墙结构，总建筑面积 14984.7m^2，建筑高度 73.2m。

（2）相关专业提供的工程设计资料

（3）中华人民共和国现行主要标准及法规

1）《供配电系统设计规范》GB 50052—2009。

2）《低压配电设计规范》GB 50054—2011。

3）《民用建筑电气设计标准》GB 51348—2019。

4）《建筑防火通用规范》GB 55037—2022。

5）《建筑照明设计标准》GB 50034—2013。

6）《消防应急照明和疏散指示系统技术标准》GB 51309—2018。

7）《住宅设计规范》GB 50096—2011。

8）《住宅建筑规范》GB 50368—2005。

9）《住宅建筑电气设计规范》JGJ 242—2011。

10）《通用用电设备配电设计规范》GB 50055—2011。

11）《电力工程电缆设计标准》GB 50217—2018。

12）《节能建筑评价标准》GB/T 50668—2011。

13）《建筑机电工程抗震设计规范》GB 50981—2014。

14）《建筑节能与可再生能源利用通用规范》GB 55015—2021。

（4）其他有关国家及地方的现行规程，规范及标准

2. 供配电系统

（1）负荷等级分类及负荷容量　本工程供电负荷等级最高为一级。应急照明、防排烟、消防水泵等消防用电设备及客梯、排污泵、安防系统、航空障碍照明等为一级负荷，住宅照明用电为三级负荷。

正常负荷 $P_e=1160\text{kW}$（一级负荷 $P_e=40\text{kW}$，三级负荷 $P_e=1120\text{kW}$），消防负荷 $P_e=157.8\text{kW}$。

（2）供电电源

1）本地块地下一层设有两处变电所，每栋单体建筑地下一层设置配电室。变电所上级电源为双重10kV高压电源，同时工作，互为备用。本子项工程住宅电220V/380V低压电源经地库电缆托盘引入住宅单元进线总箱或集中电表箱。公共设施电源分别引自变电所不同10kV高压下两台变压器低压母线段。

2）消防设备由两回路电源供电，两路电源引自上级不同10kV电源供电的两台变压器低压母线段，在末端配电箱处设置自动切换装置；客梯用电、排污泵、航空障碍照明等非消防一级负荷应由双重电源的两个低压回路在末端配电箱处切换供电。

（3）计量、控制及配电

1）本工程低压采用放射式与树干式相结合的方式配电。应急照明、消防设备为双回路供电，末级自动切换（带电气和机械联锁）。

2）住宅计量表箱每三层集中设置，由集中电表箱引至每户家居配电箱的配电线路采用放射式，公共区用电在进线柜计量。电表型号由甲方按供电局现行规定选择。

3）每套住宅设置家居配电箱，其电源总开关装置应采用同时断开相线和中性线。

4）住宅电源插座均选用带保护门的安全型电源插座，所有插座回路均设置剩余电流保护断路器，剩余动作电流值30mA，瞬动型，动作时间小于0.4s。

5）消防设备配电箱有明显标志。消防设备配电回路断路器应选用仅带短路瞬动保护的脱扣器或过载保护仅用于报警。

3. 照明系统

1）照明系统中的每一相分支回路电流不超过16A，光源数量不超过25个，当采用大型建筑组合灯具时，每一相回路电流不宜超过25A，光源数量不宜超过60个，当采用LED光源时除外。照明平面图如图9-2、图9-3所示。

2）卧室照度值75lx，起居室、厨房、卫生间照度值100lx，餐厅照度值150lx，功率密度值不大于5W/m^2。

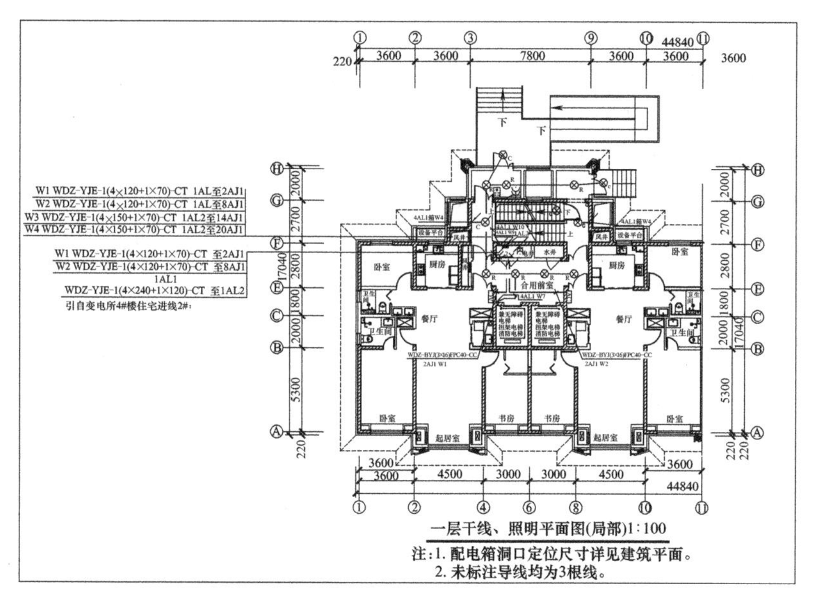

图 9-2

图 9-2　一层干线、照明平面图（局部）

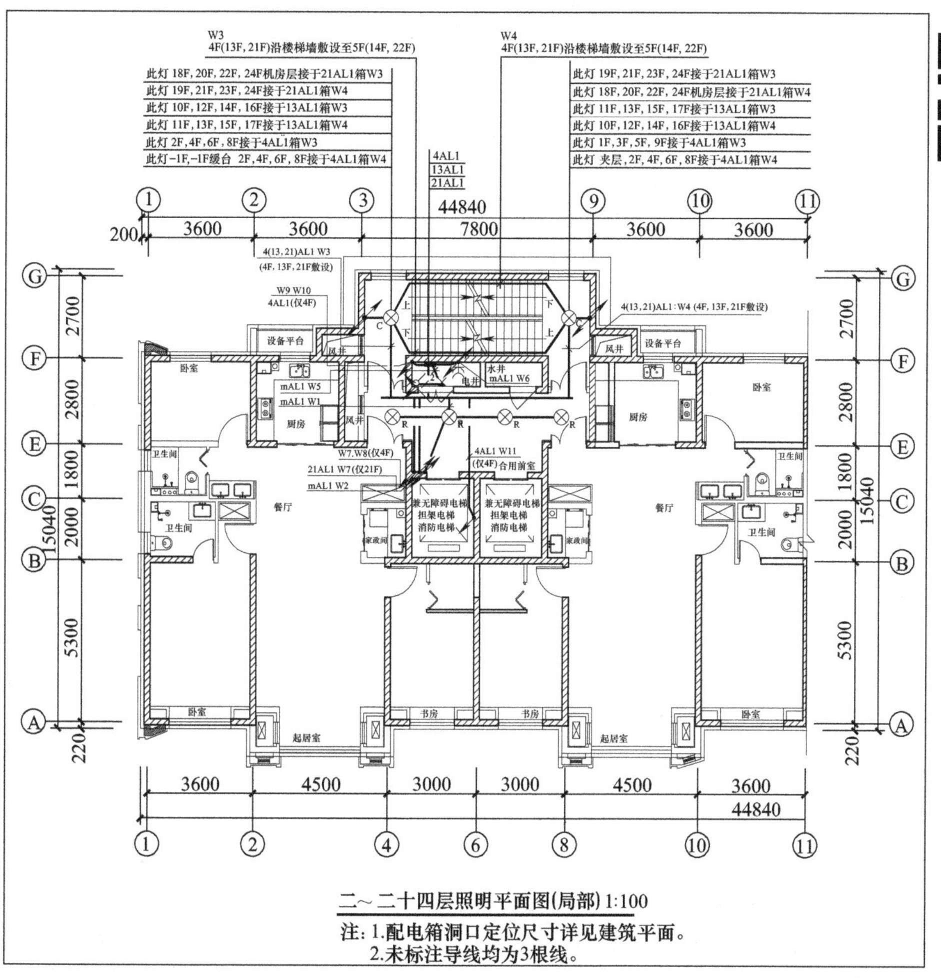

图 9-3

图 9-3　二～二十四层照明平面图（局部）

3）应急照明系统。

① 本工程采用集电集控型应急照明控制系统。层高低于 8m 采用 A 型应急照明灯具，色温不小于 2700K。应急照明控制器设置在消防控制室，应急照明控制器的主电源应由消防电源供电，控制器的自带蓄电池电源应至少使控制器在主电源中断后工作 3h。集中电源及分配点装置设置在电井内，集中电源的输出回路不超过 8 路，在住宅建筑的供电范围不超过 18 层，疏散标志灯的标志面与疏散方向垂直时的间距不大于 20m，水平间距不大于 10m。集中电源容量不大于 1kW。集中电源蓄电池组持续工作时间不小于 0.5h。应急照明平面图如图 9-4 所示。

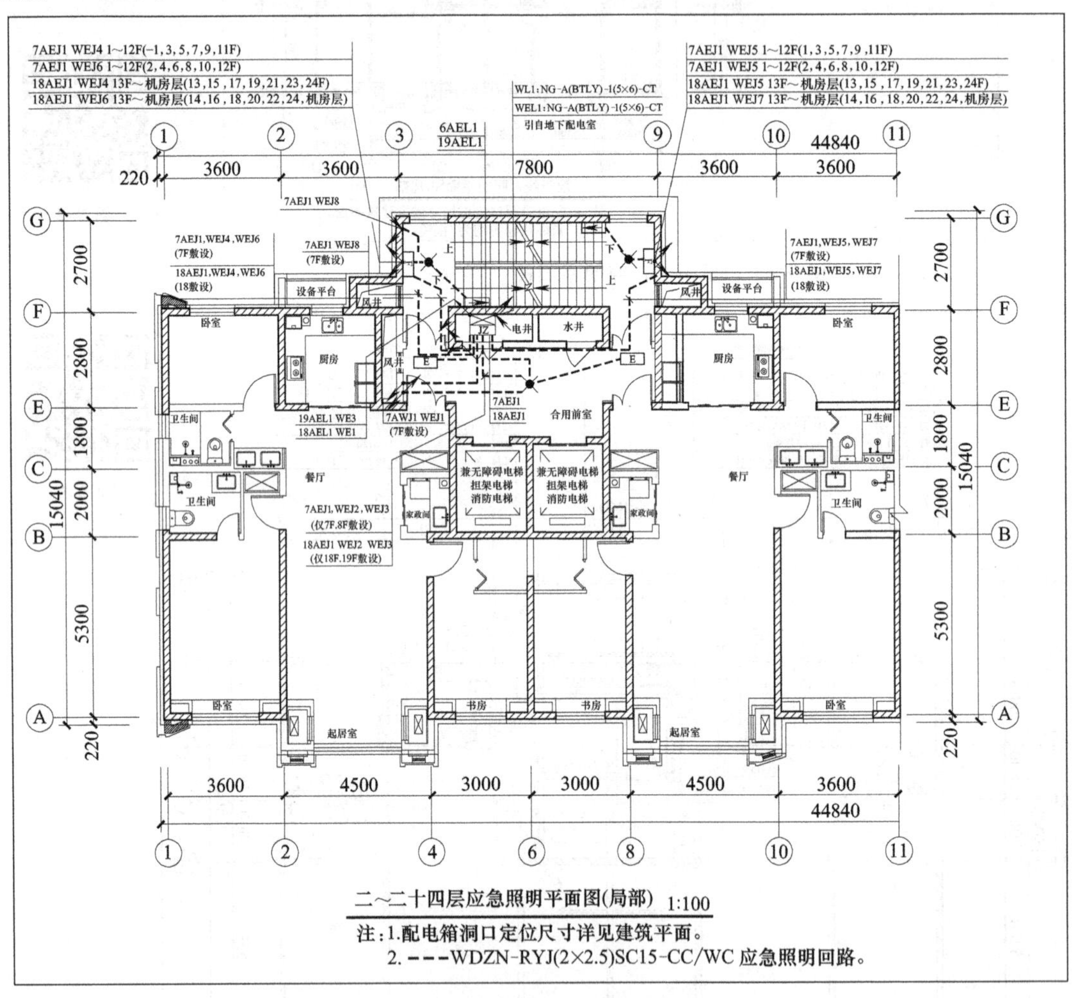

图 9-4 二~二十四层应急照明平面图（局部）

② 应急照明和疏散指示照明应急状态下，所有非持续型照明灯具的光源应急点亮，持续型灯具的光源由节电点亮模式转入应急点亮模式。灯具光源应急点亮的响应时间不大于 5s。疏散指示灯的光源平时采用节电点亮模式，应急照明灯具采用非持续型照明光源。方向标志灯箭头的指示方向应按照疏散指示方案指向疏散方向，并导向安全出口。

图 9-4 CAD 文件下载

③ 疏散走道的应急最低照度不低于 1.0lx，楼梯间、前室及合用前室的最低照度不应低

于 5.0lx。

④ 所有应急照明灯具均应采用非燃烧体灯罩。

4）消防风机房、电梯机房、消防水泵房、配电室等设置备用照明。

5）当采用Ⅰ类灯具时，灯具的外露可导电部分可靠接地。

4. 导线、电缆选择及敷设

1）配电柜配出线沿电缆沟或沿桥架敷设。本工程电缆采用 WDZ-YJV-0.6/1kV 交联低烟无卤阻燃聚乙烯电力电缆，消防负荷电缆及配电干线采用 NG-A（BTLY）-0.6/1kV 矿物绝缘铜芯电缆。电缆出沟、出桥架时消防负荷电缆及配电干线采用相应规格的保护钢管暗敷至各配电箱处。

2）正常照明回路采用 WDZ-BYJ-0.45/0.75kV 2.5mm^2 导线，未标根数处均为 3 根，2~3 根穿 FPC20 半硬阻燃塑料管，4~6 根穿 FPC25 半硬阻燃塑料管，7~8 根穿 FPC32 半硬阻燃塑料管，沿棚（CC）或沿地（FC）暗敷。

3）应急照明配电干线采用 NG-A（BTLY）-0.6/1kV 矿物绝缘铜芯电缆，支线选用 WDZN-BYJ-0.45/0.75kV 低烟无卤耐火铜芯导线。所有支线穿 SC 钢管暗敷。穿管管径：2~3 根穿 SC15，4~6 根穿 SC20。

4）在吊顶顶棚里敷设的线路穿金属电线导管（JDG）敷设，管壁厚度大于 1.5mm。在楼板或墙体里敷设的线路穿难燃塑料导管（FPC）敷设，管壁厚度大于 2.0mm。

5）有电磁兼容要求的线路与其他线路敷设于同一金属槽盒内时，应用金属隔板隔离或采用屏蔽电线、电缆。当电源线缆导管与采暖热水管同层敷设时，电源线缆导管宜敷设在采暖热水管的下面，并不应与采暖热水管平行敷设。电源线缆与采暖热水管等与卫生间无关的线缆导管不得进入和穿过卫生间，卫生间的线缆导管不应交叉，不应有接头，与卫生间无关的线缆导管不得进入和穿过卫生间，卫生间的线缆导管不应敷设在 0、1 区内，并不宜敷设在 2 区内。净高小于 2.5m 且经常有人停留的地下室，应采用导管或槽盒布线。

6）有耐火要求的线路，矿物绝缘电缆中间连接附件的耐火等级不应低于电缆本体的耐火等级，且电缆首末端，分支处及中间接头处应设标志牌。电气竖井内，线缆采取导管、槽盒、电缆梯架及封闭式母线等明敷设布线方式。当穿管管径不大于竖井壁厚 1/3 时，线缆穿导管暗敷设于电气竖井壁内，竖井内应急和非应急电源的电气线路之间保持不小于 0.3m 间距或采取隔离措施。电气竖井为强弱电合用时，强电和弱电线缆应分别布置在竖井两侧或采取隔离措施，非消防线缆保护导管暗敷设时，外护层厚度不应小于 15mm。消防线缆保护导管暗敷设时，应敷设在不燃性结构内且保护层厚度不应小于 30mm，明敷设时应穿金属导管或采用封闭式金属槽盒保护并采取防火保护措施。敷设在钢筋、现浇楼板内的线缆保护导管最大外径不应大于楼板厚度的 1/3，敷设在垫层时不应大于垫层厚度的 1/2。

7）建筑内的电缆井，管道井在每层楼板处采用不低于楼板耐火极限的不燃材料或防火封堵材料封堵。建筑内的电缆井、管道井与房间，走道等相连通的孔隙应采用防火封堵材料封堵。竖向干线系统图如图 9-5 所示。

5. 节能环保措施

1）配电设计过程中，合理选择线路路径。负荷线路尽量短，以降低线路损耗。

2）照明系统除声控灯外均采用节能型灯具，分组控制。走廊、楼梯间等处设置声控灯。

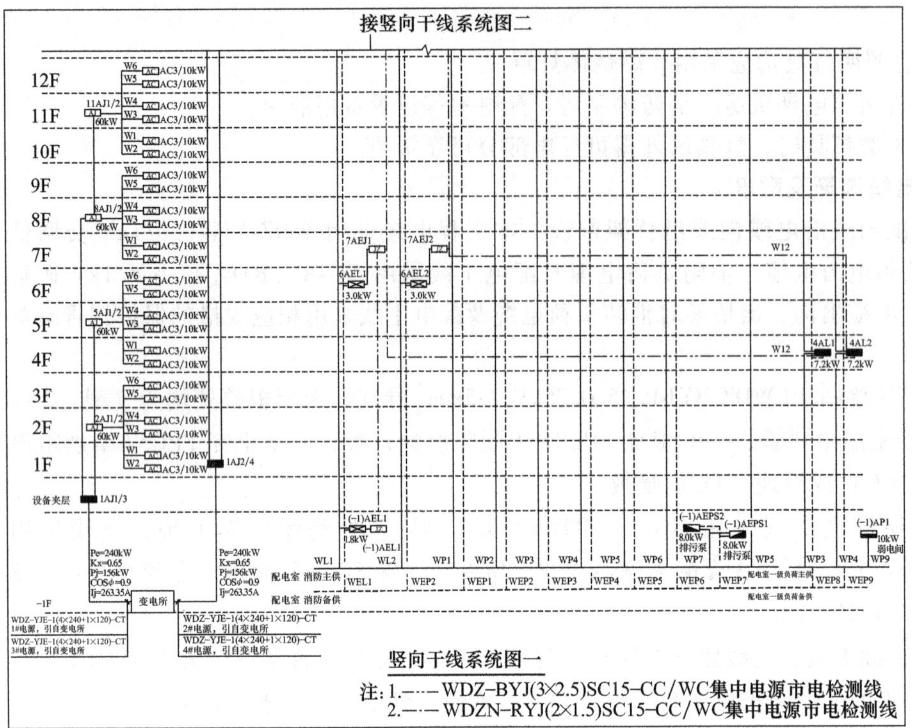

a) 竖向干线系统图(一)

图 9-5a

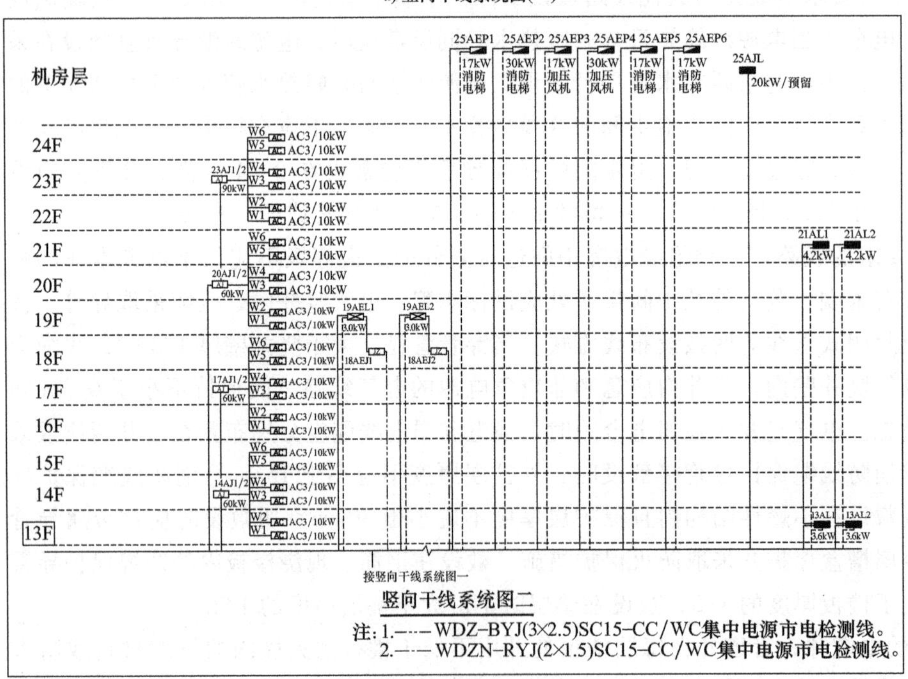

b) 竖向干线系统图(二)

图 9-5b

图 9-5　竖向干线系统图

3）合理选定供电中心，将变电站设置在负荷中心，以减少低电压侧线路长度，降低线路损耗。

4）供配电设备、用电设备均选用高效节能产品。

本章小结

当前人们对于民用高层建筑的供配电系统更加重视，对供配电的安全性与可靠性等提出了更高的要求。因此，在进行民用高层建筑供配电设计的过程中，应当结合电力供应、建筑物规模以及人们电力需求等因素制定出科学合理的解决方案。在设计以及建设的过程中，工程设计及施工人员应当遵循可靠性、简洁性以及保障安全性等原则，只有这样，才能设计出安全科学的民用建筑供配电系统，充分满足人们现实生活的需求。

高层建筑供配电系统和照明系统应该要贯彻经济、合理、技术和材料先进的原则，仔细斟酌具体的设计细节，保证在建造时可以合理分配各个部件安装到位，尽量减少误差达到安全的标准，设备的选择要按地点和位置来进行最佳的配置。在现在高层建筑供配电系统中最主要的是在建造完成后使用时的安全。总之，在对高层建筑供配电系统和照明系统进行设计时，其负荷容量计算是否准确，供电电源选择及变配电所布置是否合理，供配电系统是否经济，运行是否能保持稳定、安全等方面，将决定其最终成果的优劣。

高层建筑供配电系统和照明系统的设计过程是复杂的，是一个全过程多专业协作、不断优化的过程，不仅方案的技术性要合理，而且投资的经济性也要合理，方为一个成熟的设计。

思考题与习题

9-1 双电源供电和双回路供电有哪些区别？

9-2 某断路器标注 C65N/4P+vigi30mA 63A，试说明其含义。

9-3 选择照明灯具时应考虑哪几个方面？

9-4 高层民用建筑物是如何划分一类和二类建筑的？

9-5 在照明配电设计时应充分考虑哪些问题？

9-6 高层建筑供电原则是什么？

第10章　建筑电气BIM模型创建

BIM技术是一种新型的通过互联网信息技术建立建筑信息化模型的3D建模技术。这种建筑设计建模技术能有效通过数据和指令操作构建完善的建筑设计模型，这种建筑设计模型包含了建筑设计的各个功能部分，项目设计人员将BIM技术应用到电气设计中，能有效地将电气设计可视化、立体化，准确地将设计人员的电气设计方案效果全面呈现。立体的建筑电气设计模型，能有效减少实际施工中设计图样与施工建设不协调的问题，有利于帮助施工人员加强对电气设计方案的理解，减少施工的误差，有利于提升电气建设的施工质量。

10.1　BIM技术概述

与传统的建筑电气设计方式相比，基于BIM技术的电气设计能够对传统电气设计流程、数据传输方式进行优化，进而提升电气设计水平，具体的设计流程如图10-1所示。在整个电气设计流程中，均可采用BIM技术，在设计环节能够进行实时动态调整及时发现专业冲突并采取有效的解决措施。对于视图设计模型，可利用BIM技术提升视图动态化，根据建筑工程规划设计参数对建筑立体模型进行优化调整，确保能够满足建筑设计要求。在电气设计数据传输方面，BIM技术能够对数据库信息进行核对分析，通过利用信息化技术实现数据传输以及反馈，避免在建筑电气设计中不同专业发生冲突。在建筑电气设计中应用BIM技

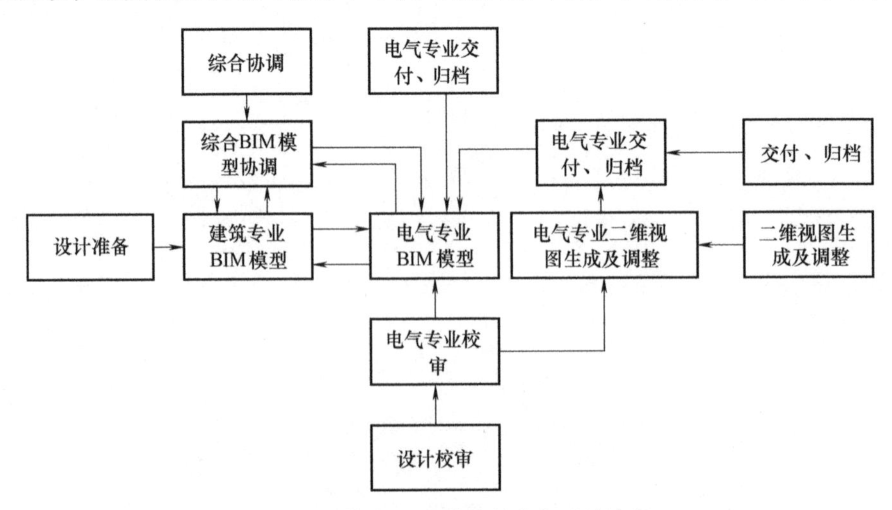

图10-1　基于BIM技术的电气设计流程

术，能够直观显示出不同专业之间的关联情况，在输入数据参数后即可快速形成准确的图形信息，进而为电气专业以及其他专业创建协同化设计平台，自动化水平高，能够有效保证电气设计的高效性。在BIM软件中可创建云端数据库，能够为电气设计提供全面的参数信息，在创建建筑信息模型后，能够与相关信息选项实现自动化关联，提高建筑电气设计准确性和可靠性。

10.2 BIM技术的优势

BIM技术是指在计算机设备的支持下，运用数字技术，建立起虚拟模型和完善的数据信息库，直观清晰地展示人们需要的数据信息。BIM技术在建筑工程建设中的应用，通过建立起虚拟的工程三维模型，收集、整合相关的工程数据信息，建立起完善的集合数据信息库。数据库中囊括了建筑工程的具体内容，包括相关零部件、空间构型、建筑商业信息、建筑参数等。数据库中囊括的信息资源，能够便利建筑工程设计的顺利实施，方便施工方案的设置，为优化施工设计和施工方案的制定提供有力依据。在BIM技术深入发展的支持下，原本的虚拟3D模型能够兼顾时间和成本，正在积极地朝着5D模型发展。BIM技术逐渐具备了调整施工建设进度和施工成本的功能。通过BIM技术有效支撑，建立起的虚拟建筑模型，能够方便管理者获取所需要的信息资源。管理者能够将获取到的信息进行再次协调，从而合理分配利用。通过科学的管理手段，进一步优化施工建设，提高施工建设的整体质量，合理有效地控制施工建设的进度和经济成本。BIM技术的优势体现在以下几个方面：

1. 协同性

电气设计的工作较为复杂，工作数据较多，建筑企业为提升电气设计的工作效率，通常由多位设计人员合作完成，在设计工程中需要较强的协同性。但在实际电气设计合作时，不同部门的工作进度不一致，不同设计人员的设计方案也存在着一定的差距，在合作沟通中存在一定的问题。电气设计在使用BIM技术之后，能有效地通过建筑数据模型将不同设计人员的不同想法进行展现，通过调整与展示，确保在整体效果上能达到电气设计的施工要求。

2. 模拟性

与BIM技术相比，传统的电气设计方式主要以平面绘图为设计方案的主要呈现方式，但在建筑设计中建筑整体规模较大，其电气设计很难进行面面俱到的考虑，因此在进行后期的施工建设时会进行设计图样的修改。但使用BIM技术可以加强电气设计的空间立体性，通过空间架构能有效展示电气设计的细节，方便设计人员结合实际情况调整设计方案，能减少电气设计中的不合理不科学的设计。

3. 可视化

在电气设计中应用BIM技术能有效增强设计方案的可视性。通过3D建模，能有效地将建筑空间关系与设计的实物信息进行联系，能有效加强设计人员和施工人员的信息沟通，加强施工人员对电气建设方面的理解，减少工作中因理解的偏差造成的工作失误。可视性不止包括设计的整体，也加强了细节与整体联系的可视化，如设计人员可在信息化建筑建模中明确电气设备、柜、桥和管井等具体的建设零件的位置与安装之间的联系，能提升查看电气设计信息化建筑建模的工作人员获取信息的效率。

4. 关联性

电气设计在进行修改时会造成整体的变动，设计人员采用传统的设计方式仅仅依靠工作经验不能准确地判断细节的改动带来的整体性的影响，但使用信息化建筑建模，能有效通过信息技术实现加强整体和细节的关联性。设计人员在进行某一项数据的改变时，信息化建筑建模会整体进行调整，提升了调整电气设计方案的效率与准确性。

10.3 建筑电气 BIM 模型创建过程

10.3.1 桥架及线管的设置

在创建建筑电气 BIM 模型之前，需要对桥架及线管的类型进行创建和设置。Revit 默认自带的电缆桥架和线管分为“带配件”和“无配件”两种类型，而工程中常用到的桥架往往按系统类型的不同细分为强电金属桥架、弱电金属桥架、消防金属桥架、照明金属桥架等；按桥架的型号还可细分为梯级式电缆桥架、槽式电缆桥架、托盘式电缆桥架等。在工程上常用到的线管往往按材质不同细分为 JGD 金属导管、KBG 金属导管、SC 厚壁钢管、PVC 塑料导管等。

因此需要根据实际工程创建各种桥架及线管类型并对其进行设置，设置内容包括桥架及线管尺寸、注释比例、相应管件及配件等。

1. 电缆桥架类型创建

1）在“项目浏览器”下拉列表中选择“族”并单击“+”符号展开下拉列表，选择“电缆桥架”→“带配件的电缆桥架”→“系统自带桥架”选项，使用鼠标右键单击复制，选择新复制创建的桥架选项，使用鼠标右键单击，将之重命名为“强电金属桥架”，如图 10-2 所示。使用同样的方法，可对“弱电金属桥架”“消防金属桥架”“照明金属桥架”分别进行创建。

2）双击“强电金属桥架”选项进入“类型属性”对话框，可对其电气、管件、标识数据等参数进行设置。

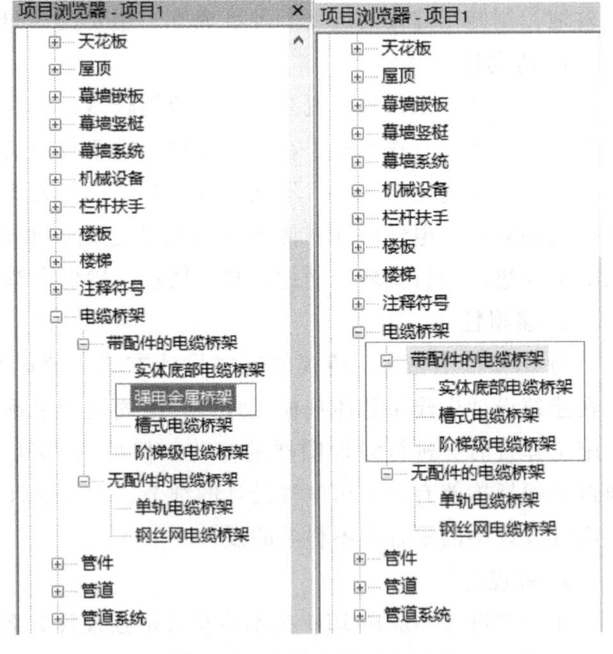

图 10-2 电缆桥架类型创建

在“类型属性”对话框中，还可以通过单击“复制”按键创建以该类型为模板的其他类型的电缆桥架，效果与在“项目浏览器”下拉列表中创建是一样的。

2. 电缆桥架设置

（1）定义设置参数

在绘制电缆桥架前，先按照设计要求对桥架进行设置。在“电气设置”对话框中定义“电缆桥架设置”：进入“管理”选项卡，选择“MEP 设置”→“电气设置”选项，弹出“电气设置”对话框，在“电气设置”对话框的左侧面板中，展开“电缆桥架设置”选项。

（2）设置“升降”和“尺寸”

展开“电缆桥架设置”选项并设置“升降”和“尺寸”。

1）设置升降。在左侧面板中，“升降”选项用来控制电缆桥架标高变化时的显示。单击“升降”选项，在右侧面板中，可指定电缆桥架升/降注释尺寸的值，如图 10-3 所示。该参数用于指定在单线视图中绘制的升/降注释的出图尺寸。无论图样比例为多少，该注释尺寸始终保持不变，默认为 3.00mm。

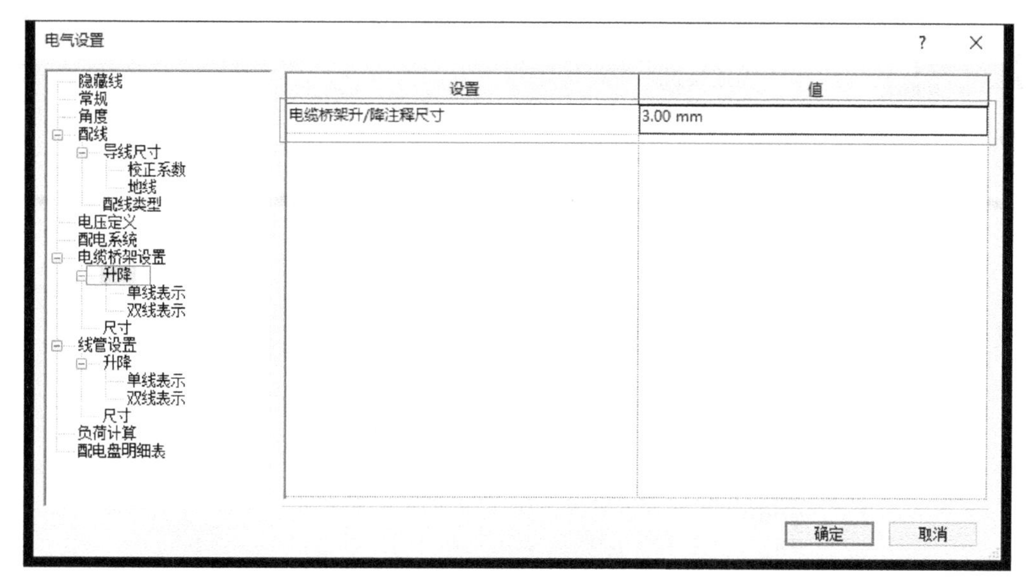

图 10-3　电缆桥架升/降注释尺寸设置

在左侧面板中，展开“升降”选项，选择“单线表示”选项，可以在右侧面板中定义在单线图样中显示的升符号、降符号。单击相应“值”列并单击“...”按钮，打开“选择符号”对话框选择相应的符号。用同样的方法设置“双线表示”，定义在双线图样中显示的升符号、降符号。

2）设置尺寸。选择“尺寸”选项，在右侧面板中会显示可在项目中使用的电缆桥架尺寸表，在表中可以进行查看、修改、新建和删除操作，如图 10-4 所示。

用户可以选择特定尺寸并勾选“用于尺寸列表”：所选尺寸将在电缆桥架尺寸列表中显示，如果不勾选该尺寸，将不会出现在尺寸下拉列表中。

“电气设置”还有一个公用选项“隐藏线”，用于设置图元之间交叉、发生遮挡关系时的显示。它和“机械设置”的“隐藏线”是同一设置。

3. 线管类型创建

1）在“项目浏览器”下拉列表中选择“族”并单击“+”符号展开下拉列表，选择“线管”→“带配件的线管”选项，系统自带线管类型有“刚性非金属导管（RNC Sch 40）”和“刚性非金属导管（RNC Sch 80）”。选择“刚性非金属导管（RNC Sch 40）”选项，使用鼠标右键创建“刚性非金属导管（RNC Sch 40）2”，选择“刚性非金属导管（RNC Sch 40）2”

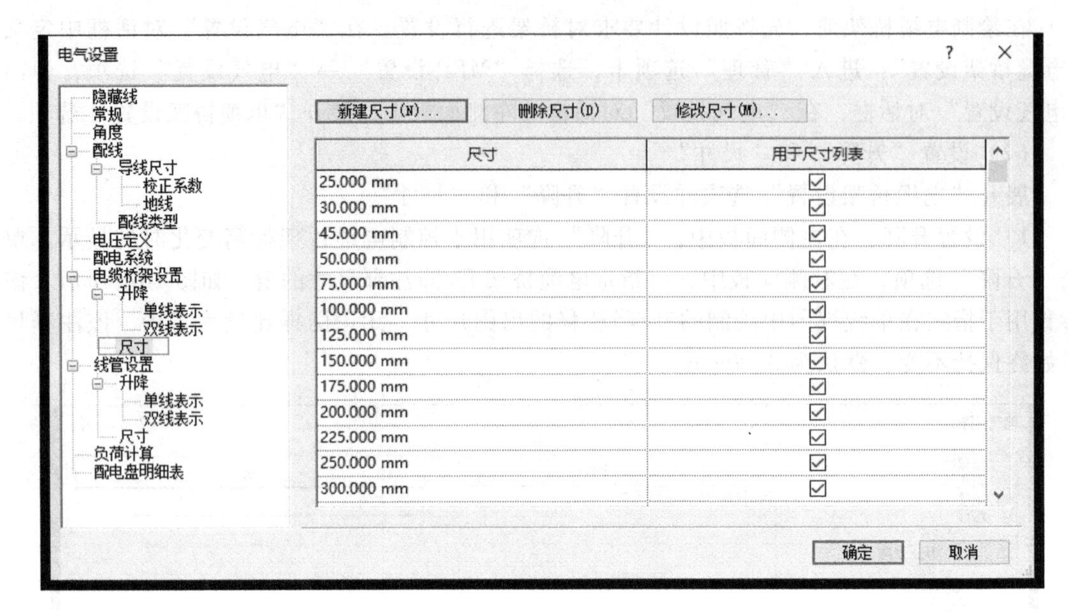

图 10-4　电缆桥架尺寸设置

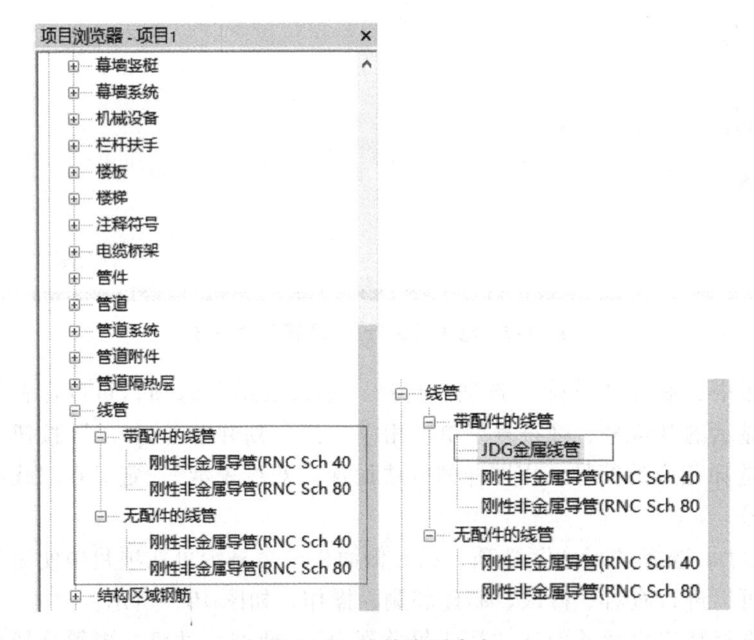

图 10-5　线管类型命名

选项，使用鼠标右键选择“重命名”选项，将其重命名为“JDG 金属线管”，如图 10-5 所示。使用同样的方法，可对“KBG 金属导管”“SC 厚壁钢管”“PVC 塑料导管”分别进行创建。

2）双击“JDG 金属线管”选项进入“类型属性”对话框，可对其电气、管件、标识数据等参数进行设置。

“标准”：通过选择标准决定线管所采用的尺寸列表，与“电气设置”→“线管设置”→“尺寸”中的“标准”参数相对应。

“管件”：管件配置参数用于指定与线管类型配套的管件，包括弯头、T形三通、交叉线、过渡件、活接头。通过这些参数可以配置在线管绘制过程中自动添加的线管配件。

4. 线管设置

绘制线管之前，根据项目对线管进行设置。在“电气设置”对话框中定义“线管设置”：进入“管理”选项卡，选择“MEP设置”→“电气设置”选项，弹出“电气设置”对话框，在“电气设置”对话框的左侧面板中，展开“线管设置”选项，如图10-6所示。

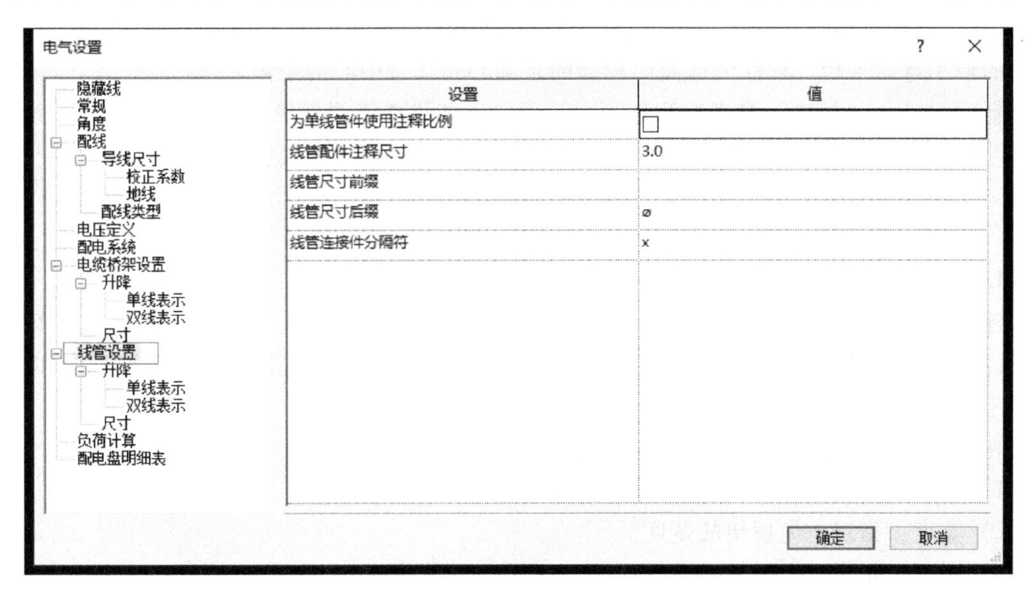

图10-6　线管类型设置

线管的基本设置和电缆桥架类似，不再赘述。但线管的尺寸设置略有不同，下面将着重介绍。

1）单击“线管设置”→“尺寸”选项，如图10-7所示，右侧面板可以设置线管尺寸。

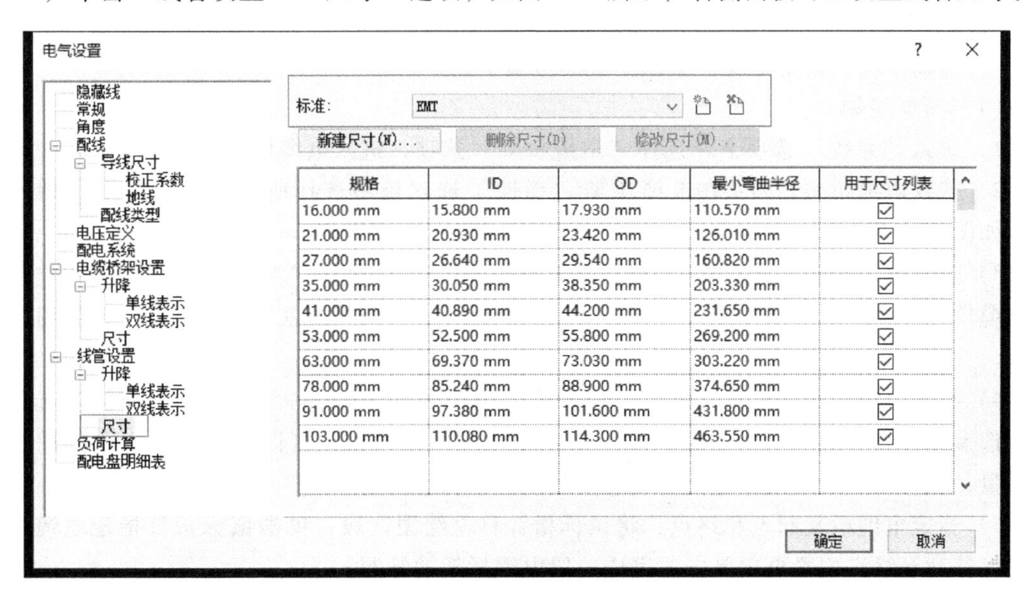

规格	ID	OD	最小弯曲半径	用于尺寸列表
16.000 mm	15.800 mm	17.930 mm	110.570 mm	☑
21.000 mm	20.930 mm	23.420 mm	126.010 mm	☑
27.000 mm	26.640 mm	29.540 mm	160.820 mm	☑
35.000 mm	30.050 mm	38.350 mm	203.330 mm	☑
41.000 mm	40.890 mm	44.200 mm	231.650 mm	☑
53.000 mm	52.500 mm	55.800 mm	269.200 mm	☑
63.000 mm	69.370 mm	73.030 mm	303.220 mm	☑
78.000 mm	85.240 mm	88.900 mm	374.650 mm	☑
91.000 mm	97.380 mm	101.600 mm	431.800 mm	☑
103.000 mm	110.080 mm	114.300 mm	463.550 mm	☑

图10-7　线管尺寸设置

首先针对不同“标准”，可创建不同的尺寸列表。单击右侧面板的“标准”下拉按钮，可以选择要编辑的“标准”；单击右侧的“文件星”按钮“文件×”按钮可创建、删除当前尺寸列表。

Revit 软件自带的电气样板“Electrical-DefatultCHSCHs. rte”中线管尺寸默认创建了五种标准：EMT、IMC、RMC、RNC 明细表 40、RNC 明细表 80。

2）在当前尺寸列表中，可以“新建尺寸”“删除尺寸”“修改尺寸”。其中尺寸定义中：“ID”表示线管的内径；“OD”表示线管的外径；“最小弯曲半径”是指弯曲线管时所允许的最小弯曲半径。软件中弯曲半径指的是圆心到线管中心的距离。

新建的尺寸“规格”和现有列表不允许重复。如果在绘图区域已绘制了某尺寸的线管，该尺寸将不能被删除，需先删除项目中的线管，才能删除尺寸列表中的尺寸。

10.3.2 系统建模

1. 桥架及线管绘制

建筑电气系统建模需要进行桥架及线管的绘制，包括桥架及线管类型、尺寸、偏移量等参数设置方式选择、配件放置等。绘制桥架及线管在平面视图、立面视图、剖面视图和三维视图中均可进行。

在绘制电缆桥架或线管时使用以下设置。

1）标高：指定电缆桥架或线管的参照标高。

2）宽度：指定电缆桥架的宽度。

3）高度：指定电缆桥架的高度。

4）直径：指定线管的直径。

5）偏移量：指定电缆桥架或线管相对于参照标高的垂直高程。可以输入偏移值或从建议偏移值列表中选择值。

6）锁定/解锁：锁定/解锁电缆桥架或线管的高程。锁定后，电缆桥架或线管会始终保持原高程，不能连接处于不同高程的电缆桥架或线管。

7）弯曲半径：指定电缆桥架或线管的弯曲半径。

（1）桥架绘制

1）进入“系统”选项卡，选择“电缆桥架”选项，进入电缆桥架绘制模式。

2）选择电缆桥架类型：在电缆桥架“属性”选项板中选择所需要绘制的电缆桥架类型，如图 10-8 所示。

3）选择电缆桥架尺寸：在“修改/放置电缆桥架”选项栏“宽度”下拉列表中选择所需电缆桥架尺寸，也可以直接输入自定义的绘制尺寸。以同样方法设置“高度”，如图 10-8 所示。

4）指定电缆桥架偏移量：默认“偏移量”是指电缆桥架中心线相对于“属性”选项板中所选参照标高的距离。在“偏移量”选项中单击下拉按钮，可以选择项目中已经用到的偏移量，也可以直接输入自定义的偏移量数值，默认单位为 mm。

5）指定电缆桥架起点和终点：将鼠标指针移至绘图区域，单击鼠标指针指定电缆桥架起点，移动至终点位置再次单击，完成一段电缆桥架的绘制。

注意：绘制垂直电缆桥架时，可在立面视图或剖面视图中直接绘制，也可以在平面视图

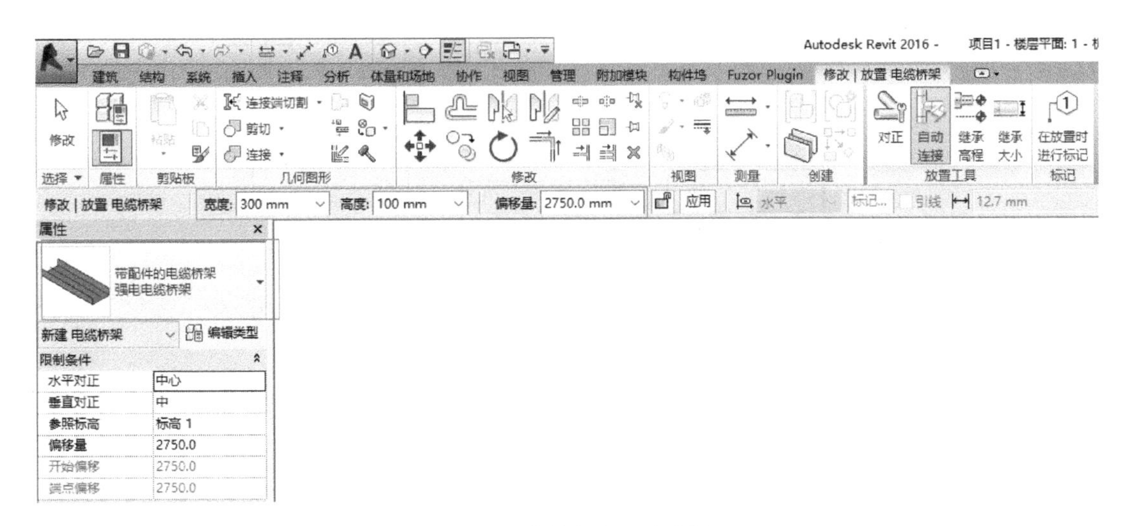

图 10-8　电缆桥架尺寸选择

绘制；在选项栏上改变将要绘制的下一段水平桥架的“偏移量”，就能自动连接出一段垂直桥架。

6）电缆桥架放置方式：在绘制电缆桥架时，可以使用“修改/放置电缆桥架”选项卡内“放置工具”面板上的命令指定电缆桥架的放置方式。

① 对正：“对正”命令用于指定电缆桥架的对齐方式。此功能在立面和剖面视图中不可用。选择“对正”选项，打开“对正设置”对话框。

a. 水平对正。以电缆桥架的“中心”“左”或“右”作为参照，将相邻两段电缆桥架进行水平对正。“水平对正”的效果与绘制方向有关，自左至右绘制电缆桥架时，选择不同“水平对正”方式的绘制效果如图 10-9 所示。

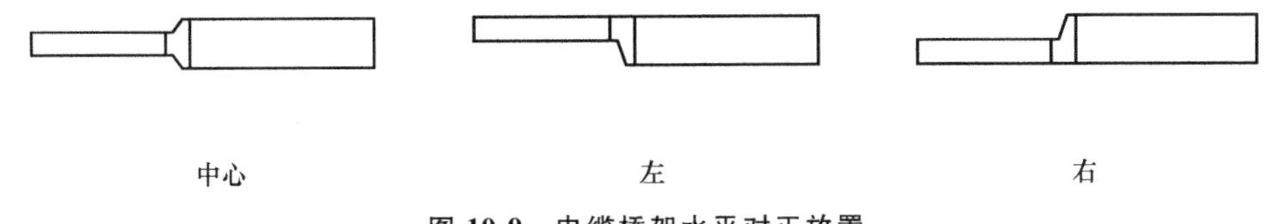

图 10-9　电缆桥架水平对正放置

b. 水平偏移。用于指定电缆桥架绘制起始点位置与实际电缆桥架位置之间的偏移距离。该功能多用于指定电缆桥架与墙体等参考图元之间的水平偏移距离。“水平偏移”的距离与“水平对正”设置及绘制方向有关。

例如：设置“水平偏移”值为 500mm，捕捉墙体中心线绘制宽度为 100mm 的电缆桥架，这样实际绘制位置是按照“水平偏移”值偏移墙体中心线的位置。自左至右绘制电缆桥架，不同“水平对正”方式下电缆桥架绘制效果如图 10-10 所示。

c. 垂直对正。以电缆桥架的“中”“底”或“顶”作为参照，将相邻两段电缆桥架进行垂直对齐。“垂直对正”的设置会影响电缆桥架“偏移量”。

另外，电缆桥架绘制完成后，可以使用“对正”命令修改对齐方式。选中需要修改的电缆桥架，单击功能区中“对正”按钮“对正”，进入“对正编辑器”面板，选择需要的对齐方式和对齐方向，单击“完成”按钮。

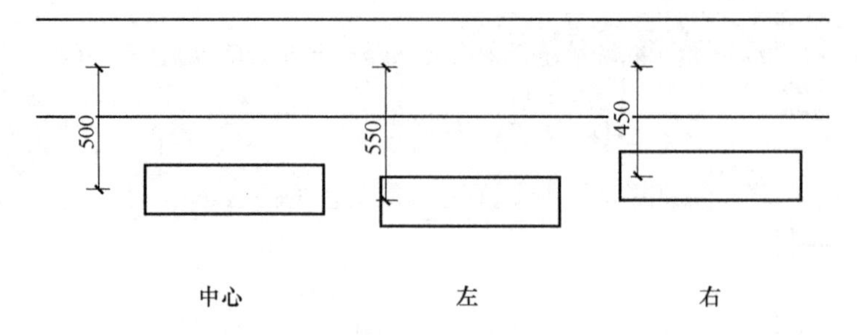

图 10-10　电缆桥架水平偏移放置

② 自动连接：“放置工具”面板中的“自动连接”命令用于自动捕捉相交电缆桥架，并添加电缆桥架配件完成连接。在默认情况下，该命令处于激活的状态。

例如：当“自动连接”命令激活时，绘制两段正交的电缆桥架，将自动添加电缆桥架配件完成连接。如果未激活“自动连接”命令，则电缆桥架配件不会自动添加。

③ 继承高程和继承大小：利用这两个功能，绘制电缆桥架的时候可以自动继承捕捉到的图元的高程、大小。

7）电缆桥架配件放置：电缆桥架的连接要使用电缆桥架配件，下面将介绍绘制电缆桥架时配件族的使用方法。

① 放置配件：在平面视图、立面视图、剖面视图和三维视图都可以放置电缆桥架配件。

a. 自动添加。在绘制电缆桥架过程中自动添加的配件需要在电缆桥架“类型属性”对话框中的“管件”参数中指定，如图 10-11 所示。

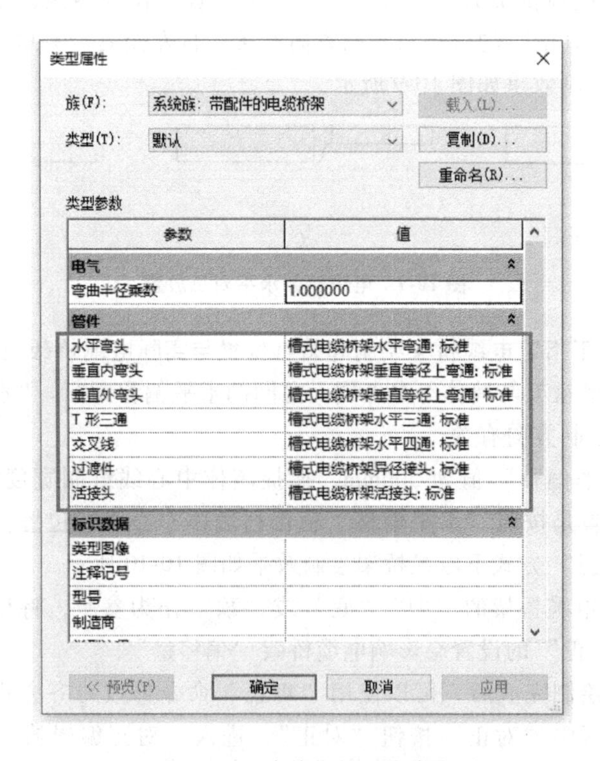

图 10-11　电缆桥架配件放置

b. 手动添加。进入“系统”选项卡，选择“电缆桥架配件”选项，在“属性”选项板中选择需要放置的电缆桥架配件，放置到电缆桥架中。也可以在“项目浏览器”下拉列表中，展开“族”→“电缆桥架配件”选项，直接以拖拽的方式将电缆桥架配件拖至绘图区域所需位置进行放置。

② 电缆桥架配件族：Revit 自带的族库中，提供了电缆桥架配件族，主要有托盘式电缆桥架、梯级式电缆桥架和槽式电缆桥架的配件族。

③ 编辑电缆桥架配件：在绘图区域中单击某一电缆桥架配件后，电缆桥架周围会显示一组控制柄，可以用于修改尺寸、调整方向和进行升级或者降级。

8）带配件和无配件的电缆桥架：绘制“带配件的电缆桥架”和“无配件的电缆桥架”功能上是不同的。分别用“带配件的电缆桥架”和“无配件的电缆桥架”绘制出的电缆桥架，通过对比可以明显看出这两者的区别，如图 10-12 和图 10-13 所示。

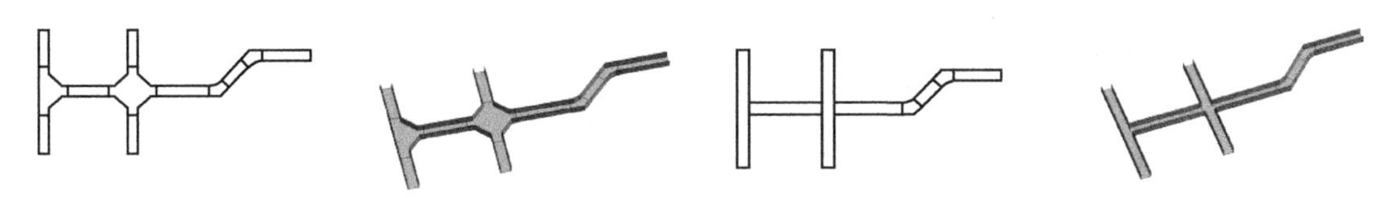

图 10-12　带配件的电缆桥架　　图 10-13　无配件的电缆桥架

① 绘制“带配件的电缆桥架”时，桥架直段和配件间有分隔线作为区分。

② 绘制“无配件的电缆桥架”时，转弯处和直段之间并没有分隔。桥架交叉时，桥架自动会打断，桥架分支时也是直接相连而不添加任何配件。

（2）线管绘制

进入“系统”选项卡，选择“线管”选项，进入线管绘制模式。

绘制线管的具体步骤和电缆桥架绘制类似，此处不再赘述。

1）带配件和无配件的线管。线管也分为带配件的线管和无配件的线管，绘制时要注意这两者的区别。带配件的线管和无配件的线管的显示对比如图 10-14 所示。

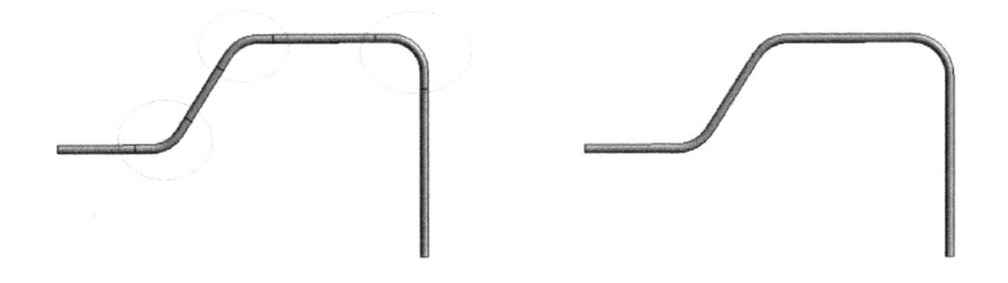

图 10-14　带配件和无配件的线管

修改线管的弯曲半径：对于带配件的线管和无配件的线管，修改弯曲半径的操作有所不同。无配件线管可以在项目中直接修改弯曲半径，而带配件的线管需要进入族编辑器环境修改弯头的弯曲半径。这是由于带配件的线管和无配件的线管配置的弯头不同。

在族编辑器环境中打开“带配件的线管”的弯头，查看其族类型时，可以发现“弯曲半径”的值是由公式控制的。而“无配件的线管”的弯头的“弯曲半径”没有公式约束，只有初始默认值。所以，可以在项目界面中直接修改“无配件的线管”的“弯曲半径”。

在项目中直接修改“弯曲半径”时，选中“无配件的线管”的弯头，会出现弯曲半径的临时标注，同时选项栏会出现“弯曲半径”这一选项。这时可以直接修改临时标注中的值或者在选项栏中修改“弯曲半径”的值。

默认初始值取的是“电气设置”→“线管设置”→“尺寸”中的“最小弯曲半径”，修改的弯曲半径不能小于“最小弯曲半径”。

2）“表面连接”绘制线管。“表面连接”是针对线管创建的一个功能。通过在族的模型表面添加“表面连接件”，在项目中实现从该表面的任何位置绘制一根或多根线管。

2. 设备的放置

建筑电气系统除桥架、线管外，还包括各种电气设备，例如各种供配电设备、用电设备、电箱、灯具、开关插座等。因此，桥架及线管绘制完成后，需要放置电气设备。

电气设备可以是基于建筑结构主体的构件（如必须放置在墙上的配电盘、开关插座等），也可以是非基于主体的构件（如可以放置在视图中任何位置的变压器）。在软件中自带有一些族文件，当软件自带的族文件无法满足用户设计的需求时，用户可根据需要创建电气族，还可以在软件自带族的基础上进行修改，提高效率。

电气设备放置操作方式类似，下面以配电箱为例进行介绍。

（1）电气设备载入　进入“系统”选项卡，选择“电气设备”选项，在“属性”选项板中选择需要的电气设备，放置在绘图区域所需位置。

假如当前项目中没有所需的电气设备，可以在“属性”选项板中选择“编辑类型”选项，进入“类型属性”对话框，单击“载入”按钮，进行族的载入。

（2）电气设备放置方法

1）放置基于面的设备时（如基于工作平面、墙、顶棚等），要选择放置的方式，包含以下三种：放置在垂直面上、放置在面上和放置在工作平面上。以“放置在垂直面上”的配电箱为例，配电盘需要放置到墙体。进入“系统”选项卡，选择“电气设备”选项，在“属性”选项板中选择配电箱，软件默认“放置在垂直面上”，将指针定位到所要放置的内墙上，这时才能预览到该配电箱，单击放置配电箱，如图 10-15 所示。

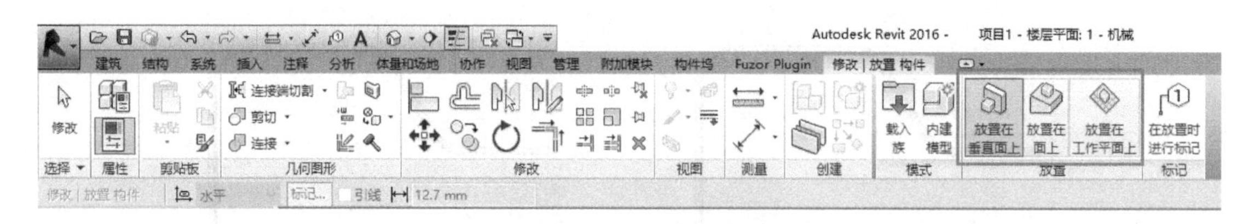

图 10-15　配电箱的放置

2）选择放置好的设备，修改“立面”值以编辑放置位置。例如选中已放置的配电箱，在“属性”选项中指定“立面”值。

3）配电箱命名，需选中配电箱图元，在“属性”选项板中修改“配电盘名称”。

4）进入“注释”选项卡，选择“按类别标记”选项，单击需要标记的配电箱图元，可以看到未命名的配电箱的标记在项目中显示为“?”。配电箱的命名可以在“属性”选项板中定义配电箱名称，也可以双击“?”标记后直接输入配电箱名称，如“L-2”，如图 10-16 所示。

10.3.3 模型标注

可以给电气构件（包括配电盘和变压器）添加标记，以在项目中标识它们。只有载入适当的注释族，才可以标记电气设备。添加标记之后，可以使用族编辑器指定该标记显示的参数。

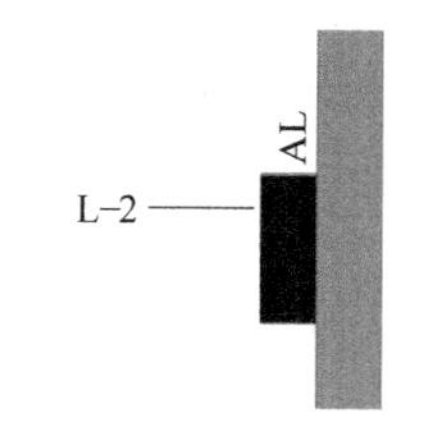

图 10-16 配电箱的命名

1. 载入标记族

载入标记族时，需进入“插入”选项卡，选择“载入族”→“注释”文件夹→“标记”文件夹→“电气”文件夹（例如“导体数”），载入项目文件的标记族将显示在“项目浏览器”→“族”→“注释符号”中。

2. 添加标记

1）进入“注释”选项卡，选择“按类别标记”选项。在选项栏上，选择要应用到该标记的选项。

“方向”：可将标记的方向指定为水平或垂直。

“标记”：可打开“载入的标记和符号”对话框，在其中可以选择或载入特定构件的注释标记。注意：在“过滤器列表”中应勾选“电气”复选框。

“引线”：可为该标记激活确定引线的长度和附着的参数。下拉选项为“附着端点”时，引线不可操作且为直线；下拉选项为“自由端点”时，引线可自由转向；在选择“附着端点”时，可对引线的长度进行设置，选择适当的引线长度。

2）设置好标注选项后，单击要在视图中标记的电气构件，即可为其添加标记。

导线默认的标注样式如图 10-17 所示，国内实际导线标注样式如图 10-18 所示，可以使用族编辑器对标记族的标注样式进行修改。在“电气设置”对话框的“配线”中取消显示记号。

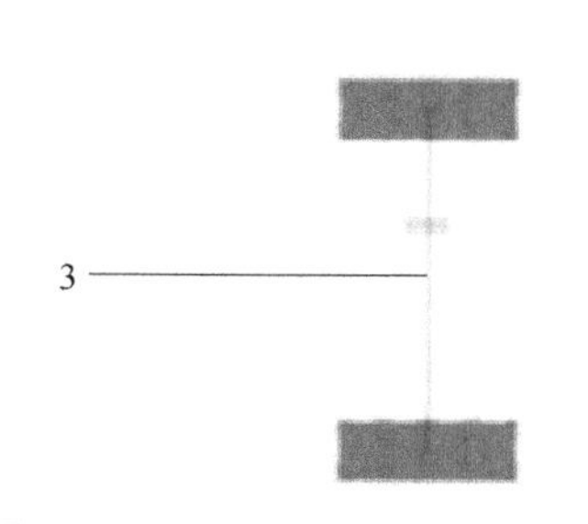

图 10-17 导线默认的标注样式

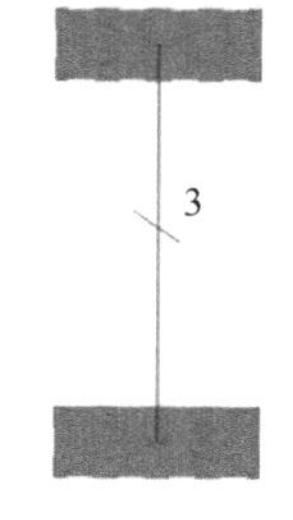

图 10-18 国内实际导线标注样式

10.4 BIM 模型创建实例

以武汉大学图书馆为例，创建供配电与照明系统及弱电系统的 revit 模型，详见“视频 10.1”二维码内容。该项目位于武汉大学信息学部，项目用地面积约 14698m^2，建筑面积地上约 12000m^2，地下建筑面积约 3000m^2，容积率为 82%。藏书 60 万册，10 万张地图，约 1200 阅读座位。本项目地上 5 层，地下一层，由一至四层各类阅览室、书库及五层地图库、办公用房组成，其中在第四层设有两个 200 人报告厅，地下室为平战结合人防地下室，平时为车库和设备用房，战时为二等人员掩蔽所。

本 章 小 结

视频 10.1 和 revit 模型

BIM 以三维数字技术为基础，创建、管理建筑信息过程，可以为建设、施工、设计等单位各方人员构建一个可视化的数字建筑模型，使整个建设项目在各个阶段都能够实现有效管理。本章主要介绍了 BIM 技术的优势，建筑电气 BIM 模型的桥架及线管设置、系统建模、模型标注的方法。

思考题与习题

10-1 BIM 技术的优势有哪些?

10-2 试按照本章的方法创建第 9 章 9.5 节某小区供配电系统和照明系统的 BIM 模型。

附　录

附录 A　敷设安装方式及部位标注符号

附录 B　技术数据

本书附录请读者扫码获取：

附录内容

参考文献

[1] 全国电压电流等级和频率标准化技术委员会. 电能质量 供电电压偏差：GB/T 12325—2008 [S]. 北京：中国标准出版社，2009.

[2] 全国电压电流等级和频率标准化技术委员会. 电能质量 电压波动和闪变：GB/T 12326—2008 [S]. 北京：中国标准出版社，2009.

[3] 王晓丽. 建筑供配电与照明：上册 [M]. 2 版. 北京：中国建筑工业出版社，2018.

[4] 郭福雁，黄民德. 建筑供配电与照明：下册 [M]. 2 版. 北京：中国建筑工业出版社，2017.

[5] 中华人民共和国住房和城乡建设部. 民用建筑电气设计标准：GB 51348—2019 [S]. 北京：中国建筑工业出版社，2020.

[6] 陆地. 建筑供配电系统与照明技术 [M]. 北京：中国水利水电出版社，2011.

[7] 苏文成. 工厂供电 [M]. 2 版. 北京：机械工业出版社，2004.

[8] 江萍. 智能建筑供配电系统 [M]. 北京：清华大学出版社，2013.

[9] 中国航天规划设计研究总院有限公司. 工业与民用供配电设计手册：上册 [M]. 4 版. 北京：中国电力出版社，2016.

[10] 中国航天规划设计研究总院有限公司. 工业与民用供配电设计手册：下册 [M]. 4 版. 北京：中国电力出版社，2016.

[11] 杨岳. 供配电系统 [M]. 2 版. 北京：科学出版社，2015.

[12] 方潜生. 建筑电气 [M]. 2 版. 北京：中国建筑工业出版社，2018.

[13] 王玉华，赵志英. 工厂供配电 [M]. 北京：北京大学出版社，2006.

[14] 北京照明学会照明设计专业委员会. 照明设计手册 [M]. 3 版. 北京：中国电力出版社，2017.

[15] 中华人民共和国住房和城乡建设部. 20kV 及以下变电所设计规范：GB 50053—2013 [S]. 北京：中国计划出版社，2014.

[16] 中华人民共和国住房和城乡建设部. 低压配电设计规范：GB 50054—2011 [S]. 北京：中国计划出版社，2012.

[17] 国家能源局. 架空导线载流量试验方法：DL/T 1935—2018 [S]. 北京：中国电力出版社，2019.

[18] 中国电器工业协会. 低压开关设备和控制设备：第 2 部分 断路器：GB/T 14048.2—2020 [S]. 北京：中国标准出版社，2020.

[19] 国家能源局. 电流互感器和电压互感器选择及计算规程：DL/T 866—2015 [S]. 北京：中国电力出版社，2015.

[20] 中华人民共和国住房和城乡建设部. 建筑物防雷设计规范：GB 50057—2010 [S]. 北京：中国计划出版社，2011.

[21] 中国机械工业联合会. 交流 1000V 和直流 1500V 及以下低压配电系统电气安全 防护措施的试验、测量或监控设备：第 4 部分 接地电阻和等电位接地电阻：GB/T 18216. 4—2021 [S]. 北京：中国标准出版社，2021.

[22] 中华人民共和国住房和城乡建设部. 供配电系统设计规范：GB 50052—2009 [S]. 北京：中国计划出版社，2010.

[23] 中华人民共和国住房和城乡建设部. 住宅建筑电气设计规范：JGJ 242—2011 [S]. 北京：中国建筑工业出版社，2012.

[24] 曹祥红，张华，陈继斌. 建筑供配电系统设计 [M]. 北京：人民交通出版社，2011.

[25] 中华人民共和国住房和城乡建设部. 建筑照明设计标准：GB 50034—2013 [S]. 北京：中国建筑工

业出版社，2014.

[26] 中国建筑标准设计研究院. 国家建筑标准设计图集 D500～D502 防雷与接地：上册. 北京：中国计划出版社，2016.

[27] 卫涛，李容，刘依莲. 基于 BIM 的 Revit 建筑与结构设计案例实战 [M]. 北京：清华大学出版社，2017.

[28] 张泳. BIM 技术原理及应用 [M]. 北京：北京大学出版社，2020.

[29] 彭红圃，王伟. 建筑设备 BIM 技术应用 [M]. 北京：高等教育出版社，2020.

[30] 中国建筑标准设计研究院. 国家建筑标准设计图集 D503～D505 防雷与接地：下册. 北京：中国计划出版社，2016.